Jetzt helfe ich mir selbst

W0061085

Albrecht G. Thaer / Dieter Korp

Die Autokarosserie

Lackpflege
Reparatur-Lackierung
Rostschutz
Unterbodenschutz
Karosserie-
Instandsetzung

Jetzt helfe ich mir selbst

Motorbuch Verlag Stuttgart

ISBN 3–87943–362–3

Umschlagentwurf und Buchgestaltung: Peter Werner/Siegfried Horn
Titelbild: Albrecht G. Thaer
Auflage Nr. 105 0810
Copyright © by Motorbuch Verlag, Stuttgart, Postfach 1370.
Eine Abteilung des Buch- und Verlagshauses Paul Pietsch GmbH. & Co. KG.
Alle Rechte vorbehalten, einschließlich auszugsweiser Wiedergabe,
Übersetzung, Radio- und Fernsehübertragung.
Die in diesem Buch enthaltenen Ratschläge werden nach bestem Wissen und Gewissen
erteilt, jedoch unter Ausschluß jeglicher Haftung.
Fotos: Thaer (131), Traub (1), Hemminger (1), Botzenhardt (1), Teroson (5), Autopress (3),
BMW (2), Fiat (1), Salzindustrie und Voss (je 1).
Zeichnungen: Stocker (5), Ritter (1), Ducolux, Pingo und Teroson (je 1).
Buchherstellung: SV-DRUCK, 7302 Ostfildern 1
Buchbinderische Verarbeitung: Verlagsbuchbinderei Nething, Weilheim/Teck.
Printed in Germany.

Sie finden in diesem Buch

Vorher gesagt

Vom bunten Bild lacht eine süße Maid. Sie hat eine Sprühdose in der Hand und ein Auto vor derselben.

Und in wenigen Minuten und ganz und gar mühelos – so steht's dazu im Werbetext – wird dieses Auto wieder im glänzendsten Glanz seines Lebens fast neuer als neu dastehen. Das ist so leicht und einfach, so mühlos und spaßig, das - - - Das müßte man doch auch können.

Und wenn Sie dann beim ersten Versuch gegen Ende des so hoffnungsfroh begonnenen Autopflege-Wochenendes verzweifelt feststellen, daß der gewienerte Lack noch immer Streifen hat, daß am selbstlackierten Autoteil auch nach dem dritten Wegwischen wieder »Rotznasen« herunterlaufen, daß das Reparaturharz unverdrossen wie Honig von der durchgerosteten Stelle herunterkleckert, daß die vor zwei Wochen »mühelos« überlackierten Roststellen schon wieder durch den Lack blühen, dann möchten Sie entweder den Hersteller dieser Autopflegemittel mit einem nassen Handtuch erschlagen oder Sie fragen sich völlig zerknirscht: »Bin ich wirklich so doof, daß ich das nicht kann?«

Lassen Sie sich trösten: Sie sind es nicht! Der Hersteller hat Ihnen nur nicht verraten, wie man mit seinem Hilfsmittel wirklich arbeiten muß, welche meist umfangreichen Vorarbeiten notwendig sind, und er hat vor allem nicht eingestanden, daß es so einfach nun auch wieder nicht geht. Denn sein Konkurrent, der's genauso nötig hätte, tut's ja auch nicht.

Das Groteske ist dabei: Die Mehrzahl der Autopflege-Hilfsmittel ist wirklich brauchbar, manches sogar ausgezeichnet. Nur das »Gewußt wie« wurde Ihnen nicht mitverkauft – trotz aufgedruckter »Gebrauchsanleitung«. Wir haben uns bemüht, das Lehrgeld für Sie zu zahlen.

Und mancher Hersteller – so schlecht sind sie nun auch wieder nicht – hat uns sehr freundlich dabei geholfen, den Pfad durchs Gestrüpp der zahllosen Auto-Hilfsmittel zu finden. Dank sei ihnen – und Ihnen, der Sie als Leser uns zuschauen und nacheifern wollen!

Die Verfasser

Wagen gewaschen, Lack gewienert — alles glänzt und strahlt. Also, da freut einen das Leben ja auch wieder, nicht wahr. Denn ganz ohne Mühe (schnauf!) waren die Stunden davor doch nicht.

Mit freundlichen Grüßen

Das Thema dieses Buches ist zugleich sein Problem: »Wie weit hinten« soll man mit den Erläuterungen und Beschreibungen anfangen? Wo ist der »Nullpunkt«, von dem die Erläuterungen ausgehen müssen? Was dürfen wir bei unseren Lesern an Kenntnissen voraussetzen?

Das ist zum Beispiel bei einem Fachbuch für Autolackierer oder Karosserieschlosser einfach – der Inhalt muß irgend einem fachlich anerkannten Ausbildungsplan entsprechen, der Autor hat eine Leserschaft mit ziemlich gleichen fachlichen Grundlagen vor sich.

Auch bei einem Unterhaltungsbuch für Autofahrer ist das nicht schwer – man hüpft wie eine muntere Bachstelze von Thema zu Thema und amüsiert sein Publikum (wenn man's kann).

So ein Heimwerkerbuch liegt dazwischen – man kann sich entsprechend leicht zwischen zwei Stühle setzen, auf denen etwa links einer mit gerümpfter Nase sitzt: »Halten die mich für blöd, daß sie mir so alberne Selbstverständlichkeiten erklären wollen?« und rechts schaut einer etwas hilflos: »Warum haben Sie das nicht ein bißchen genauer erläutert?«

Da war beim Schreiben manchmal guter Rat teuer. Aber wir haben versucht, das Buch sowohl für jenen so ausführlich wie nötig zu verfassen, der bislang bei seiner Autobastelei an den verflixten Kleinigkeiten scheiterte und von seinem Werk mehr enttäuscht als befriedigt war. Und wir haben es so straff wie möglich für den schon Erfahrenen geschrieben – durch Stichworte an den Seitenrändern (sogenannte Marginalien), durch schnell erfaßbare Kennpunkte bei textlich erläuterten Aufzählungen, durch Tabellen oder durch Fettdruck wichtiger Stellen im Text. All das soll das schnelle Auffinden gerade gesuchter Erklärungen oder Beschreibungen erleichtern (wozu auch das Stichwortverzeichnis in der hinteren Buchklappe dient), wenn das Buch aufgeschlagen in der Nähe des Arbeitsplatzes liegt und Sie nicht mehr weiter wissen oder irgend etwas schief zu gehen droht. Und ganz besonderes Augenmerk verdient beim Lackieren die ausführliche Fehlertabelle in der vorderen Buchklappe, in der sich mögliche Ursachen und Abhilfen bei Lackierfehlern schnell finden lassen.

Dieses Buch ist nicht in erster Linie für den Bücherschrank geschrieben, obwohl es sich auch dort recht ordentlich ausnehmen wird, sondern Sie sollten es bei der Arbeit in greifbarer Nähe haben, damit wir Ihnen jederzeit weiterhelfen können.

Das bedeutet hinwiederum auch nicht, daß es ein reines Arbeitsanleitungsbuch sein soll – es sind viele Kapitel, bei deren Lektüre man sich nicht die Finger schmutzig macht, sondern am besten Zettel und Bleistift neben sich liegen hat, um beispielsweise zu notieren, welche Arbeitsgeräte oder Arbeitsmaterialien noch rechtzeitig zu besorgen sind, um am nächsten Wochenende zügig an seinem Fahrzeug werken zu können.

**Man bittet,
nicht mit Steinen
zu werfen!**

Sparen helfen

Es ist ein ganz besonderes Bestreben dieses Handbuches, Ihnen sparen zu helfen. Aber nicht nach dem Motto: »Sparen, koste es was es wolle«. Und daher gehört es zweifellos zum guten Rat, nicht lässig über die entstehenden Kosten für Arbeitsgerät und Arbeitsmaterial – die oft gar nicht gering sind – hinweg zu hüpfen, sondern sie zu nennen. Was in diesem Handbuch durch viele Preisangaben geschehen ist.

Auch gehört es zum sinnvollen Sparen, sich gelegentlich einmal nachzurechnen, was dies und jenes an Arbeitsgerät und Arbeitsmaterial im Vergleich zu Ihrer Arbeitszeit kostet. Entgehen Ihnen, während Sie am Auto bestaln, keine anderen Einnahmen, können Sie durch Eigenleistung trotz der Kosten für Gerät und Material manche Werkstattkosten sparen. Könnten Sie aber während einer zeitraubenden Autobastelei in Ihrem eigenen Beruf einige kräftige Batzen verdienen, mag für diese oder jene Arbeit die Inanspruchnahme einer Fachwerkstatt günstiger sein (was beispielsweise für die Hohlraumkonservierung sowieso zutrifft). Aber damit fühlt sich dieses Buch als Ihr Ratgeber noch keineswegs überflüssig, denn Sie erfahren dann, was bei Werkstattauftrag und Arbeitsausführung von Ihnen zu beachten ist, damit Sie auch wirklich Qualitätsarbeit erhalten. Auch das spart Geld und gar nicht wenig.

Um die Werterhaltung

Am besten ist natürlich jener dran, dem Selbsthilfe am Auto keine finanzielle Notwendigkeit, sondern ein munter und gern betriebener »Ausgleichsport« zu völlig anders gearteter beruflicher Tätigkeit ist.

Das trifft sich gut, denn es gibt gerade an der Auto-Karosserie Arbeiten, die Sie selbst als erfahrener Heimwerker ungleich besser als eine Werkstatt erledigen können, weil solche Arbeiten (vor allem die Reparatur von Autoblechdurchrostungen) bei wirklich einwandfreier Ausführung so viel Zeit benötigen, wie sie die Werkstatt in der Regel gar nicht hat und ihren Kunden auch nicht in Rechnung stellen mag, da es ganz unübliche hohe Summen wären. Schon eine Lackpflege macht der mit allem »wenn und aber« vertraute Heimwerker dauerhafter und vor allem lackschonender als jede Tankstelle oder Werkstatt, weil es dort schnell gehen muß und entsprechend radikale Pflegemittel (mit manchen unerwünschten Neben- und Nachwirkungen) verwendet werden.

Schließlich geht es Ihnen und uns um die Werterhaltung Ihres Autos, die bei zunehmenden Autopreisen und ständig steigenden Betriebskosten immer wichtiger wird. Denn bei der heutigen Straßensalzerei im Winter ist es in der Regel nicht ein schadhafter Motor – dazu gibt es Austauschmotore – oder ein defektes Getriebe – auch das läßt sich unschwer austauschen –, die ein Auto zum Schrottplatz treiben, sondern die rostzerfressene Karosserie, die dem Autoleben ein Ende setzt. Und dagegen kann man etwas tun. Tun Sie es, bevor es zu spät ist. Und nicht zu vergessen: Wenn es bei Ihrem Auto um die technischen »Innereien« oder die Elektrik geht, dann gibt es in dieser Buchreihe, wenn Sie nicht gerade einen seltenen »Exoten« fahren, einen speziellen Band für das betreffende Automodell oder den Sonderband über die Auto-Elektrik.

Schöner wohnen

Wenn Autofahrer die ersten zaghaften Versuche machen, an ihrem Wagen handgreiflich zu werden, so beginnen sie zumeist mit der Wagenwäsche, weil, so meinen sie, nichts leichter ist als dieses. Und außerdem werden dabei die fünf, sechs oder gar zwölf Markt gespart, die man an der Tankstelle für eine Maschinen-Schnellwäsche oder Wagenwäsche per Tankwart-Handarbeit hinzulegen hat. Auch ist es naheliegend, sein Auto zuerst einmal von außen schön zu machen.
Doch bei der Wagenwäsche und noch mehr bei der Lackpflege, allzuoft nicht fachgerecht betrieben, kann sich das Sprichwort durchaus bewahrheiten, daß allzuviel ungesund ist. Man kann nämlich den schönen Lack seines Wagens vor lauter Eifer leicht zu Tode pflegen.

Zuerst die Innenreinigung

Deshalb haben wir es mit der Wagenwäsche und noch mehr mit der Lackpflege unter Anwendung aller möglicher Salben und Pasten noch gar nicht so eilig. Und außerdem kommt vor der Wagenwäsche, wenn es ordentliche Arbeit sein soll, die Innenreinigung des Wagens. Die Gründe sind einfach: Hebt man sich diese Arbeit bis zuletzt auf, verschmutzen eventuelle Staubwolken aus Polstern und Fußmatten die frisch gewaschene Außenseite. Ferner erschwert eventuell von der Wagenwäsche in das Wageninnere eingedrungenes Wasser dort die Reinigung und schließlich ist die Freizeitkleidung nach der Wagenwäsche nicht mehr so trocken und sauber, um sich damit unbesorgt ins Wageninnere zum Staubwischen zu setzen.
Was zur Innnenreinigung benötigt wird, ist im Bild unten gezeigt.

Normale Arbeitsreihenfolge

Damit Sie sich bei der Innenreinigung nicht mit einer Folgearbeit wieder das schmutzig machen, was Sie gerade eben mühsam geputzt haben, ist ein unter

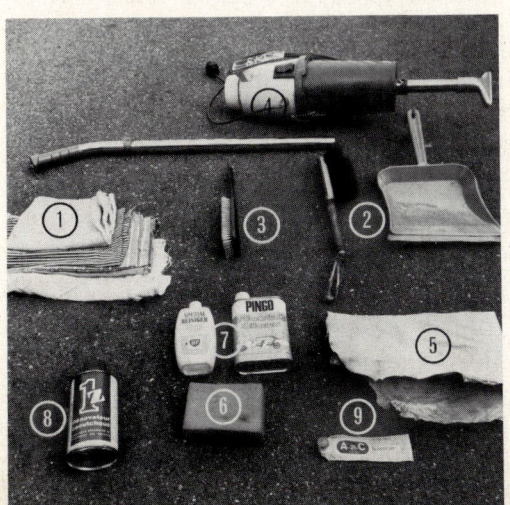

Zur gründlichen Innenreinigung ihres Fahrzeugs brauchen Sie vor allem mehrere verschiedenartige Lappen (1) zum feuchten und trockenen Ab- und Auswischen, Handfeger und Kehrblech (2), eine Kleider- oder Polsterbürste (3). Sehr nützlich ist bei Anschlußmöglichkeit ein handlicher Haushaltsstaubsauger (4) mit verschiedenen Düsen. Wichtig sind noch ein gutes Fensterleder (5), ein feinporiger Kunststoffschwamm (6) und Plastikreiniger (7) zum Reinigen der Kunststoffbezüge, schließlich ein spezielles Gummipflegemittel (8; siehe auch Seite 41) und ein wirkungsvolles Antibeschlagmittel (9) für die Innenseiten der Fensterscheiben.
Bei dieser Gelegenheit ein Wort zum speziellen Autostaubsauger (Verzweiflungs-Geburtstagsgeschenk an Autofahrer): Wir können dazu nicht raten, denn diese schwachen Motörchen, die außerdem die Batterie leerlutschen, bringen keine brauchbare Saugleistung auf.

den Scheibenwischer geklemmter und von innen lesbarer Merkzettel äußerst nützlich. Denn selbst geübten Wagenpflegern fällt nicht immer gleich ein, daß das Programm mit dem Ausleeren und Putzen der Aschenbecher beginnen muß, wenn der Staub des oft überfüllten Aschers nicht wieder die Sitze verschmutzen soll.

■ Zuerst also die **Aschenbecher** herausziehen, Inhalt in den Mülleimer, trocken ausputzen und wieder einsetzen. In der Regel sind die Aschenbecher im Armaturenbrett oder in der Mittelkonsole mit einer Klemmfedertaste befestigt, die zum Herausnehmen nach unten gedrückt werden muß. Die Seitenascher neben der hinteren Sitzbank haben meist eine Klemmfeder an der Unterseite, so daß zum Herausziehen der ganze Aschenbecher nach unten gedrückt werden muß.

■ Danach die **Fußmatten** nach innen zusammenschlagen, damit der Schmutz beim Herausnehmen nicht im Wagen verstreut wird. Matten ausschütteln, ausklopfen. Gummimatten außerdem feucht nachwischen.

■ Mit Handfeger, hartem Pinsel und Kehrblech **Wagenboden** reinigen. Falls es kein Textilboden ist, wird der Wagenboden auch feucht gewischt, ebenso **Kardantunnel** und **Fußraumseitenteile**, falls sie keine Textilbespannung haben.

■ **Sitzpolster** bürsten oder staubsaugen. Wobei bezüglich der Staubsaugerdüsen die jeder guten Hausfrau geläufige Regel gilt: Harte Düsen (ohne Borstenansatz) auf weichem Material (Polster, Bodenmatten), weiche Düsen (mit Borsten) auf hartem Material (Fahrzeugboden, Gummimatten).

■ **Sicherheitsgurte** trocken abbürsten und mit einem leicht angefeuchteten weißen Lappen nachreiben, sonst gibt es mit der Zeit Schmutzstreifen auf das weiße Hemd des Fahrers und die Bluse der Beifahrerin.

■ Mit feuchtem Lappen wischen und gleich danach trocken reiben (sonst gibts beim Antrocknen leicht einen Graubelag): **Lenkgrad, Lenksäule, Armaturenbrett, Handschuhfach, Fensterablage, Sonnenblenden, Innenspiegel, Türinnenbespannung, Hutablage** vor der Heckscheibe und den kunststoffbespannten **Himmel** unterm Fahrzeugdach.

Im Frühjahr und im Herbst: Großer Hausputz

Es weckt vielleicht frohe Erinnerungen, wenn kurz vor Weihnachten noch der Seesand vom Sommerurlaub im Bodenteppich knirscht oder im Sommer das Skiwachs unter den Vordersitzen hervorkollert. Aber die romantische Erinnerung hat ihre Kehrseite: Was da auf dem Boden, in Ecken und Fugen vor sich hinmodert, gibt dem Auto-Inneren nicht nur eine allzu herbe Duftnote, sondern fördert, vor allem durch nie ausgewaschenes Winterstreusalz – mit dem Schneematsch an den Schuhen hereingeschleppt – den Rostfraß. Deshalb ist im Frühjahr nach den Winterbeanspruchungen und im Herbst nach der Sommerur-

Die Defrosterdüsen der Heizung und rauchende Autofahrer bringen einen hartnäckigen Schmutzbelag auf die Innenseite der Windschutzscheibe. Er läßt sich nur mit Spezialmitteln wirkungsvoll beseitigen, damit auch gegen blendende Scheinwerfer oder Sonne die Scheibe einwandfrei durchsichtig ist. Spezialschaum hat durch sein langes Anhaften gute Lösewirkung. Weitere Spezialreiniger in unserer Tabelle auf Seite 17.
Auf den weniger beanspruchten Seitenscheiben sind diese teuren Spezialmittel nicht notwendig, jedoch ebenfalls auf der Heckscheibe innen. Reiben Sie auf dieser nur behutsam, wenn die Heizdrähte der Heckscheibenheizung innen auf das Glas geklebt sind.
Nach der Reinigung die Windschutzscheibe innen unbedingt mit einem Antikondensmittel gegen Dunst einreiben.
Armaturenbrettoberseite, Hutablage und Kunststoffverkleidungen unter den Seitenfenstern jeweils bei der Scheibenreinigung gegen Flecken gut abdecken!

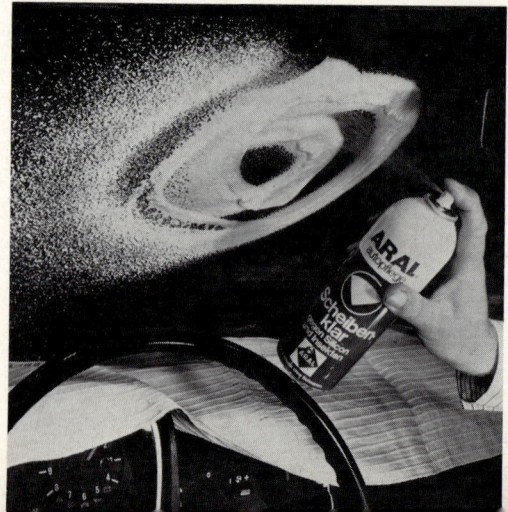

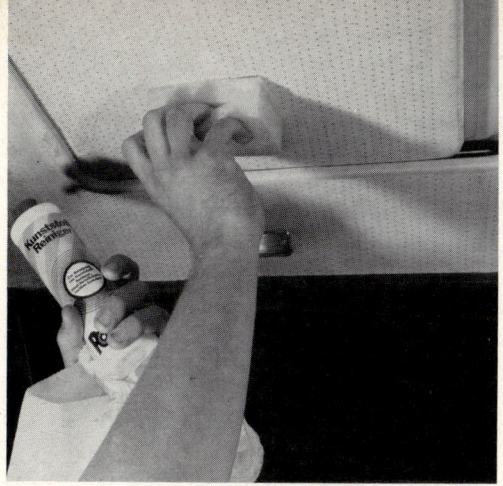

Der »Dachhimmel«, die Plastikverkleidung der Dachunterseite, ist besonders über dem Fahrersitz von der Kopfbedeckung oder dem Haar des Fahrers bald angeschmutzt. Mit Reinigungsschaum oder -spray läßt sich dort über Kopf schlecht arbeiten. Besser geht es mit einem feuchten Schwamm und einem guten Plastikreiniger aus dem kleinen Kunststoff- oder Blechkanister. Zwischendurch wird der Schwamm immer wieder mit klarem Wasser ausgewaschen und damit nachgewischt. Zum Schluß mit einem weißen trockenen Tuch nachreiben.

laubsreise jeweils ein besonders gründlicher Hausputz notwendig, zu dem ein feuchter Lappen allein nicht mehr ausreicht.

Da liegt zum großen Reinemachen der Griff nach den im Haushalt bewährten Putz- und Pflegemitteln nahe. Aber sie sind nur selten zu gebrauchen, denn was für Badezimmerspiegel, Emaille, Kachelboden, Holz und Tapeten gut ist, reicht mit seiner Reinigungswirkung im Auto vielleicht nicht aus, oder wird den verschiedenen Plastikamterialien im Auto-Innern gefährlich. Viele Haushalt-Pflegemittel enthalten beispielsweise Salmiak – das ist im Auto nicht zu brauchen. Zur Auto-Innenreinigung braucht man deshalb zumeist Spezial-Pflegemittel. Da ist aber die rechte Wahl gar nicht einfach. Denn wirklich gut ist solch ein Pflegemittel zumeist nur dann, wenn es auf eine einzige Pflegearbeit ganz speziell dressiert ist. Man braucht daher mehrere Pflegemittel. Das geht aber ins Geld, und wenn jeweils nur ein wenig gebraucht wird, stehen sie jahrelang in der Garage herum.

Chemie hilft bei der Innenreinigung

Mancher Autofahrer greift daher lieber zum »Mehrzweckmittel«, das alles mögliche und noch mehr können soll, wie der Packungsaufdruck besagt. Wer aber mehreren Herren dienen soll, so stehts schon in der Bibel, kann niemand richtig dienen. Und so möchten wir unseren Lesern empfehlen, mehr nach den spezialisierten Pflegemitteln zu greifen, die Arbeit damit ist leichter und erfolgreicher. Lassen Sie sich im Fachgeschäft zur Auswahl Zeit und lesen Sie die Packungsaufschrift vor dem Kauf ganz genau.

Beim Auffrischen des Armaturenbrettes und der Plastikverkleidungen müssen Sie darauf achten, daß »Plastik-Glanz« und »Plastik-Pfleger« oder »-Reiniger« sehr unterschiedlich sind: Glanzsprays haben kaum oder keine Reinigungswirkung, frischen aber den Farbton wieder auf und bringen schmutzabweisenden Glanz. Die Plastik-Pfleger (Reiniger) beseitigen dagegen schmierige Verschmutzungen, Grauschleier und Flecken. Erst danach sollte also ein Glanzspray verwendet werden.
Bei Plastikpflegemitteln müssen Sie genau die Anwendungsvorschriften beachten: Das eine wird trocken, das andere feucht verarbeitet. Wird es falsch gemacht, klebt hinterher die Fläche. Mit der Fingerspitze läßt sich das erfühlen. Klebriger Kunststoff verschmutzt wieder sehr schnell.
Wenn, wie hier, die Armaturenbrett-Oberseite mit einem Spray behandelt wird, muß die Windschutzscheibe sorgsam mit Pappe abgedeckt werden, sonst überzieht sich das Glas mit einer hartnäckigen, spiegelnden Schicht.

Hartnäckige Flecken und verklebte Rückstände in Textil-Sitzbezügen oder Bodenmatten dürfen auf gar keinen Fall mit haushaltüblichen Fleckenwasser, Reinigungsbenzin, Spiritus, Aceton, Tetrachlorkohlenstoff oder dergleichen »gereinigt« werden. Dazu sind nur Fleckentferner, wie »K2r«, tauglich.
Bei diesem Fleckentferner gibt es zwei weit verbreitete Mißverständnisse: Dieses »K2r« ist kein »Flächenreiniger«, sondern nur ein punktgenauer Fleckentferner. Demgemäß muß es bei einem schon allgemein angeschmutzten Stoffbezug einen hellen Kreis geben, wo vorher der Flecken war. Da ist also Nacharbeit mit einem Polsterreiniger notwendig.
Außerdem wird oft ein »weißer Ring« an der ehemaligen Fleckenstelle beklagt. Dann wurde das gerade aufgetragene »K2r«, wie bei einem Fleckenwasser, emsig mit einem Läppchen eingerieben. Damit wird das aufsaugende Pulver dieses Mittels in den Stoff einmassiert und läßt sich dort nicht mehr herausbürsten. Stattdessen braucht »K2r« Zeit zum völligen Austrocknen (etwa 8 Minuten). Erst dann einfach abbürsten.

Das Studium der Pflegemitteltexte schon vor dem Kauf ist vor allem deshalb so wichtig, weil sich die Anwendungsmöglichkeiten vieler Autopflegemittel überscheinen oder trotz ähnlicher Bezeichnungen nicht deckungsgleich sind.
Das gilt vor allem für Plastikpflegemittel. Legen Sie deshalb bei den Packungsaufdrucken besonderen Wert auf möglichst ausführliche sachliche Information, wie z. B. bei den Pflegemitteln von Aral. Pflegemittel, auf denen zwar in 6 Sprachen aber nur ein nichtssagender Text oder bombastische Werbesprüche zu lesen stehen, können Sie ruhig im Verkaufsregal stehen lassen.
Als Einkaufshilfe haben wir Ihnen deshalb auf der Schlußseite dieses Kapitels eine Liste mit Pflegemittelbeispielen (es können bei der Fülle des Angebots nur Beispiele sein!) zusammengestellt. Was dazu bei einzelnen Pflegemitteln besonders zu beachten ist, können Sie in den Bildtexten dieser Seiten und in den einzelnen Abschnitten der jeweiligen Arbeitsbeschreibung nachlesen.

Zuerst:
Auto ausräumen

Bevor Sie mit dem großen Hausputz im Auto beginnen, sollten Sie sich dort Bewegungsfreiheit schaffen. Das erleichtert auch die Putzerei, weil die ausgeräumten Teile seitab gründlicher von Helfern gereinigt werden können. Räumen Sie auch den ganzen Kram aus Handschuhfach, von der Hutablage und der hinteren Sitzbank weg. Vielleicht entdecken Sie dabei längst vermißte Dinge wieder.
Vor allem werden die Vordersitze und möglichst auch die hintere Sitzbank ausgebaut. Von den Bodenmatten und den Aschern sprachen wir schon.
Wenn Sie Glück haben, lassen sich die Vordersitze Ihres Wagens durch einfaches Anheben einer Sperrtaste nach vorne oder hinten von den Sitzschienen ziehen. Ärgerlich und gänzlich unverständlich ist es, wenn zu diesem Zweck das ganze Sitzschienensystem durch Herausdrehen versteckt sitzender Schrauben demontiert werden muß, z. B. bei Ford. Machen Sie sich trotzdem die Mühe. In seltenen Fällen ist dieser Sitausbau sogar in der Betriebsanleitung beschrieben. Andernfalls müssen Sie beim völligen Vor- und Zurückschieben der Sitze die betreffenden Bodenschrauben suchen und mit dem passenden Ring- oder Steckschlüssel herausdrehen.
Wischen Sie, bevor Sie, mit sonstigen Reinigungsarbeiten beginnen, sämtliches Fett von den Sitzschienen, damit es nicht mit Putzgeräten oder Ihrer Kleidung auf das Auto-Innere verteilt wird. Nach Arbeitsende dementsprechend wieder die Sitzschienen einfetten, beispielsweise mit »CRC Automotive Mehrzweck-Paste weiß«, »Liqui Moly Schmierfix«, beide aus Tuben oder noch einfacher mit glasklarer Vaseline, die vielleicht in der Hausapotheke steht.

Gründlicher als auf Seite 12 beschrieben, werden beim großen Autoputz die Fußmatten, die Sitze und Polster mit dem Teppichklopfer bearbeitet, gesaugt und eventuell mit Teppichschaum nachbehandelt.

Wagenboden säubern

Problematisch wird die Reinigung des Wagenbodens, wenn er mit einem Textilbelag fest beklebt ist. Gerade zu solchen Teppichböden sind zusätzliche (Gummi-)Fußmatten, die das Winterstreusalz auffangen können, dringend zu empfehlen. Zeigen feuchte Flecken im Teppichboden trotz längerer Trockenperiode, daß Salzreste in der Bodenmatte sitzen – Salz zieht immer wieder Feuchtigkeit aus der Luft an –, läßt sich eine wasserüberschwemmende Bodenwäsche kaum vermeiden, damit das Salz herausgeschwemmt wird und nicht mehr weiter rostfördernd wirkt. Nehmen Sie die zumeist im Wagenboden sitzenden großen Wasserablaufstopfen heraus, schwemmen Sie den Wagenboden voll Wasser, eventuell dabei den Textilboden mit Feinwaschmittel – aber nicht mit Auto-Shampoo! – reinigen, so gut wie möglich austrocknen und den Wagen mindestens einen heißen Tag lang mit weit offenen Türen stehen lassen. Sonst riecht es am Boden bald wie in einem Kartoffelkeller.

Ist der Bodenbelag nicht angeklebt, wird er herausgenommen, wie die Fußmatten gereinigt und der Blech-Boden feucht gewischt, nachdem zuvor mit einem harten Pinsel und Kehrblech oder Staubsauger auch der letzte Schmutz aus den Winkeln geholt wurde.

Wagenboden verrostet?

Auch wenn der Bodenbelag aufgeklebt ist, sollten Sie einmal die Kanten hochheben und mit kritischem Blick darunter schauen. Kein Rost zu sehen? Das wäre fein. Hat sich der Teppich aber wegen fortschreitender Unterrostung bereits teilweise gelöst oder zeigen die Ecken Rost, dann ziehen Sie den Bodenbelag entschlossen ab.

Danach Rost sorgsam abschleifen – hoffentlich schauen Sie dabei nicht direkt auf den Straßenboden –, mit »Corroless-Roststabilisator« (Seite 156) streichen und später z. B. mit Chlorkautschuklack überziehen. Darauf wird schließlich wieder der einwandfrei trockene Bodenbelag geklebt, z. B. mit »PVC-Kleber« von Teroson. Andernfalls rollt sich der Bodenbelag, wenn man ihn lose einlegt.

Klarsicht durch die Windschutzscheibe

Die von der Heizungsanlage durch die Entfrosterdüsen auf die Windschutzscheibe geblasenen Abgase anderer Fahrzeuge, der Straßenstaub, der Tabakqualm und ganz besonders die Weichmacherausdünstungen der Armaturenbrettoberseite bei starker Sonneneinstrahlung bilden einen außerordentlich hartnäckigen Schmutzfilm auf der Windschutzscheiben-Innenseite. Da reicht ein Glasreiniger für den Badezimmerspiegel oder die Hausfenster nicht aus. Oder genauer: Sidolin, der Haushaltsfensterreiniger, reicht nicht, es muß schon Sidol sein. Tatsächlich bewährt sich Großmutters Messingsputzmittel Sidol auf den Autoscheiben, außen wie innen (Auf keinen Fall darf es aber »Sidol spezial« für Edelmetall sein! Das bildet einen Schutzfilm, der später kaum noch zu beseitigen ist). Hier ist also ausnahmsweise einmal ein Hausputzmittel auch für den Autoputz gut.

Sidol enthält Salmiak und darf darum auf keinen Fall auf Plastik geraten. Dort bildet es nicht mehr zu beseitigende weiße Flecken. Deshalb ist für Scheibenaußenreinigung leichter zu verwenden als innen. Wenn es aber innen benutzt wird, muß die Armaturenbrettoberseite sehr sorgfältig mit Pappe abgedeckt werden (durch Lappen kann es durchsickern und doch Flecken machen!).

Antibeschlagmittel

Frisch geputzte Autoscheiben beschlagen bei der nächsten feuchten Witterung besonders intensiv, denn es ist kein Schmutz mehr da, der die Feuchtigkeit ein wenig aufsaugen könnte. Deshalb muß ein Antibeschlagmittel auf den gereinigten Scheiben innen verrieben werden. Diese Mittel, ob Spray oder Paste, »entspannen« die Feuchtigkeitströpfchen, die keine undurchsichtige Wasserperlenfläche, sondern eine durchsichtige Wasserschicht bilden, solange die Feuchtigkeitsaufnahmefähigkeit ausreicht. Das ist der Trick der Antikondensmittel.

Wie lange die Behandlung ausreicht, richtet sich darum nicht nach den auf der Verpackung aufgedruckten Wochen, sondern nach der Menge der Feuchtigkeit, die das Antibeschlagmittel verkraften soll. Also bei Trockenheit hält's wochenlang, im feuchten Herbst nur wenige Tage.

Dazu schadet es nichts, wenn später in der Seitentasche der Türverkleidung ein Antibeschlagtuch mitfährt. Wenn das Antikondens verbraucht ist und die Scheiben beschlagen, ist es schnell zur Hand, zumal das Tuch bei feuchter Scheibe wirkungsvoller ist. Beim Wischen soll ein dünner Schaum auf der Scheibe sichtbar werden, dann ist es richtig. Aber lange hält die Wirkung eines Klarsichttuches nicht vor, und es nutzt überhaupt nichts mehr, wenn es nicht sofort nach jedem Gebrauch wieder in seiner Klarsichthülle verpackt wird. Offen liegend trocknen seine Wirkstoffe schnell aus. Dann ist es, nach sorgsamer Wäsche, aber weiter als Poliertuch zu verwenden.

Viel Plastik im Auto

Im Bildtext auf Seite 13 oben ist schon auf die Unterschiede zwischen Plastikpflegern oder -reinigern und Glanzsprays hingewiesen. Abgesehen von der sehr unterschiedlichen Reinigungswirkung – Glanzsprays kaum, Reiniger viel – gibt es eine wichtige Besonderheit: Nach dem Auspolieren eines Plastikreinigers kann die ganze Plastikpolsterung elektrostatisch aufgeladen sein, und bevor Sie einmal um Ihr Auto gegangen sind, liegt das ganze Armaturenbrett voller Staub, elektrisch aus der Luft herbeigerissen. Das kann ein guter Glanzspray durch eine Antistatikkomponente verhindern. Plastikreiniger und Glanzspray müssen also nacheinander verwendet werden.

Die Plastikreiniger kann man natürlich sowohl für das Armaturenbrett wie auch für alle Plastikseitenteile, Türverkleidungen, Hutablagen usw. verwenden. Die Plastik-Glanzsprays dürfen aber nicht für Lenkräder oder Plastik-Sitzflächen benutzt werden! Zum Beispiel die Firma »1z« warnt sogar ausdrücklich davor, denn auf dem damit glatt gewienerten Plastiksitz fährt der Hosenboden Schlitten, und das ist gegen die Verkehrssicherheit. Und ein damit zu Glanz gebrachtes Lenkrad ist nicht mehr griffig.

Sitze reinigen

Moderne Autositze bestehen weder ganz aus Plastik-, noch ganz aus Textilbezug. Zumeist haben sie in der Mitte einen sitzklimatisch angenehmeren Textilstreifen und beidseits am Rand je einen breiten verschleißfesten Plastikstreifen. Für die Plastikteile sind natürlich die Plastikreiniger zuständig. Die Polstermitte läßt sich auch mit manchen Plastikpflegern behandeln, doch das muß auf dem Verpackungsaufdruck klar erkennbar sein. Besser ist andernfalls ein spezieller Polsterreiniger, zumeist ein »Schaumspray«, mit dem die Textilteile »trocken« gereinigt werden. Wenn davon etwas auf den Kunststoff kommt, schadet es nichts, umgekehrt kann es eher gefährlich werden.

Flecken im Polster

Wie schon im Bildtext auf Seite 14 beschrieben, dürfen im Auto die haushaltüblichen Fleckenwasser, Aceton, Reinigungsbenzin, Spiritus oder Tetrachlorkohlenstoff auf keinen Fall verwendet werden. Kunststoffe und Plastik können von diesen scharfen Mitteln angelöst werden, und als Ergebnis hat man keine frisch gereinigte Fläche, sondern nicht mehr reparierbare Flecken und Dehnungswellen im Material.

Pflegemittelbeispiele zur Innenreinigung

Art und Bezeichnung	Herstellerhinweise	Erfahrungen
Scheibeninnenreiniger	(alle auch für Außenseite, alle auch »Silikon-Entferner«)	
Sidol (Messingputzmittel)	Sidol auf Lappen geben, Scheibe damit abreiben, trocken nachpolieren	Preiswertes und unübertroffenes Autofenster-Reinigungsmittel. Nicht auf Plastik tropfen lassen!
1z Glasklar Spray (Nebelartiger Schaum)	Für innen und außen, Insekten- und Silikonentferner	Läßt sich am besten mit feuchtem Tuch oder Schwamm verarbeiten.
Aral Scheibenklar (Schaumspray)	Greift am Fahrzeug verwendetes Material nicht an	Besonders lang haftender Schaum mit guter Lösewirkung
Antibeschlagmittel	(Vor Anwendung Scheibe innen reinigen)	
Liqui-Moly fix-klar Spraydose	»Langzeitwirkung« für außen und innen	Zugleich Scheibenreiniger. Zu scharfer Sprühstrahl
1z Anti-Beschlag (Spraydose)	Wirkung »langfristig«	Armaturenbrett gegen Spritzer schützen
Johnson Klarsichtspray (Spraydose)	Wirkung »bis zu 3 Wochen«	Armaturenbrett gegen Spritzer schützen
A-21-C Anti Kondens (Paste)	Wirkung »zwei bis vier Wochen«	Neigt leichter zur Streifenbildung, hat aber längere Wirkung als andere Mittel
Plastik-Pfleger	(in der Regel mit feuchtem Spezialschwamm verarbeiten)	
BP Plastik (Sahniger Schaumspray)	Reinigt schonend und verleiht trockenen Glanz	Reinigerschaum auf Schwamm geben, dann verarbeiten
Johnson Plastik-Reiniger (Schaumspray)	Konzentrierter Reinigungsschaum	Schaum direkt aufsprühen, dann mit Schwamm verarbeiten
Polifac Auto-Spezial-Reiniger Flüssigspray	Entfernt Insekten, Teer, Öl, reinigt Kunststoffe, Kunststoff-Polster, Vinyldächer	Zu vielseitiges Mehrzweckmittel. muß »zu vielen Herren dienen«.
Polifac Kunststoff-Reiniger (Spritzflasche)	Für Kunststoffbezüge, Vinyldächer, textile Gewebe	Spezieller und daher auf Plastik wirkungs- voller als »Polifac-Spezial-Reiniger«.
1z Plastic Reiniger (Sahnige Flüssigkeit)	Für Auto und Haushalt, Plastik und Kunstleder	Nur Reinigungswirkung, eventuell mit »1z Cockpit« nacharbeiten
Aral Plastik Reiniger (Helle Flüssigkeit)	Reinigt intensiv Plastik, Kunststoff und Kunstleder	Vorwiegend Reinigungswirkung, eventuell mit »Aral Cockpitpflege« nacharbeiten
Rex Plastik + Kunstleder Reiniger (Schäumende Flüssigkeit)	Zur gründlichen und schonenden Reinigung	Bildet auf feuchtem Schwamm Reinigungsschaum
Pingo Plastik-Reiniger (Kanister)	Wirkstoffkonzentrat zur Reinigung	Speziell als Reiniger entwickelt, weniger Konservierung
Pingo Plastik Glanz (Kanister)	Zur Auffrischung	Speziell zur Plastikauffrischung, weniger Reinigungswirkung
Plastik-Glanzspray	(sind keine Reiniger)	
1z Cockpit	Zur Auffrischung aller Plastikteile außer Sitzflächen und Lenkrad	Auch für Koffer und Aktentaschen sehr gut; für Sitze zu glatt
Pingo Cockpit Spray	Für Cockpit und Vinyl- Autodächer	Bei Verschmutzung mit Plastik- reiniger vorarbeiten
Caramba Cockpit Spray	Antistatisch wirkende Verjüngungskur	Gut vernebelnder Sprühkopf
Aral Cockpitpflege	Bei Schmutz mit Aral Plastikreiniger vorarbeiten.	Für Sitzflächen zu glatt. Gute Gebrauchsanweisung
Polsterreiniger	(Schaumspray, alle auch für Plastik und Kunststoffe)	
Pingo Reinigungs-Schaum (Schaumspray)	Hinterläßt keine klebrigen Rückstände	Nach einigen Minuten Einwirkungs- zeit feucht nachwischen
Fleckentferner	(sind keine Polsterreiniger!)	
K2r Flecken Spray K2r Fleckentferner (Spray oder Paste)	Nicht für Gummi, Lastex, Plastik, Leder. Farbechtheit vorher prüfen	Vollkommen austrocknen lassen, erst danach trocken abbürsten. Vorheriges Reiben drückt das Saugpulver in die Fasern: Helle Fleckenringe

Eine Ecke, die beim großen Autoputz gar zu leicht vergessen wird: Der Türausschnitt, vor allem dort, wo die Türscharniere angeschlagen sind. Nach der Innenreinigung und vor der Wagenwäsche sollte man dort mit Wasser, Waschpinsel und einer kräftigen Zugabe Auto-Shampoo den schmierigen Schmutz wegwaschen, mit fließendem Wasser nachspülen und trocknen. Zuletzt Türscharniere und Türfeststeller schmieren, wenn dies vorgesehen ist.

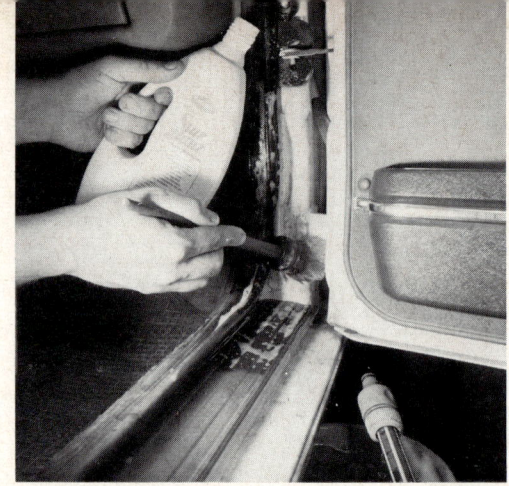

Bei Kunststoff und Plastik müssen deshalb hartnäckige Flecken durch mehrfaches Behandeln mit einem kräftigen Plastikreiniger beseitigt werden, aber die Farbe kann darunter leiden. Vielleicht geht es auch mit Seife, Wasser und Handwaschbürste – das muß eventuell probiert werden.
Für Flecken in Textilbezügen im Auto haben wir bislang nur den Fleckentferner »K2r« entdeckt, den es sowohl als Spraydose wie als Paste aus der Tube gibt. Wie er angewendet wird, zeigt das Bild auf Seite 14.

Gegen den Mief

Flecken haben manchmal einen etwas unseriösen Ursprung. Harmlos ist's noch, wenn dem Junior die Eiscreme auf den Bodenteppich rutschte. Aber wenn ihm bei der Paßfahrt in den ewigen Kurven hinten im Wagen schlecht wurde, dann duftet der Wagen nachher, besonders wenn er laternengeparkt werden muß, innen nicht gerade nach Rosmarien und Myrthenzweig. Dagegen gibt es etliche Raumsprays mit dem Duft nach Sauberkeit und Frische, nach Heu oder sonstwas Gutem. In der Regel stinkt dann aber nur ein Duft gegen den anderen an und, die Frage ist, wer Gesamtsieger bleibt. Meist der Mief. Auch für diesen Fall haben wir bei »K2r« ein überraschend gutes Mittel gefunden: Es nennt sich »K2-Dress-Lüfter«. Dieser Spray wird auf die Quelle des miesen Duftes gesprüht und betätigt sich dort als echter Geruchstöter. Es soll sich auch bei schlecht gegerbten Autositzfellen bewährt haben, muß dort allerdings nach einigen feuchten Tagen wiederholt werden, denn fehlende Gerberlohe kann der »Dress Lüfter« auch nicht ersetzen.

Dichtleisten pflegen

Zum Schluß noch einen Blick auf die Dichtleisten um die Türen. Sie sind elastisch und brauchen, vor allem im Winter gegen das Zufrieren, einen Gummipfleger oder einfach Glyzerin. Gummipfleger gibt es in Sprühdosen, hauptsächlich zum Aufputzen der Reifenseiten. Dazu braucht man eine breit nebelnde Sprühdüse. Dann ist sie für die schmalen Dichtleisten zu breit. Aber Aral packt in den Deckel seiner Gummipflege-Sprühdose zwei unterschiedlich sprühende Sprühköpfe – das ist praktisch.
Übrigens: Gummipfleger sind nicht zur Plastik- oder Vinyldachpflege, auch nicht zur Pflege von Stoßstangen- oder Zierleistenauflagen aus Kunststoff geeignet. Es sei denn, auf der Sprühdose ist diese zusätzliche Pflegemöglichkeit ausdrücklich vermerkt.

Fingerzeig: *Denken Sie beim großen Autoputz auch mal an den Kofferraum: Ganz ausräumen, Reserverad-Druck nachprüfen und alles säubern.*

Das Bad am Samstagnachmittag

Haben Sie die Innenreinigung Ihres Wagens hinter sich? Auf Seite 11 ist beschrieben, warum sie der Wagenwäsche vorausgehen sollte.
Nun denn, wenn es soweit ist, machen Sie alle Fenster und Türen am Auto dicht zu, denn naßgespritzte Polster sind zwar kein Unglück, aber auch kein Vergnügen, wenn man sich anschließend drauf setzen muß.

Jetzt kann das Waschfest beginnen. Dazu braucht man, soll der Lack geschont werden, keineswegs unbedingt ein Auto-Shampoo (darüber sprechen wir erst im Lackpflegekapitel, das hat noch lange Zeit), aber Sie brauchen viel und noch mehr Wasser! Wenn die entsprechenden Voraussetzungen bestehen, ist der Wagenwäsche mit fließendem Wasser aus dem Schlauch unbedingt der Vorzug zu geben. Auch der Tankwart wäscht den Wagen mit dem Wasserschlauch, und in einer guten automatischen Waschanlage strömen gar mehr als 200 Liter Wasser (die allerdings gefiltert immer wieder verwendet werden) über den Wagen, denn nur reichliches Wasser vermag den Schmutz lackschonend abzuschwemmen. Der Schmutz darf nämlich nicht abgerieben werden, sondern die Schlauchbürste oder der Schwamm darf ihn nur lockern, so daß ihn das strömende Wasser abschwemmen kann.
Reibt man den Schmutz statt dessen mit wenig Wasser ab, wie man das so meist am Samstagsnachmittag am Straßenrand beim spärlichen Eimer Wasser beobachten muß, dann schmirgeln feine Staub- und Sandkörnchen im verschmutzten Schwamm über den Lack und zerkratzen ihn unvermeidbar. Nach den ersten Lackmißhandlungen dieser Art ist zwar noch nicht viel Schlimmes zu sehen, aber wenn der Wagen auf diese Weise ein halbes Jahr allwöchentlich gewaschen wurde, ist sein Glanz restlos hin. Dabei hat man sich doch so viel Mühe gegeben! Nur war es die falsche Mühe, denn deutlich ist vor allem gegen das Sonnenlicht die spinnenwebenartig geschmirgelte Lackoberfläche zu sehen. Deshalb: Viel und noch mehr Wasser!

Viel Wasser schont den Lack

■ Wichtig ist also an erster Stelle ein **Gartenschlauch**, wenn ein Wasseranschluß verfügbar ist. Ein Metallmundstück sollte man am Schlauch vermeiden, denn eine unbeabsichtigte Berührung des Wagens damit gibt gleich einen bösen Kratzer. Praktisch sind die modernen Schlauchkupplungen aus Kunststoff, wie sie von der Firma Gardenia angeboten werden. Besonders bequem wird die Wagenwäsche mit einem auf die Schlauchkupplung gesteckten Druckstrahl-Reiniger von APA (Bild übernächste Seite).
■ Mindestens **1 Wassereimer** ist notwendig, um z. B. den Schwamm für eine eventuelle Shampoowäsche mit Wasser vollzusaugen oder das Fensterleder auszuwaschen. Steht kein Wasserschlauch zur Verfügung, brauchen Sie mindestens 2 oder gar 3 Wassereimer aus Kunststoff. Mit Zinkeimern kann es Kratzer am Auto beim eifrigen Werkeln geben.

Das notwendige Handwerkszeug

Für die Wagenwäsche brauchen Sie doch mehr als nur ein Wassereimerchen (2) und einen Schwamm (3). Wir möchten Ihnen deshalb einen geeigneten Wasseranschluß mit dem dazu notwendigen Gartenschlauch (1) empfehlen, damit die Wagenwäsche durch das fließende Wasser schonend stattfindet. Die Wassereimer – mehrere! – (2) sollten aus Kunststoff sein, damit es keine Kratzer am Autoblech gibt. Der Schwamm zum Waschen (3) sollte ein großporiger Naturschwamm sein, jener zum Beseitigen der Fliegenleichen (7) dagegen ein grobporiger und »harter« Nylonschwamm. Zum Lösen des groben Schmutzes brauchen Sie eine langstielige Waschbürste (4), zum Reinigen der Ziergitter eine schmale »Riesenzahnbürste« (5). Schließlich darf ein dicker Waschpinsel (8) nicht fehlen. Sparen Sie auch nicht an den Kosten für ein wirklich gutes echtes Fensterleder (6).

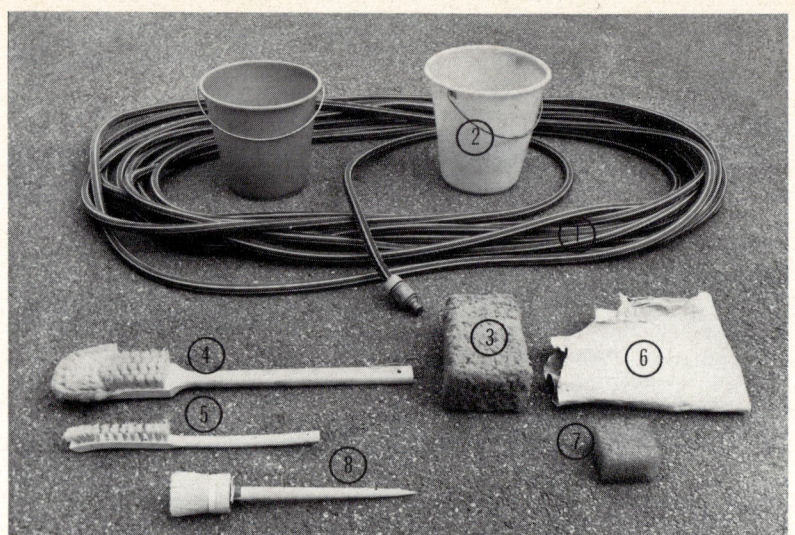

■ Zum Abschwemmen des Schmutzes stehen **Schlauchbürste, Waschhandschuhe** und **Schwamm** zur Auswahl. Am einfachsten ist die auf den Schlauchanschluß gesteckte **Waschbürste**, die beim Waschen ständig von Wasser durchflossen wird. Sie muß aber lange, weiche und dicht stehende Borsten haben, sonst gibt es eine streifige Wascherei, weil die Borsten nicht die gesamte überwischte Fläche erfassen. Eine gar zu billige Waschbürste nützt also nicht viel. Kaufen Sie sich auch keine Autowaschbürste für einschiebbare Autoshampoo-Stäbchen – oder benutzen Sie dazu diese Seifenstückchen nicht – sie laugen den Lack aus.

Sehr praktisch ist auch ein **Waschhandschuh**, den man sich selbst ohne weiteres aus einem langhaarigen Stück Fell, z. B. einem alten Autositzfell, schneidern oder kaufen (knapp 6,– DM) kann. Basteln oder kaufen Sie sich aber keinen Waschhandschuh aus synthetischem Fell, denn die synthetischen Pelzfasern saugen kein Wasser auf (sowenig wie dies ein Scheuerlappen aus Nylongewebe tun würde) im Gegensatz zu Naturpelz. Und viel Wasser ist nötig. Er muß immer wieder in den vollen Wassereimer getaucht werden, um den Schmutz zwischen den Haaren herauszuschwemmen.

Es geht auch mit einem Schwamm, am besten mit einem großporigen **Naturschwamm**. Nicht geeignet sind dagegen feinporige Gummi- oder Kunststoffschwämme – sie schmirgeln den Lack, weil sie den Schmutz in ihren feinen Poren festhalten. Aus gleichem Grund sollten Sie auch nicht zu einem alten Turnhemd oder den Restbeständen einer Unterhose als Wagen-Waschlappen greifen, es wäre Sparsamkeit am falschen Platz. Sie werden bei Ihrer Auto-Heimwerkerei noch genügend Lappenverbrauch bei anderen Gelegenheiten haben.

■ Da wir gerade bei den Schwämmen sind, so empfiehlt sich noch ein sogenannter **Fliegenschwamm**, der mit seinen groben Poren richtig »rauh« ist und allen Fliegenrest-Wegkratzversuchen mit Schraubenzieher (um Gottes willen!), Holzspan oder Fingernägeln (gibt auch noch Kratzer!) vorzuziehen ist.

■ Eine langstielige **Waschbürste** brauchen Sie für die Felgen und Radkastenteile, denn an diesen stark verschmutzten Stellen sollen Sie natürlich nicht Ihren teuren Schwamm zerschinden und mit Fett verschmieren.

■ Ist der Frontgrill ihres Wagens stark zerklüftet, ist zu dessen Reinigung eine Art **Riesenzahnbürste** (siehe Bild oben) nützlich. Durch sie kann man die Finger

Besonders bequem ist die Wagenwäsche mit einem APA-Druckstrahlreiniger. Er wird mit den üblichen Kunststoffkupplungen auf den Gartenschlauch gesteckt. Die abgewinkelte Düse läßt sich vom scharfen Wasserstrahl bis zur milden Brause verstellen. Allerdings kostet der Druckstrahlreiniger rund 30,– DM und das hier zusätzlich aufgesteckte Verlängerungsrohr noch mal rund 15,– DM.

Erleichtert wird damit vor allem die wichtige Unterwagenwäsche, und man wird selbst nicht so pudelnaß wie bei einem einfachen Gartenschlauch. Auch ist der Apparat sehr gut als Gartenbrause zu verwenden und das Abwaschen von Hauswänden oder Garagentoren ist damit auch angenehmer.

Beachten Sie, wie hier der Radkasten gereinigt wird: Rad zur besseren Bewegungsfreiheit demontiert und die Schraubenlöcher mit den Radschrauben verschlossen, damit die Bremse nicht völlig unter Wasser gesetzt wird.

von den scharfkantigen Frontgrillstäben und -leisten fernhalten und braucht sich auch den Schwamm nicht daran zu zerschneiden.

■ Nun kommt noch ein größerer Griff in die Haushaltskasse – so billig ist also auch die Heimwerker-Autowäsche nicht, wenn der Lack geschont werden soll –, denn Sie brauchen zum Trocknen des Wagens auf jeden Fall ein großflächiges echtes **Ziegen- oder Rehleder**, und das kostet in der vernünftigen Arbeitsgröße von etwa 50 × 50 cm mindestens 23,– DM! Sie können sich statt einer teuren Autowaschbürste einen preiswerten Viskoseschwamm kaufen, aber am Waschleder gibt es nichts zu sparen. Alle Kunst- und Ersetz-Fensterleder taugen nicht viel und lassen durchweg feine Wasserstreifen oder einen nebelartigen Belag zurück. Das trocknet fleckig an und erschwert auch eine eventuell anschließende Lackpflege. Nehmen Sie es auf die Haushaltskasse, denn die Hausfrau wird schnell dahinterkommen, daß sich mit solch einem echten Fensterleder auch die Wohnungsfenster viel leichter und besser putzen lassen.

Solch ein Naturleder ist empfindlich wie Schafwolle, die auch, das weiß die erfahrene Hausfrau am besten, nicht auf der Heizung getrocknet oder ausgekocht werden darf – sie würde hoffnungslos einschnurren und verfilzen. Das Naturleder würde spröde und unbrauchbar. Deshalb das Fensterleder nach jedem Gebrauch gründlich auswaschen, auswringen und ausgebreitet so aufhängen, daß

Das Frontgitter, oft von vielen Insektenleichen verschmiert, läßt sich mit Schwamm oder Lappen nur schlecht reinigen, denn an den scharfen Kanten des Ziergitters reißen sie leicht in Fetzen. Auch an den Fingern holt man sich dort leicht Schnittwunden. Am besten ist dazu eine schmale Bürste, eine Art überdimensionaler Zahnbürste, mit der man bei fleißiger Wasserzugabe gut zwischen die Zierleisten gelangt. Solch ein Werkzeug kostet im Bürstengeschäft kaum mehr als eine Mark.

Solches Wochenend-Geplantsche im Sonnenschein sieht eigentlich recht fröhlich aus, doch schadet es in dieser Art dem Wagen. Der harte Wasserstrahl reißt die Schmutzteilchen über den Lack, so daß hauchfeine Kratzer entstehen, die mit der Zeit dem Lack seinen Glanz nehmen.

Das Wasser braucht für die Außenseite des Wagens nur mäßig und ohne Druck aus dem Schlauch zu fließen. Nur für die Felgen, Radkästen und das Fahrwerk ist der ganze Wasserdruck nützlich wie z. B. beim Ausspritzen der Radkästen im Bild auf der Vorseite.

Auch die Sonne sollte bei der Wagenwäsche nicht zuschauen, denn dies schadet dem Lack, weil er durch die schockartige Abkühlung ganz fein reißen kann, die Sonne durch die Wassertropfen wie durch Brenngläser auf den Lack sticht und dabei antrocknende Feuchtigkeit schwer auspolierbare Wasserflecken hinterläßt und eventuell verwendete Wagenwaschmittel zu aggressiv den Lack auslaugen können.

es langsam trocknen kann. Bei Dauernässe würde es faulen. Soll es gereinigt werden, darf es auf keinen Fall in Benzin ausgewaschen werden, auch stark fettlösende Wasch- oder Spülmittel verderben es. Richtig ist dagegen das Auswaschen mit fetter Kern- oder Schmierseife oder mit Seifenflocken in lauwarmem Wasser und anschließendes tüchtiges Ausspülen. Nur so behält es seine Saugfähigkeit und Geschmeidigkeit.

■ Nützlich ist schließlich noch ein **Waschpinsel**, dessen Borsten nicht mit Metall eingebunden sein sollten, da er auch für die Motorwäsche benutzt werden soll. Da könnte es durch Metall Kurzschlußfunken geben, was bei Benzin im Pinsel keine Freude macht.

Waschen mit dem Schlauch

Zum Abledern des Wagens brauchen Sie ein echtes Ziegen- oder Rehleder, auch wenn das nicht billig ist. Denn alle Kunst- und Ersatz-Fensterleder taugen nicht viel. Sie sind zumeist auch zu klein, denn ein Waschleder soll mindestens 50 × 50 cm groß sein. Damit wird, wie's Brixie zeigt, das Wasser vom Lack breitflächig abgezogen. Zwischendurch muß das Leder immer wieder im bereitstehenden Eimer mit sauberem Wasser tüchtig ausgewaschen werden, damit kein Restschmutz darin hängen bleibt.

Bei der Aufzählung des Waschgerätes haben wir schon betont, daß die Schlauchwäsche die beste Wagenwäsche ist. Aber trotz der Forderung nach viel Wasser muß die nächste Umgebung nicht zum Teich verden. Wenn nicht gerade die Radkästen ausgespritzt oder Teile des Fahrgestells gereinigt werden, braucht der Wasserhahn gar nicht weit aufgedreht zu werden. Ein mäßig und ohne Druck aus dem Schlauch fließender Wasserstrahl ist gerade richtig. Damit wird zuerst die ganze Außenhaut des Wagens »eingeweicht«. Das löst die feste Bindung des Schmutzes auf dem Lack, aber selbst ein scharfer Wasserstrahl

Das ist die Wagenwäsche, die man alltäglich sieht und die so gut gemeint ist, aber dem Auto gar nicht gut bekommt: Ein kümmerliches Wassereimerchen, in dem die Waschbrühe schnell verschmutzt, worauf der darin enthaltene Staub und Sand immer wieder über den Lack geschmirgelt wird, was der natürlich gar nicht mag. Und dazu noch alle Wochenende ein kräftig schäumendes Schampoo, das den Lack elend »ausmagert«. Ein solcherart mit Fleiß »gepflegtes« Auto schaut nach zwei Jahren matt und traurig aus im Vergleich zu einem Wagen, dessen Besitzer sich derweilen auf die faule Haut legte und sein Auto nur vom gelegentlichen Regen waschen ließ. Das klingt unwahrscheinlich, ist aber so. Sie machen das besser, wie es für die Eimerwäsche auf dieser Seite unten im Bild gezeigt ist. Und Auto-Shampoo benutzen Sie nur ganz selten, wenn es wirklich notwendig ist, aber keinesfalls alle Woche!

kann den feinen Schmutz nicht davon trennen. Alle diesbezüglichen Versuche sind vergeblich, und der lediglich dabei abgerissene grobe Schmutz fegt mit dem scharfen Wasserstrahl lackschmirgelnd über die Fläche. Und Sie wollten den Lack doch gut erhalten, nicht wahr?

Ist der Wagen »eingeweicht«, kommt als zweiter Arbeitsgang die eigentliche Wäsche mit Schlauchbürste, Waschhandschuh oder Schwamm. Bei der Schlauchbürste schwemmt das durchfließende Wasser automatisch den Schmutz weg, bei Waschhandschuh und Schwamm muß die Schlauchmündung in der anderen Hand dicht dabei sein, so daß die bestrichene Fläche gut wasserüberschwemmt ist. Außerdem werden Waschhandschuh oder Schwamm nach jedem zweiten oder dritten Strich – je nach Verschmutzung – in den vollen Wassereimer getaucht und ausgeschwemmt, damit sich kein schmirgelnder Schmutz in den Schwammporen oder zwischen den Pelzhaaren festsetzen kann.

Natürlich wäscht man den Wagen am Dach beginnend und bewegt sich dann rund um den Wagen, um kein Teil zu vergessen. Zuletzt werden der Frontgrill, das Heck (dort sitzen um die Stoßstangen die schwerer zugänglichen Schmutzecken) und die Räder mit der Waschbürste und der Super-Zahnbürste (um die Reifenventile herum) gereinigt. Auf Windschutzscheibe, Frontseite und Schein-

Nicht jedermann kann in Hof, Garten oder auf dem Platz vor der Garage einfach einen Wasserschlauch anschließen. Viele müssen, wenn sie ihren Wagen waschen wollen, deshalb zum Eimer greifen. Aber das ist zu wenig! Es müssen mindestens zwei Eimer und noch besser – wenn man einen helfenden Wasserträger zur Hand hat – drei Eimer sein, um das dringend notwendige viele Wasser herbeizuschleppen. So schwer es auch fällt, bei der Eimerwäsche ist das Wasserschleppen der wichtigste Teil der Arbeit.

Auch hier wird gar zu emsig mit Shampoo gearbeitet. Aber immerhin ist offensichtlich trübes Wetter, sonst könnte eine strahlende Sonne leicht unschöne Wasserflecken in den Lack brennen.

Übrigens: Viel Schaum ist kein Qualitätsbeweis für die Reinigungskraft eines Shampoo. Es ist wie bei der prächtig schäumenden Rasierseife: Sie ist nicht das beste Handwaschmittel.

werfergläsern schaut man dann, ob auch aller Fliegenschmutz beseitigt ist und arbeitet notfalls noch mal mit dem Fliegenschwamm nach (und nicht mit irgendeinem Schabe-Gerät!).

Wagen abledern

Das Trocknen des frisch gewaschenen Wagens läßt sich nur bei Regenwetter sparen (bei dem man sich nicht durch den Gedanken »wird ja doch gleich wieder schmutzig« von der Wagenwäsche abhalten lassen sollte), denn das von der Luft angetrocknete Waschwasser würde mit der Zeit unvermeidbar einen grauen Film oder Tropfenflecken auf den Lack bringen. Das ist besonders ärgerlich bei dunklem Lack. Es liegt daran, daß im Leitungswasser immer mehr oder weniger Kalk enthalten ist.

Deshalb kommt als dritter Arbeitsgang der Wagenwäsche das Trocknen mit dem Fensterleder. Daß es ein echtes Naturleder sein muß, haben wir bereits erwähnt. Das wird vor Gebrauch ins Wasser getaucht, gut ausgewrungen, denn trocken saugt es kein Wasser auf. Zum Abledern in seiner ganzen Größe über die Fläche ausbreiten und breit gespannt zu sich herziehen, damit es schnell geht und das Wasser nicht vorher doch noch selbst antrocknet. Dazwischen wird es immer wieder ausgespült und ausgewrungen, bis der ganze Wagen und die Scheiben nebelfrei trocken sind.

Die Eimerwäsche

Die wichtigste Arbeit der Eimerwäsche ist im Bildtext auf der Vorseite beschrieben: Mehrere Eimer und viel Wasser schleppen, damit der Schmutz nicht auf dem Lack verschmirgelt wird.

Zuerst wird der ganze Wagen mit Wasser übergossen, um den Schmutz aufzuweichen. Also auf keinen Fall sofort mit dem nassen Schwamm auf den trockenen Schmutz losgehen!

Beim zweiten Arbeitsgang stehen zwei gefüllte Eimer nebeneinander. Im ersten wird immer wieder der Schwamm ausgeschwemmt, dann ausgedrückt und schließlich im zweiten Eimer mit stets klarem Wasser vollgesaugt. Der Schwamm muß beim Abwaschen des Schmutzes immer patschnaß sein. Glauben Sie nicht, daß die Benutzung eines Auto-Shampoos auch nur im geringsten die Wassermenge ersetzt – Shampoo muß nicht sein, aber viel Wasser muß sein, mit oder ohne Shampoo (von dem wir sowieso erst im Lackpflegekapitel sprechen).

Besonders bei der Eimerwäsche brauchen Sie für Stoßstangen und Radfelgen entweder die Restbestände eines alten Schwammes oder die passenden Waschbürsten, denn den guten Schwamm sollte man sich an diesen Teilen nicht runieren.

Auch nach der Eimerwäsche wird der Wagen zum Schluß mit dem Waschleder breitflächig und sorgsam getrocknet.

Im Sommerhalbjahr sollten Sie bei der Wagenwäsche mit dem Wasserschlauch gelegentlich den Motorkühler mit scharfem Wasserstrahl von der Motorseite her ausspritzen. Denn durch den Fahrwind bleiben zwischen den Kühlerlamellen Insekten stecken und verkrusteter Staub lagert sich dort zusätzlich ab, so daß die Kühlwirkung stark beeinträchtigt werden kann.
Das Spritzen von der Frontseite her nutzt nichts, denn dadurch wird die Verschmutzung noch fester zwischen die Kühlerlamellen gepreßt.
Wird diese Reinigung immer wieder versäumt, kann der Kühler unter ungünstigen Bedingungen – große Hitze, Gebirgsfahrt mit Campinganhänger – ins Kochen geraten, weil es an der notwendigen Kühlluft fehlt.

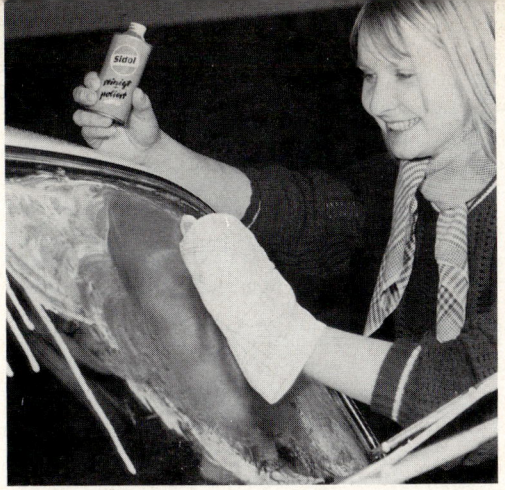

Großmutters Messingputzmittel, mit einem Lappen auf der Windschutzscheibe verrieben und dann blank poliert, ist der preiswerteste Windschutzscheibenreiniger, selbst gegen Dieselniederschlag und »Silikonpest« aus Lackpflegemitteln.

Verwechseln Sie aber dieses Sidol nicht mit Sidolin – dessen, auf Spiegel und Hausfenster abgestimmte Wirkung reicht nicht aus! – und erst recht nicht mit dem neuen »Sidol spezial« für Edelmetalle! Denn dieses Edelmetallputzmittel zieht einen feinen, aber überaus intensiven Schutzfilm auf die behandelten Gegenstände, der auf der Windschutzscheibe verheerende Sichtstörungen bewirkt und kaum noch zu beseitigen ist.

Vor der Anwendung von Sidol muß die Windschutzscheibe möglichst gut mit Wasser gereinigt werden. Bei anderen Windschutzscheibenreinigern, die einen Reinigungsschaum auf der Windschutzscheibe bilden, ist dies nicht notwendig. Sie sind deshalb für Scheibenreinigung unterwegs praktischer, wie z. B. »Aral Scheibenklar«. Siehe auch Tabelle Seite 17.

Sorgfalt bei der Windschutzscheibe

Natürlich müssen auch die Scheiben des Wagens gereinigt werden. Diesbezüglich wissen Tankwarte, daß man dazu nicht das Waschleder, das zum Trocknen der Karosserie dient, nehmen soll, weil sonst unweigerlich Spuren von Lackpflegemitteln auf die Windschutzscheibe übertragen werden. Das ist wichtig, denn bei Regen gibt es dadurch üble Schlierenbildung, die unter den Scheibenwischern die Sicht nimmt. Ein ordentlicher Tankwart verwendet deshalb ein sonst nicht benutztes gutes Fensterleder für die Windschutzscheiben. Doch Sie besitzen wahrscheinlich nur eines, und außerdem sollen Sie sowieso ganz zum Schluß der Windschutzscheibe eine »Abreibung« geben, die alle eventuellen Pflegemittel- und Dieselqualm-Rückstände beseitigt.

Fast alle Pflegemittelproduzenten bieten für diese Windschutzscheibenreinigung einen »Silikonentferner« an – Silikon haftet besonders hartnäckig –, der zumeist auch Insektenentferner ist. Als besonders wirkungsvoll und außerdem preiswert hat sich das eigentlich gar nicht dafür gedachte Messingputzmittel Sidol erwiesen (Bild oben).

Bei Berufskraftfahrern ist »Ajax Glas rein« für die Windschutzscheibenreinigung beliebt. Im Fahrzeuginnern sollte man diesen Salmiak-Reiniger wegen der Fleckengefahr nicht anwenden und auf der Außenseite Lack und Fensterumrandungen davor schützen.

Viele Windschutzscheibenreiniger, wie z. B. das recht wirkungsvolle »Anti-Silik«-Pulver von Caramba, machen eine vorausgehende Scheibenreinigung mit Wasser notwendig, damit der gröbste Schmutz und Fliegendreck schon mal beseitigt ist. Andere wieder funktionieren ohne Wasser und Schwamm, denn sie

An sich scheint es ja recht bequem, sein Auto an einem Bach oder See zu waschen, um das Wasserschleppen im Eimer zu ersparen. Aber erstens ist das natürlich streng verboten und wenn man erwischt wird, kostet es Strafe. Und zweitens sind auch viele Bäche und Flüsse derart mit Abwässern und Chemikalien verunreinigt, daß dies dem Lack mehr schadet als nützt. Das bedenken viele Leute nicht. Sogar an der Nordseeküste haben wir schon Leute ihr Auto sorgsam mit Meerwasser waschen sehen! Da stehen einem aber dann wirklich die Haare zu Berge.

bilden, wie z. B. »Aral-Scheibenklar« oder »Nigrin Scheibenreiniger-Spray« einen gut anhaftenden Schaum auf der Windschutzscheibe, der sich trocken wieder abreiben läßt. Deshalb sind diese Schaumsprays für die Windschutzscheibenreinigung unterwegs praktischer.

Fingerzeig: *Damit die nun kristallklar geputzte Windschutzscheibe nicht wieder bis zur nächsten Wagenwäsche durch Abgase und dergleichen verschmiert, sollten Sie dem Scheibenwaschwasser immer einen Reingungszusatz beigeben.*

Winterwagenwäsche nicht vergessen

Im Winter, so denkt gar mancher, wird der Wagen ja doch gleich wieder schmutzig, und außerdem ist in dieser kalten Zeit die Wagenwäsche auch so eine ungemütliche Veranstaltung. Natürlich unterläßt man sie bei hartem Frost, sonst frieren Türen und Schlösser ein. Aber sobald frostfreies Wetter herrscht, sollten Sie Ihrem verschmutzten Wagen eine Wäsche gönnen, denn der mit Auftausalzen vermischte Schmutz, der immer eine gewisse Feuchtigkeit beibehält, nagt scharf am Wagen. Er muß schleunigst und mit viel Wasser abgewaschen werden, und wenn Sie dazu eine automatische Waschanlage aufsuchen.

Automatische Waschanlagen

Im Grunde sind die automatischen Waschanlagen natürlich eine sehr schöne Einrichtung. In Minutenschnelle wird der Wagen gereinigt und blitzt und blinkt anschließend. Aber völlig bedenkenlos sollte man seinem Auto die Schnellwäsche nicht zumuten, wenn dabei auch ca. 220 Liter Wasser über die Karosserie rieseln. Die rotierenden – wenn auch sehr weichen – Waschbürsten bearbeiten den Lack recht intensiv. Bei einem stark verschmutzten Auto wird dem Dreck gar nicht Zeit gelassen aufzuweichen, und trotz der dabei verwendeten Menge Wasser kann die Lackoberfläche angegriffen werden. Das oft dem Wasser beigemengte »konservierende« Wachs dient mehr dem schnelleren Trocknen. Eine solche automatische Waschbehandlung ist für den Lack in gewissem Maße aggressiv, und vor allem soll man ein frisch lackiertes Auto aus einer derartigen Anlage fernhalten. Neuer Lack ist noch weich und keineswegs widerstandsfähig und darf nur mit reinem Wasser ohne Zusätze gewaschen werden.

Die Hersteller und Besitzer automatischer Waschanlagen behaupten vor allem von ihren neuesten Produkten, daß diese wesentlich lackschonender arbeiten als der selbstwaschende Heimwerker. Das gilt nicht für Sie! Denn wenn Sie sich aus unseren Ratschlägen über die Wagenwäsche das zu Herzen nehmen, wofür wir Lehrgeld gezahlt haben, ist Ihre Wagenwäsche bestimmt das lackschonendste Verfahren, daß es noch immer gibt. Viel Wasser ist dabei notwendig. Sagten wir es schon?

Autobesitzer, die ihr Fahrzeug immer in automatischen Waschstraßen reinigen lassen, erkennt man an den grundsätzlich dreckigen Türausschnitten (Bild Seite 18), denn dort und an ähnlich versteckte Stellen kommen die Waschbürsten ja nicht hin. Besser (und gründlicher) ist also noch immer die sorgsame Handwäsche und sie ist auch, wenn Sie die auf diesen Seiten gegebenen Ratschläge befolgen, stets lackschonender als die Wäsche selbst mit der modernsten Waschautomatik. Aber zwischendurch mal, wenn's schnell gehen muß – warum nicht? Ein nachlackiertes Auto sollte jedoch frühestens nach 6 Monaten eine Waschstraße zum erstenmal von innen sehen.

Die Seitenwände des Motorraumes und die Teile des Motors verlocken einen auf Sauberkeit erpichten Auto-Besitzer, auch hier Wasser und Schwamm walten zu lassen. Vorsicht ist dabei am Platze, denn bei einer unbedachten Überschwemmung des Motors sind Zündstörungen leicht einzuhandeln.

Vor der Motorreinigung müssen deshalb Verteiler, Vergaser (Luftfilter abnehmen und Vergasereinlaß zustopfen) und Zündspule mit Lappen oder Kunststoffbeuteln fest umwickelt werden, damit dort keine Feuchtigkeit einzieht. Andernfalls leitet beispielsweise die in den Zündverteiler gedrungene Feuchtigkeit den Zündfunken zur Masse ab, anstatt ihn in die Zündkerze zu schicken. Ist es doch passiert, hilft ein Aussprühen der Zündanlage, vor allem der Zündverteiler-Innenseite, mit einem »Isolier-Spray«, wie z. B. »Intact« von Aral, »4 × Silikon-Spray« von Molykote, »Liqui Multi« von Liqui Moly oder »Zündspray« von Pingo. Diese Mittel kriechen unter die Feuchtigkeit und stellen so die Isolierung wieder her.

Am besten beginnt man die Reinigung des Motors und des Motorraums mit einem Motor-Reiniger, wie er heute in den handlichen Spray-Dosen (z. B. von Aral, Shell, Esso, Pingo und Caramba) an vielen Tankstellen angeboten wird. Damit die verschmutzten Teile einsprühen, mit dem Waschpinsel nachreiben und nach kurzer Wartezeit mit vorsichtigem Wasserstrahl abspritzen. Die gereinigten Teile haben hinterher einen sauberen Glanz.

Versucht man statt dessen diese Reinigung mit Benzin oder Dieselöl, sieht nach dem Austrocknen alles grau und unansehnlich aus. Abgesehen davon vertragen Gummiteile diese Behandlung nicht.

Wenn Sie es ganz fein machen wollen, sprühen Sie nach sorgfältiger Trocknung des Motorraums zuletzt Motor, Zündanlage, Kabel und die Seitenwände des Motorraumes mit einem besonderen Motorschutzlack ein, z. B. von Pingo, Aral, Caramba oder »Teroson Plast-Glanz«. Das sind wärmefeste Klarlacke, die etwa eine halbe Stunde trocknen müssen und alle besprühten Teile mit einer harten Glanzschicht überziehen, so daß es unter der Motorhaube nicht nur grundsätzlich reinlicher aussieht, sondern auch Feuchtigkeit (Zündstörungen!), Rost und schnelle Wiederverschmutzung verhindert werden. Spätere Motorraumreinigungen werden danach müheloser.

Die Motorraumwäsche ist besonders nach dem Winter wichtig, wenn sich dort die metallfressenden Streusalzrückstände aus dem Spritzwasser abgesetzt haben.

Vielleicht wundern Sie sich, daß bis jetzt noch gar nicht von einem der zahllosen Waschmittel und Auto-Shampoos die Rede war, die in allen Tankstellen und Zubehörgeschäften einen großen Raum des Zubehörschrankes einnehmen. Das hat seinen Grund: Der allzu häufige Gebrauch der zahlreichen Wagenkosmetika hat das gleiche Ergebnis wie bei jungen Damen: ihre jugendfrische Haut braucht's eigentlich noch nicht, aber wenn sie damit beginnen, geht's nicht mehr ohne. Das nächste Kapitel unterrichtet Sie darüber, wie und wann diese Mittel angewendet werden. Wenn Sie augenblicklich noch keine Zeit zum Weiterlesen haben, waschen Sie ruhig Ihren Wagen derweilen mit klarem Wasser — Sie haben noch nichts versäumt.

Glanzvolle Darbietungen

Die Lackpflege beginnt schon mit der Wagenwäsche. Darum empfehlen wir auch so nachdrücklich, mit möglichst viel Wasser den Schmutz abzuschwemmen. Das schont den Lack und vermeidet jene mit der Zeit unvermeidbare häßliche »Mattierung«, wenn der ganze Schmutz immer nur mit einem Eimerchen Wasser mehr abgerieben als abgewaschen wurde.

Die reine Wasserwäsche ist so lange ausreichend, solange das Wasser über den sauberen Lack in kleinen Tropfen perlt und scharfe Ränder hat. Lackpflege wird notwendig, wenn das Wasser »teigig« mit unscharfen Rändern zerfließt. Das ist allerdings nur ein ungefährer Anhaltspunkt, denn auch bei Petroleum oder Öl auf dem Lack »perlt« das Wasser wunderschön ab. Trotudem ist in solch einem Falle Lackpflege dringend erforderlich, denn Petroleum und Öl greifen den Lack, besonders bei starker Sonneneinstrahlung, stark an.

Lassen Sie sich aber umgekehrt auch nicht sofort zu einer Lackpflege verleiten, wenn das Wasser zerfließt. Schauen Sie erst einmal genau hin: Ist der Lack auch wirklich sauber? Denn bereits eine feine Schmutzschicht hat eine derart stark saugende Wirkung, daß jedes Schmutzteilchen wie ein Löschblatt Wasser anzieht und dieses konturenlos in die Breite zieht. Die »Tropfenprobe« gilt also nur für sauberen Lack.

Fingerzeig: *Falls Sie dem Wasser der Scheibenwaschanlage einen wirkungsvollen Scheibenwascherzusatz beimischen, was heutzutage durchaus zu empfehlen ist, so entfettet dieser nicht nur während der Fahrt die Windschutzscheibe, sondern magert auch nachhaltig den in Spritzdüsenrichtung liegenden Lack des Wagendaches aus, weil ihn der Fahrtwind dort drüberfegt. Darum braucht der Lack des Autodaches in diesem Fall öfter und eher eine konservierende Lackbehandlung als etwa die Seitenwände des Autos.*

Dies ist eine einfache, wenn auch nicht hundertprozentige Kontrolle, ob der Lack ein Pflegemittel braucht: Perlt das Wasser, wie hier, in kleinen Tropfen über den sauberen Lack, ist weiterhin reine Wasserwäsche ausreichend. Wenn jedoch das Regenwasser keine Perlen bildet, sondern »teigig« und konturenlos verläuft, ist ein Lackpflegemittel empfehlenswert.
Irrtum ist möglich: Der Lack ist von Öldunst oder Petroleum verschmiert. Auch dann perlt das Wasser wunderschön, aber in diesem Falle ist Lackpflege besonders dringlich. Und umgekehrt: Anhaftender Schmutz zieht das Wasser in die Breite, obgleich der Lack darunter noch ausreichend konserviert sein kann.

Das »Arbeitsgerät« für die Lackpflege ist einfach: Lappen und Watte.

■ An weichen **Lappen** nach Art der Poliertücher braucht man eine ganze Menge, je weicher und flauschiger, um so besser. Handlich zurechtgeschnittene Stücke aus zerschlissenen Haushaltstextilien – etwa alte Frottiertücher, Trikot, weich gewaschener Cordsamt oder nicht mehr tragbare Wäsche, aber keine Nylon- oder Perlonreste, denn sie sind nicht saugfähig – sind durchaus brauchbar und ersparen die Anschaffung besonderer Poliertücher. Natürlich müssen sie zur Lackpflege einwandfrei sauber sein, denn Verschmutzungen durch Schweiß, Öl, Kraftstoff oder gar Lacklösemittel – ganz besonders gefährlich ist Aceton! – können den Lack schädigen, und schlichter Staub und Dreck in den Lappen zerkratzt den Lack anstatt ihn zu glätten. Es lohnt sich durchaus, besonders geeignete Lappen nach Gebrauch wieder auszukochen, denn mit frischen Lappen läßt sich leichter der Lack auf Hochglanz bringen als mit mehr oder weniger stark pflegemittelgetränkten Lumpen.

Bei der Lackpflege selbst sollten Sie in der Regel mit jeweils 3 Tüchern arbeiten: Als erstes den bereits von der Arbeit mit Pflegemittel durchtränkten Lappen zum »Einbalsamieren« des Lackes. (Dazu läßt sich auch Leinentuch oder zerschlissener Cordsamt verwenden). Den zweiten, der schon Spuren des Pflegemittels zeigen darf, zum Auspolieren. Und zum letzten Hochglanz einen möglichst frischen, besonders weichen Lappen, der die letzten Trübungen und Streifen hinwegfegt. Von Zeit zu Zeit werden die Lappen um eine Stufe »degradiert«, so daß immer ein frischer Lappen für die letzte Nacharbeit zur Hand ist.

Wie man Poliertücher faltet, um sie bis zum letzten Quadratzentimeter sparsam auszunutzen, zeigt unser Bild unten. Wenn Sie dagegen Ihre Poliertücher bei der Arbeit in der Hand zusammenknüllen. Sind Sie bald verschmutzt und nicht mehr rationell zu brauchen.

■ **Polierwatte** ist zur Lackpflege nicht unbedingt nötig, wenn Sie weiche und saugfähige Lappen haben, aber mit ihr ist zweifellos das letzte Auspolieren zum Hochglanz leichter. Es muß jedoch keine besondere »Autopolierwatte« sein, denn die ist meistens teurer (Autofahrer haben ja angeblich zu viel Geld zum Ausgeben) als die mindestens genauso gute Verbandwatte aus Kaufhäusern oder Discountläden. Seien Sie aber beim Abreißen einer frischen Lage Watte nicht zu sparsam – das Stück sollte so groß sein, daß es allseitig über Ihre Hand hinausragt, sonst erfassen Sie bei jeder Wischbewegung nur eine kleine Lackfläche und müssen um so länger arbeiten. Auch läßt sich ein größeres Wattestück öfter auseinanderziehen und neu »falten«, so daß diese »Großzügigkeit« letzten Endes doch sparsam ist und vor allem Arbeitszeit spart.

Wenn Sie Ihre Poliertücher bei der Polierarbeit in der Hand zusammenknüllen, haben Sie bald kein sauberes Eckchen mehr und sind zu schnellem Lappenwechsel gezwungen. Und so macht es der (sparsame) Fachmann: Lappen zu einem Drittel nach innen schlagen (1), das letzte Drittel beischlagen (2), den zusammengelegten Lappenstreifen zu einem Drittel einschlagen (3), das Gegendrittel überlappen (4) und den zusammengefalteten Lappen so mit der Hand fassen (5), daß keine losen Enden umherwedeln. Ist die so gefaltete »Arbeitsseite« des Poliertuches verschmiert und unbrauchbar, wird das Tuch neu gefaltet und mit einer anderen Seite weiter verwendet.

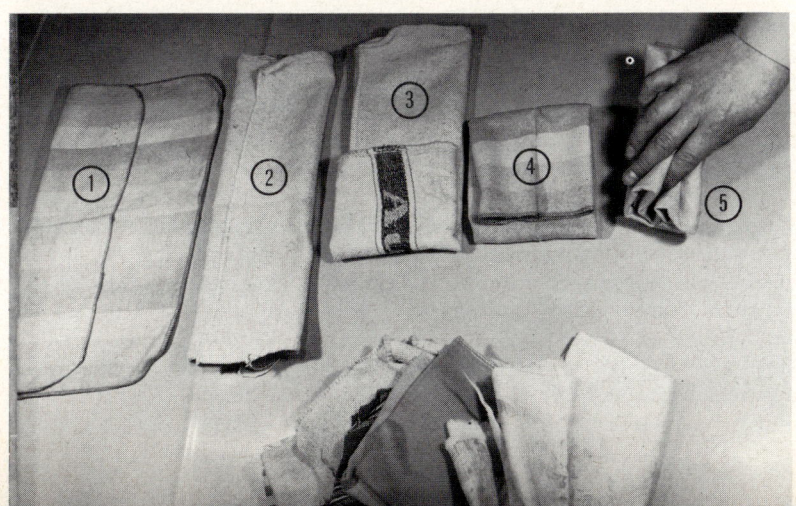

Lackpflege mit der Poliermaschine (Bohrmaschine mit Polierschwamm) bringt durchweg Enttäuschungen. Mindestforderung ist eine in ihrer Drehzahl stufenlos regelbare Bohrmaschine, sonst schleudert das Poliermittel durch hohe Drehzahl aus dem Polierschwamm in Tropfen durch die Gegend, wie hier zu sehen. Schon bearbeitete Flächen werden wieder verschmiert, die Bekleidung und Garagenwände dazu. Brauchbar sind allenfalls Polierpasten aus der Tube, die aber wieder durch die Reibungswärme mit dem feinen Lackabrieb »verharzen« und den Lack mit einer bösen Klebeschicht überziehen.

Auch mit der Lammfellscheibe ist das nichts Rechtes: Sie verschmiert durch den Poliermittelüberschuß schnell und ist durchweg nach einem Quadratmeter Polierarbeit unbrauchbar. Schneller und besser geht es nach unseren Erfahrungen auf jeden Fall mit eifriger Armgymnastik und Poliertüchern.

Wir haben unseren »Polier-Set« hier nur mal zum Fotografieren hervorgeholt, ansonsten halten wir nichts davon. Geben Sie kein Geld dafür aus!

Falsche Hoffnungen mit der Poliermaschine

Lackpflege ist eine mühsame Arbeit, und wenn der Wagen wieder im Hochglanz dasteht, spürt vor allem ein handwerksungewohnter Heimwerker seine müden Arme.

Da verspricht die Anschaffung einer Poliermaschine in einschlägigen Prospekten nahezu mühelose Polierarbeit in wesentlich kürzerer Zeit. Es soll eine reine Freude sein, und man kann sogar – wie einige Prospektfotos zeigen – dabei gemütlich Pfeife rauchen.

Die Wirklichkeit sieht erheblich nüchterner aus, es kann sogar dem Lack ausgesprochen übel bekommen. Denn diese Universalmaschinchen drehen in aller Regel zu schnell, so daß zwischen der Polierscheibe und dem Lack beim nötigen Druck Reibungswärme entsteht, die die Poliermittel zersetzt und zusammen mit dem abpolierten »toten Lack« fast steinharte Krümel oder zähe Klebemasse bildet, die in den Lack böse Kratzer zieht. Will man die Reibungswärme vermeiden, reicht der Druck nicht aus, um das Poliermittel in die Lackporen zu drücken. Außerdem kann beim schnellen Drehen der Polierscheibe dazwischengeratener Staub oder Sand bereits eine große Fläche kreisförmig verschrammt haben, bevor man es richtig merkt.

Lackpflege von Stufe zu Stufe

Fast wie ein Lebewesen »altert« der Autolack, wenn er nicht von Zeit zu Zeit sachgerecht behandelt wird. Der im Lack enthaltene »Weichmacher«, der ihm seine außerordentliche Elastizität verleiht – selbst auf stark verbogenem Blech springt ein guter Autolack nicht ab –, verflüchtigt sich allmählich, in die winzigen Lackporen dringen Feuchtigkeit und chemisch wirksame Schmutzteilchen ein, so daß die Farbschichten von innen heraus zermürbt werden und die einzelnen Farbkörperchen – das »Farbpigment« – nicht mehr eingebettet liegen, sondern spröde abstehen. Dadurch erhält der Lack ein zunehmend stumpfes Aussehen, und schließlich kann man bei einem jahrelang ungepflegten Lack eine Art »Farbstaub« mit der blanken Hand abreiben. Der Lack »kreidet« mit der Zeit aus, wie der Autolackierer sagt. Das läßt sich vor allem bei braun-roten Farbtönen gut beobachten.

Weil nun nicht nur die Pflegemittelbezeichnungen der Hersteller ziemlich durcheinander laufen und den Heimwerker zumeist mehr verwirren als sachlich aufklären, sondern auch die Bezeichnungen für den Lackzustand – der ja Ausgangspunkt der richtigen Pflegemittelwahl sein muß – unterschiedlich angewendet werden, hier einige Richtlinien:

Neuer Lack

Junger und neuer Lack ist erst wenige Wochen oder Monate alt. Für ihn galt vor gar nicht langer Zeit noch die eiserne Regel, daß er nur mit klarem Wasser – und dies möglichst oft – behandelt werden durfte, denn er sei noch nicht ausgehärtet. Das galt zweifellos noch bei dem bis in die 50er Jahre vorherrschenden Nitrolack. Die heute von den Kraftfahrzeugherstellern verwendeten und »eingebrannten« Kunstharz- und Acrylharzlacke sind aber so robust, daß sie auch in den ersten Monaten schadlos ein mildes Auto-Shampoo (Eigenschaften siehe Seite 34) vertragen. Das ist aber nur notwendig, wenn der Lack durch Öldunst, Fett oder Luftverschmutzung (Industrieabgase, Kaminruß usw.) verschmiert ist. Auch eine anschließende Lack-Konservierung (siehe Seite 37) ist dann empfehlenswert. Aber »Auto-Politur« und »Lackreiniger« sollte man nicht auf jungem und neuem Lack verarbeiten, denn im weißen Poliertuch oder der Polierwatte wird man schnell sehen, wie stark der junge Lack »abfärbt« – und das muß vermieden werden.
Größte Zurückhaltung mit Pflegemitteln bei neuem und jungem Lack gilt aber noch genauso wie bei den seinerzeitigen Nitrolacken für Nach- und Reparaturlackierungen, einerlei, ob dabei Nitrokombinations-, Kunstharz- oder Acryllacke verwendet werden. Vor allem, was Sie als Heimwerker selbst aus der Lacksprühdose verarbeiten, ist nur langsam durchhärtender, weil »lufttrockender« Lack, und auch die Autolackierereien können nur Lack mit niedriger »Ofentrocknungstemperatur« von etwa 60 bis 80 °C (sonst erleiden Gummi und Kunststoffe am nachlackierten Wagen Schaden) verwenden, während die Herstellerwerke den Lack auf der Rohkarosserie wesentlich wirkungsvoller bis zu 170 °C »einbrennen«.
Faustregel: Bei Nach- und Reparaturlackierungen mit ofentrocknendem Lack durch eine Lackierwerkstatt etwa 4 Monate, bei lufttrocknendem Lack mindestens 6 Monate warten, bis irgendein Lackpflegemittel ohne zwingende Not (Öl- oder Fettflecken) angewendet wird. Dafür die Nachlackierung oft mit klarem Wasser waschen, damit sich kein Schmutz festsetzt.

Neuwertiger Lack

Neuwertiger Lack zeigt bei der Wäsche mit klarem Wasser noch jenen Hochglanz, den er von zu Hause mitbekommen hat. Allenfalls zeigt auf dem gewaschenen Lack zerfließendes Regenwasser, daß ihm inzwischen die schützende Wachsschicht abhanden gekommen ist. Neuwertiger Lack sollte also von Zeit zu Zeit mit Lack-Konservierer (siehe Seite 37) behandelt werden, auch Wasch-Konservierer zusammen mit der Wagenwäsche ist ihm zuträglich, aber allzu häufiger oder gar allwöchentlicher Gebrauch von Wasch-Konservierer ist – auch für alle anderen Lackzustände – nicht ratsam (siehe Seite 34). Das gilt noch mehr für Auto-Shampoo (Seite 35), das nur dann verwendet werden soll, wenn schmierige Streifen und Flecken auf dem Lack seinen Gebrauch wirklich erfordern. Auto-Politur oder gar Lackreiniger haben auf neuwertigen Lack überhaupt nichts zu suchen, denn durch ihre schleifende oder lackanlösende Wirkung heben sie die oberste und gerade besonders widerstandsfähige Decklackschicht ganz fein ab, obwohl diese noch einwandfrei und für die Lebensdauer des Lackes so wichtig ist.
Als neuwertig kann man den Lack etwa bis zu einem »Lebensalter« von 2 Jahren bezeichnen, wenn noch keine auskreidenden Farbteilchen den Hochglanz zu mattieren beginnen. Das kann unter dem Einfluß starker Luftverschmutzung in

Industriegebieten oder bei ständigem Gebrauch von Auto-Shampoo oder Waschkonservierer schon vorzeitig der Fall sein.

Matter Lack

Wenn ein Auto außer gelegentlicher Wagenwäsche keine weitere Lackpflege erhält, wird der Lack etwa von seinem 2. Lebensjahr ab matt. Matter Lack kann durch geeignete Pflege wieder Hochglanz erhalten. Aber er wird immer wieder matt, wenn die Wirkung des Lackpflegemittels – je nach Mittel zwischen 2 und 12 Wochen – ausgeklungen ist.

Solcher an sich noch guter Lack sollte etwa alle 6 Monate mit Autopolitur behandelt werden. Weil Autopolitur (Seite 38) aber jedesmal ein wenig Lack mitnimmt, ist zwischendurch, bevor der Hochglanz ganz verschwunden ist, ein Lack-Konservierer empfehlenswert. Gibt es jedoch bei dieser Pflege mit Lack-Konservierer oder Hartwachs nur einen streifigen oder wolkigen statt kristallklaren Hochglanz, war doch schon etwas Farbpigment ausgekreidet oder der schon etwas »rauhe« Lack war in seinen Poren stärker verschmutzt, als dies durch ersten Augenschein erkennbar war, so daß der Lack-Konservierer diese abgestorbenen Farb- und die Schmutzteilchen nur abgehoben hat, aber nicht beseitigen konnte, so daß sie jetzt – das zeigen die »Wolken« und »Streifen« – nur anderweitig verteilt sind. Da ist also doch wieder eine Autopolitur notwendig. Bei Bedarf verträgt schmutzigmatter Lack auch einen Lackreiniger, aber die schärfer wirkende Lackpolitur oder gar Schleifpolitur ist noch nicht erforderlich.

Stumpfer und verunbarter Lack

Stumpfer und verwitterter Lack ist stark ausgekreidet, auf seiner Oberfläche sitzen viele lockere Farbpartikelchen, vor allem, wenn der Lack durch einige Jahre ohne Wagenpflege so still vor sich hingealtert ist. Bei solchem Lack ist das Bindemittel für das Farbpigment abgebaut, an sich ist der Lack »kaputt«, und eigentlich wäre eine Neulackierung das beste. Aber das ist teuer, und bei einer Heimwerker-Ganzlackierung – die auch Geld und viel, viel Zeit kostet – wird das Ergebnis nicht besser als ein »Rettungsversuch«. Der hat allerdings auch keinen Sinn mehr, wenn es sich um einen durch chemische Einflüsse (etwa Säurenebel) oder Durchrostung regelrecht zerstörten Lack handelt. Dann hilft tatsächlich nur noch Neulackierung.

Doch zum »Rettungsversuch«: In der Regel steckt unter der ausgekreideten Schicht noch ein Rest vom guten Lack, den es durch die richtigen Pflegemittel hervorzuholen gilt. Das ist zwar eine schweißtreibende und meist mehrtägige Arbeit, aber man erhält auch oft noch staunenswerte Ergebnisse, wenn eine trübe und völlig glanzlose Fläche plötzlich wieder in sattem Hochglanz erstrahlt. Das ist nut in mehreren Poliergängen möglich, die – in einer unauffälligen Ecke Versuche machen! – entweder mit einem Lackreiniger (Seite 40), einer stark schleifenden Polierpaste oder mit der etwas milderen Lackpolitur (Seite 38) beginnen. Zuerst muß damit die Schicht der toten Farbkörperchen und die hartnäckige Verschmutzung beseitigt werden, bis der Glanz wolken- und streifenfrei ist. Als zweiter Gang empfiehlt sich deshalb eventuell nochmals Lackreiniger, und zuletzt kommt in jedem Fall noch ein Konservierer (Hartwachs).

Der wiedererstandene Hochglanz eines ausgekreideten Lackes ist aber nicht von langer Dauer – der Lack will wieder auskreiden. Dagegen hilft nur immer wieder Lack-Konservierer in kurzer Zeitabständen – etwa alle 3 Wochen – und zwischendurch bei Bedarf wieder Lackreiniger.

Die Lack-pflegemittel

So einfach das »Arbeitsgerät« zur Lackpflege ist – Lappen und Watte –, so schwer überschaubar ist das »Arbeitsmaterial« die hunderterlei Säfte und Pasten, welche die Verkaufsregale der Tankstellen, der Werkstätten, der Zubehörläden und der Kaufhäuser so reichlich füllen. Schwierig wird die Auswahl auch, weil die Begriffe der Lackpflegemittel nicht klar abgegrenzt sind und manches als »Politur« – oder geheimnisvoller als »Polish« – bezeichnet wird, was gar keine polierenden, sondern nur konservierende Eigenschaften hat. Und was ein »Lackreiniger« ist, darüber gehen die Meinungen auch recht auseinander. Darum wollen wir Ihnen nachfolgend einen Weg durch dieses Gestrüpp bahnen, damit Sie sich in den Verkaufsregeln besser zurechtfinden. Denn so fachkundig, wie die Pflegemittelhersteller das gerne wahrhaben möchten, sind auch die Pflegemittelverkäufer leider in der Praxis nur selten.

Darum vorweg ein wichtiger Tip: Selbst ein wirklich kundiger Pflegemittelverkäufer kann mit dem unbefangenen Kundenwunsch »Ich möchte für meinen Wagen ein wirklich gutes Lackpflegemittel« überhaupt nichts anfangen. **Die richtige Wahl**

Er müßte sich, nimmt er den Begriff Kundendienst ernst, eigentlich vorher den Lack des betreffenden Wagens anschauen. Das wird in der Praxis allenfalls an der Tankstelle möglich sein, wo der Wagen sowieso vor der Zapfsäule steht. Darum müssen Sie in der Regel selbst Bescheid wissen, denn die Wahl des gerade richtigen Lackpflegemittels richtet sich

■ nach dem Zustand des zu pflegenden Lackes, zu dessen Beurteilung die Beschreibungen auf den vorhergehenden Seiten herhalten müssen, und

■ nach der Vertrauenswürdigkeit der Pflegemittelmarke.

Die Auswahl unter dem Überangebot ist auch nicht leicht, weil es für jeden einigermaßen gescheiten Drogisten ein Kinderspiel ist, in seiner Waschküche recht fragwürdige »Auto-Pflegemittel« zusammenzurühren. Das reicht vom flüssig gemachten Bohnerwachs bis zu gefährlich lackanlösenden Mixturen, die mit vielversprechenden Etiketts versehen (»mühelos«, »für alle Lacke«, »Langzeitwirkung«) von fliegenden Händlern auf Parkplätzen und Ausstellungen angeboten werden. Machen Sie um diese Leute einen Bogen, auch wenn die Wirkung anscheinend verblüffend ist, denn welche Nachwirkungen dieser Saft hat, das sehen Sie ja erst später, wenn der Handelsmann über alle Berge ist.

Andrseits gibt es kleine, weniger bekannte, aber strebsame Betriebe, die ausgezeichnete Autopflegemittel herstellen, weil sie mit Qualität ins Geschäft kommen wollen, und nicht selten übertreffen sie die Qualität sehr bekannter Pflegemittel-Marken. Auch die Autopflegemittel der führenden Kaufhäuser und Versandfirmen schneiden bei Tests, die von Zeit zu Zeit beispielsweise der ADAC vornimmt, oft erstaunlich gut ab. Bei unseren eigenen Pflegeversuchen haben wir gute Erfahrungen gemacht mit

○ Pingo   ○ Caramba   ○ 1z (lies »eins-**zett**«)   ○ Rex

Auch die Aral-, Esso- und BP-Tankstellen bieten unter ihren Benzinmarken reichhaltige Pflegemittelprogramme an, wobei das Verkaufsprogramm von Aral praktisch alles umfaßt, was man für sein Auto gebrauhen kann, und die Gebrauchsanweisungen auf jeder Packung der Aral-Autopflegemittel wegen ihrer sachlichen und klaren Verständlichkeit hervorzuheben sind.

Fingerzeige: *Bei der Anpreisung von Lackpflegemitteln wird gerne das Wort »mühelos« verwendet. Glauben Sie bloß die Hälfte. Und das ist meist noch zu viel. Lackpflege kostet nämlich Schweiß, beim einen Mittel mehr, beim anderen weniger. Aber ganz ohne Mühe geht es nicht. Geht es doch, war eine Lackpflege noch gar nicht nötig.*

Für die Lackpflege ist die Grundregel der Wagenwäsche noch bedeutungsvoller: Die Sonne darf nicht zusehen! Lackpflege ist nur im Schatten und bei kühlem Karrosserieblech (Motorhaube!) angebracht. Es gibt einige Ausnahmen, in deren Ge-

brauchsanweisungstext besonders auf die Möglichkeit der Lackpflege im vollen Sonnenschein hingewiesen wird. Wir meinen: Erst ausprobieren und dann glauben!

»Naß-Pflege« des Lacke

Die eigentliche Lackpflege mit irgendeinem Mittel soll also erst dann angewendet werden, wenn die Wäsche mit klarem Wasser nicht mehr ausreicht. Das kann schon zusammen mit der Wagenwäsche geschehen durch

■ Auto-Shampoo, das wasserunlöslichen Schmutz beseitigen soll, und

■ Wasch-Konservierer (oder »Wasch-Politur«), der bei der Wäsche den Lack konservieren, also mit einer feinen Wachsschicht überziehen soll.

Das sind besonders beliebte Pflegemittel bei den Samstagnachmittag-Straßenrand-Pflegern, die ihr Auto lieben und es eifrig allwöchentlich mit einigen Eimerchen Wasser und Shampoo wieder auf Hochglanz bringen. Daß die Eimerwäsche ein problematischer Notbehelf an sich schon ist, ist auf Seite 23 zu lesen. Schlimmer wird es noch, wenn die fehlende Wassermenge durch Shampoo ausgeglichen werden soll. Die Rechnung geht nicht auf, denn wirklich wirkungsvolle Auto-Shampoos, auch als »Auto-Schaumwäsche« bezeichnet, laugen den Lack recht aktiv aus, sehr zum Schaden der ganzen Lackierung. Versuche verantwortungsbewußter Pflegemittelhersteller haben sogar gezeigt, daß nach 2 Jahren der Lack nie mit Shampoo gewaschener Wagen wesentlich besser ist als jener, die ständig fleißig damit gewaschen wurden.

Auto-Shampoo

Deshalb: Auto-Shampoo nur gelegentlich verwenden, wenn der Lack etwa von Dieselqualm, Ruß oder anderer Schmiere wasserunlöslich verschmutzt ist. Vorher wird der grobe Schmutz vom Wagen abgewaschen – also noch ohne Shampoo –, danach kommt als zweiter Gang die »Feinwäsche« mit Shampoo, das hinwiederum mit einer tüchtigen Wasserflut abgeschwemmt werden muß, damit alle fettlösenden Stoffe und Emulgatoren aus den Lackporen gewaschen werden (aus diesem Grund ist also Shampoo schon nichts für die wassersparende Eimerwäsche), und schließlich soll nach dem Trockenledern des Lackes dieser mit einem Hartwachs oder Lackkonservierer behandelt werden, wenn die »Tropfenprobe« auf dem trockenen Lack nicht durch scharfe Tropfenränder beweist, daß eine wasserabstoßende Schutzschicht noch auf dem Lack vorhanden ist. Eine elegante Lösung hat dafür Aral mit seinem »Wasch-Zwilling« gefunden. Zwei Kunststoffflaschen sind zusammengekoppelt, von denen die eine ein wirkungsvolles Auto-Shampoo und die andere Wasch-Konservierer enthält.

Wasch-Konservierer und Wasch-Polish, die bei manchen Fabrikaten mit Auto-Shampoo kombiniert sind, wirken da schon lackschonender, halten nach der Aussage ehrlicher Pflegemittelhersteller mit ihrer schützenden Wachsschicht

Jede gute Pflegemittelfirma bietet ein sorgsam ausgewogenes Programm jeweils spezialisierter Pflegemittel an, denn jeder Lackzustand erfordert andere Pflegemitteleigenschaften. Hier als Beispiel die verschiedenen Gruppen: 1 = Auto-Shampoo; 2 = Wasch-Konservierer; 3 = Spezialwaschmittel gegen besondere Lackverschmutzungen (S. 36); 4 = Naß-Polituren (S. 35); 5 = Lack-Konservierer (S. 36); 6 = Konserviererpaste (S. 37); 7 = Autopolituren (S. 38); 8 = Metallic-Polish (S. 39); 9 = Schleifpolituren (S. 39); 10 = Schleifpolierpasten (S. 39); 11 = Lackreiniger (S. 40).

aber nur etwa 3 Wochen vor. Im übrigen ist Wasch-Konservierer ein Widerspruch in sich, denn es ist gewissermaßen Toilettenseife und Hautcreme miteinander kombiniert. Diese ungewöhnliche Kombination gelingt bei dem Autopflegemittel nur mit Zusätzen, die unbedingt wieder ausgewaschen werden müssen. Also ebenfalls: Nichts für die Eimerwäsche, auch wenn sie im Eimer angerührt werden sollen.

Waschkonservierer ist grundsätzlich um so besser und wirkungsvoller, je weniger er ein »Saubermacher« (wie reines Auto-Shampoo) ist. Man hat mit einem echten Waschkonservierer (um beim Vergleich des vorhergehenden Absatzes zu bleiben) nur die »Hautcreme« und das ist gut so. Waschkonservierer wird deshalb am besten erst angewandet, nachdem der Wagen ganz normal mit klarem Wasser oder erforderlichenfalls mit Shampoo gewaschen wurde und sauber ist. Besonders wirkungsvoll fanden wir in dieser Hinsicht den Waschkonservierer »14 Tage Wäsche« von Pingo, der selbst das klare Nachspülwasser aus dem Schlauch in dicken Tropfen »abstößt« und dem die Herstellerfirma wegen dieses Effekts zusätzliche Rostschutzwirkung an versteckten Stellen (z. B. unter Zierleisten) zuschreibt. Auf einen kleinen Eimer Wasser gibt man zumeist einen Meßbecher Wasch-Konservierer und überwäscht den nassen Wagen noch einmal mit dem Schwamm – er wird »abgeschwammt«, sagt der Wagenpfleger. Danach wird der nasse Wagen wie üblich abgeledert oder man läßt ihn bei einigen Konservierern (wie z. B. bei »1z-Glanzshampoo«) lufttrocknen und poliert den Wachsbelag mit weichem Tuch oder Watte aus (also Gebrauchsanweisung beachten!).
Diese Wasch-Konservierung ist bei neuwertigem und gepflegtem älterem Lack (nicht aber bei mattem Lack) angebracht. Wird sie aber zu oft wiederholt, zeigt sich der Lack nach unseren Erfahrungen nach einiger Zeit milchig-trübe, was vor allem auf dunklen Lacken auffällt. Dann ist die jeweils zurückbleibende Wachsschicht mit der Zeit zusammen mit feinstem Staub »zu dick« geworden. Das schadet dem Lack darunter an sich nichts, aber diese Schicht sollte zwischendurch mit einem milden Lackreiniger wieder heruntergeputzt werden.

Die sogenannten Naß-Polituren sind zu den Waschkonservierern zu rechnen, obgleich sie überhaupt keine reinigende Wirkung haben und auch nicht vor Gebrauch mit Wasser angemischt und über den Wagen gegossen, sondern direkt mit nassem Schwamm oder Tuch auf den noch nassen Wagen aufgetragen werden. Mit wirklicher Politur, wie ihre Bezeichnung eigentlich vermuten läßt, haben sie nichts zu tun, denn bei ihrer Anwendung wird gar nichts poliert, also »feingeschliffen«, sondern nach dem Auftragen nochmals mit Wasser nachgewaschen und abgeledert. Naß-Polituren lassen sich auch in der Sonne verarbeiten.

Für die Autolackpflege sind große Halbpfund-Dosen mit cremeweichem Autowachs in Mode gekommen. Auch namhafte Pflegemittelhersteller konnten der verkaufsgünstigen Versuchung nicht widerstehen. Keine Zweifel, diese Pflegepuddings lassen sich leicht verarbeiten, aber ihre Nachteile überwiegen nach unserer Erfahrung:
○ Die Dosen sind zu teuer im Vergleich zur Menge echter Pflegemittelanteile in den wassergestreckten Cremes.
○ Eine angebrochene Dose muß alsbald verbraucht werden, sonst trocknet der Inhalt ein oder zersetzt sich.
○ Da der Polierschwamm immer wieder in die Dose getaucht wird, kommt un-

Waschkonservierer

Naß-Polituren

»Schwabbel-Pudding«

Zwei Konkurrenzfabrikate nebeneinander, die dem gleichen Zweck dienen: Bei starker Lackverschmutzung durch Industriestaub, Flugrost und dergleichen sind diese phosphorsäurehaltigen Spezialwaschmittel gerade richtig.

Das sind natürlich keine Pflegemittel, die in kurzen Zeitabständen verwendet werden dürfen, sondern nur bei wirklichem Bedarf, zum Beispiel beim gründlichen Frühjahrsputz. Am besten wirken sie, wenn der Lack lange nicht konserviert wurde.

Zum Auftragen benutzt man nach einer vorhergehenden reinen Wasserwäsche (auf keinen Fall Shampoo oder Waschkonservierer!) außer Schutzhandschuhen (gegen die Säure) am besten eine wasserfeste Kleiderbürste zum Einreiben dieses »Waschreinigers«.

Zum Schluß muß der intensiv abgeschwemmte und abgelederte Lack mit einem Lack-Konservierer gepflegt werden.

Diese »Waschreiniger« dürfen nur an trüben Tagen verwendet werden. Sonnenhitze kann Lackschäden bewirken.

vermeidbar Schmutz – auch durch die große Dosenöffnung – in die Pflegesubstanz. Dieser Schmutz, wieder vom Schwamm aufgenommen, zerkratzt dann den Lack, anstatt ihn zu pflegen.

Dagegen ist der Inhalt einer kleineren Autowachs-Tube ergiebiger, billiger und dauerhafter. Allerdings ist die Verarbeitung auch anstrengender. Und der aus der Tube herausgedrückte Wachsstrang kann auf keinen Fall verschmutzt sein.

Spezial-
Waschmittel

Wer nach dem Winter einen gründlichen Frühjahrsputz vorhat oder Flugrost auf dem Lack entdeckt (Seite 41), wird mit Auto-Shampoo wenig Erfolg haben. Dem speziellen Zweck, besonders hartnäckigen Schmutz aufzulösen, Rostpartikelchen zu neutralisieren oder Zementstaub wegzuschäumen, dienen Spezial-Waschmittel, die, im Gegensatz zu Auto-Shampoo, säurehaltig sind. Wir kennen da »Bostik Wie Neu« (Bostik, Oberursel) und »Lackreiniger abomar« (Loba-Chemie, bzw. Firma Artweger, 8415 Nittenau).

Beide Mittel sollte man nur anwenden, wenn ein Wasserschlauch unbegrenzt Wasser spendet, mit Eimerwäsche fehlt es an der ausreichenden Wassermenge zum wirklich Ausspülen der Phosphorsäure.

Gegen Teerflecken oder Insekten helfen »Bostik Wie Neu« und »abomar« übrigens nichts. Da müssen Spezialmittel (Seite 41) her.

Fingerzeig: *Nehmen Sie statt eines speziellen Auto-Shampoos niemals eines der im Haushalt durchaus bewährten Spül- und Reinigungsmittel! Auch wenn auf dem Etikett nebenbei irgend etwas auf die Autopflege hinweist. Was nämlich zur Reinigung von Glas und Porzellan sehr wirkungsvoll ist, taugt für den porösen und geschmeidigen Autolack gar nicht. Glas und Porzellan sind selbst für scharfe Reinigungsmittel unangreifbar. Nicht so der Autolack.*

Lack-Konservierer

»Autowachs«, »Autowax«, »Hartwax«, »Glanzwachs« nennen sich in der Regel die Lack-Konservierer. Auch manche »Auto-Polish«, die dem Namen nach eigentlich zu den polierenden Lackpflegemitteln gehören, sind in Wirklichkeit Lack-Konservierer.

Lack-Konservierer haben keine schleifenden (= polierenden) oder lackanlösenden (= lackreinigenden) Anteile, sondern sind ausdrücklich zum konservierenden Schutz neuwertigen oder vorher polierten bzw. gereinigten Lackes gedacht. Das ist in korrekten Gebrauchsanweisungen auf diesen Pflegemitteln auch ausdrücklich vermerkt.

Falls eine irritierende Aufschrift keine klare Auskunft gibt, können Sie sich bei

36

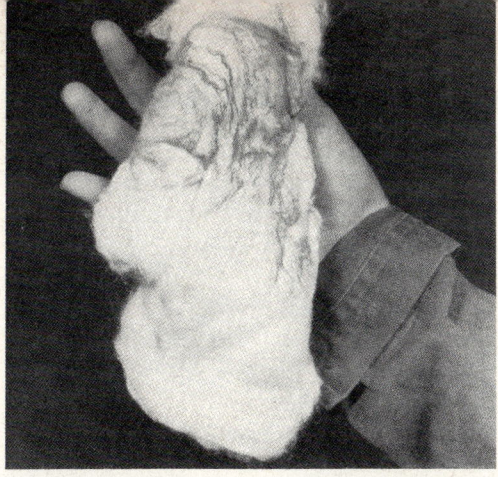

Bei den zahlreichen Lackpflegemitteln laufen die Bezeichnungen oft verwirrend durcheinander. Neben den äußeren Erkennungszeichen (klarflüssig, milchig-trübe usw.), die auf diesen Seiten beschrieben sind, zeigt die Polierwatte, was es wirklich ist: Wenn der Lack in die Watte »abfärbt«, handelt es sich um ein Poliermittel mit schleifender Wirkung oder lackanlösenden Lackreiniger. Lack-Konservierer darf nicht abfärben, sonst ist er falsch deklariert und für neuwertigen Lack »zu scharf«.

flüssigen Pflegemitteln mit einer einfachen Sichtprobe Klarheit schaffen:

■ Lack-Konservierer ist eine glasig-trübe Flüssigkeit. Ist die Flüssigkeit milchig-sahnig und undurchsichtig, sind darin polierende Schleifmittel enthalten, die es nur in Autopolituren und nicht in Lack-Konservierern gibt. Aber Vorsicht, einige Lack-Reiniger, die nur chemische Reiniger enthalten, können ebenfalls glasig-farblos aussehen. Aber auch dann gibt die folgende Probe Aufschluß über die Art des Pflegemittels:

■ Wenn ein glasig-trübes Pflegemittel beim Behandeln des Lackes in der Polierwatte oder im Poliertuch (für helle Lacke ein dunkles Poliertuch nehmen) Farbabrieb absetzt, ist es kein Lack-Konservierer, sondern ein Lackreiniger, der für neuwertigen Lack entschieden nachteilig räre.

Lack-Konservierer gibt es

■ in kleinen Kanisten und

■ als Paste in Tuben oder kleinen Dosen. Die Hartwachspasten sind etwas aus der Mode gekommen, denn ihre Verarbeitung ist anstrengender. Aber Kenner wissen ihre ungleich bessere und nachhaltigere Wirkung zu schätzen und nicht zu Unrecht steht deshalb auf der »Jonwax«-Dose von Johnson »Dosenwachs für Profis«! Meist haben die Hartwachspasten etwas reinigende und polierende Zusätze und sind deshalb bei neuen Lacken nur mit Vorsicht anzuwenden. Zum Konservieren eines älteren Lackes, der vorher mit Schleifpolitur gründlich »geputzt« wurde, sind die Pasten jedoch sehr zu empfehlen. Außer dem bereits erwähnten »Jonwax« haben wir noch gute Erfahrungen mit »Motorcraft Auto-Hartwachs« (Ford-Zubehörprogramm) gemacht.

Vor der Behandlung des Lackes mit Lack-Konservierer muß der Wagen gewaschen, sorgfältig getrocknet und bei stark verschmutztem oder stumpfem Lack mit einem entsprechenden Pflegemittel vorbehandelt werden. Erst auf den völlig blanken Lack wird Konservierer mit dem Lappen möglichst dünn aufgetragen, danach mit einem zweiten Lappen in den Lack »einmassiert« und schließlich mit einem sauberen dritten Lappen oder Polierwatte auf Hochglanz gebracht.

In hochwertigen Lack-Konservierern (auch in Auto-Polituren, die ebenfalls konservierende Wirkung haben) sind nicht nur gewöhnliche Paraffin-Wachse, sondern auch das besonders gut aushärtende und daher hochwertige Wachs der Carnauba-Palme zu finden. Außerdem sind nahezu alle Lack-Konservierer und Autopolituren mit Spuren von Silikon angereichert, was allerdings nie auf den Packungen zu lesen ist, denn jahrelang wurde sehr gegen die »Silikonpest« auf den Winschutzscheiben gewettert, wo das äußerst haftfeste und wasserabstoßende Silikon auch recht stört, aber einerseits vermögen die heutigen Schei-

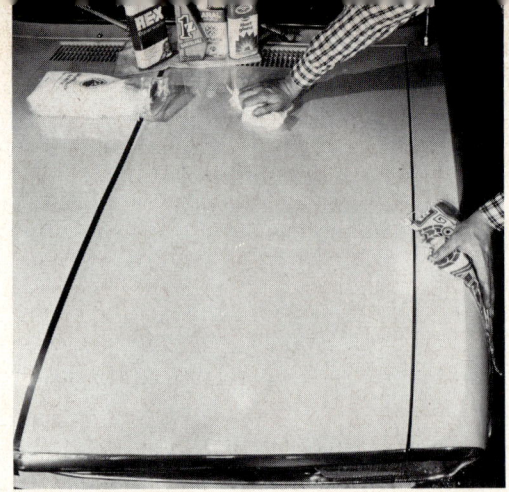

Die beiden Bilder auf dieser Seite zeigen die unterschiedlichen Arbeitsflächengrößen (durch schwarze Klebestreifen markiert) bei der Lackpflege mit Lackkonservierern (oben) und Polituren oder Lackreinigern (unten).

Mit Lack-Konservierern wird auf den sauber gewaschenen Lack nur eine Glanz- und Schutzschicht »aufgebügelt«. Lack-Konservierer kann man deshalb in einem Zug auf eine große Fläche auftragen, z. B. auf eine halbe Motorraumhaube, wie hier gezeigt, das Wachs nach dem »Einmassieren« trocknen lassen und mit Polierlappen oder Watte in zwei Arbeitsgängen auf Hochglanz bringen.

Das gilt auch, wenn der ursprünglich stark verschmutzte oder verwitterte Lack vorher (in kleinen Flächenabschnitten; Bild unten) mit Lackreiniger oder Polierpaste behandelt werden mußte und nun im abschließenden Arbeitsgangkonserviert wird.

benwascherzusätze das Silikon zu lösen und andrerseits mögen die Pflegemittelhersteller wegen seiner besonderen Konservierungsfähigkeit und Shampoo-Festigkeit sowie wegen seiner Beihilfe zur leichteren Pflegemittelverarbeitung nicht darauf verzichten.

Im »Fingerzeig« auf Seite 28 haben wir erläutert, warum das Wagendach öfter konserviert werden muß, wenn dem Scheibenwaschwasser ein wirksamer Windschutzscheibenreiniger zugesetzt wird (was durchaus empfehlenswert ist). Faustregel deshalb: Nach jeder zweiten oder dritten Befüllung des Zwei-Liter-Behälters der Scheibenwaschanlage das Wagendach gesondert waschen und konservieren.

Fingerzeig: *Seit einiger Zeit werden Lack-Versiegelungen angeboten, die statt der Wachs- und Silikon-Schutzschicht den Lack mit Kunststoff- oder Polymer-Beschichtungen schützen sollen. Ob sie so viel besser wie teurer als die seitherigen Lackpflegemittel sind, mögen wir so recht nicht glauben, und die großzügig ausgelobte »Garantie« ist auch nur ein rechtsunwirksames Windei. Bei einem der teuersten dieser Produkte (250 ml für 25 DM) konnten wir zwar die »Garantiezeit« noch nicht beurteilen, aber bei der Verarbeitung auf neuwertigem und stumpfem Lack mußten wir feststellen, daß die vorgeschriebene Vorreinigung nur mit Auto-Shampoo nicht ausreicht, sondern zu Streifen- und Wolkenbildung führt, weil die Reinigungswirkung des Produktes nur gering ist. Dagegen brachte die Vorreinigung mit einem gräftigen Lackreiniger erst den erhofften Hochglanz mit den »Polymeren«. Ohne mühevolle Vorarbeit geht's also auch nur bei brandneuem Lack.*

Mit Lackpolituren, Lackreinigern und Polierpasten, die nur bei stumpfen und stark verschmutzten Lacken verwendet werden sollen, wird die verwitterte und ausgekreidete oberste Lackschicht abgetragen.

Bearbeitet man eine zu große Fläche in einem Zug mit Lackreiniger oder Politur, dann trocknen in den Rückständen die gerade eben abgelösten »toten« Farbpartikelchen oder Schmutzteile mit an und verharzen zu einem zähen, schmierigen Film, der nur schwer »wegzuscheuern« ist. In der Regel hilft nur eine Mischung aus verdünnendem Lack-Konservierer und Politur oder Polierpaste (beide zusammen auf den Polierlappen geben) zur Auflösung des verharzten Schmierfilms.

Um dies von Anfang an zu vermeiden, darf mit Polituren oder Lackreinigern jeweils nur eine kleine Lackfläche (wie hier im Bild abgeklebt) bearbeitet werden, wobei der Pflegemittelfilm nicht antrocknen darf.

Auto- und Lackpolitur ist schon eine scharfe Waffe zur Lackpflege, und sie sollte erst dann angewendet werden, wenn der Lack schon gealtert ist und matt zu werden beginnt, wobei man diesen Lack durchaus noch als »gut erhalten« bezeichnen kann. Auto- und Lackpolitur hat im Gegensatz zur schärfer wirkenden Schleifpolitur reinigende, polierende und konservierende Wirkung, während nach der Behandlung eines (stärker verwitterten) Lackes mit Schleifpolitur der glattgeschliffene und gereinigte Lack noch mit Konservierer auf dauerhaften Hochglanz gebracht werden muß.

Im Gegensatz zu einem Konservierer ist die Politur nich glasig-trübe, sondern milchig-sahnig mit zumeist grünlicher, bläulicher oder rötlicher Einfärbung. Diese blaßmilchige Färbung wird durch die Beimischung polierender Schleifmittel bewirkt, durch die die tote und verschmutzte Deckschicht des Lackes ein wenig abgetragen und der daruntersitzende gesunde Lack freigelegt wird. Deshalb färbt sich auch die Polierwatte in der Wagenfarbe leicht ein. Wenn die Watte aber sehr kräftig Farbe annimmt, ist das Mittel für nur verschmutzten Lack schon zu scharf.

Die meisten Metalleffektlacke – vor allem Einschichtlackierungen und solche, bei denen der überdeckende Klarlack schon verwittert ist – bereiten bei der Pflege mit normaler Autopolitur oder gar Schleifpolitur Ärger: Die Polierwatte wird grau bis schwarz und auf dem Lack bleibt eine wolkige und streifige Verschmutzung zurück. Schuld ist die an der Lackoberfläche liegende Metallbronze (zumeist Alu), die von den Poliermitteln angegriffen wird und ihr Oxyd ablöst. Einige Pflegemittelhersteller (z. B. 1z, Pingo und Polifac) haben deshalb eine milde Autopolitur (»Metallic Polish«, »Metallic Spezialpflege«) auf den Markt gebracht, die die Metallbronze kaum angreift und zumindest neuwertigen Metalliclack zu streifenfreiem Hochglanz bringt.

Fingerzeig: *Bei mattem und vor allem bei verwittertem Metalliclack reicht die Pflege mit einem Metallic-Polish noch nicht aus und bei »1z« empfiehlt man deshalb eine bewährte Radikalmethode: Den verwitterten Metalleffektlack mit kräftig wirkender Autopolitur oder Schleifpolitur ohne Beachtung der streifigen Rückstände behandeln. Nach diesem ersten Arbeitsgang wird der ganze Schmierfilm mit alkohol- oder benzingetränkten sauberen Lappen abgewaschen (nicht rauchen dabei!), gut getrocknet und anschließend mit einem guten Lackkonservierer (Waschkonservierer reicht nicht aus!) auf Hochglanz gebracht. Diesen Trick, einen alten Metalliclack wieder aufzumöbeln, kann man aber nur mit Sicherheit bei der serienmäßigen Erstlackierung des Herstellerwerks anwenden, bei Werkstattnachlackierungen und vor allem bei Sprühdosenlackierung besteht die große Gefahr, daß die ganze Farbe im benzingetränkten Lappen hängen bleibt.*

Das sind die schwersten Gesschütze, die nur bei stark verwitterten Lacken zum Abschleifen der obersten toten Lackschicht und dann für lange Zeit nicht mehr angewendet werden dürfen. Vor allem Schleifpolierpaste, die fast schon so grob wie Handwaschpaste aussieht und von den meisten Lackpflegemittelherstellern gar nicht für Selbstpfleger angeboten wird (in den Verkaufsregalen sehen wir nur gelegentlich die »Polier-Schleif-Paste« von Polifac), sollte nur zum Auspolieren von Schrammen und nach einer Streifberührung mit einem fremden Fahrzeug zum Wegpolieren des fremden Lackes benutzt werden. Auch kann man sie nach Jahren einmal anwenden, wenn der eigene Wagen zum Weiterverkauf gründlich »aufgemöbelt« oder ein gerade angeschaffter vergammelter Gebrauchtwagen zum Schmuckstück umgewandelt werden soll.

An der starken Farbe, die in der Polierwatte hängenbleibt, können Sie die schnelle und scharfe Wirkung erkennen, die manchen Selbstpfleger – auch manche Wagenpfleger an Tankstellen – verlockt, schon bei geringem Anlaß zu dieser Brisanzgranate zu greifen. Das ist aber falsch, denn der Autolack hält dies nur ein paarmal aus, und bald schaut, vor allem in der Nähe der Kanten und Karosseriekrümmungen, die Grundierung heraus. Dazu nimmt Schleifpolierpaste schnell die härteste oberste Schicht des Lackes weg. Darunter ist der Lack »weicher« und weniger widerstandsfähig, so daß er bereit in kurzen Zeitabständen immer wieder nach Politur »schreit«, weil jede Berührung mit angeschmutzten Fingern deutliche Schmierspuren hinterläßt.

Nicht ganz so aggressiv ist die dickflüssige Schleifpolitur, die bei der 1z-Firma Sauer mit »1z Extra« (gelbe Flasche) bezeichnet wird, sich als besonders gut erwiesen hat und unmißverständlich »für strapazierte, matte + alte Lacke« bestimmt ist.

Schleifpolituren und Polierpasten haben in der Regel neben der schleifenden und reinigenden Wirkung keine Konservierungseigenschaften. In einem zweiten Gang ist also unbedingt noch Lack-Konservierer zu verarbeiten. Aber vorher muß der Lack völlig wolken- und streifenfrei auspoliert sein, denn diese Streifen und Wolken (es sind in der Polierschicht eingeklebte Schmutz- und Farbpigmentteilchen, die man beim Polieren verschmiert hat) kann man mit Konservierer nicht beseitigen. Als Zwischenbehandlung ist deshalb noch zusätzlich ein Lackreiniger – ausprobieren! – anzuwenden.

Lackreiniger

Eine Sonderstellung nehmen die Lackreiniger ein, die gelegentlich auch als »Reiniger-Politur« bezeichnet werden.

Die Abgrenzungen der Lackreiniger zu den »benachbarten« Schleifpolituren und Lack-Polituren ist nicht scharf feststellbar. Man kann Lack sowohl chemisch (durch lackanlösende Mittel) wie auch mechanisch (durch feines kreideartiges Schleifkorn als Beimischung) reinigen.

Daß sich Lackreiniger fettig anfühlen und nach der Lackbehandlung das Wasser gut abperlt, darf nicht darüber hinwegtäuschen, daß nach der Lackreinigung noch zusätzlich ein Lack-Konservierer aufgearbeitet werden muß.Denn die Wachsanteile im Lackreiniger haben weniger Wetterschutzaufgaben als den Zweck, die Schärfe des Schleifkornes zu milden (ähnlich wie man zum Feinstschleifen das Schleifpapier naß macht; darüber mehr im Kapitel »Lackierung«). Am besten ist es sogar, nach der Lackreinigung den Wagen noch einmal gründlich mit klarem Wasser »abzuschwammen«, damit auch restliche Lösemittel und Emulgatoren (das sind Chemikalien zur besseren »Verträglichkeit« der unterschiedlichen Flüssigkeitsbestandteile) möglichst aus den Lackporen ausgeschwemmt werden, und erst dann den sorgsam trockengelederten Lack zu konservieren.

Lackreiniger sind für neue und junge Lacke Gift – sie haben dort nichts zu suchen, und auch auf neuwertigen Lacken (siehe Seite 31) sind sie nur mit wirklicher Vorsicht anzuwenden. Im Nu kann die obere Lackschicht angelöst und der Lack schwer geschädigt sein. Das gilt vor allem für nachlackierte Stellen, die mit lufttrocknendem Lack behandelt wurden.

Lackreiniger können auch tiefer in den Lackporen sitzende Verschmutzungen besser als Schleifpolituren herauslösen. Dagegen haben Lackreiniger nicht die gleichen Fähigkeiten beim »Glattbügeln« feinster Schrammen.

Sie sollten sich übrigens hüten, wirksame Lackreiniger oder Schleifpolituren zum Beseitigen der auf der Wagenfront angeklebten Mückenleichen zu benutzen. Dafür gibt es (siehe Seite 43) harmlosere Mittel.

Damit bei Ihrer Lackpflege kein Schaden geschieht, wollen wir hier noch einmal »zusammenzählen«:

■ Neuer und junger Lack wird grunsätzlich nicht mit einem Pflegemittel behandelt – bei außergewöhnlichen Verschmutzungen notfalls nur mit mildem Auto-Shampoo und Waschkonservierer oder einer Kombination daraus.

■ Neuwertiger Lack (etwa bis zu 2 Jahren Lebensalter) erhält Lack-Konservierer zur Pflege, aber noch keine polierenden Pflegemittel.

■ Matter und verschmutzter Lack wird in weiten Zeitabständen mit Autopolitur oder mit mildem Lackreiniger behandelt. Zwischendurch ist Lack-Konservierer (Hartwachs usw.) richtig.

■ Stumpfer und verwitterter Lack wird in noch weiteren Zeitabständen (nicht öfter als einmal im halben Jahr) mit Schleifpolitur oder Lackreiniger und nur in Sonderfällen mit Schleifpolierpaste behandelt und sogleich danach sowie zwischendurch ebenfalls mit Lack-Konservierer.

■ Auto-Shampoo ist kein Dauerpflegemittel und vor allem kein Wasserersatz bei der Wagenwäsche.

■ Wasch-Konservierer ist gut, trübt aber mit der Zeit den Lack.

■ Lack-Konservierer (»Autowachs, Hartwachs«) ist das einzige Lackpflegemittel, das schadlos immer wieder, sozusagen als »Dauerpflegemittel«, genommen werden darf.

■ Autopolituren, Schleifpolituren und Lackreiniger werden nur in jeweils langen Zeitabständen benutzt, bis der Lack wieder »im Glanz steht«. Werden sie ständig verwendet, wird der Lack buchstäblich »zu Tode gepflegt«. Deshalb nimmt man zwischendurch immer wieder nur Lack-Konservierer.

Fingerzeig: *Aus dem vorstehenden Text ergibt sich, daß die Auswahl der Pflegemittel entscheidend vom Zustand des Lackes abhängt. Das bedeutet, daß es »Universal-Lackpflegemittel«, mit denen sich angeblich sowohl neue wie verwitterte Lacke gleichermaßen gut pflegen lassen, einfach nicht geben kann. Leider gibt es auch unter guten Markennamen solche abzulehnenden »Universalmittel«. Sie können nicht funktionieren, denn was für neuwertiges Lack gut ist, taugt für alten nicht mehr, und umgekehrt sind Pflegemittel für verweitterten Lack auf jungen Lack viel zu scharf.*

Eines Tages mag Ihnen bei der Wagenwäsche plötzlich auffallen, daß sich der Lack rauh anfühlt, wenn Sie mit den Fingerspitzen leicht darüber streichen. Es ist gar nicht schlecht, wenn Sie sich mal ein Vergrößerungsglas besorgen und den Lack ganz nah bei scharfem Licht besichtigen.

Vielleicht ist der Lack »ausgekreidet«, hat also Farbpigmente abgestoßen, die auf der Lackoberfläche sitzen. Dann wäre natürlich eine Lackpflege mit Autopolitur (Seite 38) oder Lackreiniger angebracht.

Vielleicht sehen Sie unter der Lupe auch ganz feine graune, schwarze oder rotbraune Körnchen oder Fleckchen. Überlegen Sie, ob in der Nähe des länger abgestellten Wagens ein Fabrikschornstein rauchte, ein Zementwerk liegt oder ob Sie in letzter Zeit über eine frisch asphaltierte Straße fuhren.

Denn dies sind die besonders weit verbreiteten Lackverschmutzungen:

■ Teerflecken ■ Flugrost ■ Zementstaub

Teerflecken und Flugrost sind von der Farbe her leicht zu verwechseln.
Eine vorsichtige Fingernagel-Kratzprobe gibt Aufschluß: Teerflecken lassen sich verschmieren (unter dem Vergrößerungsglas glatte Konturen), Flugrost ist dagegen spröde und läßt sich mit dem Fingernagel nicht entfernen (unter dem Vergrößerungsglas unregelmäßige sternförmige Konturen).

Flugstaub von Zementfabriken oder Kalkspritzer von Baustellen sind ebenfalls scharfkantig wie Flugrost, aber hellgrau.

Schließlich kann man auch gelegentlich farbige »Nebelfleckchen«, ähnlich den Teerflecken, finden. Da hat Ihr Wagen wahrscheinlich in letzter Zeit mal in einer Werkstatt oder Tankstelle gestanden, in der Farblack gesprüht wurde. Solch ein Sprühnebel vagabundiert sehr weit durch die Gegend und setzt sich überall fest. Man hatte vergessen, Ihren Wagen ordentlich abzudecken. Auch dagegen gibt es Hilfe, wenn der Lackstaub noch nicht monatealt ist.

Teerflecken beseitigen

Bei der Fahrt über frisch asphaltierte Straßen hinterläßt »feinvernebelter« Straßenabrieb kleine schwarze oder braune Teerflecken nicht nur an den Wagenseiten, sondern auch, kaum wahrnehmbar, auf dem ganzen Wagen.

Völlig falsch ist es, bei der Wagenwäsche mit einem Messer, einem Holz oder auch mit dem Fingernagel solche Teerflecken abkratzen zu wollen, das gibt schäbige Kratzer. Auch mit normalen Lackpflegemitteln lassen sie sich zumeist nicht beseitigen, höchstens löst das Pflegemittel die fast unsichtbar kleinen Teerfleckchen leicht an, so daß sie in Wolken oder Streifen verschmiert werden und man gar nicht weiß, woher das kommt.

Teerflecken lassen sich schon mit Petroleum auflösen (auch die nichtabwaschbaren Teerentferner in Spraydosen sind zumeist nur ordinäres Petroleum, dafür jedoch reichlich teuer), aber danach ist eine umständliche Nachbehandlung mit Auto-Shampoo und Lackkonservierer notwendig, denn Petroleumrückstände können den Lack angreifen, vor allem bei nachfolgender starker Sonneneinstrahlung. Besser sind deshalb moderne spezielle Teerentferner mit Emulgatoren (wie z. B. jene von Caramba, Polifac oder Rex), wodurch sich nach kurzer Einwirkzeit die herunterlaufenden braunen Teertropfen mit klarem Wasser abspülen lassen und keine Nachbehandlung notwendig ist.

Auch etliche Lackpflegemittel mit Lackreinigeranteilen sind auf Teerfleckenbeseitigung dressiert. Das ist dann, wie z. B. bei »Lackreiniger-Teerentferner« von Wiederhold (Ducolux), auf der Packung besonders vermerkt.

Für diese Mittel zur Teerfleckenbeseitigung gilt als strenger Grundsatz:

Nicht vor 3 Monaten damit am Neuwagenlack und nicht vor 6 Monaten an nachlackierten Stellen operieren! Sonst sehen Sie eventuell hinterher: Der Lack ist ab.

Fingerzeig: *Besonders wirkungsvolle Teerentferner können Kunststoffe anlösen. Da die Abdeck-»gläser« der Heckleuchten heute aus Kunststoff bestehen (was einem wegen ihrer glasartigen Struktur nicht auffällt), sollte man sie nicht mit Teerentferner ansprühen und eventuell trotzdem dorthin geratenen Sprühnebel sogleich sorgfältig abwischen. Andernfalls könnte sich die Heckleuchte durch die anlösende Wirkung trüben, was bei der nächsten TÜV-Prüfung beanstandet würde.*

Fremdlacknebel abpolieren

Falls Sie auf ihrem Fahrzeug einen Hauch von fremden Lacktröpfchen feststellen, weil Ihr Nachbar – auch ein Heimwerker – an seinem Wagen herumlackiert hat, dann haben Sie den »Schaden« hoffentlich beizeiten bemerkt, so daß die Lacktröpfchen noch nicht völlig durchgehärtet sind. Aber auch dann ist der Schaden nicht schlimm, wenn Sie den Lack immer brav gepflegt haben. Denn auf gut konserviertem Lack – vor allem bei Lackpflegemitteln mit Silikon – kann der Lacknebel nicht sehr fest haften.

In beiden Fällen hilft ein ordentlicher Lackreiniger, seine lackanlösende Wirkung reicht in diesem Falle aus. Er ist besser als Autopolitur, die auch den übrigen Lack leicht schleifend beansprucht.

Ein »altes Hausmittel« gegen die angeklebten Insektenleichen auf der Wagen-Frontseite ist ein Packen patschnasser Zeitungen, die man über Nacht auf die Wagenvorderseite legt und erforderlichenfalls mit angelehnten Latten gegen die Frontseite drückt. Das nasse Papier weicht in Stunden die angetrockneten Fliegenleichen auf und sie lassen sich am nächsten Morgen in der Regel mit warmem Wasser und Schwamm ohne große Mühe abwaschen.

Die nassen Zeitungen dürfen aber nicht auf dem Lack antrocknen, sonst hat man Druckerschwärze auf dem Lack, die sich nur mit Politur beseitigen läßt.

Sitzt der Lacknebel sehr fest, muß man sich entscheiden: Entweder eine Schleifpolierpaste, welche die ganze Lackschicht – und mit ihr den Fremdlacknebel – oberflächlich abschleift. Oder ein mit Nitroverdünnung (siehe Seite 47) getränkter sauberer Lappen.

Die Nitroverdünnung im Lappen ist theoretisch lackschonender als die Schleifpolierpaste (in beiden Fällen muß sowieso mit Lack-Konservierer nachgearbeitet werden), aber der Nitro-Lappen ist nur anwendbar, wenn das Fahrzeug mit aller Sicherheit noch die serienmäßige Einbrennlackierung vom Werk trägt! Nur diese ist gegen Nitroverdünnung widerstandsfähig genug, während nachlackierte Stellen gleich zusammen mit dem Fremdlackhauch abgewischt oder angelöst und narbig abgerissen werden können. Das ist aber dann eine Katastrophe! Auch kann es bei einer sehr gegensätzlichen Farbe auf heller Lackierung passieren, daß von der Nitroverdünnung der ganze Lack rosarot, geblich oder hellblau überzogen wird! Bei der Anwendung von Nitroverdünnung ist also erst ein vorsichtiger Versuch an weniger auffälliger Stelle notwendig. Und nehmen Sie hierzu auf keinen Fall das wesentlich schärfere Lösungsmittel Aceton!

Wenn Sie bei der vorsichtigen »Nagelprobe« und unter dem Vergrößerungsglas festgestellt haben, daß es sich um Flugrost, Zementstaub oder sonstige Industrieabgas-Rückstände handelt, ist Lackreiniger oder Autopolitur nicht als erster Gang zu empfehlen, denn diese Lackpflegemittel lösen zwar die Industrierückstände vom Lack ab, haften dann aber im Poliertuch und schmirgeln den weiteren Lack spinnwebenfein zuschanden.

Industriestaub beseitigen

Nehmen Sie stattdessen »abomar«, »Bostik wie neu« (Seite 36) oder ganz einfach »Entkalker« für den Haushalt. Damit betupfen Sie die Kalk- oder Zementspritzer kräftig und werden sofort sehen, wie die Flüssigkeit schäumt. Sie »frißt« regelrecht Kalk und Zement. Mit einem sehr nassen Schwamm wird sogleich nachgewaschen, wenn die Spritzer vollkommen aufgeschäumt haben. Bei Bedarf noch mehrmals nachtupfen und zuletzt den Lack zumindestens mit Konservierer pflegen.

Insektenleichen, die die Wagenvorderseite im Sommer zu Tausenden auffängt, sollten Sie jedesmal möglichst bald mit viel warmem Wasser abzuwaschen ver-

Insektenschmutz

Chrom hat keine so porenlose Oberfläche, wie man glaubt, daher frißt eingedrungenes Salzwasser den Untergrund auf, bis die häßlichen »Rostblüten« an der Oberfläche erscheinen. Das läßt sich, trotz mancherlei Werbesprüche, mit keinem sogenannten »Rostumwandler« rückgängig machen. Man kann nur noch dafür sorgen, daß die Verrostung nicht weiterfrißt: Tüchtig waschen, damit die Salzreste aus den Poren kommen, sorgfältig mit einer Heizsonne trocknen, damit auch die Restfeuchtigkeit aus den Poren verdunstet und einen Lack-Konservierer kräftig einmassieren. Optisch wird die Rostpickelei aber weniger auffällig, wenn, wie hier gezeigt, mit einem Lappen helle Silberbronze (Felgenlack, »Rallyesilber«) in die Rostpickel eingerieben wird. Das schützt auch besser gegen Weiterrosten. Vor solcher Silber-Behandlung darf natürlich das verchromte Stück auf keinen Fall mit wachshaltigen Waschmitteln (Wasch-Konservierer und dergleichen) gewaschen werden, dann kann die Silberbronze nämlich nicht haften.

suchen (ohne zu kratzen!). Meist gelingt das nur teilweise, weil der Eiweißgehalt des Fliegenschleims stark durchhärtet. Deshalb enthalten gute Insektentferner, z. B. von Rex und Pingo (Spritzflaschen; mit Wasser vorwaschen) oder »Holts Summer Screen«, »Aral Scheibenklar« und »Caramba Insektenlöser« (sahniger Sprayschaum, ohne Wasser zu verarbeiten) besondere eiweißlösende Mittel. Solche Zusätze haben Autopolituren nicht, so daß die Fliegenbeseitigung mit diesen bedeutend schwieriger ist und überdies den Lack unnötig strapaziert. Auf die Dauer ist auch der »Fliegenschwamm« – ein probporiger, harter Nylonschwamm – nicht zu empfehlen, weil er den Lack mit der Zeit ankratzt. Er ist mehr zur Windschutzscheibenreinigung im Sommer geeignet.

Vinyldachreiniger, Vinyldachkonservierer

Vinyldächer sind vor allem deshalb oft grau oder unansehnlich, weil sie entweder gar nicht oder oder mit Lackpflegemitteln behandelt werden. Lackpflegemittel hinterlassen durch ihre Wachsanteile und durch beigemischte Schleifmittel (Feinkreide) einen milchig-trüben Belag. Deshalb müssen Vinyl-Autodächer und Cabrio-Verdecks mit ausgesprochenen Spezialmitteln gepflegt werden.

Da es eine ganze Reihe unterschiedlicher Pflegemittelrezepte für Kunststoffe, Kunstleder, Platik, Gummi, Kunstfaserstoffe und Vinyldächer gibt, soll man nur ein Pflegemittel benutzen, das entweder schon im Namen das Wort »Vinyldach« enthält (z. B. »1z Vinyldach-Versiegelung«) oder in seiner aufgedruckten Gebrauchsanweisung ausdrücklich auf Vinyldächer (nicht nur auf »Kunststoffdächer«!) hinweist (z. B. »Polifac Kunststoff Reiniger«). Auch andere Kunststoff- und Plastik-Pflegemittel können für Vinyldächer brauchbar sein, aber ebenso kann man wegen anderer Rezeptur damit Schaden anrichten, weil die Vinyldachoberfläche damit angelöst wird und klebrig bleibt. Und auf gar keinen Fall darf man zur Vinyldach-»Reinigung« Fleckenwasser, Teerentferner oder Lacklösemittel nehmen!

Gewaschen wird ein Vinyl-Autodach oder Cabrio-Verdeck nur mit Schwamm und viel Wasser. Allenfalls darf bei wirklich starker Verschmutzung Auto-Shampoo benutzt werden. Danach müssen mit weicher Waschbürste und sehr viel Wasser alle Shampoo-Rückstände aus den Poren des Dachbezuges getrieben werden. Das ist vor allem bei den Rollverdecks der Citroen 2 CV wichtig.

Nach einer Shampoowäsche soll die Vinylbeschichtung möglichst bald wieder konserviert werden, denn sie wurde vom Waschmittel stark ausgelaugt. Aber spezielle Vinyldach-Pflegemittel findet man wegen des geringen Marktbedarfs nur selten. Erforderlichenfalls muß man in verschiedenen Tankstellen oder Fachgeschäften erst danach suchen, sollte sich aber auf keinen Fall irgend ei-

An den teuren Leichtmetallfelgen haftet der bei heftigem Bremsen umhervagabundierende Bremsbelagstaub besonders hartnäckig. Das sieht häßlich aus und so hat die einschlägige Industrie spezielle Felgenreiniger auf den Markt gebracht: Die vom groben Schmutz gereinigte Felge damit einsprühen, einige Minuten einwirken lassen, mit dem grobporigen Fliegenschwamm oder einer Waschbürste nachreiben und mit Wasser abspritzen.

Wenn die Felge frisch glänzt, soll der Reifengummi auch nicht grau daherschauen. Dafür gibt es spezielle Gummipfleger (auch einige Plastik-Pflegemittel gehören dazu), die aber nicht nur die Reifenfarbe (ohne Schwarzfärbung) auffrischen, sondern – noch wichtiger – die Tür und Kofferraum-Dichtleisten, wie auf Seite 18 beschrieben, elastisch halten und im Winter ihr Festfrieren verhindern. Weil die Reifen breit und die Dichtleisten schmal sind, hat sich »Aral Gummipflege« mit zwei verschieden breit sprühenden Sprühköpfen als besonders praktisch erwiesen.

nen »Plastikreiniger« verkaufen lassen. Wir kennen als Vinyldach-Pflegemittel die »1z Vinyldach Versiegelung« (Bezugsquellennachweis durch Werner Sauer BmbH, Industrieweg 15, 506 Bensberg), die zugleich reinigt und konserviert. Besonders erfolgversprechend die nacheinander anzuwendenden »Pingo Plastik-Reiniger« und »Pingo Plastik Glanz« (Bezugsquellennachweis durch Pingo-Erzeugnisse Welsch & Kuffner, Gutenbergerstraße 13, 8046 Garching; siehe auch Tabelle Seite 17).

Genau wie der Lack braucht auch die Verchromung Pflege und Schutz gegen Witterungseinflüsse. Chrompflegemittel gibt es in Massen.

Die Chrompflege

Wenn Sie uns fragen: Vergessen Sie alle Chrompflegemittel, denn Sie brauchen Sie nicht! Sie haben ja schon in Ihrem Pflegemittelregal an der Garagenwand einige Lackpflegemittel zur Hand. Da nehmen Sie einen Lackreiniger oder (bei stärkerer Verschmutzung) eine Autopolitur (Schleifpolierpaste ist aber zu scharf!), putzen die Chromzier und behandeln sie anschließend mit einem Lack-Konservierer oder ganz schlichter Vaseline aus der Hausapotheke. Wir haben in dieser Art beste Erfahrungen mit »1z Extra« (gelbe Flasche) gemacht, die bei der Beseitigung ersten Rostanfluges wirksamer waren als die eigentlichen Chrompolituren, die das zwar eifrig versprechen, aber kaum halten. Und der Spruch »beseitigt Rost« ist sowieso bezüglich Chrom Quatsch, denn wo Rost ist, ist die Verchromung weg, und die zaubert kein Mittel wieder zurück.

Hüten Sie sich übrigens wie vor dem Teufel vor Chromschutzlack(Lack!), der im Winter die Chromzier gegen Rost schützen soll. Das ist ein Klarlack, den man im Herbst einfach aufsprühen und im Frühjahr wie eine Folie abziehen können soll. Die Praxis ist zumeist verheerend: Weil im abendkühlen Herbst die Verchromung physikalisch nie einwandfrei trocken ist, besonders nicht nach einer Wagenwäsche, werden feinste Feuchtigkeitströpfchen unter dem Chromschutzlack eingesperrt und dort wüten sie den Winter über als Rosterzeuger. Oft ist die Verrostung unter solchem Chromschutzlack schlimmer als bei einer unlackierten Verchromung, die zwischen jeden Schnee und Regen wieder abtrocknen kann. Also: Finger weg von Chromschutzlack.

Wer will guten Kuchen machen . . .

Es war einmal – und dies ist eine wahre Geschichte – ein junger Mann. Der erwarb sich einen alten Mercedes, welcher allerdings äußerlich nicht mehr besonders ansehnlich war. »Macht nichts«, sagte er sich, denn er hatte gerade die heitere Anzeige einer Lacksprühdosenfirma gesehen und noch die darauf abgebildete autolackierende süße Fee im Sinn, »dieses Ato lackiere ich mir selbst«. Gesagt, getan. Er kaufte etliche Lacksprühdosen und überlegte, wo das Kunstwerk stattfinden könnte, denn er hatte zu Hause keine Garage und außerdem fiel ihm ein, daß man beim Autolackieren immer auf staubfreie und saubere Luft achten soll.

»Und wo ist die Luft staubfrei und sauber?« fragte er sich und gab sich selbst darauf die Antwort, die er auch von jedem Umweltschützer erhalten hätte: »Im Wald, im deutschen Walde, da ist die Luft noch sauber.« Nun denn, er fuhr mit Lack und Auto in einen tiefen Wald, wo aus Versehen noch kein Sperrschild am ersten Baum befestigt war, und lackierte dort sein Auto gottesfürchtig vor sich hin.

Doch wie er gerade zu bemerken begann, daß ein deutscher Wald vielleicht doch nicht der rechte Platz zum Autolackieren sei, weil ununterbrochen von den Bäumen allerlei Spelz und Sporen, Blatt und Blüten, Staub und Stiele herniederrieselten und er sich wieder einmal interessiert einer im frischen Lack zappelnden Fliege widmete, riß ihn ein donnerndes »Hände hoch!« schier von den Füßen. Nachdem sich sein verschreckter Blick etwas geklärt hatte, sah er hinter einem nahen Baum mit angelegtem Schießgewehr einen Jägersmann, dessen Hasso oder Bello ein zähnefletschendes Knurren hören ließ. »Ich wollte, ich bin . . .«, begann der junge Mann zu stottern, aber der Grünrock schnitt ihm barsch das Wort ab: »Marsch, zur Polizei!« Als man im Geleitzug dieselbe im nächsten Dorf erreicht hatte, sagte der Polizist recht unwirsch: »So, so, da hat Sie der Förster mal erwischt? Auto klauen und dann im Wald umlackieren, damit es auch der Besitzer nicht mehr kennt? Sollt' wohl ein feines Geschäft werden, was? Denkste!« Doch kurz und gut, nach einigem Palaver und noch mehr Telefongesprächen zeigte sich, daß die Weste unseres jungen Mannes fleckenloser war als seine lackgesprühten Hände und daß er ohne allen Arg und guten Glaubens vom Heim- zum Forstwerker geworden war und es auch nie wieder tun wolle, denn er dachte dabei an den unerwarteten Streusand von den Bäumen.

So schied man dann halb erleichtert (der Polizeimeister, weil er kein Protokoll zu schreiben brauchte), halb verlegen (der Förster, weil der Polizist so grinste) und halb besorgt (der junge Mann, weil er um den Lack und sein einsames Auto fürchtete) voneinander. Doch fand der junge Mann beides wohlbehalten und fuhr mit seinem farbgetupften Gefährt noch immer etwas verstört nach Hause. Und wenn der Mercedes nicht verrostet ist, dann lebt er heute noch. Doch die Moral von der Geschicht, die man aus solchen Erlebnissen zu schöpfen pflegt: Lacksprühdosen allein tun's noch lange nicht. Und was wadenkrampfige Spaziergänger als frische Luft lobpreisen, das ist keineswegs zum Lackieren sauber genug.

Damit wissen Sie schon mehr als mancher, der mit einer Lacksprühdose auf sein Auto losgegangen ist. Und wir hoffen auch weiterhin, Ihnen manches Lehrgeld zu ersparen, das wir gerade für diese Buchkapitel über das Lackieren fast bis zur Entmutigung gezahlt haben.

Fangen wir mit dem richtigen Werkzeug und Arbeitsgerät an, das Sie für eine ordentliche Selbsthilfe-Lackiererei benötigen. Was Sie bei Durchrostungen oder Blechschäden eventuell vorher noch brauchen und machen müssen, ist in den Kapiteln »Rostschutz« und »Karosseriereparatur« beschrieben.

■ **Wassereimer** aus Kunststoff, damit es keiner Kratzer beim Hantieren am Auto gibt. Man braucht ihn zum Waschen des Karosserieteils und für den Wassernachschub beim Naßschliff.

■ **Schwamm** zum Waschen der Arbeitsfläche und zum Wasserzugeben oder Wegwischen des Schleifschlamms beim Naßschliff.

■ **Fensterleder und Lappen** zum Nachtrocknen beim Abschwammen der Arbeitsfläche.

■ **Trocknungshilfe:** Heißluft-Haartrockner (auch gut zum Austrocknen der Karosserie-Hohlräume und Blechrückseiten), Heizlüfter oder Heizstrahler. Letzterer auch sehr praktisch zur Grundierungs- und Lacktrocknung. Heizlüfter sind dagegen zur Lacktrocknung nicht geeignet, da sie Staub in den frischen Lack blasen.

■ **Waschbenzin** sowie Nitro- oder Kunstharzverdünnung (je nachdem von welcher Art Spachtel, Grundierung und Sprühlack sind) zum Entfetten der Arbeitsfläche. Von Fahrbenzin oder Superkraftstoff ist abzuraten, denn sie enthalten Zusätze, die sich sehr nachteilig auf den späteren Lackaufbau auswirken können (Kraterbildung, Bläschen, Ablösungen, Trübungen usw.).

■ **Aceton** als ganz besonders aktives Lösemittel zum sorgfältigen Waschen der Spachtelwerkzeuge zwischen jedem Arbeitsgang und zum Abwaschen einer eventuellen Fehllackierung (1 Liter etwa 2,75 DM).

■ **Waschpinsel** und flache **Schale** zum Waschen der Spachtelwerkzeuge und zum Abbeizen von Fehllackierungen oder Altlackierungen.

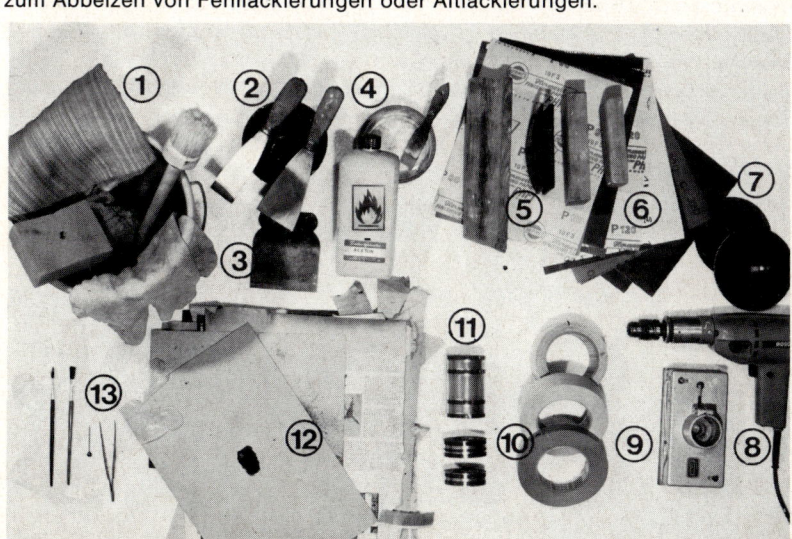

Das richtige Arbeitsgerät zum Lackieren: 1 = Wassereimer, Lappen, Waschpinsel, Schwamm und Fensterleder; 2 = Spachtelmesser mit starrer dreieckiger Klinge und Gummibecher (Gipserbecher) zum Anrühren von Polyesterharz; 3 = »Japan-Flächenspachtel«, breite und biegsame Spachtelklinge; 4 = Aceton, Glasschale und harter Waschpinsel zum reinigen der Spachtelwerkzeuge; 5 = Handschleifer aus Hartgummi und verschiedene Schleifklötze; 6 = Schleifpapiere (siehe auch Bild Seite 53); 7 = Gummiteller und runde Schleifblätter für die Bohrmaschine (Bild Seite 50); 8 = Bohrmaschine zum Grobschleifen und Vorspannen des Schwingschleifers (9); 10 = Abklebebänder (Seite 54); 11 = Zierlinien-Abdeckbänder (Seite 135); 12 = Zeitungsbogen und Karton zum Abdecken; 13 = Schutzhandschuhe, Pinsel zum Ausflecken, Dekorationsnadel und Pinzette (Seite 56).

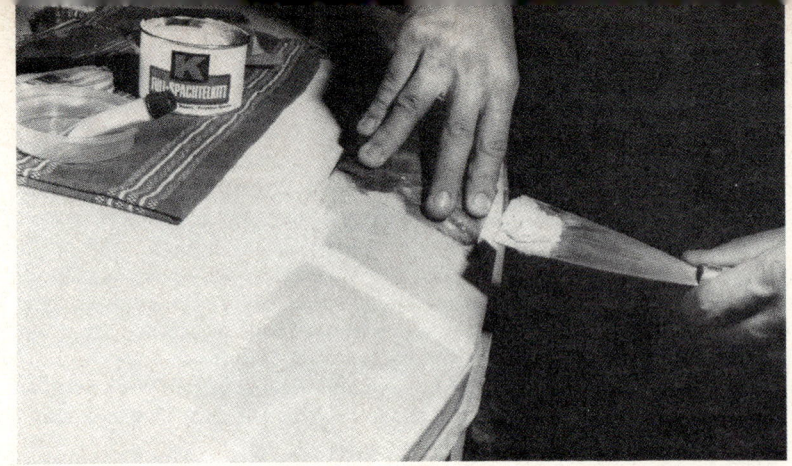

Das Bild zeigt die Anwendung der beiden üblichen Spachtelwerkzeuge: Für breite und gewölbte Reparaturflächen der biegsame »Japan-Flächenspachtel« (in der Hand links), rechts das starre Spachtelmesser mit dreieckiger Klinge. Da man den Spachtel jeweils nur in kleinen Mengen verarbeitet, benutzt man in der Regel immer diese beiden Werkzeuge zusammen: das eine zum Auftragen auf die Spachtelfläche, das andere zur Vorratshaltung der Spachtelmasse. Je nach Arbeitsfläche läßt sich so schnell der Spachtelvorrat umschichten und das passende Werkzeug verwenden.

Spachtelklingen pflegen

Gut gespachtelt ist halb geschliffen. Darum müssen die Spachtelklingen vor jedem Spachtelgang blitzsauber mit Aceton gewaschen werden. Nur dieses Lösungsmittel löst den Spachtel von der Klinge, dessen angetrocknete Krümel sonst ärgerliche Riefen in die nächste Spachtelschicht ziehen. Nach der Aceton-Waschung wird die Klinge mit einem sauberen Lappen abgetrocknet, wobei die letzten hauchfeinen Spachtelrückstände mit weggewischt werden.

■ **Spachtelklingen** zum Auftragen und »Ziehen« des Spachtels. Diese Werkzeuge kosten nur wenige Mark und man sollte sich mehrere kaufen, um einerseits nach der praktischen Lackiererart Zwei-Komponenten-Spachtel nach »Messerwetz-Art« auf 2 Klingen anzumischen und andrerseits je nach Spachtelfläche die passende Werkzeugbreite zu haben.

Als Hilfswerkzeug für die Spachtelklingen brauchen Sie das bereits erwähnte Aceton mit Waschpinsel und flacher Schale. Alle modernen Spachtel sind, wir betrachten das noch näher, schnell trocknend und haben nur eine kurze »Topfzeit« (Zeit, in der man vor erster Erhärtungs-Krümelbildung das Material verarbeiten kann). Genau so schnell trocknen natürlich die Spachtelreste an der Spachtelklinge an. Beim nächsten Spachtelgang würden sie, wenn man sie nicht sorgfältig beseitigt, sich als Krümel mit in den neuen Spachtel mischen oder sie würden, an der Spachtelschnittkante angeklebt, eine völlig unebene streifige Spachtelschicht bewirken – ein Glattstrich, der unendlich mühselige Schleifarbeit erspart, wäre unmöglich. Ein wichtiger Merksatz lautet: »Glatt gespachtelt ist halb geschliffen«!

Deshalb muß die Spachtelklinge vor jedem Spachtelgang – man legt ja mehrere dünne Schichten übereinander – peinlich gesäubert werden. Den frischen Spachtel löst praktisch nur Aceton auf.

Nach der Aceton-Waschung sollten Sie immer mal wieder die Arbeitskante des Spachtelwerkzeugs »unter die Lupe nehmen« (Bild rechts oben). Jeder kleine

Das Spachtelwerkzeug darf an seiner Arbeitskante nicht messerscharf sein, sondern muß einen völlig riefen- und gratfeinen rechtwinkligen »Rücken« (wie ein Messer-Rücken) haben. Von Zeit zu Zeit wird, wenn sich doch Riefen in der Spachtelschicht zeigen, die Arbeitskante auf einem Abziehstein (nicht auf Schleifpapier!) sorgfältig rechtwinklig geschliffen.

Damit das Spachtelwerkzeug bei diesem »Abziehen« nicht wackelt, wird es, wie hier im Bild gezeigt, ganz unten an der Klinge gefaßt und über den feuchten Stein gezogen. Das Werkzeug darf dabei auch nicht nach vorne oder hinten kippen, damit die Arbeitskante nicht abgerundet wird. Das Abziehen gibt an den Kantenseiten je einen feinen »Grat«, der zuletzt durch ein zartes seitliches »Abwischen« der Klinge beseitigt wird.

Ritzer an der Seite der Spachtelmesser-Arbeitskante und jede feine Unebenheit zieht in den Spachtel-Glattstrich entsprechende spinnwebfeine Grate und Kratzer, die sich nicht so ohne weiteres mit feinem Schleifpapier, vor allem vor der Endlackierung, einebnen lassen. Man müßte also noch mal mit grober Körnung vorarbeiten, bei der aber die Gefahr besteht, daß die Spachtelschicht stellenweise wieder durchgeschliffen wird und alles nochmals gespachtelt werden muß. Fluchen Sie nicht, sondern kaufen Sie sich deshalb schnellstens, wenn Sie ihn noch nicht haben, einen

■ **Abziehstein** (auch als »Ölstein« bezeichnet), mit dem man auch im Haushalt sehr gut den Messern die letzte Schärfe geben kann. Auf diesem Abziehstein dürfen Sie aber nicht, wie man bei Messern tut, mit Öl schleifen, sondern dürfen bei der Spachteklinge nur Wasser als Schleifmittelzugabe verwenden (eine zugegebene Flüssigkeit verfeinert die Schleifwirkung-, denn Ölrückstände auf der Spachtelklinge wären Gift für die Spachtelschichten und vor allem für den Lack. Zum »Abziehen« der Spachtelklinge müssen Sie diese so fassen, wie auf dem Bild oben gezeigt und im Bildtext beschrieben wird.

Prüfen Sie zuletzt mit Auge und feinfühliger Fingerspitze, ob die Arbeitkante selbst und ihre nächste Seitenfläche wie poliert aussieht und auch nicht mehr die feinste Riefe aufweist. Spätestens beim anschließenden Spachteln werden Sie sehen, ob Sie ein scharfes Auge und feines Fingerspitzengefühl haben.

Fingerzeig: *Aus diesen Hinweisen geht hervor, daß Spachtelklingen aus Plastik oder Kunststoff nahezu unbrauchbare Geräte sind. Allenfalls sind noch solche Kunststoffe brauchbar, deren Glätte als Trennschicht gegenüber Spachtel wirkt, so daß angetrockneter Spachtel beim Biegen des Kunststoffes sauber abplatzt. Aber auch bei solchen Kunststoffspachtelklingen muß gelegentlich die Arbeitskante geschliffen werden, und das wird bei dem zumeist mehrschichtigen Kunststoff nie wirklich sauber.*

Eine saubere spiegelglatte Lackierung ist nur möglich, wenn die darunter liegenden Schichten des Lackaufbaus einwandfrei geschliffen wurden. Jede Nachlässigkeit beim Schleifen, jede Unebenheit, jeder geringfügigste Kratzer, der auf den matten Spachtelschichten und der matten Grundierung gar nicht so auffällt, wird durch den darüber gesprühten Decklack nicht etwa ausgebügelt, das ist eine sehr trügerische Hoffnung, sondern optisch verhundertfacht. Wie richtig geschliffen wird, lesen Sie ab Seite 99, hier unterhalten wir uns erst einmal über das notwendige Werkzeug.

Schleifwerkzeug

Für die Handwerkerbohrmaschinen gibt es Gummiteller (im Bild in der Hand gehalten) auf die nach Meinung der Hersteller spezielle runde Schleifpapierscheiben mit einer in der Mitte des Gummitellers sitzenden vertieften Schraube befestigt werden sollen. Das funktioniert nicht, denn die Schleifpapierscheiben werfen dabei unweigerlich Wellen und sind in kürzester Zeit wegen der nur teilweisen Schleifbeanspruchung unbrauchbar. Wir machen das anders: Aus den normalen (und billigeren) Schleifpapierbogen in der richtigen Körnung werden runde Scheiben genau nach Gummitellergröße geschnitten. Der Gummiteller wird mit doppelseitig klebendem Teppichboden-Klebeband (z. B. »tesa BDF«) belegt, die überstehenden Klebedecken, wie hier gezeigt, abgeschnitten und die vorgeschnittene runde Schleifpapierscheibe fest angedrückt. Wir haben mit dieser Schleifvorrichtung, die wirklich plan und zügig wirkt, die besten Erfahrungen gemacht.
Einziges Problem: Bei zu großem Schleifdruck wird das Ganze zu heiß und das Klebeband hält die Schleifpapierscheibe nicht mehr.

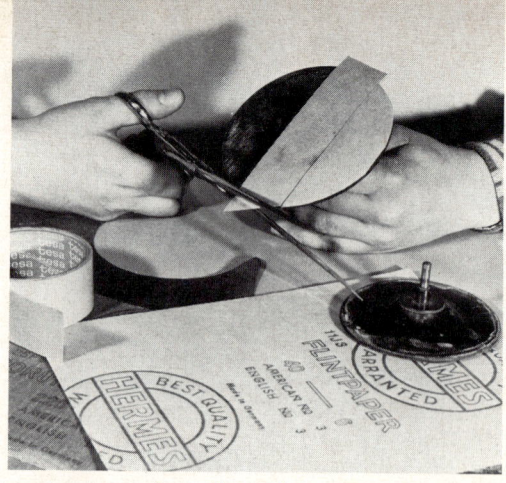

Als vielseitig einsetzbares Grundwerkzeug kann Ihnen Ihre

■ **Bohrmaschine** nützlich sein. Schneller Grobschliff ist mit dem **»Gummiteller«** und aufgeklebter (nicht aufgeschraubter!) Schleifpapierscheibe möglich (Bild oben). In die Spannvorrichtung lassen sich je nach Erfordernis verschieden geformte **Schleifkörper** (Bild unten) zum Auskehlen von Schrammen und Beulen oder die ganz vorzügliche **Unidisc-Trenn- und Schleifscheibe** aus England (Bild rechts unten) einspannen. Denken Sie aber beim Schleifen mit der Unidisc-Scheibe daran, daß sie sich leicht verhaken kann, wenn damit in Richtung »gegen« eine Blechkante geschliffen wird. Schleifen und Trennen muß mit dieser Scheibe immer in Richtung »mit« der Blechkante, also in ablaufender Richtung von der Kante weg, ausgeführt werden. Denn beim Verharren wird die Bohrmaschine durch die Wucht blitzschnell zur Seite geschlagen und zumindest ein Stück aus der Scheibe herausgebrochen. Das bedeutet Gefahr! Und nicht vergessen: Bei solchen Arbeiten stets Schutzbrille tragen!

Wenig brauchbar sind am Auto **Hartmetall-Schleifscheiben** zum Aufstecken auf die Bohrmaschine. Es sind geschweifte Blechscheiben mit Wolframkarbid-Splittern. Sie »verschmieren« leicht und sollen dann mit Drahtbürste oder Spiritus wieder gereinigt werden. Aber Spiritus löst weder Lack noch Spachtel. Zum Wegkratzen des Rostes aus kleinen Lackschadenstellen dienen

■ **Rostradierer.** Das sind mit Kunststoff umhüllte Drahtstücke, sie kosten etwa 2 DM und sind auch zum Putzen der Zündkerzen-Elektroden geeignet. Vorteil: Durch punktgenaues Kratzen wird der benachbarte Lack nicht beschädigt.

Zum groben und schnellen Ausschleifen kleiner Schrammen oder schwer zugänglicher Stellen eignen sich vor allem die kleinen Schleifkörper für die Bohrmaschine. Ein ganzer Satz in verschiedenen Kugel-, Kegel- und Zylinderformen kostet knapp 5,– DM. Hier ist gerade ein (ehemals) zylinderförmiger Schleifkörper beim Auskehlen einer Schramme zwecks besserem Halt für den später aufgetragenen Spachtel an der Arbeit. Der rauhe Schliff gibt dem Füllspachtel besseren Halt.

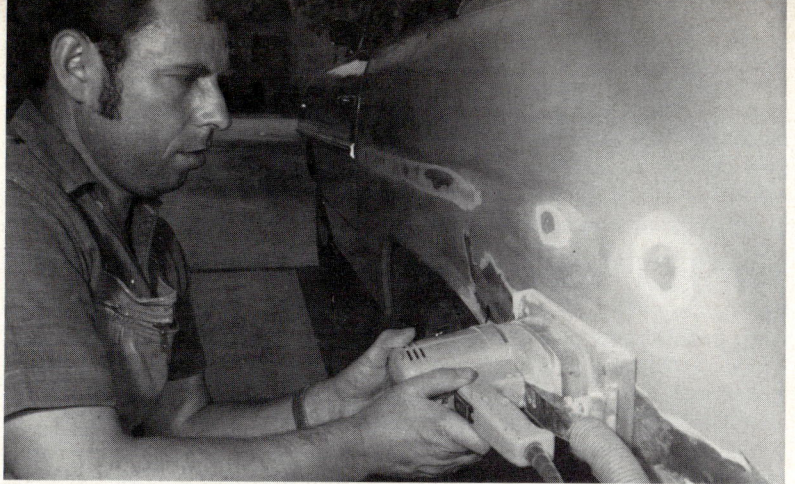

Der Schwingschleifer ist ein ausgesprochenes Werkstattgerät. Aber vielleicht können Sie sich einen im Bedarfsfall ausleihen, weil er wirklich viel Arbeitszeit einsparen hilft.
Preiswertere Schwingschleifer gibt es auch als Vorsatzgeräte für die Bohrmaschine. Bei diesen Schwingschleifern schwingt die Schleiffläche, die mit einem halben Bogen Schleifpapier bespannt ist, in kleinen Kreisbewegungen.

»Luxus«-Schleifgeräte

Für die Schleifarbeit hat der Fachmann natürlich aufwendigere Spezialgeräte. Für einige wenige Heimwerkerarbeiten ist die Anschaffung solcher Werkstattgeräte selbstverständlich zu teuer. Falls Sie aber auch sonst in Haus, Hof und Garten basteln und lackieren, könnte sich die Anschaffung vielleicht doch lohnen. Für den Feinschliff wäre hierbei der

■ **Schwing-Schleifer** (auch als »Schleif-Rutscher« bezeichnet; siehe Bild oben) zu nennen. Bei dieser Maschine schwingt die Schleiffläche, die mit einem halben Bogen Schleifpapier bespannt wird, in kleinen Kreisbewegungen. Auch das Naßschleifen mit feinkörnigem Schleifpapier läßt sich bei einiger Vorsicht mit diesem Gerät ausführen, aber trockenes Grobschleifen zum Wegputzen alter Lackreste, zu dickem Spachtelauftrag und dergleichen ist nicht so einfach, weil bei den kleinen Kreisbewegungen das zu schleifende Material nicht genügend radikal weggerissen wird und außerdem schnell die Zwischenräume zwischen den Körnern des Schleifpapiers verkleben und zuschmieren können. Bei Naßschliff ist diese Gefahr geringer. Auch die preiswerteren Vorsatz-Schwingschleifer zum Aufstecken auf die Bohrmaschine sind trotz kleinerer Schleiffläche recht brauchbar.

Ein vorzügliches Arbeitsgerät für den Grobschliff ist der

■ **Hochleistungs-Winkelschleifer,** der bei etwa 8000 Umdrehungen pro Minute mit kreischendem Geräusch jede Fläche sehr radikal putzt. Er ist für wenige Heimwerkerarbeiten jedoch zu teuer, man kann ihn aber vielleicht einmal ausleihen, h. B. in einer Autohobby-Werkstatt.

Ein sehr wirkungsvolles Schleifgerät ist die auf die Heimwerker-Bohrmaschine aufgespannte »Unidisc-Trenn- und Schleifscheibe«. Je nach Anstellwinkel dieser anschmiegsamen Schleifscheibe ist in kürzester Zeit sowohl ein grober Putz-Schliff als auch ein recht feiner Schliff auszuführen. Basismaterial dieser Schleifscheibe ist ein grobes, juteartiges und durchbrochenes Gewebe mit aufgeklebtem Schleifkorn. Durch die Scheibendurchbrüche fliegt der Schleifstaub davon, und die Berührungsflächen sind durch die Luftdurchlässigkeit immer gut gekühlt. Mit dieser Trennscheibe lassen sich auch einwandfrei glatte Blechschnitte (Bild Seite 204 unten) ausführen. Bezugsquellennachweis durch Importeur Broszio + Co., Charlottenstraße 30, 2000 Hamburg 19.

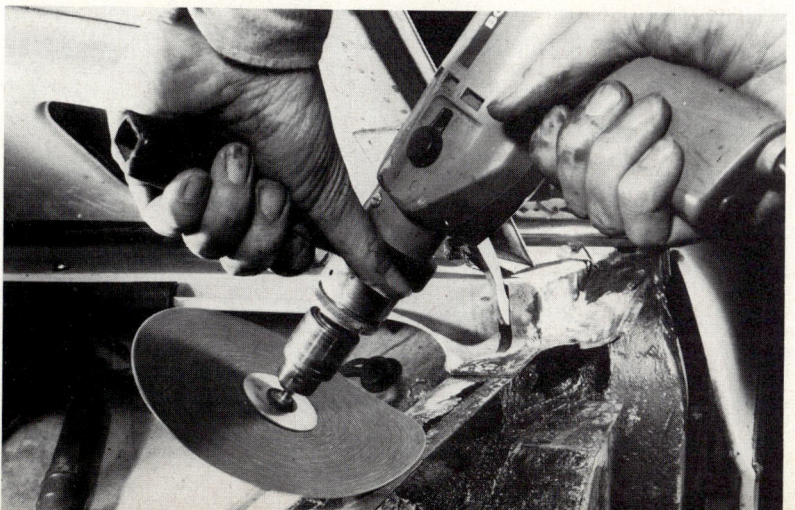

Aber auch solche nützliche Werkstattgeräte ersparen nicht gänzlich (auch nicht dem Fachmann) das Schleifen mit der Hand und dazu brauchen Sie

■ **Schleifklötze** verschiedener Größe und handlicher Form. Die sind nicht teuer, man kann sie für wenige Pfennige oder gar nichts bei einer Bau- und Möbelschreinerei besorgen, denn es handelt sich nur um einige verschieden große dicke Brettstücke bis etwas über Handgröße aus dem Materialabfall der Schreinerei. Es soll sauber plan gehobeltes oder geschliffenes hartes Holz (z. B. Buchenholz) sein, damit die Schleiffläche nicht nur glatt, sondern auch einwandfrei eben wird, sonst sehen Sie nach dem Lackieren gegen das Licht im Hochglanz ganz deutlich den welligen Spachteluntergrund.

Im Fachhandel gibt es auch kleine

■ **Spannblöcke** für das Schleifpapier zu kaufen, meist mit Kork- oder Gummiunterlage. Sie sind leichter zu halten, ebnen aber nicht so vollkommen ein, da ihre Unterlage etwas nachgiebig ist. Weil an einer Autokarosserie aber auch eine ganze Menge Wölbungen und Hohlkehlen zu finden sind, die man mit einem plangehobelten Brettstück einfach nicht ausschleifen kann, brauchen Sie mindestens ein verschieden rund gehobeltes Holzstück. Am besten eignet sich dazu ein Abfallstück »Handlauf«, wie es im Bild unten in Aktion zu sehen ist.

Fast eine Wissenschaft für sich sind die verschiedenartigen

■ **Schleifpapiere,** auch als Sandpapier, Glaspapier, Schmirgelpapier bezeichnet. Ob ein Schleifpapier grob oder fein und wie fein schleift, soll an der Körnung zu erkennen sein. Sie wird mit einer Zahl ausgedrückt, die von 40 (manchmal auch schon 24) bis etwa 600 (manchmal auch bis 1000) ansteigt, in der Reihe 40 – 60 – 80 – 120 – 150 – 180 – 220 – 240 – 280 – 320 – 360 – 400 – 500 – 600. Je feiner der Schliff, um so höher die Zahl. Diese Zahl entspricht der Anzahl der Schleifkörner pro Quadrat-Zoll (= 6,45 cm^2).

Als Trägermaterial dienen (im Preis ansteigend) Papier, wasserfestes geöltes Papier (aufgedruckte Bezeichnung »Waterproof«) oder Leinen (nicht wasserfest!). Darauf sind die Schleifkörner elektrostatisch aufgeleimt.

Als Schleifkorn werden (ebenfalls im Preis ansteigend) Glas (das über manche harte Oberflächen wirkungslos hinweggleitet, also mehr für Holz geeignet ist, Flint (Feuerstein, zumeist als Flintpapier gekennzeichnet) oder das besonders scharf, aber trotzdem fein angreifende Korund verwendet.

Dieses unterschiedliche Kornmaterial bewirkt, daß Schleifpapier mit gleicher Körnungsangabe trotzdem bezüglich Schleifrillentiefe und -dichte recht unterschiedlich sein kann. Der Hinweis mancher »Gebrauchsanweisungen« vor dem Lackieren zuletzt den Untergrund mit »400er« Papier zu schleifen, kann also er-

Besorgen Sie sich als Schleifklotz neben einigen geraden Hartholzstücken auch ein Abfallstück »Handlauf« eines Treppengeländers. Mit seinen Rundungen und dem darüber gespannten Schleifpapier paßt er sich sehr gut den Kehlungen der Autokarosserie an und liegt außerdem fest in der Hand. Wenn auch die Unterseite dieses Handlaufs glatt gehobelt ist, haben Sie damit sogar einen Universal-Schleifklotz für ebene und gekehlte Flächen.

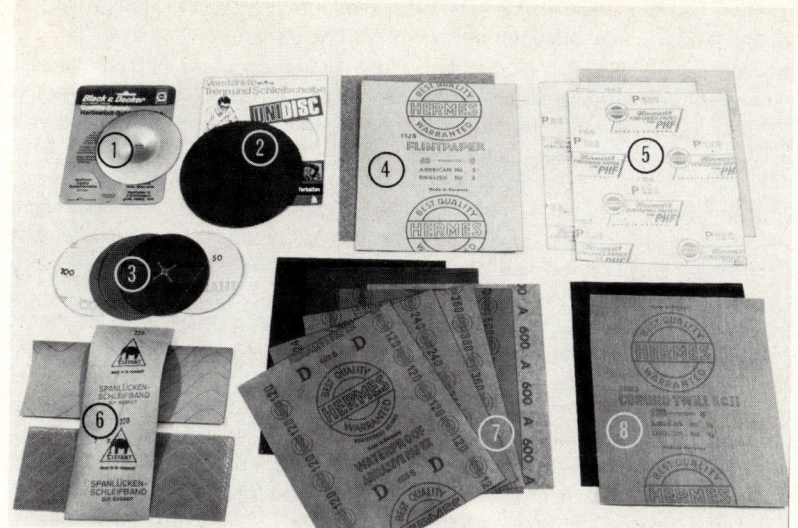

Schleifmaterial in den verschiedenen Ausführungsformen mit unterschiedlichem Nutzeffekt: 1 = Hartmetall-Schleifscheibe für die Bohrmaschine, besser für Holz, am Auto nicht bewährt, da sie zu leicht zuschmiert (Seite 50); 2 = Unidisc-Trenn- und Schleifscheibe, die wir als sehr vielseitiges Schleifgerät auf der Bohrmaschine sehr schätzen (Seite 51); 3 = Schleifpapierscheiben für die Bohrmaschinen sind nur brauchbar, wenn man sie plan aufklebt (Seite 50); 4 = Flintpapier, nur für Trockenschliff, besser für Holz, greift harten Lack und Metall kaum an; 5 = Trockenschliffpapier mit der irreführenden P-Bezeichnung (siehe nebenstehender Text); 6 = Spanlücken-Schleifpapier für Trockenschliff, dessen schlangenlinienartige »Kanäle« den Schleifstaub besser abfließen lassen; 7 = »Waterproof«-Schleifpapier für Trocken- und Naßschliff, bei der Autolackiererei das richtige Schleifpapier; 8 = Korundpapier, für Trockenschliff von Metall das beste (und teuerste) Schleifpapier.

hebliche Enttäuschungen bringen. Vor allem, wenn vor der Körnungsangabe auf dem Schleifpapier der Buchstabe »P« steht, ist Vorsicht geboten, denn bei der Lackfirma Sikkens hat man herausgefunden, daß solch einer Körnung »P 400« nur der gröberen Schleifwirkung von Körnung 280 oder 320 entspricht. Das hat seinen Grund: P kennzeichnet eine neue europäische Korngrößennormung, die durch höhere Zahlen für gröbere Körnung Verwirrung schaffen kann. Statt »400er« Papier brauchen Sie also P 600 oder P 800! Und einen wirklich hochwertigen Feinschliff, wie er für den schleifenrillenempfindlichen DupliColor-Sprühlack nur mit »600er« Papier möglich ist, schafft man nach der »P-Normung« nur mit Schleifpapier P 1000.

Unterschiedliche Schleifwirkung zeigt überdies auch beim gleichen Schleifpapier (nicht nur bei gleicher Körnung) Trocken- und Naßschliff. Der Naßschliff (nur bei Papier mit Aufdruck »Waterproof« möglich) ist immer feiner. Warum dies so ist und wann Sie Trocken- und wann Sie Naßschliff anwenden sollten, ist ausführlich auf Seite 99 beschrieben.

Nach unseren Erfahrungen brauchen Sie zum Trockenschliff Körnung 60 – 80 – 120 und zum Naßschliff Körnung 120 – 180 – 240 – 320 – 400 – 600, wobei man natürlich auch mit Waterproof-Papier trocken schleifen kann. Für besondere Fälle wäre zum Trockenschleifen noch Schmirgelleinen Körnung 240 empfehlenswert.

Nicht immer ist es zweckmäßig, eine alte Lackierung, die ein Überlackieren nicht mehr verträgt (weil von Säure angeätzt, als Nachlackierung nicht richtig durchgehärtet oder mangelnde Lackverträglichkeit), mit einem Schleifwerkzeug zu beseitigen. Das gibt Schleifrillen, die anschließend mühsam gespachtelt werden müssen, auch wenn sie nur fein sind. In diesem Falle versuchen Sie es zuerst einmal mit

■ **Aceton,** das auch alte Nitrokombinations- und Acrylharznachlackierungen auflöst. Ebenso weicht es eventuell darunter liegenden Polyesterspachtel auf. Keine Wirkung hat es auf die serienmäßige Einbrennlackierung, so daß sich Aceton vor allem zum schleifspurfreien Beseitigen von Nachlackierungen anbietet. Geringen Erfolg hat Aceton allerdings bei alten Kunstharznachlackierungen

Zum Beseitigen größerer Farbflächen

(Ducolux), denn diese wird durch ihre »oxydative Trocknung« besonders widerstandsfähig. Ähnlich ist es mit

■ **Abbeizer,** der aufgestrichen wird, so daß der aufgequollene Lack mit dem Spachtel abgeschoben werden kann. Aber gegen den vom Werk eingebrannten Autolack haben wir auch noch keinen wirkungsvollen Abbeizer entdeckt. Wie das Abbeizen vor sich geht, ist auf Seite 92 beschrieben.

Zum Abkleben und Abdecken

Ohne der Beschreibung der praktischen Lackierarbeit jetzt schon vorgreifen zu wollen, so wissen Sie jedenfalls doch, daß die Umgebung der zu lackierenden Fläche sorgsam abgedeckt werden muß. Das Material zum Abdecken ist einfach zu beschaffen:

■ **Alte Zeitungen** genügen zum Abdecken der nächsten Umgebung durchaus. Bedenken Sie aber dabei, daß gewöhnliches Zeitungspapier feuchtigkeitsdurchlässig ist und in der nächsten Nachbarschaft des Sprühdosenstrahls Lackverdünnung oder gar Farbe durch das Papier auf die geschützte Fläche dringen kann. In diesem Falle sind die zwar kleineren Bogen illustrierter Zeitschriften sicherer.

■ **Tücher** oder Decken, mit denen das gesamte restliche Auto beim Lackieren zugedeckt wird, brauchen Sie außerdem, denn der Lacksprühstrahl vagabundiert ziemlich in der Gegend umher und schon ein kleiner Lufthauch kann die winzigen Lacktröpfchen bis zum anderen Wagenende treiben. Wer dieses Abdecken versäumt, hat hinterher mühselige Polierarbeit. Sehr sorgfältig ist die Wahl der richtigen

■ **Abklebebänder** zu treffen. Es genügt einfach nicht, im nächsten Discountladen oder Papiergeschäft »eine Rolle Tesakrepp« einzukaufen. Vor allem, wenn Sie Ihren Wagen zweifarbig lackieren wollen, kann daas an der Grenzkante zur anderen Farbe beim Abziehen des Abklebebandes nachher eine böse Überraschung geben: Die Farbe ist unter das Kreppband gekrochen — es schaut dort aus wie ein farbiger Algenbewuchs.

Bleiben wir einmal bei den bekannten Tesa-Erzeugnissen von Beiersdorf, wobei die nachfolgenden Überlegungen zur Wahl der richtigen Abklebebänder genau so für andere Marken gelten. Vielleicht haben Sie bei Ihrem Einkauf den billigen, grob gekreppten Tesakrepp Nr. 322 erhalten. Das mag beim Lackieren eines Kü-

Zum Abkleben einer Farbkante ist, wie dieses Versuchsbild zeigt, das nächstbeste grob gekreppte Abklebeband nicht ohne weiteres geeignet. Wie hier, bei Tesa Nr. 322, das es in jedem Papier-, Farb- und Discountladen zu kaufen gibt, kriecht der dünnflüssige Spraylack unter das Abklebband, während es mit einem nur leicht gekreppten Band, wie z. B. Tesa Nr. 5277, Tesa special Nr. 5276 oder dem Flachlackierband Nr. 308, eine saubere Farbkante gibt. Voraussetzung ist aber auch hier, daß die Kante des Kreppbandes nach dem Aufkleben noch einmal fest mit flacher Messerklinge oder dem Fingernagel (Bild Seite 108) angedrückt wird.

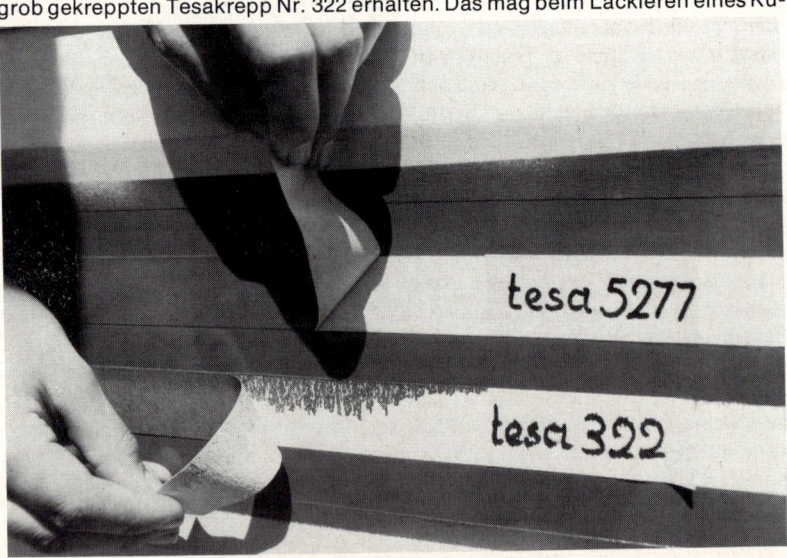

tesa 5277

tesa 322

Schleifpapier greift wesentlich schärfer an, wenn es vor dem ersten Gebrauch »gebrochen« wird. Durch den straffen Zug der Schleifpapierrückseite über eine scharfe Kante wird die Kornverleimung aufgerissen und jedes Schleifkorn steht danach weiter und mit schärferen Kanten heraus. Bei gebrauchtem Schleifpapier bewirkt das »Brechen«, daß der Schleifstaub zwischen den Schleifkörnern herausbröckelt und Verklebungen aufbrechen.

chenschrankes mit dem Pinsel ausreichen, aber bei dem dünnflüssigen scharfen Lacksprühstrahl aus der Spraydose geht es so, wie es das Bild nach dem Sprühversuch zeigt: Die Farbe kriecht in die groben Kreppfalten. Außerdem ist dieses Kreppband Nr. 322 nicht wasserfest – es weicht auf, wenn Sie die gespritzte Grundierung vor dem Decklack noch einmal fein naßschleifen. Und schließlich weicht der Klebstoff unter Umständen auf (und bleibt dann als Rückstand auf dem Lack kleben), wenn Sie die Grundierung mit einer Heizsonne zwecks besserer Durchtrocknung anstrahlen.

Sie brauchen stattdessen ein nur leicht gekrepptes, flaches, wasser- und wärmefestes Abklebeband für die Lackierungskante. Trotz der nur schwachen Kreppung (die man braucht, um das Band auch in Kurven und Bögen in gleichmäßiger Biegung aufkleben zu können) muß die Kante beim Aufkleben noch einmal mit flacher Messerklinge oder dem Fingernagel sorgfältig angedrückt werden, aber nicht mit starkem Druck längs der Klebebandkante (da verzieht sich die Kante und es gibt eine Lackkante mit Knick), sondern quer zum Abklebeband. Dann kriecht der Lack nicht unter den Tesakrepp. Außerdem muß das Abklebeband flach sein, sonst wid die Lackkante zu dick und die Lackierung sieht dort aus wie eine aufgeklebte Folie. Nach diesen Gesichtspunkten empfiehlt Beiersdorf für die Heimwerker-Lackierung die 25-m-Rollen Tesakrepp 5270 (19 mm breit, etwa 3,20 DM) und Nr. 5277 (30 mm breit, etwa 4,70 DM). Sehr gut ist auch Tesakrepp special Nr. 5276 »Zum Abkleben beim Fensterstreichen«, denn es ist noch schwächer gekreppt, dazu ebenfalls wasserfest, aber etwas teurer (30 mm breit, etwa 5 DM).

Nicht so gern erzählt man bei Beiersdorf, daß es den genau so guten Tesakrepp ohne die illustrierte Pappverpackung für das halbe Geld als Arbeitsmaterial für den Lackierbetrieb gibt. Da kostet vom ausgezeichneten Tesakrepp Nr. 308 oder vom besonders flachen Tesakrepp Nr. 314 beispielsweise die doppelt so große unverpackte 50-m-Rolle auch nur rund 5 DM (30 mm breit; auch andere Breiten zwischen 15 und 50 mm zu entsprechenden Preisen verfügbar), aber dieses Handwerkermaterial bekommen Sie zumeist nur in Fachhandlungen.

Wenn Sie Tesakrepp 308, 314 oder die oben angeführten Heimwerkerpackungen nicht bekommen, sollten Sie bei anderen Tesakrepp-Nummern vorsichtig sein, denn diese Typen können zu grob gekreppt, zu dick, wasser- oder wärmeempfindlich sein. Überzeugen Sie sich erst in einem entspechenden Prospekt von den Anwendungsmöglichkeiten. Deshalb brauchen Sie Ihre Tesakrepprolle 322 nicht fortzuwerfen, denn dieses Band ist als Klebekante für die abdeckenden Zeitungsbogen durchaus zu gebrauchen. Möglichkeit: Die von uns empfohlenen Tesakrepp-Nummern können sich ändern oder durch andere Typen ersetzt werden.

Falls Sie Ihr Fahrzeug recht bunt gestalten wollen, müssen die einzelnen Lackkanten besonders exakt, randscharf und flach ausgeführt werden, wenn es nach etwas aussehen soll. Dazu genügt in der Regel auch schwach gekrepptes Abklebeband nicht mehr, sondern es muß ganz glattes Band sein, in unserem Fall also Tesafilm. Aber der normale durchsichtige Tesafilm, wie man ihn im Büro verwendet, ist nicht dazu geeignet, er könnte beim Abziehen Klebestoffrückstände hinterlassen oder durch zu festes Anhaften den vielleicht erst am Vortag aufgebrachten Lack, auf dessen Kante er geklebt wurde, in kleinen Fetzen abheben. Es sollte deshalb ein farbiger Tesafilm aus PVC-Folie sein, wobei der Tesafilm 104 besonders empfohlen wird.

Noch einige gute Hilfsmittel

Beim Lackieren können Ihnen noch einige unscheinbare Hilfsmittel sehr nützlich werden:
■ **Schutzhandschuhe** aus durchsichtiger Folie (Pannen-Handschuhe) schützen die Hände vor farbiger Kriegsbemalung durch die nicht immer ganz sauber arbeitenden Sprühköpfe der Lackdosen.
Um aus der noch nassen Lackfläche kleine Unsauberkeiten entfernen zu können, ist eine feine
■ **Pinzette** sehr nützlich. Damit lassen sich Fliegen oder Staubfädchen erfassen und abheben. Allerdings besteht die Gefahr, daß Sie ein kleines Loch in die Lackfläche kratzen, das nicht mehr mit Lack zuläuft. Wenn die Fliege oder der Staub nur ganz locker auf dem bereits abtrocknenden Lack haftet, lassen Sie die Pinzettenoperation besser, warten stattdessen, bis der Lack vollkommen durchgetrocknet ist und wischen den Fliegenrest mit Lackpolitur weg. Ist aber doch eine kleine Stelle im noch feuchten Lack schadhaft geworden, hilft Ihnen ein
■ **Ausfleckpinsel,** der möglichst spitz zulaufen soll. Damit läßt sich ein in den Sprühdosendeckel gespritzter Lacktropen an die Schadstelle bringen, in der Hoffnung, daß er dort gut verläuft und die Lackierung einebnet.
Beim Lackieren mit der Sprühdose gibt es im frischen Lack, vor allem, wenn aus zu großer Nähe zu viel aufgesprüht wurde, kleine Bläschen. Das ist zumeist noch flüssiges Treibgas, das nicht rechtzeitig verflüchtigen konnte. Mit einer langen
■ **Dekorationsnadel** lassen sich diese Bläschen »anstechen« und platzen dabei. Manche Lackier-Artisten schaffen das auch mit einem Tupfer der Zeigefingerspitze. Aber auf jeden Fall müssen diese Bläschen weg, sie trocknen sonst im Lack mit ein.
Ist ein bißchen viel, was wir Ihnen da alles als »Malerwerkzeug« vorgestellt haben, nicht wahr? Lassen Sie sich nicht nervös machen, manches ist bei dieser oder jener Arbeit gar nicht notwendig. Und die manchmal schon pingelige Beschreibung soll Ihnen ja nur zeigen, worauf es bei den verschiedenen Hilfsmitteln wirklich ankommt. Oder wußten Sie das alles schon?

...der muß haben sieben Sachen

Was so ein Autolack aushalten soll – und auch aushält – ist schon erstaunlich. Dabei ist die eigentliche Decklackschicht, die dem ganzen Autolack die Farbe gibt, nur etwa 0,04 mm dick – es sind also nur Hundertstel-Bruchteile eines Millimeters! Dieser Hauch muß an allen Stellen mit seiner Farbe so intensiv decken, daß die darunter liegenden 3 oder 4 Schichten des Lackaufbaus – Phosphatierung, Tauchgrundierung, Füller und eventuell noch Vorlack – nirgends durchschimmern. Außerdem soll der Lack bei verständiger Pflege über Jahre seinen Glanz behalten und vor allem seine Aufgabe, das Blech der Karosserie gegen Rost und Korrosion zu schützen, bestens erfüllen. Das tut heutiger Lack auch einwandfrei, denn der Rost, über den wir uns an unserem Fahrzeug zu ärgern haben, kommt wie wir im Rostschutz-Kapitel noch sehen werden, in der Regel nicht von der lackierten Seite des Bleches, sondern von der weniger gut geschützten Blech-Rückseite her quer durchs Blech, bis man es auf der lackierten Seite mit Schrecken sieht. Schließlich dürfen den Autolack auch schwere Strapazen, die er durch sengende Sonne und strömenden Regen, arktische Kälte und tropische Hitze, grobkörnigen Schmutz und spritzendes Salzwasser zu erleiden hat, nicht in die Knie zwingen. Er muß schließlich schlagfest sein und hat alle Bewegungen des Bleches bei Vibrationen und normalen Verbiegungen geschmeidig mitzumachen.

Wie Auto-fabriken lackieren

Das hat der Lack nicht immer ausgehalten. In der Kinderzeit des Automobils war die »Karosserie« noch aus Holz – wie bei der Pferdekutsche. Weil Holz als »lebender Werkstoff« noch jahrzehntelang »arbeitet«, sich dehnt und auch reißt, überzog man nach einer Leinölimprägnierung die ganze Karosse mit Leinenstreifen, grundierte mit Bleiweiß, spachtelte etliche Schichten darüber, mußte sie mit Bimsstein Schleifen und pinselte danach Strich um Strich und Lage um Lage die damaligen Leinölfarben darüber. Das trocknete dermaßen langsam und zog derweilen so viel Staub auf den klebrigen Lack, daß man zum Schutz gegen diesen Staub die Arbeitsräume knöcheltief unter Wasser setzte und die Lackierer tropfnasse Arbeitsschürzen tragen mußten! Nur wegen dem Staub. Aber dieser uralte Anti-Staub-Trick gilt noch heute für Ihre Heimwerker-Lackiererei (siehe Seite 110), auch wenn das Wasser nicht gerade knöcheltief sein muß – ein nasser Boden tuts auch schon, denn was bei Ihrer Arbeit heute Stunden dauert, brauchte damals Wochen, bis man das lackierte Auto endlich an die Kundschaft ausliefern konnte.

Nitro-Polier-Lacke von damals

Dann lernte man, zusammen mit dem Aufkommen der Stahlblech-Karosserien, den Umgang mit Spritzpistolen und pustete damit Nitro-Zellulose-Lacke auf die Autos. Das ging wesentlich schneller, war in einigen Autofabriken sogar noch nach dem letzten Krieg in Brauch und auch heute spielen Nitro-(Kombinations-)Lacke bei unserer Heimwerkerlackiererei noch eine wichtige Rolle. Ein

Lackaufbau mit den verhältnismäßig schnell trocknenden Nitrolacken dauerte damals noch etwa 3 bis 4 Tage, weil sie von Haus aus nicht den auch damals schon angestrebten Hochglanz hatten, sondern zuletzt noch mühselig und zeitraubend geschliffen und poliert werden mußten. Kenner schätzten allerdings diesen weicheren Polierglanz und konnten sich mit dem härteren Glanz der erst wirklich zeitsparenden Kunstharzlackierung lange nicht anfreunden.

Technisch unbefriedigend war beim Nitro-Zellulose-Lack aber nicht nur der mehrtägige Aufenthalt, bis das Fahrzeug fertig lackiert war – und solange den Arbeitsplatz in der Fabrik blockierte –, sondern auch die mangelnde Elastizität des mehrschichtigen Lackaufbaus aus Nitro-Zellulose-Grundierung, – Spachtel, – Füller und 4 oder mehr Schichten Nitro-Decklack. Bei den Schwingungen des Blechs bildeten sich mit der Zeit hauchfeine Risse, durch die Feuchtigkeit bis zum Blechgrund eindringen und dort Rost ansetzen konnte. Damals war also Rost von außen durch die Lacksschicht noch üblich und die Regel. Dem kam auch noch entgegen, daß die Nitro-Zellulose-Grundierung auf dem nur mit Stahlbürsten und Schleifpapier entrosteten Karosserieblech nicht sonderlich gut haftete und leicht unterrostet werden konnte.

Moderner Serien-Lackaufbau beginnt mit »Phosphatieren«

Schneller ging es also erst mit dem elastischeren und haftfesteren Kunstharzlackaufbau, wobei zwecks schnellen Trocknens der ganze Lack in besonderen Trockenöfen mit 120 bis 190 °C eingebrannt wird. Das ist das moderne Verfahren, das in zahlreichen Abwandlungen heute noch im Prinzip angewendet wird. Grundsätzlich wird bei der heutigen Serienlackierung das Karosserieblech zuerst entfettet (Fett muß vorher in der Tiefziehpresse die Formgebung der einzelnen Blechteile erleichtern, sonst können Blechkanten bei dieser Gewaltarbeit brechen), danach wird die Karosserie als erste Stufe des Lackaufbaus chemisch mit einer Phosphosäurelösung behandelt (die gleiche chemische Basis haben zahlreiche »Rostumwandler« für Heimwerker zur Rostbekämpfung, wobei sich allerdings wegen der ungenauen Mengenanwendung diese Rostumwandler eher als schädlich denn als nützlich erweisen).

Durch die »Phosphatierung«, die in manchen Fällen noch mit einer Zinkstaub- oder Zinkchromatbehandlung kombiniert ist (Zink geht mit dem Eisen an seiner Berührungsfläche eine rostabweisende Verbindung ein), wird die Blechfläche etwas »angerauht«, was die Haftung des Lackaufbaus verbessert. Die Phosphatierungsschicht beträgt in der Regel nur etwa 3/1000 bis 5/1000 mm. Sie wird anschließend mit kräftigen Duschen automatisch abgespült, um alle Phosphorüberschüsse zu beseitigen, denn sie würden später den Lackaufbau zerstören.

Danach Einbrenn-Grundierung

Die phosphatierte Rohkarosserie erhält ihre Lack-Grundierung heute nur noch selten mit der Spritzpistole – in der großen Kfz-Produktion werden zu diesem Zweck die Rohkarosserien komplett durch ein großes Tauchbad gezogen. Weil aber die zuerst angewendete Tauchlackierung unterschiedlich dicke Schichten beim Abtropfen bildete, die unglücklicherweise gerade an den besonders empfindlichen Stellen, z. B. an den Karosseriekanten, besonders dünn blieb, wurde ein Verfahren entwickelt, bei dem man mit elektrischem Strom und »wasserlöslichen« Lacken – eigentlich ein Witz als Schutz gegen Rost – die Rohkarosserie gewissermann mit den elektrisch aufgeladenen Farbteilchen »galvanisiert«. Das Verfahren nennt man »Elektrophorese-Grundierung«, aber inzwischen hat man herausgefunden, daß das neuere »Kataphorese-Verfahren« mit umgekehrter elektrischer Polung eine noch dichtere und gleichmässigere Grundierung bringt, nicht zuletzt auch eine antirost-wirksamere Grundierung in den Fahrwerk-Hohlräumen, wo die Rostgefahr besonders lauert. Denn in den innen hoh-

58

Nicht der deckende Farblack, wie manche Autofahrer meinen, sondern nur die Grundierung der Autokarosserie wird heutzutage in großen »Badewannen« aufgebracht. Entsprechend dem Elektrophorese-Verfahren und beim moderneren Kataphorese-Verfahren sind an der Rohkarosserie, wie man auf diesem Bild von Fiat sieht, mehrere Stromkabel angeklemmt, während die Karosserie durch das Bad mit »wasserlöslicher« Grundierung gezogen wird. Der durchfließende Strom zieht die Farbteilchen zur Beschichtung des Metalles an, wobei sich der Prozeß durch zunehmenden elektrischen Widerstand der etwa 25/1000 mm dicker werdenden Grundierungsschicht selbsttätig abschließt.

len Längs- und Querträgern der Karosserie läßt sich das Tiefziehfett nicht immer ganz einwandfrei beim ersten Entfettungsvorgang beseitigen, so daß die Restbestände dort elektrischen Widerstand bieten und gerade dort eine besonders wirksame Rostschutzschicht verhindern. Deshalb müssen die Karosserie-Hohlräume so überaus sorgfältig zusätzlich behandelt werden (siehe Seite 150). Nach diesem Tauchbad wird die Grundierung in der Regel mit 160 bis 190 °C im Trockenofen eingebrannt, was neben schneller Trocknung die Grundierung besonders elastisch macht.

Als Zwischenarbeit werden eventuell unebene Stellen an Schweißnähten oder Blechfalzen sonderbehandelt und steinschlaggefährdete Teile – z. B. die zur Fahrbahn zeigenden Türschwellen unter den Seitentüren – mit Kunststoff beschichtet. Auch der serienmäßige Unterbodenschutz wird vielfach direkt nach der Tauch-Grundierung aufgebracht.

Als nächste Schicht des Lackaufbaus kommt der »Füller« oder Grundlack auf die Grundierung. Die Bezeichnung »Füller« ist ganz wörtlich zu nehmen. Er soll feine Unebenheiten und Schleifrillen ausfüllen und die Poren der Grundierung schließen, denn diese Poren-Rauheit der Grundierung läßt sich auch nicht durch den anschließenden Feinschliff vor der farbgebenden Decklackierung restlos glätten, so daß der hauchdünne Decklack nur sehr matten Glanz erhalten würde. Der Füller wird in der Autofabrik nicht im Tauchbad aufgebracht, sondern entweder von Hand oder automatisch in einem Spritztunnel gespritzt, dann kommt die ebenfalls etwa 25/1000 mm dicke Schicht schon wieder in einen etwa 175 °C heißen Trockenofen.

Danach Füller oder Grundlack

Je weiter der zeitlich an sich sehr schnell fortschreitende Lackaufbau abrollt, umso pingeliger wird es mit den Zwischenkontrollen, damit der farbgebende Decklack auch eine einwandfreie hochglänzende Oberfläche bilden kann. Je nach der Deckkraft der beabsichtigten Farbgebung wird nun der eigentliche Decklack oder vorher noch ein der Farbgebung angepaßter Vorlack aufgebracht. Außerdem wird die Karosse mit scharfem Licht sorgfältig auf äußerliche feinste Unebenheiten abgesucht – im verkleideten Fahrzeuginnern und auf den Karosserie-Innenseiten nimmt man es nicht so genau –, erforderlichenfalls an

Zuletzt der farbgebende Decklack

mangelhaften Stellen nachgeschliffen und nachbehandelt, mit enthärtetem Wasser gewaschen, getrocknet und mit antistatischen Tüchern das letzte Staubfusselchen weggewischt. Erst danach wird der Vorlack und nach dessen Einbrennen schließlich der Decklack oder, wenn man auf Vorlack verzichtet, gleich der Decklack in wasserberieselten Spritzkabinen mit der Spritzpistole von Hand in der bestellten Farbe lackiert.

Und selbstverständlich werden auch Vor- und Decklack jeweils hitzig im Trokkenofen zwischen 130 und 160 °C eingebrannt. Was danach auf dem Blech sitzt, ist zusammen nicht mehr als 0,06 bis 0,2 mm »dick«. Es hat troztdem bei einer mittelgroßen Karosserie pro Schicht 3,5 bis 7 kg Material erfordert, allein beim Decklack sind es etwa 4 Kilogramm. Woraus klar wird, daß man mit einigen Lacksprühdosen kein komplettes Auto lackieren kann, zumal sowieso beim handwerklichen Lackieren wesentlich mehr Material gebraucht wird, noch mehr bei der Heimwerkerlackierung.

Die Entwicklung geht weiter

Abweichend von der vorstehend beschriebenen serienmäßigen Autolackierung gibt es noch eine Reihe moderner Abwandlungen, wobei diese Abwandlungen am Prinzip des Lackaufbaus nichts ändern.

So benutzt man beispielsweise Zweikomponentenmaterial beim Phosphatieren oder bei den Decklacken, vor allem bei Metallic-Lacken. Dabei handelt es sich um Stoffe, die erst kurz vor der Verarbeitung zusammengebracht werden dürfen (z. B. wie Gips und Wasser, auch das ist ein allerdings schon ehrwürdig altes »Zweikomponentenmaterial«), weil sie eine chemische Reaktion eingehen, die nicht mehr rückgängig gemacht werden kann.

Einige Autowerke sprühen oder tauchen auf das phosphatierte Karosserieblech noch zusätzlich eine Rostschutzzwischenschicht. Als Uni-Farbtonlacke werden in Europa (Sommer 80) zumeist »Alkyd-Melaminharz-Lacke« verwendet, nur Ford spritzt »Acryl-Melaminharz-Lacke« (wenn Ihnen diese Unterschiede was besagen). Als Besonderheit verarbeitet Opel in seinem Antwerpener Werk thermoplastische Reflow-Lacke, die beim Einbrennen »schmelzen« und zur spiegelglatten Oberfläche verlaufen. Das ist eine Art Emailliertechnik.

Damit ist die Lackiertechnik keineswegs am Ende. Sie geht in der Entwicklung immer weiter und dies auch nicht immer zur Freude der Lackierwerkstätten, die bei Reparatur- oder Nachlackierungen mit den ihnen noch unbekannten Lacken später schier verzweifeln.

Lackierprinzip gilt auch für Heimlackierer

Warum wir die serienmäßige Lackiererei hier so ausführlich beschrieben haben, obgleich Sie weder einen Trockenofen, noch eine Spritzkabine und auch keine genügend große Badewanne haben werden, um Ihr Auto dort hinein zu tauchen? Macht nichts, es geht auch ganz ordentlich mit einfacheren Mitteln, aber das Prinzip des Lackaufbaus, der Zweck und die Problematik der verschiedenen Schichten gilt auch für Ihre Heimwerkerlackiererei, und im Zweifel können Sie, so meinen wir, anhand vorstehender Beschreibungen der serienmäßigen Lackiererei selbst herausfinden, worauf es bei den einzelnen Schichten des Lackaufbaus ankommt. Es ist also gar nicht damit getan – das scheint uns vor allem hiermit klargestellt –, ein wenig Lack auf eine schadhafte Stelle zu sprühen, wenn Ihre Heimwerkerei auch dauerhaft und gut sein soll.

Richtiges Arbeitsmaterial für Sie

Was brauchen Sie also für einen guten und haltbaren Lackaufbau? Es kommt natürlich auf den Zustand der Fläche an, die lackiert werden soll, und wenn der alte Lack an einer Stelle nur unansehnlich geworden ist, kann die Lacksprühdose (nachdem der alte Lack mattgeschliffen wurde) vielleicht ausreichen. Aber solch ein geringer Schaden ist die Ausnahme (und zumeist ganz ohne Lack einfach durch Auspolieren zu beheben; siehe »Schleifpolitur«, Seite 39), schon beim geringsten Kratzer im alten Lack ist Spachtel notwendig, und wenn es bis zum Blech durchgegangen ist, noch mehr.

Fangen wir also zuunterst auf dem Blech an, wobei wir hier noch alles weglassen wollen, was bei intensiver Rostbehandlung, also bei den allerdings sehr zahlreichen Durchrostungen, und was bei stark zerknittertem Blech an Arbeitsmaterial notwendig wird. Denn der Rostbehandlung und den Karosseriereparaturen sind ja eigene Kapitel vorbehalten.

Auf dem blankgeschliffenen Blech, das allenfalls noch einige Rostnarben oder Rostporen, aber keinesfalls Durchrostungen bis zur Rückseite haben darf, brauchen wir (aber auch nicht in allen Fällen!)

■ **Roststabilisator**. Dazu wurden und werden immer dem Heimwerker sogenannte »Rostumwandler« auf Phosphorsäurebasis (hellblau- oder hellgrünglasige Flüssigkeit) oder, ein wenig besser, solche auf Tanninsäurebasis (colabraune Färbung) in Mengen angeboten. Durch eine mehr oder weniger absichtlich mißverständliche Werbung wurde (und wird noch von manchen »weitherzigen« Herstellern) diesen »Rostumwandlern« Sagenhaftes bezüglich ihrer Wirkung angedichtet. Man verweist nicht zuletzt auf die chemische Verwandtschaft dieser Säfte mit den Mitteln, mit welchen die Rohkarosserien phosphatiert werden. Dort kann man jedoch die genau berechneten Mengen anwenden und in Minutenschnelle die Überschüsse wegspülen. Bei der Heimwerkerei ist das alles nicht möglich und entweder ist's zu wenig entwickeltes Eisenphosphat und es rostet doch weiter oder die Phosphorsäure konnte nicht genug Rost zur Umwandlung finden und die Restsäure rumort unter dem Lackaufbau noch schlimmer als vorher der Rost. Auch die Stiftung Warentest hat in der Zeitschrift »test«, Heft 6/79, mitgeteilt, daß diese »Rostumwandler« für die Heimwerkerei nicht nur untauglich, sondern zumeist sogar schlimmer als gar nichts sind.

Bei unseren langjährigen Erprobungen sind wir zum gleichen Ergebnis gekommen und haben als brauchbare Rotschutzgrundierung für die Heimwerkerarbeit für ganz blankes Blech Zinkstaubgrundierung (Seite 157) und bei blankem wie rostporigem Blech die beiden Roststabilisatoren »Corroless« und »Noverox« (Seite 156), sowie für manche Fälle Chlorkautschuklack als Untergrund entdeckt.

■ **Haftgrund** ist als Zwischenschicht zwischen dem blanken Blech und dem eigentlichen Decklack unerläßlich. Sprühen Sie mal gelegentlich versuchsweise Lackfarbe aus der Sprühdose auf ein blankgeschliffenes Blech: Es wird Ihnen auch mit einer wirklich dicken Farbschicht (die dann spröde ist) nicht gelingen, das Blech einwandfrei zuzudecken, es schimmert und blitzt immer noch hindurch, und die Farbe ist auch dunkler als beim richtigen Lackaufbau. Deshalb muß später auch über die unscheinbarste, beim Schleifen wieder freigelegte Blechstelle erst nochmals Haftgrund gesprüht werden, bevor die eigentliche Lackierung stattfindet.

Außerdem haben Decklack und Spachtel (Polyesterspachtel ausgenommen) auf blankem Metall keinen festen Halt. Ihn vermittelt der Haftgrund, der das Abplatzen von Lack und Spachtel verhindert.

Im Heimwerker-Sortiment übernimmt Haftgrund zugleich die Aufgabe des Füllers, wie ihn der Autolackierer benutzt. Während der Haftgrund die innige Verbindung zwischen dem Metall und der darübergezogenen Spachtelschicht bzw. dem Decklack herstellen soll, muß der vom Fachlackierer über die Grundierung oder Spachtelschicht gesprühte Füller deren Poren schließen, wie auf Seite 59 und 110 beschrieben.

Im Sprühdosen-Haftgrund hat man einen Kompromiß zwischen werkstattmäßigem Haftgrund und Füller angestrebt, in der Heimwerker-Lackierpraxis wird er also unter und über der Spachtelschicht (Ausnahme: nicht unter Polyester-Spachtel; siehe Seite 95) angewendet.

Haftgrund kauft man nicht für Pinselanstrich, sondern in der Sprühdose. Alle Sprühlackhersteller bieten sie in der (oft zu) kleinen 150-Milliliter-Dose an, manche haben auch wirtschaftlichere 400-Milliliter-Dosen im Verkaufsprogramm. Markentreu muß man nicht unbedingt sein, denn nach unseren Erfahrungen gibt es keinen Ärger mit darübergesprühtem Decklack anderer Marken, allerdings manchmal bei Kunstharzlack als Untergrund (Seite 74).

Nicht jeder Spachtel ist geeignet

Wesentlich wichtiger als bei der serienmäßigen Erstlackierung ist bei der Reparaturlackierung, sowohl in der Lackierwerkstatt wie bei der Heimwerkerlackierung, der Spachtel. Bei der Erstlackierung im Werk braucht man ihn allenfalls an einigen wenigen Stellen, z. B. an Schweißnähten, denn die gepreßten Karosserieteile sind so flächenglatt, daß daran keine Unebenheiten ausgeglichen werden müssen.

In der Lackierer-Fachsprache schwirren Begriffe umher wie Füllspachtel, Stopfspachtel, Spachtelkitt (das sind jene zum Ausgleichen stärkerer Unebenheiten), Fleckspachtel, Ziehspachtel und Messerspachtel (sie dienen zum Ausfüllen feiner Kratz- und Schleifrillen und zum Überziehen grobporiger Spachtelschichten).

Für die Heimwerkerlackierung werden Sie in der Regel mindestens den Füllspachtel brauchen, um die verbliebenen Unebenheiten eines selbst wieder zurechtgeklopften Kotflügels ausfüllen zu können und darüber als zweite Sorte einen Messer- oder Ziehspachtel als »Feinstrich«.

■ **Füllspachtel**, mit welchem stärkere Unebenheiten, also tiefe Kratzer oder verbliebene Beulen repariert oder ausgeglichen werden können, sind heute grunsätzlich 2-Komponenten-Polyesterspachtel. Man braucht also den eigentlichen Spachtel und den dazugehörigen Härter, der erst direkt vor der Verarbeitung in die alsbald benötigte Spachtelmenge eingebracht wird. Diese Mischung hat dann (genau wie Gips mit Wasser) nur eine »Topfzeit« von wenigen Minuten

Haftgrund gibt es durchweg in hellgrauer, rostroter und manchmal auch in weißer Farbe.
Wählen Sie stets jenen Haftgrund, der in seiner Farbe dem späteren Decklack am nächsten kommt, also hellgrau für helle und rostrot für dunkle Lacke, sonst muß der Decklack eine zu große Farbdifferenz überbrücken, und das schaffen manche Farben, wie z. B. gelb und hellrot, nicht immer oder gar nicht.

Für die Autoreparatur wird Zweikomponenten-Polyesterharz in diesen 3 gängigen Sorten angeboten, die man ohne weiteres an ihrem Aussehen unterscheiden kann, auch wenn phantasievolle Firmen-Bezeichnungen ihre Zweckbestimmung nicht ohne weiteres erkennen lassen. Links das reine, honigartig fließende Polyesterharz. Es ist nur zusammen mit Glasfasermaterial (siehe Seite 194) zum Schließen von größeren Blechlöchern und Durchrostungen bestimmt, aber nicht als Spachtel geeignet. In der Mitte glasfaservermischtes Polyesterharz (»Polyfiber« von Sikkens), das der Lackierer anschaulich als »Sauerkrautspachtel« bezeichnet. Es dient zum Auffüllen starker Unebenheiten und Verschließen kleiner Blechlöcher. Rechts (»Polystop LP« von Sikkens), ein mit kreidefarbigen Füllstoffen eingedicktes Polyesterharz, das als typischer Füll- oder Stopspachtel zum Ausfüllen stärkerer Unebenheiten verwendet wird. Alle Polyesterharze brauchen als zweite Komponente einen sogenannten BP-Härter (Seite 191).

(je nach Mischungsverhältnis und Temperatur), danach beginnt der Polyesterspachtel schon auf dem Spachtelmesser zu krümeln und zu verhärten.

Es gibt zwei Arten der zum Spachteln geeigneten Polyesterharzmischungen: Für nicht allzu tiefe Unebenheiten ohne Löcher im Blech reicht der mit kreidefarbigen Füllstoffen eingedickte Spachtelkitt. Als Heimwerkerpackungen mit 250 Gramm Füllgewicht kennen wir dieses Material als »Polyester-Spachtelkitt« von Kwasny (K-Lack; führt auch Kilo-Dosen). Es hat nach unseren Erfahrungen nicht viel Sinn, dieses Material in kleineren Tubenmengen zu kaufen, man kommt mit dieser geringen Menge nicht weit und hat gerade am Anfang viel »Übungsverlust«, bis man den richtigen Dreh mit Füllspachtel bezüglich Topfzeit und Spachtelstrich heraushat. Deshalb ist nach unseren Erfahrungen der Kauf einer Werkstatt-Kilo-Dose (z. B. »Prestolith plastic« von Weber und Wirth; Kilo-Dose etwa 9,– DM) günstiger, wenn man sowieso innerhalb des nächsten Jahres noch öfter damit basteln will. Man kann dann auch etwas mehr »aus dem Vollen schöpfen« und die jeweils oberste Schicht aus der Dose abkratzen und wegwerfen, bevor man sich über Staubfusseln und Krümel auf dem Spachtelwerkzeug halb trank ärgert. Wir haben auch ausgezeichnete Erfahrungen mit »Polystop LP« von der Firma Sikkens gemacht. Dieses Material läßt sich mit dem Spachtelwerkzeug »wie Butter aufs Brot streichen«. Aber diesen »Polystop LP« erhält man natürlich nur im Lackierer-Fachhandel.

Ist die Blechunebenheit ziemlich stark oder sind kleine Löcher im Blech, die überbrückt werden müssen, läßt sich das mit Spachtelkitt nicht mehr schaffen, er platzt auch bei zu dicken Schichten vom Blech, wenn dieses während der Fahrt stark vibriert (was bei Autoblech ja nicht ungewöhnlich ist). Dann muß ein »armiertes« Polyesterharz her (den Ausdruck »armiert« kennen sie vom »armierten Beton«, der mit Baustahlgewebe und dergleichen durchzogen ist). Die »Armierung« dieses Polyesterspachtels besteht aus einige Zentimeter langen Glasfasern, die in das Polyesterharz dicht eingemischt sind und diesem nach dem Durchhärten eine außerordentliche Reiß- und Bruchfestigkeit in sich selbst geben. Sehr anschaulich wird dieses faserarmierte Polyesterharz als

■ »Sauerkrautspachtel« bezeichnet – es hat auch oft die gleiche Farbe. Dieses

Für stärkere Schäden »Sauerkraut«-Spachtel

Material greift natürlich schon in das Kapitel »Karosseriereparaturen« über, wo es ja auch in erster Linie gebraucht wird. Dieser »Sauerkrautspachtel« wird von zahlreichen Firmen angeboten, z. B. von Weber und Wirth unter der Bezeichnung »Prestolith extra« (Kilo-Dose etwa 13,– DM) oder als »Polyfiber« von Sikkens (Bild Vorseite).

Zu diesen Polyesterspachteln gehört als 2. Komponente der Härter (ausführliche Beschreibung Seite 96) in einer mehr oder weniger kleinen Tube.

Kaufen Sie, wenn Sie die Wahl haben, möglichst einen farbigen (meist hellroten) Härter, denn mit diesem läßt sich die einwandfreie Durchmischung mit dem Polyesterharz an der gleichmäßigen Durchfärbung gut erkennen.

Falls Sie beim Einkauf keine der in diesem Abschnitt genannten Sorten kaufen können oder möchten, dann lassen Sie sich aber auf keinen Fall »irgend etwas« als Füllspachtel anbieten, sondern vergewissern Sie sich, daß es bestimmt ein 2-Komponenten-Polyesterharzspachtel ist.

Fingerzeige: *Völlig ungeeignet als Spachtel ist das honigartig fließende Reparaturharz, das ebenfalls ein Polyesterharz ist, dem aber zum Spachteln die geeigneten Füllstoffe fehlen. Es ist nur zusammen mit Glasfasermatte oder -gewebe zum Schließen größerer Rostlöcher gedacht (nähere Beschreibung Seite 193, Anwendung ab Seite 199.*

Feinporige Spachtelschicht: Nitrokombispachtel

■ **Messer- oder Ziehspachtel** kommt als letzter »Feinstrich« vor der Decklackierung. Ob Sie den gerade besprochenen Füllspachtel brauchen oder nicht, hängt von der Tiefe der auszugleichenden Unebenheiten ab. Ohne Messerspachtel geht es aber fast nie, denn auch sehr feine Schleifspuren und vor allem aus dem alten Lack herausgerissene Lacksplitter, die nur ganz feine Vertiefungen hinterlassen haben, müssen mit Messer- oder Ziehspachtel ausgeglichen werden. Wird das versäumt, lassen sich die Vertiefungen im dünnschichtigen Decklack gegen das Licht nicht verbergen. Mit diesem feinporigen Spachtel geht man auch nach dem Mattschleifen großzügig über eine alte Lackfläche, die neu überlackiert werden soll (daher die Bezeichnung »Ziehspachtel«), damit bedtimmt alle Rauhigkeiten und Poren gefüllt sind, erst danach wird mit feiner Körnung (400 oder 500) feingeschliffen.

In der Regel sind die Ziehspachtel »Einkomponenten«-Spachtel, zumeist auf Nitrokombinationsbasis, manchmal auch auf Kunstharzbasis. Sie brauchen also keinen besonderen Härter, haben aber, wenn man sie aus der Tube oder der Dose entnommen hat, auch nur wenige Minuten Verarbeitungszeit, bis sie Krümel bilden und der Rest auf dem Spachtelmesser nicht mehr zu gebrauchen ist. Im Gegensatz zu den Zwei-Komponenten-Polyester-Spachteln hat Nitrokombispachtel beim Trocknen »Schwund«, d. h. die sowieso nur dünne Spachtelschicht sinkt in die Vertiefungen und Schleifrillen ein. Deshalb müssen oftmals mehrere Messerspachtelschichten übereinander gelegt werden, aber alle nur ganz dünn, denn Kombispachtel wird beim Trocknen in dicken Schichten spröde – wenn er überhaupt durchtrocknet. Er kann also beim Überlackieren oder Blechvibrieren abplatzen.

Messerspachtel (Kombispachtel) gibt es natürlich im Programm aller Lackhersteller, als Heimwerkerabpackungen zumeist in Tuben (als Mini-Tube sogar bei jeder K-Lack-Sprühdose), aber die Verarbeitung aus der Tube ist nicht angenehm, weil beim Ausdrücken aus einer länger gelagerten Tube der Spachtel zuerst »ausgeblutet« (d. h. mit entmischten öligen Zusätzen) austritt oder sich leicht verhärtete Krümel vom Tubenrand in den Spachtelstrang mischen und jeden Glattstrich auch mit einem gepflegten Spachtelwerkzeug (siehe Seite 49)

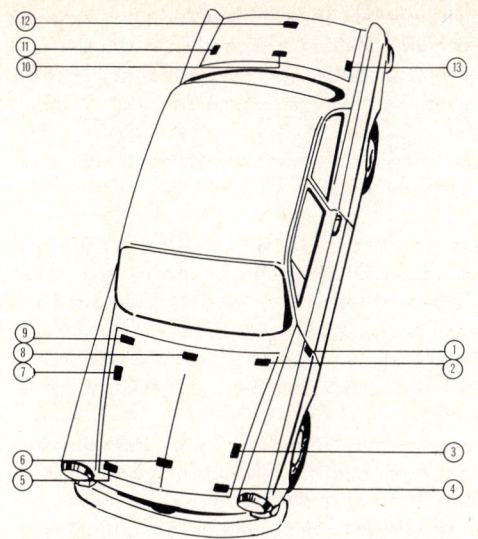

Wenn Sie die Farbtonan-
gabe an der Karosserie
Ihres Wagens suchen,
dann finden Sie sie in
der Regel an den in unserer
Prinzipskizze markierten
Punkten, wobei allerdings
Abweichungen (z. B. bei
Caravans) nicht selten
sind: 1 = Mercedes, Por-
sche, Ford, Renault;
2 = Opel, Citroen, Saab,
Volvo, Rambler, Gene-
ral-Motors; 3 = Ford, Peugeot, Simca; 4 = Opel,
NSU, Renault, Datsun;
5 = Mercedes, Ford, Re-
nault, Datsun; 6 = VW;
7 = Ford, Renault, BMW;
8 = Simca, Citroen, Volvo,
Toyota; 9 = Saab, Volvo,
Toyota, Triumph; 10 = Audi;
11 = Opel; 12 = Fiat, Simca;
13 = Auto-Union.

verhindern. Besser verarbeitet sich Messerspachtel aus der Dose, aber freilich
ist eine Kilodose für den Heimwerker leicht zu groß, denn von diesem Material
braucht man wegen der dünnen Schichten nur verhältnismäßig wenig.

Fingerzeig: *Messerspachtel gibt es auch auf Kunstharzbasis, z. B. »Autoflux-
Messerspachtel« von Sikkens. Solches Material läßt sich sehr angenehm verarbei-
ten, aber es darf nur unter einem Kunstharzlack (wie z. B. »Ducolux«) verarbeitet
werden. Dagegen werden Nitrokombi- oder Acrylharzlacke (z. B. »Auto-K« und
»Dupli Color«) den Kunstharzspachtel zerstören, er wird »hochgezogen«, wie der
Lackierer sagt (siehe auch Seite 74).*

Und jetzt gehen wir die richtige Lacksprühdose einkaufen. Das scheint – und
schien auch uns früher – kein besonderes Problem zu sein, wenn man nur die
genaue Farbbezeichnung für den eigenen Wagen weiß. Die steht irgendwo auf
einem eingelebten Etikett im Koffer- oder Motorraum, klingt meist recht phanta-
sievoll von »merianbraun« (Audi) über »nevadabeige« (Opel) und »arabergrau«
(Mercedes) bis zu »condorgelb (Ford), oder man findet sie im seinerzeitigen
Kaufvertrag vermerkt. Diese Farbe sucht man sich dann aus dem Verkaufsregal
heraus, in dem hier die Sprühdosen der einen Marke, dort die einer anderen
Marke und in einem dritten Geschäft sogar mehrere Lacksprühdosenmarken
friedlich beieinander stehen. Das scheint auch so in Ordnung, denn alle diese
Lacksprühdosen sehen sich, vom Etikett und Kopfaufsatz einmal abgesehen,
ziemlich ähnlich und enthalten heute einheitlich 150 Gramm Sprühlack. Und
wenn man dem Verkäufer im Fachgeschäft Automarke, Farbname und eventuell
noch dessen Kennziffer genannt hat, ist er glücklich, wenn er die betreffende
Sprühdose gleich zur Hand hat und nicht extra bestellen muß. Weitere Fragen
hat er in der Regel nicht.

Schwieriger scheint es nur dann zu werden, wenn der Farbname nicht mehr einwandfrei zu ermitteln ist oder wenn das Fahrzeug in der Zwischenzeit mal mit einer anderen Farbe neu lackiert wurde. Dann hilft keinesfalls eine Farbwahl nach
dem Auge aus dem Farbmusterkatalog, sondern das Auto muß her und zuerst

**Richtige
Lacksprüh-
dosenwahl**

**Kleines Problem:
Farbwahl**

**Sprühprobe im
Kofferraum**

einmal mit dem farbigen Sprühdosendeckel verglichen werden, und wenn die Farbe zu stimmen scheint, macht man noch einen kleinen Farbspritzversuch zum Farbvergleich, aber natürlich nicht außen auf dem Auto, sondern im Kofferraum. Dort hat die von Wind und Wetter unbeeinflußte Farbe noch den Originalton, und der allein gilt. Denn bei einer äußeren Vergilbung der Farbe wird sich der Farbton der Sprühdose mit der Zeit auch diesem Ton angleichen. Sonstwo noch Porbleme? Ja doch, die fangen erst an.

Großes Problem: Wahl der Lackart

Da stimmt der Farbton durchaus, aber die Lackiererei will und will nicht gelingen (von angeflogenem Staub, angeklebten Fliegen, immer noch erkennbaren Schleifrillen und »Rotznasen« ganz abgesehen): Einmal gibt es wunderschönen Hochglanz, nächstesmal it der Lack völlig matt, dann will er gar nicht trocknen, mal zieht er sich wie eine Gummihaut zusammen, mal macht die Schicht darunter Runzeln (wird »hochgezogen«, wie der Lackierer sagt) oder er hat das Aussehen einer getrockneten Apfelsinenschale.

Was ist da los? Die Gebrauchsanleitungen geben keine Auskunft, da ist allenfalls zu lesen, daß der Sprühabstand 25 cm betragen soll (hat man gemacht), daß die Dose kräftig geschüttelt werden muß (hat man auch gemacht) und daß die Dose Raumtemperatur haben soll (können Sie vielleicht in Ihrer Wohnung Ihr Auto lackieren?).

Der Grund liegt dort, worüber nirgends ein Wort zu lesen ist, auf keiner Sprühdose (mit einer Ausnahme, aber ohne notwendige Erläuterung, was das in der Praxis bedeutet), in keinem Prospekt und nirgends: Der Grund liegt in den unterschiedlichen drei Lackarten der vier namhaften Lacksprüdosenhersteller. Diese drei Lackarten zeigen bei der Verarbeitung derart krasse Unterschiede bezüglich Art des Untergrundes, der Verträglichkeit mit anderen Lackarten, der Verarbeitungs- und Fahrzeugtemperatur, der Trocknungszeiten usw., daß man ohne die notwendige Erfahrung schier verzweifeln kann (und auch schon viele Heimwerker enttäuscht mit der Lackiererei aufgehört haben). Demnach scheinen bei den steigenden Lacksprühdosen-Umsätzen immer neue Hoffnungsvolle mit der Sprühdosenlackiererei zu beginnen. Dabei sind die hierzulande angebotenen Lacksprühdosen durchweg von guter bis sehr guter Qualität, auch die Farbton-

Den richtigen Farbton erhalten Sie nicht nur dann mit Sicherheit, wenn Sie die Lacksprühdose im Ersatzteillager der zuständigen Automarken-Werkstatt kaufen. Was Sie dort unter dem Namen des Autoherstellers als »Originallack« für einige Mark mehr kaufen, stammt entweder von DupliColor oder Auto-K. Genauso farbtongenau sind die Original-Lacksprühdosen von Ducolux, Prestoflux, Belton, Auto-K oder DupliColor, denn alle tragen auf dem Etikett ebenfalls den Namen und die Chiffrebezeichnung des Original-Farbtons, wie hier auf der Kofferraumvorderkante eines Audi (VW-Konzern). Schief gehts dagegen, wenn man einen Farbton »nach Gedächtnis« kauft.

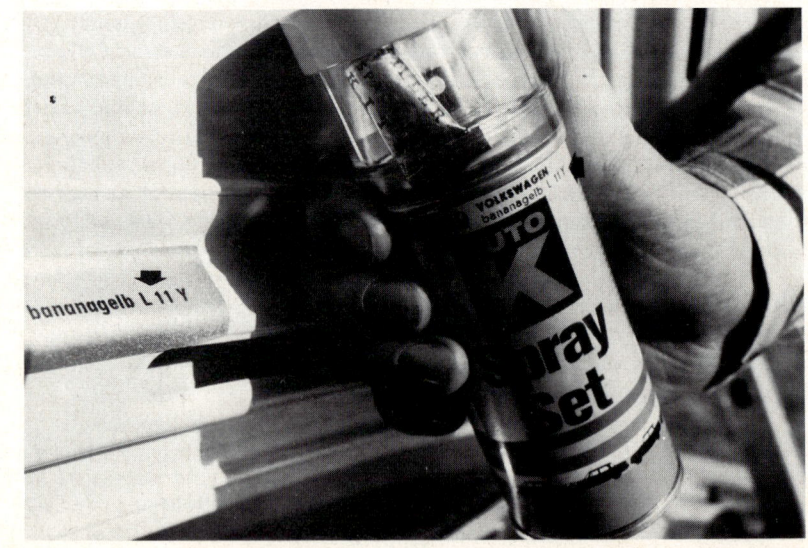

genauigkeiten werden im allgemeinen recht gut eingehalten, und man kann durchaus ordentliche Arbeit damit leisten, wenn man weiß, welche Lackart wann und wie bevorzugt werden sollte.

Marktübersicht Lacksprühdosen

Obgleich hierzulande 3 namhafte Produzenten unter 5 Marken nur 3 verschiedene Lackarten (mit Lieferungen in die Zubehörprogramme der Autohersteller) anbieten, ist der Überblick doch nicht einfach.
In der nachstehenden Tabelle sind die Sonderlacke (»Metallic«, »Pop«, »Rallye« »Fluorescent«) und die »Haushaltlacke« der gleichen Hersteller nicht enthalten. Sie haben zumeist eine andere Lackbasis (Sonderlacke vielfach Acrylharz, Haushaltlacke zumeist Kunstharz) und werden bei anderen Füllmengen zu anderen Preisen angeboten. Ihre gemeinsame Verarbeitung mit den normalen Autolacken gleicher Marke ist deshalb nicht immer möglich. Mehr über die Sonderlacke im speziellen Kapitel ab Seite 124.

Auto-K-Lack	Belton	Ducolux	Dupli Color	Prestoflux	Marke
Kwasny	Kwasny	Wiederhold	Vogelsang	Weber & Wirth	Hersteller
Nitrokombi-nation	Nitrokombi-nation	Kunstharz	Acrylharz	Acrylharz	Lackart
6,50	5,95	8,60	8,20	6,50	Wir zahlten pro Sprühdose DM

Anmerkungen: Handelsüblich in allen Farbtönen sind heute nur noch die 150-Gramm-Sprühdosen. In größeren Dosen (400 Milliliter) werden nur noch wenige besonders gängige Farbtöne abgefüllt und die zwei oder drei Farbtöne des für die Vorarbeit unbedingt notwendigen Haftgrundes.

Auto-K-Lack und Belton stammen, wie die Tabelle zeigt, aus dem gleichen Hause. Belton ist gewissermaßen die Handelsmarke der Firma Peter Kwasny und ist dementsprechend vorwiegend in Supermärkten und Discountläden zu finden. Inhalt und Qualität der beiden Sprühdosen sind absolut gleich, die Auto-K-Lackdosen sind lediglich zusätzlich mit einem Satz Schleifpapier, Spachtelkitt, Spachtelblatt und Tupfpinsel im durchsichtigen Kunststoffkopf ausgestattet (Bild links). Damit kann man eine kleine Schadensstelle spachteln und schleifen. Mit dem beigefügten Lacktupfpinsel läßt sich ein in den Lacksprühdosendeckel gesprühter Lacktropfen auf einen leichten Lackschaden übertragen. Das erspart den Kauf von speziellem Lackstift oder Tupflack; siehe dazu Seite 84.
Ebenso hat der Lack in den Dupli-Color- und in den Prestolux-Dosen gleichen Ursprung, denn seit Sommer 1976 befüllt Weber & Wirth seine Dosen mit Lack von Dupli-Color. Für sparsame Leute sind die unterschiedlichen Verkaufspreise der gleichwertigen Dupli-Color und Prestoflux-Dosen interessant.

Gleicher Lack, höherer Preis

Auch die Kraftfahrzeughersteller führen in ihren Zubehörprogrammen unter eigenem Markennamen solche Lacksprühdosen, die in der Regel entweder von Dupli Color oder Auto-K geliefert werden, deren Namen aber nicht auf den Lacksprühdosen erscheint. Auch der Mann am Ersatzteilschalter der Werkstatt wird kaum wissen, ob er da einen Acrylharzlack (von Dupli Color) oder einen Nitrokombinationslack (von Auto-K) verkauft. Hat aber dieser »Audi-Lack«, um ein Beispiel zu nennen, auf der Sprühdose den durchsichtigen Aufbau mit Zubehör dann stammt dieses Erzeugnis von Auto-K und ist ein Nitrokombinationslack. Dann können Sie ohne Sorgen vor der auf Seite 74 beschriebenen Lackunverträglichkeit mit Belton oder Auto-K-Lack weiterarbeiten und werden dabei feststellen, daß die angeblichen VW- Opel- oder Mercedes-Lacksprühdosen um einige Mark teurer sind als jene direkt vom Produzenten. Das gilt genau so für die Lacksprühdosen von Dupli Color und Prestoflux, die ebenfalls unter ihrem eigenen Namen billiger sind als jene aus gleicher Quelle stammenden Lacksprühdosen, die den Umweg über das Ersatzteillager eines Kfz-Herstellers nahmen.

Welcher Lack ist für welchen Zweck der beste?

Obgleich es in den gängigen Autolack-Sprühdosen nur 3 unterschiedliche Lackarten gibt (den langsamer antrocknenden »Vogi-Spray« dazu gerechnet, sind es 4), ist die Wahl der richtigen Sprühdose nicht leicht. Man kann sich auch nicht allein nach dem Preis richten. Die richtige Sprühdosenwahl richtet sich vielmehr

○ nach dem **Hochglanzanspruch** in Anpassung an neuwertigen glänzenden oder älteren matten Lack,

○ nach der **Arbeitsplatztemperatur**, die man als Heimwerker nur selten steuern kann,

○ nach der **Trocknungszeit** des Lackes und damit verbundener Abhängigkeit von der **Größe der Arbeitsfläche**,

○ und nach der **Lackverträglichkeit** mit eventuell schon früher benutztem anderem Reparaturlack. Zusätzliche Qualitätsansprüche sind außerdem

○ **Ergiebigkeit, Füllkraft** und **Deckkraft** des Lackes.

Hoher Hochglanzanspruch beim Auto

Unser Auge ist vom Hochglanz der serienmäßigen Autolackierungen außerordentlich verwöhnt. Was an Möbeln oder Türen als bester Hochglanz erscheint, wird uns am Auto sehr enttäuschen und trübe oder »etwas matt« vorkommen. Diesen hohen optischen Anspruch möchte man als Heimwerkerlackierer gerne erreichen – oder ihm möglichst nahe kommen –, sonst fällt die Nachlackierung unvorteilhaft auf.

Hochglanz wird erreicht durch die Art der Lackgrundstoffe und die Fähigkeit der Lacktröpfchen, beim Sprühen miteinander zu einer spiegelglatten Fläche zu zerfließen. Der Lackierer nennt das den »Verlauf«. Der Verlauf ist in einer Art Dreiecksverhältnis seinerseits wieder abhängig

■ von der chemischen Zusammensetzung des Lackes,

■ vom Zeitablauf des Trocknungsvorganges (der selbst natürlich wieder von der chemischen Zusammensetzung des Lackes abhängig ist) und

■ von der Verarbeitungstemperatur, die ihrerseits die Geschwindigkeit des Trocknungsvorganges bestimmt.

»Theoretischer« Hochglanz

Die chemische Zusammensetzung des Lackes in unseren Sprühdosen ist sehr unterschiedlich (siehe Zeile »Lackart« in der Tabelle Seite 67). Dementsprechend ist auch der höchsterreichbare Hochglanz dieser Lacksprühdosen unterschiedlich.

Bei einwandfrei geschliffenen (chemisch passendem) Untergrund und günstiger Arbeitsplatztemperatur zwischen 20 und 25 Grad C steht mit einem »tiefen« Hochglanz Ducolux (Kunstharz) an der Spitze. Danach folgen Belton und Auto-K-Lack (beides Nitrokombinationslack) und mit einem »seidigen« Glanz Dupli Color und Prestoflux (Acryllack), doch läßt sich letzterer nach Angabe der Herstellerfirma durch geeignete milde Poliermittel zu Hochglanz polieren. Das setzt aber bei der mäßigen Füllkraft (S. 76) des Acryl-Lackes wirklich hochwertigen Feinstschliff des Lackuntergrundes voraus.

Diese Hochglanz-Unterschiede unter allseits günstigsten Bedingungen — man kann deshalb schon von »theoretischem« Hochglanz sprechen — sind aber gering im Vergleich zu jenen, die durch unterschiedliche Verarbeitungstemperaturen (dadurch bedingt: unterschiedliche Geschwindigkeiten des Trocknungsvorganges) bewirkt werden. In der Verarbeitungstemperatur, besonders in der Arbeitsplatztemperatur, liegt das größte Problem für den Heimwerker, der einen schönen Hochglanz erzielen will (technisch saubere Spachtel- und Grundierarbeit sowieso vorausgesetzt).

»Praktischer« Hochglanz

Von der Arbeitsplatztemperatur wird in den Lacksprühdosen-Gebrauchsanweisungen nirgends gesprochen, allenfalls andeutungsweise von der Sprühdosentemperatur, die beim Sprühen »Raumtemperatur«, manchmal auch »20 °C« haben soll, oder von der nur gesagt wird, »kalte Sprühdosen sprühen nicht gut«. Nicht vergessen darf man aber auch als weiteres Hochglanzproblem der Heimwerkerpraxis die unterschiedliche »Füllkraft« (Seite 76) der Lacke.

Die Sprühdosentemperatur soll mindestens 20 °C, besser etwa 30 °C betragen, das ist kein schwieriges Problem. Wir waren zuerst der Meinung, ein entsprechendes Anwärmen der Sprühdosen könnte bei kühleren Außentemperaturen nicht viel Sinn haben, weil der aussprühende Lack bei seiner feinen Verteilung ja doch sofort wieder abgekühlt würde, zumal durch die gleichzeitige Verdunstungskälte des Treibgases. Das ist aber auch nicht der Zweck der Mindesttemperatur, sondern sie soll den Innendruck auf wenistens 2,5 atü bei etwa 20 °C oder etwa 3,5 atü bei 30 °C bringen, damit der Lack mit höherem Druck feiner versprüht wird und das als Verdünnung dienende Treibgas schon im Sprühstrahl »verdampft« (das muß es). Ist die Sprühdose zu kühl, sprüht »nasser« Lack

Sprühdosen- Temperatur

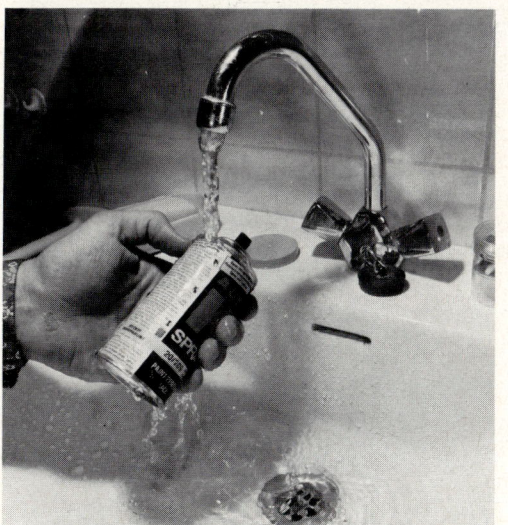

Die empfehlenswerte Eigentemperatur der Lacksprühdose zwischen + 20 und 30° C kann bei kühleren Temperaturen zu einem gefährlichen Problem werden, denn ab 50° C besteht Explosionsgefahr mit verheerenden Folgen (Verlust des Augenlichtes!), wenn etwa die Sprühdose auf die Heizung gestellt oder in ein kochendes Wasserbad geworfen wird. Alle diese gewaltsamen Erhitzungsmethoden sind äußerst gefährlich! Harmlos ist das Anwärmen nur, wenn, wie hier im Bild gezeigt, die Sprühdose zusammen mit der Hand unter die Warmwasserleitung gehalten wird und die haltende Hand dabei die Temperatur als angenehm empfindet (etwa 30° C). Noch einfacher: Stecken Sie bei kühler Witterung die Lacksprühdose in die Hosentasche.
Lassen Sie Ihre Sprühdose (gilt nicht nur für Lack!) übrigens nicht lange Zeit in der prallen Hochsommersonne stehen! Ebenso werden sie auf der Hutablage vor der sonnenbestrahlten Heckscheibe zur Gefahr, wir haben dort im Hochsommer (nicht mal in Italien!) bis zu 87° C gemessen! Dann werden Lacksprühdosen gefährlich.

auf das Autoblech, es gibt verstärkt herunterlaufende Tropfen und Treibgasbläschen im Lack.

Heimwerker-Problem: Arbeitsplatztemperatur

Die richtige Sprühdosentemperatur ist leicht zu erreichen, die Arbeitsplatztemperatur muß man als Heimwerker nehmen, wie sie ist. Denn sie werden kaum eine geheizte Werkshalle zur Verfügung haben, sondern werden in aller Regel im Freien lackieren müssen. Auch eine Garage wird nur selten dazu brauchbar sein, erstens wegen des Lichtes — es kann beim Lackieren nicht hell genug sein, um etwaige Fehler schon im Entstehen zu erkennen — und zweitens wegen der Gefahr gesundheitlicher Schäden — mindestens erhebliche Kopfschmerzen — durch die verdunstenden Lösungmittel. Wenn Sie dann im Winter Ihre mühselig erwärmte Garage aufreißen, weil Sie es vor Lackdunst darin einfach nicht mehr aushalten können, ist die Temperatur sowieso sofort »im Eimer«.
Lackierarbeit in der Garage und bei ungünstiger Außentemperatur ist schon eher möglich, wenn man das beschädigte Autoteil abmontiert und nur dieses in die Garage nimmt. Dann hat man auch mehr Bewegungsfreiheit und andere Vorteile (siehe Seite 86).

Hochglanz und Trocknungszeit

Welchen Einfluß hat die Arbeitsplatztemperatur auf den Ablauf der Trocknung und damit auf den Hochglanz (siehe auch Tabelle nächste Seite).
■ Ist es zu kalt, kann der Lack nicht schnell genug »ablüften«, d. h. die Lösungmittel beginnen mit dem Verdunsten zu langsam, die Lacktröpfchen kleben sich nicht fest, sondern laufen immer weiter, bilden herunterlaufende Tropfen (anschaulich als »Rotznasen« bezeichnet), der Überrest der herablaufenden Farbe ist zu dünn, um die darunterliegende Schicht zu decken. Beim dadurch notwendigen Aufsprühen mehrerer Lackschichten wird die erste Schicht wieder angelöst und kann mit dieser wellig oder runzelig zusammentrocknen. Das Duchttrocknen geschieht außerdem so langsam, daß derweilen der noch nasse Lack viel Staub und Schmutz fast unvermeidbar fängt. Für die eigentliche Mattierung des Lackes sorgt außerdem die bei Kälte auf dem Metall und dem Lackfilm sich gern ansetzende Luftfeuchtigkeit oder ein erst auch nach Stunden einsetzender Nebel oder Regen auf den noch nicht durchgetrockneten Lack, wenn das Fahrzeug im Freien stehen bleiben muß.

Bei diesem Schaubild wurde mit Absicht vieles falsch gemacht, um die Folgen zu zeigen: Der Versuch, schon im ersten Anlauf farbdeckend zu lackieren, muß immer mißlingen (richtig ab Seite 112), es gibt durch den Lacküberschuß nur Lauftränen. Und wenn man mit der Sprühdose zu nahe herangeht (richtig Seite 114), gibt es Schaumbläschen im Lack (im Lackmittelpunkt erkennbar) durch Treibgas, das nicht rechtzeitig verdampfen konnte. Darum: Bevor Sie aufs eigene Auto zielen, erst mal auf alten Karosserieblechen üben. Übrigens: Die hier zufällig gezeigte Dupli-Color-Dose ist keineswegs »rotznasen-anfällig«, wenn man richtig damit arbeitet.

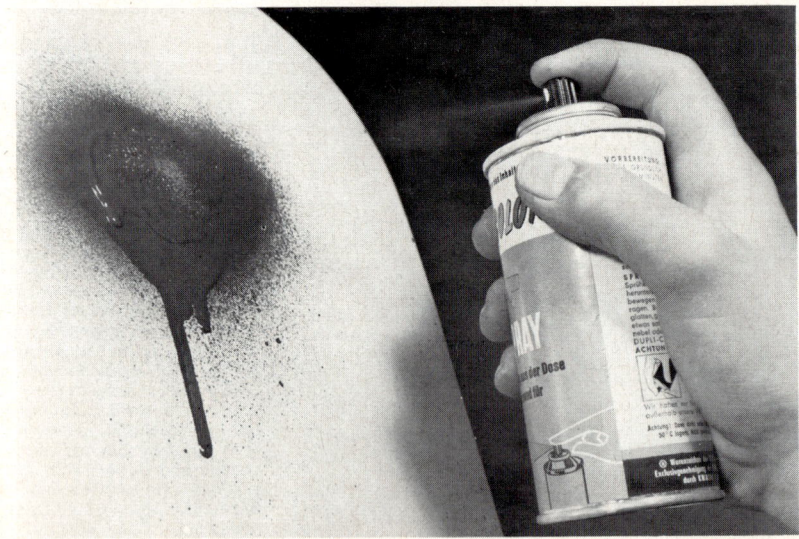

■ Ist es zu heiß, können die einzelnen Lacktröpfchen, da sie bereits in Sekunden »abgelüftet« sind, nicht mehr miteinander verlaufen. Es bildet sich eine apfelsinenschalenartige oder ganz rauhe Lackschicht ohne jeden Glanz. Doch »zu kalt« und »zu heiß« sind nicht dasselbe für alle Lacke.

Wie lange trocknet der Lack?

Daraus ergibt sich, daß der frische Lack für eine Mindestzeit »offen« bleiben muß, bevor er staubtrocken zu werden beginnt, damit die nachfolgenden Lacktropfen mit den ersten einwandfrei verlaufen können. Er muß andrerseits aber auch so bald abzutrocknen beginnen, daß er nicht von der Fläche abfließt und nicht durch äußere Einflüsse seinen Glanz verliert.
Wie unterschiedlich unsere Sprühdosenlacke die einzelnen Trocknungsstufen durchlaufen, zeigt die nachfolgende Tabelle für 19 °C, eine durchaus günstige Arbeitstemperatur.

19 °C	Dupli Color Prestoflux	Auto-K/ Belton	Vogi-Spray- Auto-Color	Ducolux
staubtrocken	20 min	15 min	40 min	1 std 20 min
berührungsfest	30 min.	30 min	50 min	3 std 10 min
griffest	55 min	45 min	1 std 10 min	5 std
abklebefest	2 std 50 min	2 std 20 min	2 std 0 min	8 std

Staubtrocken ist ein Lack, wenn angewehte Fusseln, Fliegen oder Staubkörner nach dem Durchtrocknen rückstandslos weggewischt werden können, nicht mehr haften. Berührungsfest ist er, wenn beim vorsichtigen Antippen mit der Fingerspitze kein Klebeflecken zurückbleibt. Griffest ist der Lack, wenn er ohne großen Druck mit der Hand berührt werden kann und dabei nicht mehr klebt. Abklebefest, für die Weiterarbeit sehr wichtig, ist er, wenn Klebebänder angedrückt und rückstandsfrei wieder abgezogen werden können.

Starker Temperatureinfluß beim Trocknen

Höhere oder niedere Temperaturen beeinflußen den Trockungsvorgang außerordentlich: Bei 25° C sind Belton und Auto-K-Lack in knapp 10 Minuten und Ducolux in rund 20 Minuten staubtrocken. Bei 16° C ergaben unsere Versuche erheblich längere Trocknungszeiten, z. B. 70 statt 55 Minuten (bei 19° C) für griffesten Dupli Color. Und bei 12° C klebt Ducolux noch tagelang, während Belton, Auto-K, DupliColor und Prestoflux einwandfrei, wenn auch sehr langsam, durchtrockneten.
Zu Ducolux wäre dabei speziell zu erwähnen, daß dieser Kunstharzlack Tageslicht (keinen Sonnenschein!) zum einwandfreien Durchhärten (Oxydative Trocknung, durch UV-Strahlen angeregt) braucht. Deshalb können mit Ducolax in der dunklen Garage oder gegen Abend lackierte Flächen nicht über Nacht durchtrocknen. Außerdem ist für Ducolax bei Arbeitsplatztemperaturen unter 20° C eine Trocknungsunterstützung durch einen Heizstrahler (nicht Heizlüfter – er bläst Staub!) empfehlenswert.

Lackwahl nach Arbeitsplatztemperatur

Aus den unterschiedlichen Trocknungszeiten läßt sich erkennen, daß die hierzulande angebotenen verschiedenen Lacksprühdosen nur innerhalb unterschiedlicher Temperaturspannen mit Hochglanz dienlich sein können. So ergaben unsere mehrjährigen Beobachtungen und Versuche die äußersten Temperaturgrenzen, innerhalb derer Lackierarbeiten mit den verschiedenen Spray-Lacken noch funktionieren.

Marke	Lackart	Verarbeitung nur möglich von – bis Grad C
Auto-K/Belton	Nitrokombination	5° C–30° C
Dupli-Color/Prestoflux	Acrylharz	5° C–25° C
Ducolux	Kunstharz	18° C–35° C

Unabhängig von dieser Arbeitsplatztemperatur soll die Sprühdose selbst wenigstens 20° C warm sein.

Weil Sie die Arbeitsplatztemperatur nicht dem Lack anpassen können, müssen Sie entweder die Lackiererei bis zur passenden Temperatur verschieben oder Sie müssen jene Lacksprühdose wählen, die bei der vorhandenen Außentemperatur mitspielt. Aber Sie sehen: Bei Frost ist das Lackieren gänzlich ausgeschlossen, und die völlig freie Lackart-Wahl haben Sie, wenn die Arbeit ordentlich werden soll, nur im sehr schmalen Temperaturbereich zwischen knapp 20 und knapp 30 °C.

Lackwahl nach Reparaturfläche

Außerdem kommt es sehr erheblich auf die Größe der Reparaturfläche an, die Sie lackieren wollen. Bei 30 °C können Sie mit Auto-K und DupliColor gerade noch eine handgroße Fläche sauber lackieren, sonst gibt es durch zu schnelles Abtrocknen »blinde Höfe«, weil ein Teil der Fläche schon staubtrocken ist, während am anderen Ende noch Lack gesprüht wird. Der weithin staubende Sprühstrahl mattiert dann unvermeidbar den schon abtrocknenden Teil der Lackierung durch einen Farbnebel, dessen einzelne Tröpfchen nicht mehr miteinander verlaufen können. Aber mit Ducolux erreicht man bei dieser Temperatur einen hervorragenden Hochglanz (saubere Arbeitsweise vorausgesetzt).

Daraus ergibt sich, daß mit den schnelltrocknenden Lacken im Sommer keine größeren Flächen, wie beispielsweise eine Tür oder Motorhaube, lackiert werden kann (zur Not gelingt es vielleicht bei knapp 10 °C). Deshalb ist für größere Flächen besser ein Lack mit langsamerer Trocknung geeignet, wie z. B. Ducolux Kunstharzlack.

Für solche größere Flächen hat die Firma Kurt Vogelsang (Dupli-Color) den »Vogi-Spray Auto-Color« mit verzögerter Anfangstrocknung herausgebracht. Er bleibt also länger »offen« und ein etwas erfahrener Heimwerker, der in 10 Minuten eine Motorhaube zügig mit dem Decklack zu übersprühen versteht, kann dieses »Auto-Color« auch noch bei 25 °C verarbeiten. Zum Ausbessern kleinerer Lackschäden innerhalb einer Farbfläche ist das »Auto-Color« dagegen nicht vorgesehen, denn es erhebt keinen Anspruch auf absolute Farbtongenauigkeit und das würde bei »Lack-in-Lack-Reparaturen« (Seite 119) zumeist auffallen. Da die Vorratshaltung von großen Lacksprühdosen in den genauest abgestimmten Farbtönen völlig unwirtschaftlich ist, hat man bei Vogelsang aus etwa 150 gängigen Farbtönen die möglichst nahe beieinander liegenden Abtönungen in 36 Grundfarben zusammengefaßt. Deshalb tragen diese Aut-Color-Dosen auch keine Farbtonbezeichnungen der Kraftfahrzeughersteller, sondern eine eigene Farbbezeichnung, für die in einem speziellen Register die abdeckenden Original-Farbtöne herausgesucht werden müssen. Bei Vogelsang ist man der Meinung, daß es an einem älteren Fahrzeug mit schon etwas verwittertem Originallack sowieso nicht auffällt, wenn aneinander stoßende größere Farbflächen einen leichten Fartonunterschied zeigen.

Fingerzeige: *Bei dem langsam trocknenden Ducolux muß sorgsam vermieden werden, daß das frisch lackierte Fahrzeug im Abendnebel oder gar im Regen draußen stehen bleibt. Wegen des fehlenden Tageslichtes trocknet er nur zögernd weiter und ein auch erst nach Stunden aufkommender Sprühregen (bei uns nach 5 Stunden beginnend) macht auch im Sommer Ducolux völlig blind.*

Bei Kälte hat es keinen Sinn, das Fahrzeug zum Lackieren in eine nur wenige Stunden verfügbare geheizte Halle oder Garage zu bringen. Das kalte Metall beschlägt dort sofort (wie eine kalte Brille im warmen Zimmer), der Feuchtigkeitsniederschlag ist oft nicht sichtbar und wird unbekümmert überlackiert. Dadurch bilden sich unter dem Lack, auch bei zuerst gut aussehender Oberfläche, kleine Bläschen, die weiter Feuchtigkeit im Laufe der Zeit durch die Lackporen ziehen, den Lack abheben, even-

tuell auch stark unterrosten, so daß die (erschwerte) Arbeit nach einigen Wochen wiederholt werden muß. In einer tatsächlich brauchbaren beheizten Garage können Sie Ihr Fahrzeug also im Winter nur dann dauerhaft lackieren, wenn der Wagen mindestens über Nacht der Innenraumtemperatur angepaßt werden konnte.

Eigentlich wollten wir nur mal ausprobieren, welche Farbdeckung die verschiedenen Sprühdosenmarken auf Kontrastfarben haben, da kräuselte sich hier der Lack hoch, dort gab es feine Runzeln, an anderer Stelle war er hochglänzend und wieder woanders sah die Lackierung aus, als habe man den Untergrund vor dem Lackieren mit Nadeln aufgekratzt. Offensichtlich vertrug sich die Konkurrenz nicht sehr gut miteinander.

Der Fachlackierer weiß es natürlich:

■ Kunstharzlack (zumindest lufttrocknender) verträgt sich mit allen Untergründen, einerlei, ob man ihn über Kunstharz-, Nitrokombinations- oder Acrylharzlack bzw. Kunstharz- oder Nistrospachtel spritzt. Es kann allerdings zu Beeinträchtigungen des Verlaufs, damit des Hochglanzes, kommen.

■ Nitrokombinationslack verträgt sich nur sicher mit einem Nitro-Untergrund, mit anderen Lackarten (Kunstharz und Acrylharz) nur dann, wenn sie mit hohen Temperaturen (160 bis 180 °C) vom Werk eingebrannt wurden. Bei ofengetrockneten Nachlackierungen (60 bis 80 °C) und bei lufttrockneten Lackierungen mit Kunstharz und Acrylharz bzw. Kunstharzspachtel muß man mit Zerstörungen rechnen. Kunstharz wird in der Regel »hochgezogen«, d. h. von seinem Untergrund gelöst und in Runzeln abgekräuselt. Acrylharzlack als Untergrund kann durch Lösungsspannung reißen, so daß man unter der Nitro-Lackschicht gegen das Licht grobe Schleifspuren zu sehen vermeint.

■ Acrylharzlack verträgt sich nur sicher mit einem Acrylharzuntergrund, zumeist aber auch mit einem Nitrokombinationsuntergrund und natürlich ebenfalls mit der besonders widerstandsfähigen Einbrennlackierung auf Alcyd-, Acryl- oder Kunstharzbasis. Dagegen löst es lufttrocknenden (ohne Beheizung getrockneten) Kunstharzlack und Kunstharzspachtel besonders heftig an und zieht ihn in Runzeln hoch.

■ Auch einigermaßen verträgliche Lackarten lassen sich nicht miteinander »naß in naß« verarbeiten. Wenn Sie also eine Reparaturstelle mit Auto-K- Lack begonnen haben und – weil die Dose leer ist – mit Dupli Color weitermachen, bekommen Sie keinen Hochglanz, sondern – zumindest in den Übergangszonen – eine haftgrundartige Mattierung, weil der Verlauf durch die unterschiedlich chemische Zusammensetzung der Lacke gestört ist.

Im Klartext, auf die verschiedenen Fabrikate bezogen, bedeutet das:

■ Ducolux als Kunstharzlack läßt sich ohne Probleme über andere Lackfabrikate sprühen. Es wird nur problematisch, wenn eine frühere Ducolux-Lackierung mit Auto-K bzw. Belton, und erst recht mit Dupli Color oder Prestoflux übersprüht werden soll.

■ Belton und Auto-K-Lack vertragen sich enwandfrei miteinander, denn sie stammen aus gleichem Hause (Kwasny). Sie können also mit einer Dose Belton anfangen und mit Auto-K weiter arbeiten – das macht gar nichts.

■ Ebenso haben die Lacksprühdosen von Prestoflux (Weber & Wirth) und Dupli Color (Vogelsang) die gleiche Sorte Acrylharzlack als Inhalt, lassen sich also wechselweise ohne alle Probleme verwenden. Das gilt ebenso für das mit Dupli Color und Prestoflux verträglichen Auto-Color.

Übrigens muß es beim Übereinanderlackieren nicht immer schiefgehen, denn manche Sprühdosen gleicher Marke sind angriffslustiger als andere, und manche lassen sich leichter hochziehen als andere. Außerdem ist ein jahrealter Lack oft friedlicher. Aber darauf kann man sich nicht verlassen, denn es ist auch manches Mal passiert, daß alles gut zu verlaufen schien, und plötzlich quoll nach einer halben Stunde eine Ecke der lackierten Fläche hoch. Das ist aber dann eine Freude!

Lackunverträglich-keiten vorbeugen

Um allen Ärger mit eventuellen Lackunverträglichkeiten möglichst zu vermeiden, gelten darum folgende Grundsätze:

■ Es ist nicht einerlei, welcher von den unverträglichen Lackarten oder Lackaufbaumaterialien oben oder unten ist. Die Frage muß immer lauten: Aus welchem Material ist der Untergrund und was passiert mit ihm, wenn ich dies oder jenes Material darüberarbeite? (Gilt nicht nur für das Spritzen, sondern auch für das Spachteln oder Streichen.) Zum Beispiel geht Kunstharz auf Acrylharz, aber es geht nicht Acrylharz auf Kunstharz.

■ Bei Zwei-Komponenten-Polyesterspachtel als Füllspachtel (für stärkere Unebenheiten) gibt es nach unseren Erfahrungen keine Probleme bei lufttrocknenden Lacken.

■ Als Messerspachtel (für die letzte Spachtelfeinschicht) dürfen Sie nur dann Spachtel auf Kunstharzbasis (Seite 65) nehmen, wenn Sie als Decklack Ducolux (Kunstharzlack) verwenden. Von Nitrokombi- und Acrylharzlack kann der Kunstharzspachtel (der an sich so gut zu verarbeiten ist) hochgezogen oder »gebrochen« werden. Dagegen ist Nitrokombinationsspachtel als Messerspachtel für alle Decklacke problemlos.

■ Haftgrund (aller Sprühdosen-Marken) bringt als Lackuntergrund in der Regel keine Probleme, da er bei allen Lacksprühdosenherstellern entweder auf Nitrokombi- oder Acrylharzbasis hergestellt wird, also mit allen Decklacken und Spachteln überdeckt werden kann. Wird er aber über eine Reparaturfläche gesprüht, auf der neben blankem Metall Teile einer luftgetrockneten früheren Kunstharzlackierung sitzen, kräuselt er oft die Anschliffränder dieser Kunstharzschicht hoch. Ein sehr schwieriges Problem, das bei dem Wunsch nach einwandfreier Neulackierung meist nur durch radikale Beseitigung des alten Kunstharzlackes zu lösen ist. Oft hilft statt des üblichen Haftgrundes aber der

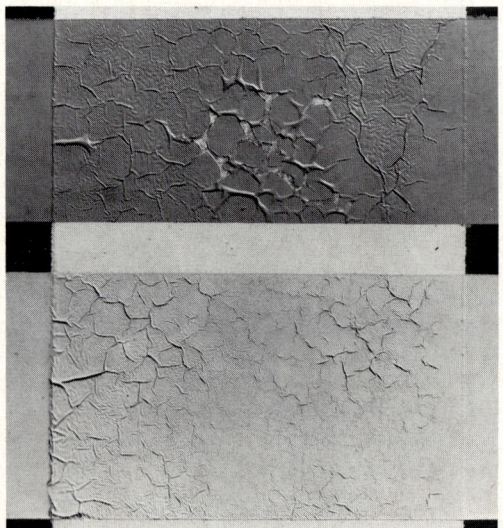

Hier eine Kreuz- und Querlackierung aus der Nähe, die deutlich die Lackunverträglichkeiten durch heftige Runzelbildung zeigt: Es wurde auf dunkler Einbrennlackierung (an den Bildkanten erkennbar), die sich stets als »standfest« erwies, zuerst ein weißer Streifen Ducolux (Kunstharz) senkrecht lackiert, und darüber liegen zwei Streifen verschiedenfarbiges Dupli Color (Acrylharz). In beiden Fällen wurde der Kunstharz-Untergrund »hochgezogen«, und der Acrylharzlack ist darüber in Runzeln getrocknet. Beachtenswert ist hier auch die ungenügende Deckkraft des gelben Farbpigments (unterer Querstreifen) gegen den dunklen Untergrund (rechts und links am Bildrand), was bei gelb aber nicht nur für Dupli Color, sondern für alle Lackarten gilt.

spezielle »Rotschutzgrund« auf Kunstharzbasis von Ducolux (nicht verwechseln mit »Ducolux-Haftgrund« auf Acrylharzbasis!). Als riß- und runzelsicherer Decklack kommt dann jedoch nur noch Ducolux in Frage.

■ Bei der serienmäßigen Einbrennlackierung (160 bis 180°C) besteht etwa nach einem Jahr kein Grund zur Sorge, daß irgendein lufttrocknender Sprühlack den Untergrundlack hochziehen könnte. Bei Einbrenn-Naclackierungen (60 bis 80 °C) besteht diese Sicherheit nicht! Es kann gutgehen, wenn es dann aber nach einer oder mehreren Stunden den von Lackierwerkstätten noch immer geschätzten Kunstharzlack hochzieht, ist der Ärger groß: Vorbeugung: Altlackierung an einer unscheinbaren Stelle anschleifen (Anschliffkanten sind besonders kräuselempfindlich!), dort »satte« Probelackierung auf kleiner Fläche ausführen, mehrere Stunden warten und getrockneten Lack peinlich genau (am besten mit Lupe) auf Risse, Runzeln oder Krater (letztere auch durch Fett oder Pflegemittelreste auf dem Untergrund möglich) prüfen. Unsichere Altlackierung mit Schleifmaschine herunterputzen. Mehr dazu auf Seite 91 im Abschnitt »Alten Lackaufbau prüfen«.

■ Firmenaufschriften und dergleichen auf Kombiwagen oder Kleinbussen sind in aller Regel mit Kunstharz aufgepinselt. Sie dürfen auf keinen Fall mit Lack übersprüht werden, denn wenn sie sich (bei Kunstharzlack) vielleicht auch nicht lösen, so sind doch auf jeden Fall die Schriftkanten – ob beigeschliffen oder nicht – deutlich als Unebenheiten unter der Decklackschicht zu erkennen. Abhilfe, wenn der serienmäßige Einbrennlack darunter noch gut ist: Mit Aceton abwaschen. Das erübrigt sogar das Überlackieren, wenn es nur um die Beseitigung einer serienfarbabweichenden Firmenaufschrift ging.

■ Die Verträglichkeitshinweise für Sonderlacke (Pop-Farben, Metalliclacke, Rallye-Farben) finden Sie bei deren Verarbeitungsbeschreibungen.

Die Frage, für welche Fläche eine 150-Gramm-Lacksprühdose ausreicht, ist kaum zu beantworten. Auch die Herstellerangaben, soweit man welche findet, lassen eine sehr große Spannweite offen, etwa »für 0,25 bis 0,5 Quadratmeter«, was mindestens einem Quadrat von 50 auf 50 cm oder vielleicht auch die doppelte Fläche von 50 auf 100 cm ist. Die Hersteller können auch kaum genauere Angaben machen, denn die Ergiebigkeit hängt ab

Ergiebigkeit und Deckkraft

■ vom Heimwerker. Die Ergiebigkeit ist größer, wenn der Untergrund feinporig und sorgfältig geschliffen ist und die Farbe der zu sprühenden Fläche schon weitgehend dem Sprühlack entspricht. Beste Ergiebigkeit also, wenn ein alter (aber geschliffener!) Lack mit der gleichen Farbe übersprüht wird. Geringste Ergiebigkeit, wenn ein heller Lack gegen grauschwarzen Haftgrund oder ein dunkler Lack gegen weißen Untergrund kämpfen und seine Deckkraft beweisen muß. Besonders schwierig wird's bei hellem Gelb auf dunklem Untergrund.

■ von der Verarbeitungstemperatur. Zu kalter Lack neigt zu Lauftränen, mit denen (und zu deren Beseitigung) viel Lack verschwendet werden muß.

■ von der Deckkraft des Farbpigments. Selbst bei gleichen Verarbeitungsbedingungen ist es nicht so, daß etwa alle Ducolux-Sprühdosen oder alle Auto-K-Dosen jeweils gleiche Ergiebigkeit haben. Sie schwankt innerhalb der einzelnen Marken ganz erheblich durch die sehr unterschiedliche Deckkraft der verschiedenen Farbstoffe (Farbpigmente), die im Lack sind. Während beispielsweise weiße und sattgrüne Farbtöne durchweg sehr gute Farbdeckung bringen, haben gelbe, hellrote und manche blaue Farbtöne wesentlich geringere Deckkraft.

■ von der Deckkraft der Lackbasis. Hier liegen die Kunstharzlacke von Ducolux eindeutig an der Spitze der Ergiebigkeit. Danach kommen Belton, Auto-K (Nitrokombi) und Dupli Color, Prestoflux je nach Farbton.

*»Könnten Sie mir bitte
ein bißchen Blau
überlassen. Ich habe
eine kleine Schramme
an meinem Auto.«*

Füllkraft des Lackes

Die unterschiedliche Ergiebigkeit der verschiedenen Fabrikate entspricht ihrer unterschiedlichen Füllkraft. Darunter versteht man die Fähigkeit des Lackes, auch über weniger fein geschliffenem Untergrund oder ganz ungeschliffenem Haftgrund zu einwandfreiem Hochglanz zu verlaufen.

Bei Ducolux ist es tatsächlich nicht unbedingt notwendig, gut verlaufenen und glatten Haftgrund noch einmal fein zu schleifen (besser ist es trotzdem, denn bei dem Naßschliff mit 400er oder 500er Papier zeigen sich oft doch feine Wellen, die man auf dem matten Haftgrund selbst nicht erkennen konnte). Aber bei diesem Kunstharzlack reicht auch vielleicht ein Feinschliff mit 360er Papier (bzw. P. 500; siehe Seite 53) aus, ohne daß später nach der Lackierung Schleifrillen beim Blick gegen das Licht erkennbar wären. Lackierwerkstätten nehmen selten feineres Papier als Körnung 360 für den Feinschliff.

Bei Belton und Auto-K-Lack muß auch Haftgrund vor dem Lackieren mit 400er Papier naß geschliffen werden, sonst wird die Lackfläche matt (bei ungeschliffenem Haftgrund) oder man sieht gröbere Schleifspuren gegen das Licht sehr deutlich.

Bei Dupli Color reicht das Naßschleifen mit 400er Papier vor dem Lackieren nicht aus. Erst mit dem superfeinen 600er Schleifpapier (bzw. P 1000) sind durch den dünnschichtig eintrocknenden Acrylharzlack Schleifspuren nicht mehr erkennbar, und nur auf einer solcherart fast schon polierten Fläche zeigt Dupli Color den Glanz, den Acrylharzlack theoretisch haben soll (siehe Seite 68). Dupli Color und das gleichartige Prestoflux verzeihen also nachlässige Vorarbeit am wenigsten.

Wetterbeständigkeit, Pflegeansprüche

Immer wieder mal bringt die Firma Vogelsang den Werbespruch, ihr »Dupli-Color Acryl Auto-Spray« sei »dauerhaft wie eingebrannt«. Das ist blanker Unsinn, denn selbstverständlich haben alle lufttrocknenden Sprühdosenlacke längst nicht die Qualität einer ofengetrockneten Lackierung aus einer guten Lackierwerkstatt und erst recht nicht die Qualität der serienmäßigen Einbrennlackierung, da wollen wir uns nichts vormachen (lassen). Dementsprechend muß man auch früher an die Erhaltungspflege denken, als dies bei der Erstlackierung notwendig ist. Da der Sprühdosenlack aber auch wesentlich empfindlicher als der Einbrennlack ist, muß man bei der Anwendung schärferer Lackpflegemittel (insbesondere Lackreiniger) erheblich zurückhaltender sein. Dafür müssen diese lufttrocknenden Sprühlacke aber öfter mit Lackkonservierer gepflegt werden, sonst »bauen sie zu schnell ab« und kreiden aus. Bei Kunstharzlack kann man mit längerer Lebensdauer rechnen.

Die auf Seite 68 gestellte Frage, welcher Sprühlack denn nun der beste sei, läßt sich also auch nach sorgsamer Abwägung nicht mit einem Wort beantworten. Man muß bedenken,

■ welche Temperaturverhältnisse am Arbeitsplatz herrschen und wie groß die Reparaturfläche ist, um einen bei diesen Gegebenheiten gut zu verarbeitenden Sprühlack zu wählen,

■ ob der Arbeitsplatz gut staubfrei gehalten werden kann und dadurch die Verwendung eines langsamer trocknenden Lackes möglich oder ob wegen Staub- und Insektengefahr eine schnelle Trocknung wichtiger ist,

■ ob man Werkzeug, Handfertigkeit und Geduld haben wird, um den Lackuntergrund äußerst sorgsam vorzubereiten und feinstzuschleifen oder mit einem füllkräftigen Lack leichte Schleifnachlässigkeit »ausbügeln« will (schlechte Vorarbeit verzeiht allerdings kein Lack)

Bester Sprüh-lack je nach-dem

Um Verbraucherverwirrung vorzubeugen, gibt es durch gesetzliche Vorschriften nur noch wenige genormte Sprühdosengrößen, von denen nur noch die kleinere 150-Milliliter-Dose (international: 6-Unzen-Dose- und die große 400-Milliliter-Dose (international 16 Unzen) bei den Lacksprühdosen üblich sind. Die großen (und im Vergleich zum Inhalt preiswerteren) 400-ml-Dosen werden vorzugsweise mit besonders marktgängigen Farbtönen, mit dem vielfach benötigten Haftgrund und Sonderlacken befüllt.
Die Lacksprühdose ist etwa halb und halb mit Lack und Treibgas (Frigen, Propan-Butan) mit Verdünnungsmittel befüllt. Auch in der Dose verdunstet schon ein Teil des Treibgases, so daß sich über dem Lackspiegel eine Gasdruckkammer bildet (bei voller Sprühdose und +20 °C etwa 2,5 atü). Der Gasdruck treibt den Lack durch das bis auf den Boden reichende Steigrohr heraus, wenn durch Druck auf den Sprühkopf das Ventil geöffnet wird.
Wie die Lacksprühdose zu handhaben ist (Schütteln vor Gebrauch, Entleeren des Ventils nach Gebrauch), wird auf jeder Gebrauchsanweisung genau beschrieben. Den Nebenzweck des Schüttelns zeigt der Bildtext auf Seite 112.

Zuletzt etwas Sprühdosen-technik

Sammeln Sie sich die Sprühköpfe leerer Sprühdosen, wenn Ihnen der Sprühstrahl besonders gut erschien. Sprühköpfe sind Massenartikel, sollen aber Präzisionsarbeit leisten, was ihnen manchmal schwerfällt. Haben Sie sich einen guten Vorrat gesammelt, können Sie einen »spuckenden« Sprühkopf wegwerfen und durch einen bewährten ersetzen. Vor allem die Sprühköpfe der Ducolux-Sprühdosen fallen durch einen besonders guten »puderwolkenartigen« Sprühstrahl auf, der die Lackierfläche bei feiner verteilten Lacktröpfchen gleichmäßiger beschichtet (allerdings bei Wind auch leichter seitlich vertrieben wird). Diese Ducolux-Sprühköpfe lassen sich auch oft auf anderen Sprühdosen verwenden und verbessern deren Sprühstrahl.
Wenn der Sprühkopf trotz Ausblasen nach letztem Gebrauch verstopft ist, wird er nach oben abgezogen und der Schlitz des inneren Sprühkopfröhchens mit einer Nadel gereinigt. Ist allerdings die Austrittsöffnung des Sprühkopfes durch

Gute Sprühköpfe sammeln

77

Die Schemazeichnung der Ducolux-Sprüh-dose zeigt, wie bei senkrechter Haltung der Dose der Farblack durch den Treibgas-druck im Steigrohr hochgepreßt wird, während bei der Kopfstellung der Dose (zum Sauber-sprühen des Sprüh-kopfes) nur Treibgas austreten kann. Der Treibgasdruck ist nur von der Sprüh-dosentemperatur abhängig, ansonsten bleibt er beim Ge-brauch der Sprüh-dose gleich, weil sich das Treibgas ständig aus dem Lack-Treib-gasgemisch ergänzt.

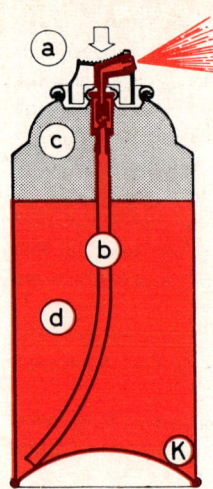

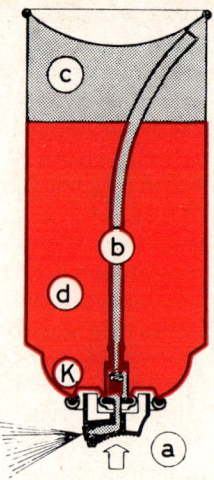

a) Sprühkopf
b) Steigrohr
c) Treibgas
d) Lack-Treibgas-Gemisch
K) Stahlkugel

Der Pfeil im Kreis soll die Richtung des Fingerdrucks andeuten.

vertrockneten Lack verstopft, hilft dort kein Bohren mit einer Nadel. Abhilfe: Wegwerfen, anderen Sprühkopf nehmen.

Bei lange lagernder Sprühdose kann sich das Steigrohr in der Dose durch abge-setztes Lösungsmittel verstopfen. Dann hilft das feste Eindrücken des Sprüh-kopfes nicht viel. Abhilfe: Schutzhandschuh (wegen des gleich umherspritzen-den Lackes) anziehen, Bekleidung abdecken, ins Freie gehen und bei abgezo-genem Sprühkopf mit nicht zu spitzem und nicht zu dickem Nagel die Ventikugel oben im Steigrohr kurz in die Dose drücken. Dose oben weit weg vom Körper hal-ten und den Spritzstrahl möglichst mit dem Schutzhandschuh auffangen. Ist die Verstopfung aus dem Steigrohr gerissen, Sprühkopf wieder aufdrücken.

Fingerzeige: *Fingerzeige: Lacksprühdosen sind nicht unbegrenzt lagerfähig. Die Hersteller sprechen etwa von 2 Jahren. Wir haben aber auch noch mit minde-stens 5 Jahre alten Sprühdosen brauchbare Ergebnisse erzielt, bei anderen hatte sich die Farbe chemisch zersetzt (eventuell durch Dosenblecheinwirkung). Bei der Vielzahl der Farbtöne können natürlich auch beim Handel manche Dosen lange lie-gen. Sie werden gelegentlich als »Sonderangebot« billig verkauft. Erwerben Sie da-von einige zum Üben auf Blech, es lohnt sich bestimmt, um z. B. das Vermeiden von Laufträren zu lernen. Und ärgern Sie sich nicht, wenn der Händler eine Farbe für Sie erst bestellen muß, Sie haben dann wirklich frischen Lack. Die Eigenschaften der Sonderlacke (Metallic-Farben, Pop-Farben, Rallye-Lacke, Fluorescentlacke) werden in ihren jeweiligen Verarbeitungshinweisen (ab Seite 124) beschrieben.*

Tatort-Besichtigung

Nicht wahr, Sie wollten doch etwas an Ihrem Auto lackieren? Aber jetzt sollten Sie nicht alles drauflofkaufen oder bereitlegen, was wir da in den Kapiteln »Arbeitsgeräte zum Lackieren« und »Lackiermaterial« aufgezählt und beschrieben haben. Denn nur in sozusagen schweren Fällen sind alle jene Arbeitsgänge – und eventuell noch weitere – notwendig, die wir im Kapitel »Lackierpraxis« besprechen.

Da machen wir uns, damit wir nicht ins Schleudern geraten, am besten einen Plan. Und um diesen Plan machen zu können, müssen wir uns erst mal den Schaden besehen.

Nehmen Sie dazu einen Eimer klares Wasser und einen Schwamm zur Hand. Denn unter dem Straßenschmutz ist der Schadensumfang nicht so ohne weiteres erkennbar, vor allem, wenn Rost dabei im Spiele ist. Wenn die Schadensstelle in weiterem Umkreis sauber ist, wie sieht es aus?

Streifschramme

Ein anderes Fahrzeug hat unterwegs oder auf einem Parkplatz Ihren Wagen leicht gestreift, eine Beule hat es dabei nicht gegeben, und Ihr Lack ist auch nicht weg (vielleicht klebt sogar Lack vom anderen Wagen dran), sondern hat nur einen matten Streifen.

Nicht lackieren, sondern auspolieren, wie auf Seite 84 beschrieben.

Leichter Steinschlag

Das ist der bekannte »kleine Lackschaden«, von dem die Hersteller und Vertreiber von Lackstiften und Tupflack leben. Aber bei einem leichten Steinschlag ist Lack nicht unbedingt notwendig.

Steinschlagbeseitigung siehe Seite 84.

Flecken in der Lackierung

Durch Säure, ungeeigneten Windschutzscheibenreiniger oder aus dem Tankstutzen übergelaufener Superkraftstoff können sich Flecken im Lack oder regelrecht angeätzte Stellen zeigen. Meist hat scharfe Sonnenbestrahlung die Lackverfärbung noch verstärkt.

Zuerst sollten Sie einmal versuchen, ob sich der Schaden mit einem stärkeren Lackpflegemittel – Lackreiniger, Autopolitur, Schleifpolitur (siehe Seite 39) – beheben läßt. Das wird sehr oft möglich sein. Hilft es nicht, muß in dieser Arbeitsfolge nachlackiert werden:

Arbeits-Nr.	Arbeit	Beschreibung Seite
1.	Demontierbare Teile abbauen	86
2.	Wagenwäsche oder Teilewäsche	87
8.	Fläche entfetten	93
12.	Verfleckte Stellen mittelfein schleifen	99
13.	Durchgeschliffene Stellen mit Haftgrund sprühen	102
18.	Letzter Feinschliff	111
19.	Decklack sprühen	111
20.	Schlußarbeiten	118

Defekten Lack auffrischen

Nachlackierte Stellen sind nicht so witterungsbeständig wie die serienmäßige Erstlackierung. Es ist deshalb möglich, daß nach einigen Jahren nachlackierte Teile milchig-trübe in ihrer Farbe sind und keinen Hochglanz mehr bringen. Der Lack ist »ausgekreidet«, wie der Lackierer sagt.

In diesem Zustand ist das Farbpigment nicht mehr von Bindemitteln umhüllt, das Bindemittel ist abgebaut, und in krassen Fällen hat man beim Drüberreiben Farbstaub im Lappen oder an der Handlfläche.

Solchem Lack kann man nur noch mit besonders witterungsbeständigen Lackpflegemitteln für einige Zeit über die Runden helfen, z. B. mit »Wiederhold-Lack-Konservierer auf Kunststoff-Basis« (Ducolux). Aber der Lack muß wie ein verwitterter Lack in recht kurzen Zeitabständen bearbeitet werden, denn im Prinzip ist der Lack zerstört.

Eigentlich, so dachten wir, könnte man dem im Grund noch ganz ordentlich aussehenden Lack mit Feinstschliff (zum Abtragen der Farbpigmente) und übergesprühtem Klarlack zu dauerhaftem frischem Hochglanz verhelfen. Es hat keinen Zweck: Am Anfang sieht es ganz ordentlich aus, wenn man nicht aus Versehen hier oder da den alten Lack bis zum Durchschimmern des Füllers abgeschliffen hat und der Klarlack genügend Eigen-Hochglanz bringt. Aber schon nach einem halben Jahr gilbt der Klarlack nach und wird, wegen unterschiedlicher Schichtstärke, fleckig.

Gut erhaltene Altlackierung

Es gibt, wenn der alte Lackuntergrund noch in Ordnung ist, einen besseren Weg durch Überlackieren mit gleichfarbigem Decklack, wobei dieser sehr dünnschichtig bleiben kann, wenn nicht einzelne Stellen doch durchgeschliffen wurden oder nachgespachtelt werden müssen. Arbeitsreihenfolge:

Arbeits-Nr.	Arbeitsgang	Beschreibung Seite
2.	Wagenwäsche	87
8.	Reperaturfläche entfetten	93
18.	Ausgekreideten Lack fein schleifen	111
16.	Fahrzeug abkleben	108
19.	Gleichfarbigen Decklack sprühen	111
20.	Schlußarbeiten	118

Soll andersfarbig lackiert werden, wird zur eventuell notwendigen Überbrückung eines allzu krassen Farbunterschieds nach dem Naßschliff der Altlackierung ein farbähnlicher Haftgrund gesprüht. Dieser muß dann vor der Decklackierung ebenfalls feinstgeschliffen werden.

Stark verwitterte Altlackierung

Eine stark verwitterte Altlackierung muß natürlich tiefer freigeschliffen werden. Der Lack muß bis zur Füller- oder Spachtelschicht herunter:

Arbeits-Nr.	Arbeitsgang	Beschreibung Seite
2.	Wagenwäsche	87
8.	Reparaturfläche entfetten	93
12.	Altlackierung wie Füllspachtel mittelfein abschleifen	99
16.	Fahrzeug abkleben	108
17.	Füller-Haftgrund sprühen	110
18.	Letzter Feinschliff	111
19.	Decklack sprühen	111
20.	Schlußarbeiten	118

Defekten Lack erneuern

Ist der alte Lack schon so verdorben, daß auch der Untergrund nicht mehr zum Überlackieren taugt, oder handelt es sich um eine »Fehl-Lackierung«, bei der sich verschiedene Schichten des Lackaufbaus nicht miteinander vertragen haben, muß der alte Lackaufbau bis aufs blanke Blech herunter.

Unter der Voraussetzung, daß das Blech keine Unebenheiten zeigt, ist dies die Arbeitsreihenfolge:

Arbeits-Nr.	Arbeit	Beschreibung Seite
2.	Wagenwäsche	87
7.	Alte Lackschicht völlig abbeizen	92
9.	Eventuelle Rostrückstände stabilisieren	94
13.	Haftgrund sprühen	102
14.	Messerspachtel ziehen	103
15.	Spachtel fein schleifen	105
16.	Fahrzeug abkleben	108
17.	»Füller« spritzen	110
18.	Letzter Feinschliff	111
19.	Decklack sprühen	111
20.	Schlußarbeiten	118

Neuteil lackieren

Wenn Sie für Ihren Wagen ein Neuteil – Kotflügel, Tür, Haube usw. – kaufen, sollten Sie es unbedingt vor der Montage fertiglackieren. Nur so läßt sich auch auf der Innenseite der so dringend notwendige Unterbodenschutz einwandfrei aufbringen (was in den Auto-Werkstätten bei der Montage von neuen Karosserieteilen fast stets »vergessen« wird!). Außerdem kann man statt des teuren Sprühdosen-Unterbodenschutzes den preiswerteren Unterbodenschutz für Pinselanstrich oder Spachtelauftrag nehmen. Und zum Lackieren läßt sich das Karosserieteil bequemer und platzsparender zurechtlegen; die Gefahr, daß der Lack an senkrechter Fläche herunterläuft, ist geringer, wenn man das Teil flach auflegen kann.

Auf keinen Fall darf man bei einem gekauften Neuteil, das in der Regel grundiert geliefert wird, sofort mit dem Farblackieren beginnen. Die vielen Hände, durch die das Teil seitdem gegangen ist, haben alle ihre Fingerspuren hinterlassen, die später im Lack zu sehen wären.

Arbeits-Nr.	Arbeit	Beschreibung Seite
0.	Unterbodenschutz aufbringen	171
8.	Neuteil außen gründlich entfetten	93
13.	Blank gekretzte Stellen mit Haftgrund sprühen	102
14.	Transportkratzer mit Messerspachtel überziehen	103
15.	Spachtel naß schleifen	105
17.	»Füller« zur Schichtstärkenverbesserung sprühen	110
18.	Neuteil naß feinschleifen	111
119.	Farblack sprühen	111

Das lackierte Neuteil sollte möglichst mehrere Tage Zeit zum Durchtrocknen haben, jedenfalls kann es nicht am gleichen Tag montiert werden. Denn ein »griffester Lack« ist doch noch nicht genügend fest, um die fest zupackenden Hände beim Montieren zu vertragen.

Deshalb wird das alte beschädigte oder durchgerostete Teil, an dessen Stelle es kommen soll, möglichst erst nach der Fertiglackierung des Neuteils abmontiert und an der freigelegten Stelle fleißig »Kampf dem Rost« getrieben, durch Entrosten, restlichen Rost sanieren und Auftragen von Unterbodenschutz, wie ab Seite 169 beschrieben.

Gebrauchtes Austauschteil lackieren

Wenn Sie sich einen Ersatz-Kotflügel oder dergleichen vom Autofriedhof holen, wird das Teil nur zufällig den gleichen Lack haben, so daß man es sofort montieren kann. In der Regel wird das Teil neu lackiert. Auch das sollte man vor dem Anbau erledigen.

An solch einem gebrauchten Teil wird es in aller Regel Rost, mehr oder weniger starke Kratzer und Beulen geben, so daß sich die weitere Arbeit des Lackaufbaus ganz nach dem Zustand des Teils richtet.

Unterrosteter und durch gerosteter Lack

Rostschäden an der Karosserie lassen sich nicht durch Spachtel und Lack vertreiben, das ist Pfusch, der nur wenige Wochen eine gelungene Reparatur vortäuscht. Es ist ein hartes Stück Arbeit, eine unterrostete Lackfläche oder durchgerostetes Autoblech wieder in Ordnung zu bringen:

Arbeits-Nr.	Arbeit	Beschreibung Seite
1.	Wenn das an- oder durchgerostete Teil demontierbar ist, auf jeden Fall abbauen	86
2.	Wagen- oder Teilewäsche	87
3.	Rostbeurteilung	88
5.	Eventuelle Durchrostungen mit Glasfasermatte sanieren	196
8.	Fläche entfetten	93
9.	Rostrückstände stabilisieren	94
10.	Kleine Durchsrostungen mit Faserspachtel füllen	96
11.	Füllspachtel auf Unebenheiten aufspachteln	98
12.	Füllspachtel beischleifen	99
13.	Haftgrund sprühen	102
14.	Messerspachtel ziehen	103
15.	Spachtel fein schleifen	105
16.	Wenn Lackierung am Fahrzeug, dieses abkleben	108
17.	Füller-Haftgrund spritzen	110
18.	Fläche naß feinschleifen	111
19.	Farblack sprühen	111
20.	Schlußarbeiten	118

Kratzer und leichte Unebenheiten

Das ist bis zur Grundierung oder sogar bis zum Blech durchgegangen. Die mitbeschädigten Lackränder müssen weggeschliffen und an dieser Stelle der Lack von unten her wieder aufgebaut werden:

Arbeits-Nr.	Arbeitsgang	Beschreibung Seite
2.	Wagenwäsche	87
2.	Schadensstelle freischleifen	90
6.	Alten Lackaufbau prüfen	91
8.	Fläche entfetten	93
13.	Haftgrund sprühen	102
14.	Messerspachtel ziehen	103
15.	Spachtel naß schleifen	105
16.	Fahrzeug abkleben	108
17.	Füller-Haftgrund sprühen	110
18.	Fläche naß feinschleifen	111
19.	Farblack sprühen	111
20.	Schlußarbeiten	118

Ein ganz ketzerischer Gedanke in diesem Heimwerker-Lackierer-Buch: Ein kleiner Kratzer oder eine Schramme im Lack – rentiert sich denn überhaupt die viele Arbeit mit Schleifen, Spachteln, Grundieren, wieder Schleifen usw. usw. bis zum Lackieren? Man kann auch so eine Schramme am Heck etwa mit einem »D«-Schild zukleben oder unter einer Klebeplakette (z. B. »Hallo Partner – danke schön«) verstecken. Oder wie wär's denn mit einem farbenfrohen Blümchen auf der angekratzten Motorhaube oder Autoseite? In Sekunden (und wirklich mal mühelos!) ist der Schaden weg. Also, wenn Sie's nicht weiter sagen: Wir haben uns so auch schon vor dem Lackieren gedrückt.

In solchen Fällen mußte früher das Auto zum Karosserieklempner, weil man mit den früher üblichen Nitro- und Kopalspachteln nur ganz leichte Unebenheiten ausgleichen konnte. Heute lassen sich die modernen 2-Komponenten-Polyesterspachtel (Seite 95) in ziemlich dicken Schichten auftragen, so daß auch eine selbst mit zwei Hämmern herausgeklopfte kräftige Beule wieder mit Polyspachtel gerichtet werden kann.

Stärkere Beulen und stärkere Vertiefungen

Arbeits-Nr.	Arbeitsgang	Beschreibung Seite
1.	Wenn beschädigtes Teil demontierbar, möglichst abbauen	86
	Möglichst gut ausbeulen	210
2.	Wagen- oder Teilewäsche	87
4.	Schadensstelle freischleifen	90
3.	Rostbeurteilung	88
8.	Fläche entfetten	93
6.	Alten Lackaufbau prüfen	91
9.	Eventuelle Rostrückstände stabilisieren	94
10.	Eventuelle Risse und Löcher im Blech und grobe Unebenheiten mit Faserspachtel schließen	96
11.	Füllspachtel auftragen	98
12.	Füllspachtel beischleifen	99
13.	Haftgrund sprühen	102
14.	Messerspachtel ziehen	103
15.	Spachtel naß schleifen	105
16.	Falls Lackierung am Fahrzeug, dieses abkleben	108
17.	Füller-Haftgrund sprühen	110
18.	Fläche naß feinschleifen	111
19.	Farblack sprühen	111
20.	Schlußarbeiten	118

Den sogenannten Effekt-Lacken – »Rallye-matt«-Lacke, Pop-Farben, Metallic-Lacke, Fluorescent-Lacke – haben wir ab Seite 124 ein besonderes Kapitel gewidmet, denn ihre Verarbeitung weicht teilweise von jener der »Uni-Lacke« ab. Die Vorarbeiten sind jedoch genau die gleichen. Wenn solche Effektlacke erst bei einem Lackschaden, einem Blechschaden oder einer Durchrostung angewendet werden sollen, gilt also der entsprechende Arbeitsplan dieses Kapitels. Sehr oft soll jedoch der Wagen ohne besonderen Schadensanlaß mit solch einem Effektlack verziert werden, so daß nur wenige Vorarbeiten notwendig sind.

Effekt-Lackierungen

Arbeits-Nr.	Arbeitsgang	Beschreibung Seite
2.	Wagen- oder Teilewäsche	87
6.	Alten Lackaufbau prüfen	91
8.	Fläche entfetten	93
16.	Lackierstelle abkleben, Fahrzeug abdecken	108
18.	Altlackierung naß matt schleifen	111
19.	Effekt-Lack verarbeiten	124
20.	Schlußarbeiten	118

* teilweise abweichend von Arbeitsgang Nr. 19.

Gesichts-Punkte

Kleine Lackschäden kann man mit einem Tropfen Farblack ausbessern oder es auch bleiben lassen und anders machen. Denn man sollte als Selbsthilfe-Lackierer nie aus den Augen verlieren, daß die Erstlackierung von einer Qualität ist, die die Lackierwerkstatt nicht und erst recht nicht der Sprühdosen-Lackierer – auch nicht der geschickteste – erreicht werden kann. Wenn also die Erstlakierung irgendwie zu retten oder wenigstens teilweise zu erhalten ist, dann sollte man das versuchen.

Lackstifte und Tupflack

Vielleicht haben Sie im Kapitel »Lackiermaterial« neben den dort besprochenen Lacksprühdosen eine Erwähnung der Lackstifte und Tupflackdosen »zum Ausbesern kleinerer Lackschäden« vermißt. Mehrere Lacksprühdosenhersteller haben sie bereits aus der Produktion genommen und wir halten auch nichts davon. Der notwendig dickflüssige Lack füllt seltener »den kleineren Lackschaden« aus, sondern setzt sich als auffällige Warze meist oben drauf. Außerdem stimmt in der pastenartigen Masse oft nicht der Lackton (meist zu denkel). Und wenn Sie wirklich einmal einen Tropfen Lack benötigen, können Sie den aus jeder Lacksprühdose gewinnen, indem Sie den Sprühstrahl ganz kurz in den Dosenverschlußdeckel lenken und dort mit einem kleinen Tupfpinsel (bei Auto-K-Lack schon mitgeliefert) aufnehmen.

Streifschramme auspolieren

■ Auf Polierwatte Schleifpolierpaste (Seite 39) nehmen und damit die angeschabte Stelle in engen Kreisen polieren. Man sieht schnell, wie die matte Farbe (und die vom fremden Wagen) abgeht.
Fleißig mit der Watte weiterpolieren, die Watte öfter wenden, zwischendurch aus der stets sofort verschlossenen Pasten-Dose (damit sich kein Staub dort absetzt, das gibt ärgerliche Spinnwebschrammen beim Polieren) frische Polierpaste nehmen und mit frischer Watte alles wegwischen. Wie schaut's aus? Die fremde Farbe wird weg sein, ist die Stelle auch sonst wieder blank?
■ Wenn es noch zu schlecht aussieht, stärkeres Geschütz einsetzen, falls der Lack dort nicht zu dünnhäutig aussieht: Mit feinstem Schleifpapier (Körnung 600 bzw. P 1000) Stelle eng begrenzt behutsam mit dem Finger naß schleifen. Nur kleines Schleifpapierstück nehmen, um Umgebung nicht zu beschädigen. Ständig scharf beobachten, daß Sie den Lack nicht durchschleifen. Wenn die Schrammenräder ausgeglichen sind, wieder mit Schleifpolierpaste fleißig polieren. Zuletzt Lack-Konservierer auf der Stelle verarbeiten.

Kleiner Steinschlagschaden

Auch hier sollten Sie es sich erst zweimal überlegen, ob Lack notwendig ist. Meist sind das so unscheinbare Schäden, daß sie leicht mit einem Fliegendreck zu verwechseln sind und erst am frischgewaschenen Wagen erkennbar werden. Trotzdem müssen Sie diese »Schadensstelle« beachten, denn wenn Sie nichts tun, wird von diesem Punkt aus der angrenzende Lack mit der Zeit unterrostet.

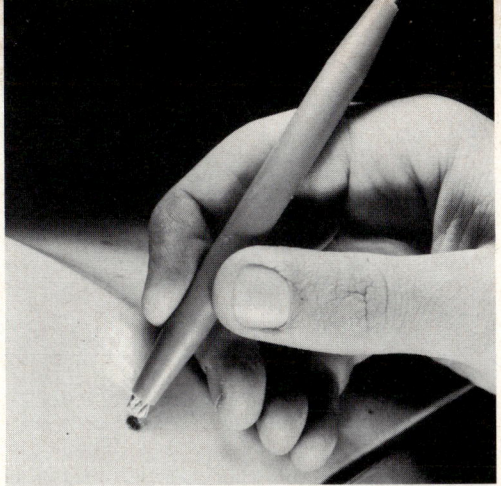

Zum Auskratzen kleiner Lackschäden, bei welchen Schleifkörper oder Schleifpapier zu großen »Umweltschaden« im benachbarten Lack verursachen würden, ist ein »Rostradierer« sehr nützlich. Es ist ein mit Kunststoff umhülltes Stahldrahtstück, kostet etwa 3,— DM. In ähnlicher Form gibt es ihn auch in Geschäften, die Auto-K-Erzeugnisse führen.

■ Wir machen es so: Mit feiner Nadel prüfen, ob rund um das ausgesprengte Lacksplitterchen die Lackränder lose stehen. Falls ja, müssen Sie mit der Nadel abgehoben werden. Sitzt (schon) Rost auf dem Grunde des kleinen Kratzers? Kommt beim Kratzen mit der Nadel sofort helles Metall ans Licht, ist das Blech wenigstens noch gesund und nicht durchgerostet. Am besten kratzen Sie jetzt diesen Rost mit dem Rostradierer (Bild oben) punktgenau heraus.

■ Nun können Sie sich entscheiden: Ist die Schadensstelle nur stecknadelkopfgroß, schmieren wir in solch eine Stelle keinen Lack, sondern eine Fingerkuppe voll (möglichst hellbraunen) Unterbodenschutz, massieren ihn kräftig ein und fertig.

■ Ist sie ein bißchen größer, wird zuvor auf das entrostete Fleckchen für alle Fälle noch ein Tröpfchen Roststabilisator (Seite 155) getupft und für mehrere Stunden trocknen lassen.

■ Ist der Tropfen Roststabilisator durchgetrocknet, nun etwas Haftgrund in den Sprühdosendeckel sprühen (selbstverständlich erst nach kräftigem Aufschütteln der Sprühdose) und mit Tupfpinsel, Streichholz oder Fingerkuppe dünn in die Schadensstelle drücken (muß sein, denn der Decklack allein kann den starkfarbigen Stabilisator zumeist nicht allein im Farbton überdecken; es ist also ein richtiger »Lackaufbau« notwendig).

■ Hat der Steinschlag eine kleine Delle hinterlassen, die vom Lackaufbau nicht allein flächenglatt ausgefüllt werden kann, muß man mit der Fingerkuppe noch ein wenig Messerspachtel (Seite 64) möglichst flächenglatt in den »Krater« massieren. Das geht auch mit dem Spachtelwerkzeug, dann müssen Sie aber schnell mit einem nitrogetränkten Läppchen zur Hand sein, um rund um den Krater angetrockneten Spachtel sofort wieder abzuwischen. Da es Nitrokombispachtel ist, wird der flächenglatt gestrichene Tupfen gerade so tief eintrocknen, daß darüber ein flacher Lacktropfen paßt.

■ Ist die Stelle doch noch zu hoch, spannen Sie um ein Bleistiftende ein entsprechend schmales Streifchen feines Schleifpapier und nun bleistiftdrehend den überschüssigen Spachtel feinschleifen. Jetzt Lacksprühdose aufschütteln, ein wenig Lack in den Dosendeckel sprühen, den Lack etwas eindunsten lassen und ganz dünn mit dem spitzen Ausfleckpinsel (zugespitzten Wasserfarbenpinsel) auf die Schadenstelle streichen. Fortgeschrittene Heimwerker nehmen den Lacktropfen auf eine Fingerkuppe und drücken ihn in der gerade passenden Größe auf die Stelle. Probieren Sie mal am empfohlenen Übungsautoblech, es geht.

In Farbe und Stereo

In diesem Kapitel haben wir alle Arbeitsgänge für den Lackaufbau zusammengefaßt. Sie sind keineswegs alle zusammen bei einer einzigen Heimwerker-Lackiererei notwendig, denn manche stehen zueinander wie »entweder-so-oder-so«,
der spezielle Fall muß stets entscheiden, wie es weitergehen soll. Und ein Blick in
das Kapitel »Lackieren nach Plan« zeigt außerdem, daß zu manchen Lackrepa-
raturen nur die Hälfte – oder noch weniger – der hier beschriebenen Arbeitsgänge notwendig sind.
Allerdings, bevor der eigentliche Lackaufbau beginnt, sind stets noch etliche
Vorarbeiten notwendig.

**Demontierbares
Teil abbauen**
Arbeitsgang Nr. 1

Wenn ein beschädigtes Autoteil, das ganz oder teilweise lackiert werden soll,
demontierbar ist, sollte man es abbauen. Das gilt vor allem für Motor- und Kofferraumhaube, die sich zusammen mit einem Helfer ohne große Schwierigkeiten
demontieren lassen. Die Kehrseite der Medaille ist allerdings: In der mehrtägi-
gen Reparaturzeit kann man das gerupfte Fahrzeug nicht gut benutzen.
Dann sollte man sich aber trotzdem noch einmal die Demontage vor dem Arbeitsgang Nr. 17, »Füller spritzen«, überlegen, anstatt das Auto abzukleben und
abzudecken. Denn beim Lacksprühen ist die Arbeit ungleich leichter, wenn das
betreffende Teil je nach Bedarf gewendet und gedreht werden und vor allem die
zu lackierende Fläche waagrecht gelegt werden kann, anstatt sie am Fahrzeug
senkrecht lackieren zu müssen. Da lassen sich viel leichter die ärgerlichen Lauftränen vermeiden, die so gern an senkrechten Flächen herunterlaufen und die
ganze Lackierarbeit »für die Katz« machen.
Weitere Vorteile: Auf der Rückseite des demontierten Teils und an den sonst
verdeckten Anschlußstücken nach Rostschäden suchen, den Unterbodenschutz (Seite 169) wirkungsvoll auch an sonst schwer zugänglichen Stellen ausbessern und schließlich läßt sich in der kühlen Jahreszeit oder bei Näße ein ein-

Wenn Sie Ihr Auto einige Tage entbehren können,
sollten Sie eine Koffer- oder Motorraumhaube, die
lackiert werden soll, vom Fahrzeug demontieren –
es läßt sich wesentlich leichter arbeiten. Weil diese
Hauben jedoch genau justiert werden müssen, damit
sie exakt in ihrem Karosserie-Ausschnitt sitzen, haben
die entsprechenden Scharnierlaschen längliche Löcher
(im Bild erkennbar), in welchem die Hauben verschoben
werden können. Diese Justierarbeit können Sie sich
sparen, wenn Sie bei einer vorher genau sitzenden
Haube quer zu den Haltelaschen mit Filzstift, wie hier
gezeigt, deutliche Markierungslinien ziehen, nach denen
die Haube beim Wiedereinbau gerichtet wird. Weitere
Montagehinweise ab Seite 221.

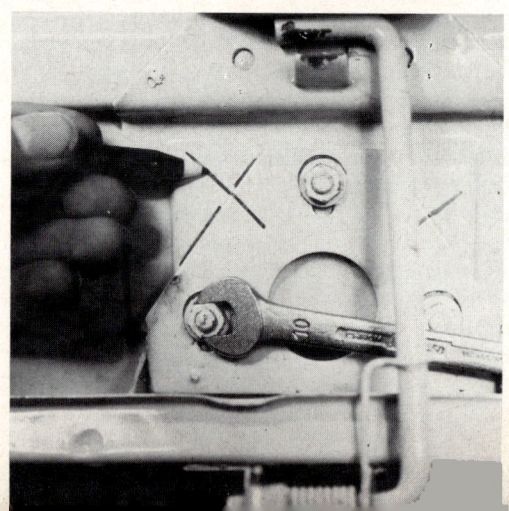

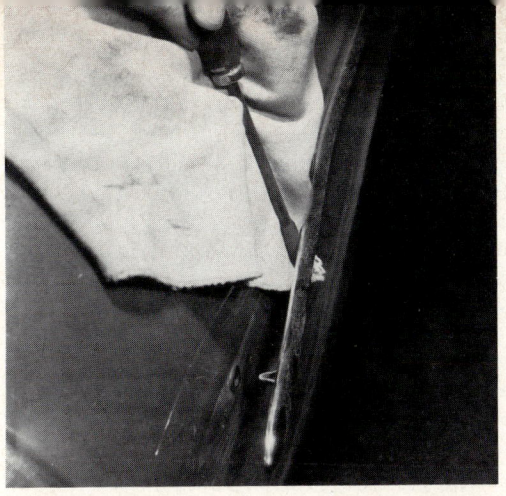

Störende Zier- und Anbauteile (siehe auch Seite 223) sollten Sie vor Beginn der Lackiervorbereitungen unbedingt abbauen, denn sie stören beim Schleifen, werden vom Schleifpapier selbst angekratzt oder es gibt dort Pfuschecken, die später leicht unterrosten. Das Bild zeigt den üblichen Abbau der seitlichen Zierleiste, die meist mit kleinen Klammern (im Bild vorne sichtbar) in das Karosserieblech geklemmt sind. Arbeitsweise: Mit einem lappenumwickelten Schraubenzieher (als Schutz gegen Lackkratzer) vorsichtig unter die Zierleiste fahren und möglichst dicht neben der nächsten Halteklammer die Zierleiste mit einem kleinen Ruck abhebeln, wobei zusätzlich die andere Hand noch an der Zierleiste gegenhalten sollte, damit sich das dünne Blech nicht verbiegt.

zelnes Autoteil in der eigenen Garage durchaus spachteln und lackieren, während dort für das ganze Auto und die notwendige Bewegungsfreiheit zum Arbeiten der Raum zu eng wäre.
Wie alle demontierbaren Teile am Auto in der Regel abgebaut werden können, ist im Kapitel »Montagearbeiten« ab Seite 221 beschrieben.

Störende Zierteile demontieren

Anbau- und Zierteile, die beim späteren Lackieren keine Farblacktropfen abbekommen sollen, kann man zwar vor der Arbeit mit der Lacksprühdose durch Tesakrepp abkleben, so daß sie geschützt sind, aber besser ist es, sie gleich zu Beginn der Arbeit ebenfalls zu demontieren, denn sie stören hauptsächlich beim Spachteln und Schleifen.
Abgebaut werden also: Zierleisten, Markenzeichen, Typ-Schriftzüge, Türgriffe, Scheinwerferumrandungen (meist auch die Scheinwerfer), Heckleuchten, Blinkleuchten, Stoßstangen und dergleichen.

Wagen- oder Teilewäsche
Arbeitsgang Nr. 2

Sauberkeit ist beim Lackieren entscheidend. Darum gehört eine gründliche Wagenwäsche zu den wichtigen Vorbereitungsarbeiten. Es reicht nicht, nur um jenes Fleckchen herum ein wenig zu waschen, das später lackiert werden soll. Grund: Wenn Sie später das Fahrzeug zum Sprühen von Haftgrund und Lack ganz abdecken, scheuert unter dem Abdeckpapier eingesperrter Schmutz auf dem Lack. Das sollte man vermeiden. Benutzen Sie für diese Wagenwäsche vor Lackierarbeiten kein Auto-Shampoo und erst recht keinen Waschkonservierer.

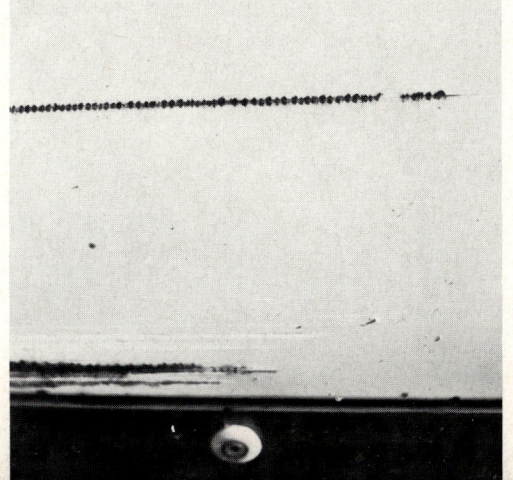

Die beiden unteren Bilder auf dieser und der folgenden Seite dienen der »Rostforschung«, denn es kommt bei den Lackiervorarbeiten sehr darauf an, ob das Autoblech nur von außen angerostet oder von der Rückseite her durchgerostet ist. Der obere Kratzer auf diesem Bild sieht recht häßlich aus, aber er läßt sich verhältnismäßig leicht ausbessern. Denn die kantenscharfen Lackränder des Kratzers zeigen, daß es nur Rost von außen ist und der angrenzende Lack noch stabil auf seinem Untergrund sitzt. Hier braucht man nur von außen bis aufs blanke Blech schleifen, Haftgrund sprühen, mehrere Nitrokombispachtelschichten ziehen, schleifen, Füller sprühen, nochmals feinschleifen und mit Farblack übersprühen. Wenn es ordentlich gemacht wird, hält das lange. Beim unteren Kratzer sieht es schon weniger schön aus: Unscharfe, rostverfärbte Lackränder – das kann hier an der Türunterkante Rost von innen sein. Man muß es genauer nachprüfen.

Sie müssen sonst nur umso aufwendiger später die Konservierungsschicht wieder abtragen, sonst gibt es »Fischaugen« (durch Silikon im Pflegemittel) im frischen Lack!

Außerhalb des näheren Umkreises der Reparaturstelle können Sie natürlich nach der Wagenwäsche mit Pflegemittel den Lack behandeln (je nach Lackzustand, siehe Seite 41), dagegen ist nichts zu sagen.

Nach der Wagenwäsche sehen Sie schon genauer, was Sie an Arbeit erwartet. Suchen Sie darum spätestens jetzt im Kapitel »Lackieren nach Plan« den für Ihren Fall passenden Arbeitsplan heraus.

Rostbeurteilung
Arbeitsgang Nr. 3

Bevor Sie einen bis zum Autoblech durchgedrungenen Lackschaden zu spachteln und zu lackieren beginnen, müssen Sie ein wenig »Rostforschung« betreiben. Das erspart spätere Enttäuschungen und Wiederholung der ganzen Arbeit. Denn jeder Lackschaden, auch der kleinste, zieht entweder Rost nach sich (dann bleibt es harmlos) oder hat Rost als Ursache (dann wird es ernst). Schauen Sie sich deshalb genau die Schadensstelle an, auch wenn es nur ein winziger Steinschlag oder unscheinbarer Rostpickel ist.

Rost von außen

Wenn durch Kratzer oder Anprall Lack vom Autoblech abgekratzt oder abgesplittert wurde, dauert es nur wenige Tage, bis das blanke Blech Rostanflug und bald danach richtige Verrostung zeigt. Das ist harmlos, denn dieser Rost läßt sich ohne allzu große Schwierigkeiten im Zuge der Lackausbesserung von außen behandeln und beseitigen. Daß es nur Rost von außen ist, erkennt man an kantenscharfen Lackrändern rund um die Roststelle, wie im Bild links unten zu sehen.

Je nach Größe der Schadensstelle mit Rostradierer, Schleifkörper (Bild Seite 50) oder einfach einem Stückchen Schleifpapier Körnung 60, 80 oder 120 die ganze Stelle rundum mindestens 2 cm über den seitherigen Rand hinaus trocken schleifen, bis das sichtbare Metall einwandfrei blank ist und die Lackränder zu einer flachen Mulde »beigeschliffen« sind.

Lackunterrostung

Lackunterrostung ist beim heutigen Stand der werksmäßigen Lackiertechnik ein seltener Fall, eher schon bei Werkstatt-Nachlackierung und Eigenlackierung möglich, wenn Spachtel oder Haftgrund nicht einwandfrei mit dem Autoblech verhaftet sind und Feuchtigkeit durch die Lackproben bis zum Blech eingedrungen ist. Oft sieht man Unterrostung unter nachträglich aufgebrachtem Unterbodenschutz, wenn das Blech vorher nicht entfettet worden war. Bei der seltenen

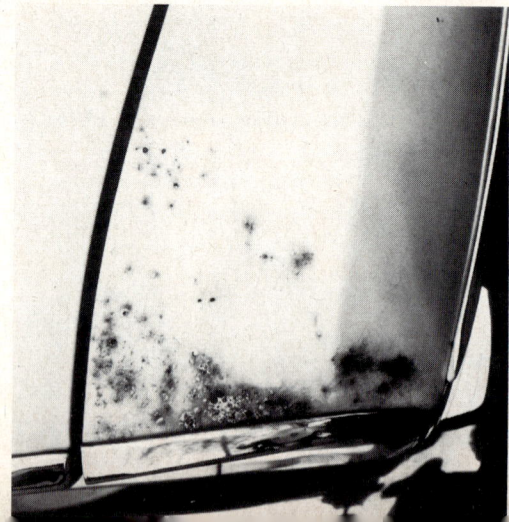

Hier, über dem Scheinwerfer, kommt der Rost nur von innen: Durch das rostporöse Blech haben sich von innen winzige Salzwassertröpfchen unter den Lack geschoben. Im Sommer saugen sie das Wasser durch chemophysikalische Vorgänge (Osmose) an und blasen sich zu kleinen Ballons auf, bis der Lack schließlich aufplatzt. Rund um die kleinen Krater hat sich der Lack rostig verfärbt – typisches Zeichen für Durchrostung. Es ist verschwendete Zeit und verschwendetes Material, von außen diese Stelle zu schleifen, die Löcher zuzuspachteln und Lack darüberzusprühen (wie hier geschehen). Nach wenigen Wochen bricht alles wieder auf, denn die Kotflügelinnenseite rostet ja ungestört weiter. Der Schaden muß, wie ab Seite 196 beschrieben, von innen angegangen werden.

Lackunterrostung splittern meist etwa fingernagelgroße Lackstückchen los oder es gibt Risse im Lack, die sich nach einiger Zeit rostig verfärben. Seltener sind die für Durchrostung typischen Rotspickel und Bläschen.

Wenn sich bei einer Fahrzeug-Erstlackierung Lackunterrostung (nicht Durchrostung! das ist etwas anderes) zeigt, sollten Sie auch noch nach gut einem Jahr beim Fahrzeughersteller reklamieren und wenigstens um Kulanz-Garantie bitten, denn in diesem Falle ist beim Lackieren eine Panne passiert. Auch einer Lackierwerkstatt braucht man Lackunterrostung nicht durchgehen zu lassen, da ist eine Mängelrüge angebracht.

Beginnend an der »kranken« Stelle muß der Lack in immer größerem Umkreis so weit mit der Schleifscheibe abgeschliffen werden, bis man unter dem Spachtel nur noch blankes und kein rostzernarbtes Blech mehr findet. Dann beginnt der Lackaufbau von Grund auf.

Durchrostung

Gefährlicher, weil anfangs nur so harmlos auftretend, ist die Blechdurchrostung. Warum unsere Autos vor allem von innen nach außen durch das Blech rosten, ist im Kapitel »Rostschutz« ab Seite 148 ausführlich beschrieben. Die zuerst so unscheinbaren kleinen Pickel oder Bläschen in der Lackoberfläche zeigen, wie im Bild auf der Vorseite zu sehen, eine weitgehende Durchrostung an. Die Hersteller von Lacksprühdosen tun da seither so harmlos, wie diese Pickel im Lack aussehen: Sie empfehlen, ein wenig dort den Rost zu schleifen, zu spachteln und allenfalls Aluminiumband (Bild Seite 187) oder harzgetränkte Glasfasermatte von außen aufzukleben (Bild Seite 188) und darüber zu lackieren. Es ist unfair, dem Heimwerker durchweg zu verschweigen, welche mühselige Arbeit er vor sich hat, wenn an solch durchrosteter Stelle wirklich Ordnung geschaffen werden soll. Die in Wort und Bild gegebenen »Gebrauchsanweisungen« reichen meist nur für jenen Pfusch, mit dem ein unerfahrener Gebrauchtwagenkäufer übertölpelt werdenkann (deshalb ist solcher Pfusch bei Gebrauchtwagenhändlern auch so beliebt).

Darum: Wenn Sie eine, auch erst im Anfangsstadium durchrostete Stelle wieder in Ordnung bringen wollen, dürfen Sie erst lackieren, nachdem die Blechrückseite sorgsam und einwandfrei saniert wurde, sonst ist Material und Arbeitszeit verschwendet. Denn der »Pfusch von außen« hält nur unter günstigen Umständen 4 Wochen und kaum länger. Kurzum, wenn Sie Durchrostungen feststellen, können Sie vorerst mal alles Gerät und Material zum Lackaufbau auf die Seite räumen, denn zuerst ist die Blechrückseiten-Entrostung und -Sanierung fällig, wie ab Seite 196 beschrieben.

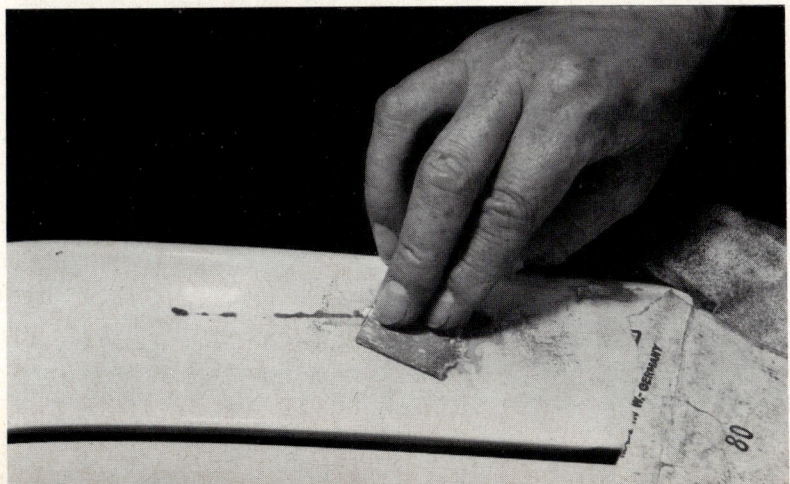

Auch ein nur wenige Zentimeter langer tiefer Kratzer darf nicht einfach mit Spachtel ausgeschmiert sondern muß vorher sorgfältig ausgeschliffen werden. Denn die Ränder eines Kratzers sitzen meist nicht mehr fest auf dem Blechgrund – sie würden sich später beim Lackieren hochwölben oder mindestens mit der Zeit unterrosten. Deshalb wird beim ersten Freischleifen mit grober Körnung – hier 80er-Papier – um die Schadensstelle ein etwa 4 cm breiter Rand gleich mitgeschliffen, um alle losen Teile zu entfernen und außerdem dem Spachtel in den Schleifrillen festeren Halt zu geben.

Schadensstelle trocken schleifen

Arbeitsgang Nr. 4

Auch ein nur wenige Zentimeter langer tiefer Kratzer erbringt eine etwa handflächengroße Reparaturstelle. Bei der Beule ist sie entsprechend größer. Man darf da nicht zu kleinlich nur auf den beschädigten Quadrat-Millimetern herumschleifen und spachteln. Solch eine »Spar«-Reparatur hebt sich hinterher nur ungünstig von ihrer Umgebung ab, weil sie sich doch nicht ganz flächenglatt seitlich anschließt. Außerdem lassen sich erst bei einer etwas großzügiger angelegten Reparatur die wirklich zeitsparenden Arbeitsgeräte – Schleifscheibe, Schwing- oder Winkelschleifer, Flächenspachtel usw. – benutzen. Und schließlich muß, wenn die Lackierung nach etwas aussehen soll, doch bis zur nächsten Kante oder Sicke des betreffenden Autoteils durchlackiert werden, sonst gibt es einen »blinden Hof«.

Diese Großzügigkeit bedeutet aber nun auch nicht, daß ein beschädigtes Autoteil grundsätzlich bis aufs blanke Blech (wenn's noch da ist) abgeschliffen werden soll. Das gilt nur für die seltenen Unterrostungen, die zahlreichen Durchrostungen oder für eine »kranke« Lackschicht. Bei Kratzern oder Beulen gilt das nicht – man hätte nur zu viel Arbeit damit, denn stets gilt bei der Heimwerker-Lackiererei der Grundsatz:

■ Die Qualität der Erstlackierung ist nicht mehr zu erreichen. Darum von ihr so viel retten, wie nur möglich ist.

■ Mit der Unidisc-Schleifscheibe auf der Bohrmaschine (bestes Heimwerker-gerät hierzu; Bild Seite 51), mit Winkelschleifer oder Schleifpapier grober Körnung 80, 120 oder 180 wird zuerst die Schadensstelle eng begrenzt trocken geschliffen. Durch die starken Blechbiegungen während der Beschädigung wird die Lackschicht in der Schadenstelle selbst nirgends mehr wirklich fest auf dem Untergrund sitzen, sie muß also bis aufs Blech weg.

Diese grobe Schleifarbeit, mit der sich der lose oder beschädigte Lack und eventuell obenauf sitzender Rost schnell wegputzen läßt, wird tüchtige Rillen ins Blech und auf den noch anstehenden Lackuntergrund reißen. Das schadet nichts, denn umso besser haftet dann später der Spachtel auf dem mit Haftgrund übersprühten Blech. Der Blechuntergrund darf also keineswegs fein geschliffen werden oder gar wie poliert aussehen, ihm würde es an Griffigkeit für den Lackaufbau mangeln.

■ Eine etwa 4 cm breite zusätzliche Randzone rund um die Schadensstelle kann danach mit 220er Papier etwas feiner trocken geschliffen werden, wobei diese Randzone flach bis zum benachbarten gesunden Lack auslaufen, also so viel wie möglich vom noch gesunden Lackunterbau – Grundierungs-, Schachtel- und Füllerschicht – der Erstlackierung stehen bleiben soll.

Auch eine eventuell mit Glasfasermatte sanierte Durchrostung wird in dieser Weise trocken mit Körnung 120, 180 oder 220 geschliffen, wobei alle aus der seitlich anschließenden Fläche hervortretenden Polyesterteile zurückgeschliffen werden müssen, denn auch auf diesem Blechersatz kann nicht direkt lackiert werden, sondern es ist ein üblicher Lackaufbau notwendig. Dieser erste Trockenschliff einer Polyesterfläche ist auch deshalb notwendig, weil sich auf ihrer Oberfläche beim Durchhärten eine Klebschicht absetzt, die das Durchtrocknen der späteren Lackschicht beeinträchtigt.

Naßschliff kommt für diesen Arbeitsgang nicht in Frage, denn er ist erstens für feinere Schleifarbeiten gedacht und zweitens würde Wasser auf dem blanken Blech sofort wieder Rostanflug bewirken.

Fingerzeig: *Dem hier der Reihenfolge nach eigentlich fälligen Arbeitsgang Nr. 5 »Durchrostungen mit Glasfasermatte sanieren« ist wegen seiner zahlreichen Probleme das besondere Kapitel »Rostlöcher schließen« ab Seite 191 gewidmet.*

Falls bei diesem ersten Trockenschliff das Schleifpapier zuschmiert, also Schleifstaub zusammenklebt und sich zwischen der Körnung absetzt, besteht der Verdacht, daß der abgeschliffene Lackaufbau nicht mehr von der Erstlackierung stammt, sondern ein nachträglich aufgesprühter oder gestrichener lufttrocknender Lack ist. Prüfen Sie deshalb vor der Weiterarbeit den alten Lackaufbau sorgfältig, ob da eventuell eine zweite Lackschicht unter dem obersten Lack sichtbar wird oder an einer Spachtelschicht eine Nachlackierung erkennbar ist. Auch eine schräge Anstrahlung mit einer sehr hellen Lampe läßt nachlackierte und nachgearbeitete Stellen erkennen.

Diese Nachlackierung muß nun keineswegs unbedingt abgetragen werden. Es ist durchaus möglich, daß sie als Untergrund für den neuen Lackaufbau brauchbar ist. Damit es aber nicht erst hinterher Ärger mit aufquellender oder schrumpfender Lackierung gibt, ist folgende Prüfung notwendig:

■ Auf eine nachlackierte, möglichst unauffällige Stelle mit Pinsel oder Läppchen einige Tropfen Nitroverdünnung auftragen. Das wird im Abstand von einigen Minuten einige Male wiederholt.

Quillt oder runzelt der alte Lack oder Spachtel an dieser Stelle, muß die ganze Nachlackierung auf jeden Fall herunter, wenn Sie mit Nitrokombi-(Belton und K-Lack) oder Acryllack (Dupli Color) sprühen wollen. Bei starker Quellung wird auch der Haftgrund bereits den alten Lack aufquellen lassen, selbst wenn Sie später Kunstharzlack (der verträglicher ist; siehe Seite 73) sprühen wollen. Auf jeden Fall müssen auch Beschriftungen (Markenaufschrift, Firmenaufschrift usw.) im Bereich der Schadensstelle herunter, denn sie sind grundsätzlich mit Kunstharz gestrichen und quellen fast immer auf.

Falls nun das ganze Autoteil von der Nachlackierung befreit werden müßte (was eine recht zeitraubende Arbeit wäre), können Sie vorher versuchsweise auf Kunstharzlack (Ducolux) »umsteigen«. Aber erst wird eine Probe gemacht und ein zweiter Versuch mit Kunstharzverdünnung angesetzt. Hält nun der Lackuntergrund, wischen Sie diese Stelle mit sauberem Lappen trocken, kleben ein kleines Versuchsviereck ab und sprühen den von Ihnen gekauften Haftgrund »satt« drüber. Trocknen lassen. Zeigen sich Aufquellungen, Runzeln oder dergleichen, wenn Sie schräg gegen das Licht über die grundierte Versuchstelle schauen? Wenn nein, können Sie wahrscheinlich ohne Schwierigkeiten das betreffende Teil mit Kunstharz sprühen. Wenn der Haftgrund aber Fehler zeigt, muß die Nachlackierung herunter, es hat keinen Zweck, darüber wegzupfuschen.

Wenn eine unzuverlässige Lackierung von einem Autoteil »heruntergeputzt« werden muß, weil sie voraussichtlich unter der Neulackierung nicht halten wird (aufquellen, runzeln, reißen), haben Sie die Auswahl: abschleifen oder abbeizen. Falls es sich um ein sonst flächenglattes Autoteil handelt, sollten Sie in diesem Fall dem Abbeizen unbedingt den Vorzug geben, denn es erspart Ihnen unendlich viel Spachtelarbeit, die nach dem Abschleifen unvermeidbar würde, denn die Schleifrillen müßten ja wieder ausgefüllt werden. Um die Schadensstelle herum ist das Ausspachteln kein Problem, da müssen ja sowieso die Kratz- oder Beulenvertiefungen ausgefüllt werden. Aber etwa eine Autotür über die ganze Breite zu schleifen und dann spachteln zu müssen, obgleich das durch Abbeizen vermeidbar ist (weil unter dem abgebeizten Lackaufbau das einwandfrei glatte Blech herauskommt), also diese Arbeit sollten Sie sich sparen.

Wenn es sich allerdings nicht nur um ein nachlackiertes Autoteil, sondern um die hart eingebrannte Erstlackierung handelt, die abgebeizt werden soll, ist eine sorgsame Abbeizerwahl notwendig, denn luftgetrocknete und mild ofenge-

Beim Abbeizen mit der Spraydose (hier der »Farb-Abbeiz-Spray« von Dupli Color) muß das restliche Fahrzeug sorgsam gegen den Abbeiz-Sprühnebel abgedeckt werden. Kurze Zeit nach dem Einsprühen ziehen ofen- oder luftgetrocknete Nachlackierungen großen Blasen (weißer Pfeil), die Original-Einbrennlackierung (oben) ist wesentlich widerstandsfähiger und muß mühsam mit kantenscharfem Spachtelmesser abgeschoben werden, soweit sie sich überhaupt abbeizen läßt.

trocknete Nachlackierungen lösen gute Abbeizer zwar willig ab (bes. Kunstharz), aber die eingebrannte Originallackierung widersteht zumeist, wird aber trotzdem in ihre Struktur so zerstört, daß sie auf jeden Fall herunter muß (notfalls abschleifen). Nur ein sehr scharfer Abbeizer wird die Einbrennlackierung so weit lösen können, daß man sie mit einem scharf geschliffenen Spachtelwerkzeug abschaben kann.

Nicht in Frage kommt das Abbeizen allerdings, wenn unter der Lackschicht eine Polyesterharzschicht (z. B. als Reparatur einer Blechdurchrostung) liegt. Aceton und auch die meisten Abbeizer lösen Polyester zumindest an, so daß diese Schicht regelrecht »aufgeweicht« wird, auch wenn sie nicht gleich aufquillt und selbst das Überlackieren zuerst scheinbar einwandfrei verträgt. Aber auch nach einiger Zeit kann die Reparaturfläche noch ihre Form und Festigkeit verlieren. Das Abbeizen selbst geht so vor sich:

■ Bei Verwendung von Abbeiz-Spray das restliche Auto sehr sorgsam abkleben, denn der Abbeizer-Sprühnebel würde natürlich weithin die Lackierung zerstören oder mindestens schädigen.

■ Für die Abbeizarbeit selbst Gummihandschuhe anziehen und Schürze (am besten aus Folie) vorbinden.

■ Streichbaren Abbeizer mit Holzstab aufrühren. Beim Streichen aber auf keinen Fall den Pinsel direkt in die Abbeizerdose tauchen, weil dadurch Farbteilchen eingeschleppt werden, die den Abbeizer zum Teil »verbrauchen«. Statt dessen Abbeizer portionsweise in ein kleines Glas oder in den Dosendeckel abfüllen und daraus mit dem Pinsel »satt« auf die Lackierung auftragen.

■ Je nach Hartnäckigkeit zieht die Lackschicht bald oder erst nach mehrmaliger Anwendung Blasen und Runzeln. Diese lose Schicht wird mit einer kantenscharf geschliffenen Spachtelklinge, wie im Bildtext oben beschrieben, behutsam abgeschoben.

■ Zeigt sich die abzubeizende Lackfläche hartnäckig, dann ist zumeist eine noch vorhandene Schutzschicht aus Lackpflegemittel usw. daran schuld. In diesem Fall wird die alte Lackfläche mit einigen Schleifstrichen (grobe Körnung 80 oder 120) angeritzt, so daß der Abbeizer in diese Ritzen eindringen und den Lackaufbau von dort aus seitlich lösen kann.

■ Je nach spezieller Gebrauchsanweisung wird zuletzt die abgebeizte Fläche mit Waschbürste und Wasser oder mit nitrogetränktem Lappen äußerst sorgfältig abgewaschen. Es darf auch nicht die geringste Spur des Abbeizmittels zurückbleiben.

■ Wenn nach dem Nachwaschen die abgebeizte Fläche sehr rauh ist, sollte sie noch einmal trocken überschliffen werden, aber diesmal nicht mit grober, sondern mittelfeiner Körnung 240.

Fingerzeige: *Muß nur eine nachträglich auf die Erstlackierung aufgemalte Aufschrift abgebeizt werden, verwendet man besser keinen Abbeizer, sondern das sehr wirksame Aceton (siehe Seite 47). Abbeizer würde auch die hochwertige Erstlackierung angreifen, bei Aceton besteht diese Gefahr für die Einbrennlackierung in der Regel nicht. Das erspart wenigstens an dieser Stelle den Lackaufbau von Grund auf. Steht kein Abbeizer zur Verfügung, ist sowieso Aceton ein sehr brauchbarer Ersatz bei luftgetrockneten Nachlackierungen. Bei ofengetrockneten Werkstatt-Lackierungen wird Aceton allerdings nicht immer ausreichen.*

Fläche entfetten
Arbeitsgang Nr. 8

Nicht nur die eigentliche Schadensstelle, sondern die ganze Fläche, die schließlich überlackiert werden soll – also in der Regel bis zur nächsten Kante oder Sicke –, muß nach dem Abschleifen oder Abbeizen äußerst sorgfältig entfettet werden. Das betrifft nicht nur Motorenöl und Abschmierfett, sondern ebenso alle Lackpflegemittelrückstände wie Wachs, Silikon usw., ferner jeden Fingerabdruck (Handschweiß ist selbst in dieser unscheinbaren Form für den Lackaufbau gefährlich) und Absonderungen von Bäumen in der Blütezeit.

Für dieses Entfetten eignet sich in erster Linie Waschbenzin (kein Kraftstoff! Denn dieser enthält lackbeeinflussende Zusätze), Nitro- oder Kunstharzverdünnung, aber kein Aceton! Denn Aceton kann einerseits gesunde Lack- oder Spachtelschichten angreifen und verdunstet andrerseits zu schnell, so daß die von ihm gelösten Fettrückstände wieder antrocknen.

■ Das Waschbenzin oder die Verdünnung wird mit dem Pinsel oder gut eingefeuchteten Lappen aufgetragen, tüchtig verwischt und mit einem sauberen Leinentuch abgerieben.

■ Zum Schluß noch einmal einen sauberen Lappen mit frischer Verdünnung einfeuchten und die ganze Fläche nochmals nachwischen.

Rostrückstände stabilisieren
Arbeitsgang Nr. 9

Daß die immer noch in Zubehörläden, Kaufhäusern und im Versandhandel in kleinen Kunststoffläschchen angebotenen »Rostumwandler« auf Phosphorsäurebasis (erkennbar an ihrer hellgrün- oder hellblau-glasigen Färbung) nichts taugen, oft sogar schädlicher als gar nichts sind, wird auf Seite 154 erläutert. Geben Sie also für diese Säftchen kein Geld aus, es wäre direkt zum Fenster hinausgeworfen.

Von dieser Erkenntnis ist aber das rostporige Blech noch nicht saniert und gegen erneuten Rostfraß gesichert. Was tun?

Aus den Rostschutzpräparaten für den Industrie- und Bautenschutz haben sich einige bei unseren Heimwerkerversuchen als überraschend brauchbar erwiesen. Die Hersteller dieser zumeist als Roststabilisatoren bezeichneten Flüssigkeiten bieten sie auch in entsprechenden kleinen Heimwerkerpackungen an. Leider haben Sie sich aber noch immer nicht in den Regalen der Zubehörläden durchgesetzt und Sie müssen Sie entweder in Farbenhandlungen suchen oder sich vom Hersteller eine in der Nähe befindliche Bezugsquelle nachweisen lassen. Dazu haben wir die Anschriften der bei uns bewährten Fabrikate auf Seite 156 aufgeführt.

Prüfen Sie aber erst einmal, ob ein solcher Roststabilisator überhaupt notwendig ist:

■ Ist das abgeschliffene Blech völlig rostfrei, hellblank und narbenfrei, wird überhaupt kein Roststabilisator angewendet, sondern allenfalls eine dünne Schicht Rostschutzgrund (Zinkstaubfarbe; z. B. »Autolux-Korrosionsschutz« von Ducolux) gesprüht. Um die Wirkung der Zinkstaubfarbe zu erreichen (siehe Seite 157) muß das Blech aber wirklich blank sein. Darüber wird dann Haftgrund gesprüht bezw. Polyesterharz gespachtelt.

■ Kann das Blech nicht völlig blank geschliffen werden und verbleibt noch ein hauchfeiner Rostanflug, wird als erste Schicht Zinkchromat (gibts von allen Lacksprühdosenherstellern) gesprüht, denn das Zinkchromat braucht zur Wirkung leichten Rostanflug als Untergrund.

■ Bleiben trotz der Beseitigung des groben Rostes noch Rostnarben und -poren zurück oder kann an schwer zugänglicher Stelle der Rost nicht abgeschliffen werden, wird ein Roststabilisator verwendet, um die noch vorhandenen Rostmeküle durch chemische Bindung möglichst unschädlich zu machen.

Roststabilisator anwenden

■ Die rostnarbige oder noch leicht rostige Stelle muß vor dem Aufpinseln eines Roststabilisators zuerst einwandfrei sauber und entfettet sein, sonst wird die chemische Wirkung be- oder ganz verhindert. Das Entfetten ist vor allem notwendig, wenn das Fahrzeug bei vorhergehenden Wagenwäschen mit Waschkonservierern oder Lackpflegemitteln behandelt wurde. Das Wachs und Silikon muß zumindest mit Waschbenzin oder Nitroverdünnung abgewaschen werden.

■ Roststabilisator mit einem weichen Wasserfarbenpinsel aus einem kleinen Napf oder Glas auf alle rostporigen Stellen satt aufpinseln und mehrere Stunden wirken bzw. trocknen lassen (Trocknungstabelle Seite ■). Bei kühler Witterung (man muß ja auch im Winter Rost bekämpfen, auch wenn das Überlackieren erst ab Frühjahr wieder möglich ist) ist es sehr nützlich, das behandelte Autoblech zu »temperieren«, entweder durch Heizstrahler, Heizlüfter oder vorsichtig gehandhabte Lötlampe. Das verbessert die Stabilisierungwirkung entscheidend.

Fingerzeig: *Bei der Anwendung von Roststabilisatoren und Rostumwandlern sollten Sie nie die in viele Schraubdeckel eingebauten Pinsel verwenden. Sie sind durchweg so hartborstig, daß die Flüssigkeit in der Gegend umherspritzt, aber nicht genügend schmiegsam in die Rostporen gestrichen wird. Deshalb ist ein weicher dicker Wasserfarbenpinsel besser.*
Tauchen Sie nie einen Pinsel direkt in das Fläschchen mit Roststabilisator oder Rostumwandler. Denn damit werden Rostpartikel eingeschleppt, die den Inhalt bereits vor Anwendung »sättigen«, so daß ein beträchtlicher Anteil völlig nutzlos und unwirksam wird. Stattdessen stets einen kleinen Vorrat in einen Napf oder ein Glas gießen und nur dort den Pinsel eintauchen. Den Restbestand aus dem Napf aus gleichem Grund unbedingt wegschütten!

Haftgrund oder Füllspachtel?

Erst jetzt beginnt der eigentliche Lackaufbau. Wie er beginnt, richtet sich nach der Tiefe der auszuspachtelnden Schrammen oder Beulen. Spachteln müssen Sie auf jeden Fall, denn auch die leichtesten Kratzer und Schrammen verschwinden nicht von selbst unter dem Lack, sondern müssen ausgespachtelt werden.

Der auf jeden Fall notwendige Messerspachtel kann nur in sehr dünnen Schichten aufgetragen werden (erläutert auf Seite 64). Daraus ergibt sich:

■ Nur bei sehr geringfügigen Schrammen, Kratzern oder nur abgebeizten Flächen kann man mit Messerspachtel beginnen.

■ Bei stärkeren Schrammen, die auch etwas tiefer ins Blech gedrückt haben, und erst recht bei kleinen Beulen muß der für dickere Schichten geeignete 2-Komponenten-Polyesterspachtel verwendet werden (siehe nachfolgender Abschnitt).

Unterschied in der Behandlung der sauber getrockneten Reparaturfläche:

■ Der Polyesterspachtel wird direkt auf das blanke Blech aufgetragen.

■ Bei Messerspachtel müssen vorher alle blanken Blechstellen mit Haftgrund deckend übersprüht werden. In diesem Fall überspringen Sie die folgenden Abschnitte bis zum Arbeitsgang »Haftgrund sprühen« (Seite 102).

Fingerzeig: *Bei manchen Automodellen bestehen Dächer oder Seitenteile aus Leichtmetall. Darauf haftet ein Lackaufbau nicht besonders gut. Deshalb muß in der Regel auf blanken Leichtmetalluntergrund ein besonderer »Reaktionsgrund« oder auch Zinkchromatgrund aufgespritzt oder aufgestrichen werden. Das ist Material aus dem Fachwerkstatt-Sortiment, das man sich im Spezial-Fachgeschäft besorgen und nach spezieller Gebrauchsanleitung verarbeiten muß. Dieser Reaktionsgrund geht mit Leichtmetall im Grenzbereich eine chemische Verbindung ein, auf der der nachfolgende Haftgrund oder Polyspachtel besser haftet.*

Starke Unebenheiten ausspachteln
Arbeitsgang Nr. 10

Was früher der Karosserieklempner durch hohe handwerkliche Kunst mit seiner Hämmerei an einwandfreier Form und Glätte zuwege bringen mußte, weil es nur den dünn auftragbaren Nitrospachtel gab, ist heute nur noch selten gefragt, denn Unebenheiten des Bleches werden mit Polyesterharzspachtel ausgeglichen.

Man bezeichnet diese in dickeren Schichten verarbeitbaren 2-Komponenten-Polyesterharze als Füllspachtel. Ihre Eigenschaften sind ab Seite 63 beschrieben.

Vorbereitung der Spachtelfläche

Wie bereits erwähnt, wird blankgeschliffenes Blech vor dem Spachteln mit Polyesterspachtel nicht mit Haftgrund übersprüht, andrerseits können noch fest haftende Teile der ursprünglichen Lackierung an ihrem Platz bleiben, ein Wegschleifen ist nicht notwendig. Das gilt aber nicht für Unterbodenschutz, mit dem eventuell die unteren Fahrzeugkanten gestrichen sind. Er muß weg!

■ Damit sich dieser Polyspachtel aber fest in das Blech und den sonstigen Untergrund krallen kann, wird zusätzlich zu den Schleifrillen die zu spachtelnde Fläche mit der Fräsfeile oder einem Metallsägeblatt kräftig aufgekratzt. Man sieht, daß es also unangebracht wäre, die zu spachtelnde Fläche mit feinerem Schleifpapier als Körnung 120 vorzubereiten.

Wenn schließlich bei Verwendung des faserarmierten Polyesterharzes (»Sauerkraut«-Spachtel) auch ein kleines Loch im Blech überbrückt werden soll, müssen dessen Ränder schwarfwinklig und knapp umgebogen werden, um sich ebenfalls in das Polyharz einkrallen zu können.

Zwei-Komponenten-Spachtel anmischen

Vorab ein wichtiger Hinweis: Polyesterspachtel ist kälteempfindlich und läßt sich bei Temperaturen unter + 15° C kaum noch und bei unter + 10° C gar nicht mehr verarbeiten. Der Durchhärtungsprozeß wird dermaßen verzögert, daß es nur eine Masse wie eingetrocknetes Gelee gibt, auf der man nicht weiterarbeiten kann. Darum zum Spachteln geeignete Temperatur abwarten, während bei den seither beschriebenen Vorarbeiten auch harter Frost herrschen darf (wenn es einer aushält). Solche niedrigen Temperaturen sind auch deshalb zum Spachteln nicht ratsam, weil das kalte Metall stets Feuchtigkeit anzieht, selbst wenn dieser »Tau« nicht sichtbar ist, sondern nur in den Poren sitzt. Auf kaltem Metall

Polyesterharz und Polyesterspachtel soll mit dem zugehörigen Härter genau im Verhältnis 100 : 3 gemischt werden. Weil man dazu weder Apothekerwaage noch das rechte Augenmaß hat, hier ein einprägsamer Trick: Das richtige Mischungsverhältnis verhält sich wie eine hühnereigroße Menge Polyharz zu jener Menge Härter, die man sich als Zahnpasta morgens auf die Zahnbürste drückt. Darum diese Frühstücks-Morgen-Kombination im Bildvordergrund. Nehmen Sie trotzdem morgen früh keinen Polyhärter zum Zähneputzen.

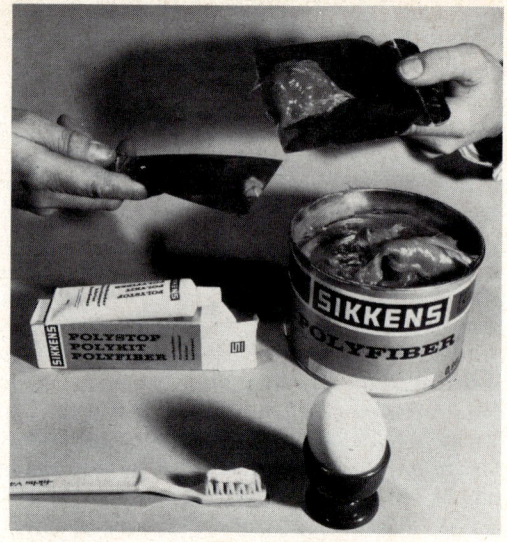

spachtelt man also leicht eine zukünftige Unterrostung mit ein. Das sollten Sie vermeiden.

Als Spachtel läßt sich dieses Material auch erst nach dem Vermischen der beiden Komponenten Polyesterharz und Härter verwenden. Man kennt das ja vom altbekannten »2-Komponenten-Material« Gips und Wasser, es ist ein ähnlicher Vorgang. Deshalb trocknen die Komponenten des Polyspachtels auch nicht einzeln an der Luft. Die Dose mit dem Polyharz kurz offen zu lassen, ist darum keineswegs so nachteilig, wie bei dem später anzuwendenden (Ein-Komponenten-)Nitrokombinationsspachtel, der ohne weiteres Zutun an der Luft trocknet.

Für alle Polyesterharze (auch für das nur zur Karosseriereparatur verwendbare Reparaturharz, das zum Spachteln wegen seines honigartigen Fließens ungeeignet ist) gilt die Mischregel:

■ Auf 100 Teile Polyesterharz 2 bis 3 Teile Härter.

Wer soll dazu das rechte Augenmaß haben? Ein Praktiker (anscheinend bei der Chemischen Fabrik Klaus-W. Voss, Uetersen, die ein großes Programm an Kunststoffen auch für große Bauarbeiten anbietet) fand den richtigen Trick mit Hühnerei und Zahnpasta. Damit Sie ihn sich gut einprägen können, ist die Mischung oben im Bild gezeigt.

Kurze »Topfzeit« zum Verarbeiten

Wie das Bild ebenfalls zeigt, mischt der routinierte Heimwerker (vom Berufslackierer abgeschaut) den Polyspachtel auch nicht in einem Topf oder Napf – das gäbe unnötigen Verlust –, sondern mit 2 Spachtelwerkzeugen! Das macht man sozusagen auf dem Weg von der Werkbank zum Auto. Es gibt keinen Zeitverlust, denn die »Topfzeit« (die Zeit, in der der Spachtel verarbeitet werden kann, bevor er Krümel bildet) ist kurz. Sie beträgt bei etwa 20° C (bekanntlich eine für die ganze Lackiererei günstige Temperatur)

■ für »Sauerkraut«-Spachtel (faserarmiertes Polyharz zum Füllen tieferer Beulen) etwa 12 bis 15 Minuten.

■ für den »pulvergefüllten« Spachtelkitt nur etwa 5 Minuten.

Sehr stark ist allerdings diese »Topfzeit« von der Umgebungstemperatur abhängig. Weniger wirksam ist ein abweichendes Mischungsverhältnis, sondern es schadet nur, wenn zu viel oder zu wenig Härter beigegeben wird. Bei mehr als 5% Zugabe tritt eine Schnellhärtung ein, die zu Spannungsrissen und spröder

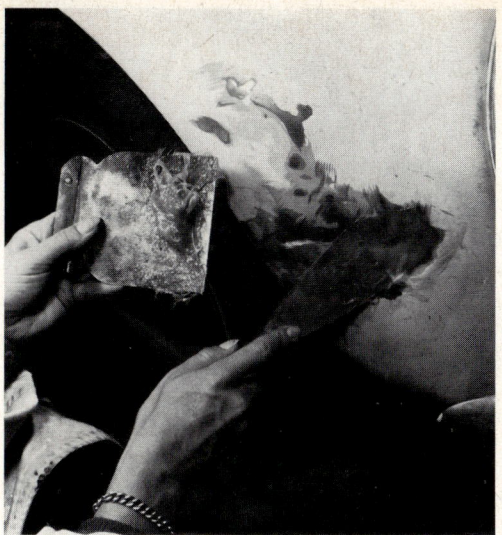

Wo früher ein erfahrener Karosserieklempner verbeultes Autoblech so flächenglatt hinhämmern mußte, daß der nur in dünnen Schichten ziehbare Nitro- oder Kobaltspachtel zum letzten Glätten ausreichte, kommt es heute beim Ausbeulen nicht mehr so genau darauf an: Beulen werden nach grobem Herausklopfen einfach mit dem modernen Zweikomponenten-Polyesterspachtel ausgefüllt. Bei tieferen Dellen nimmt man, wie hier, den sauerkrautartigen, glasfaserverstärkten Polyspachtel. Bei geringeren Unebenheiten oder als nachfolgende Spachtelschicht (wie im Bild auf der nächsten Seite auf dem gleichen Käfer-Kotflügel) den mit Füllstoffen eingedickten Polyester-Füllspachtel.

Harzstruktur führt. Bei Härterzugabe von nur 1 % läßt sich zwar bei wärmerer Witterung die dann besonders knappe Topfzeit »strecken«, aber es besteht auch die Gefahr, daß etwas ungünstiger durchmischte Anteile überhaupt nicht härten. Günstigere Verarbeitungszeiten – schneller wie langsamer –, die man vielleicht aus Erfahrung gewonnen zu haben scheint, können also durchaus schädliche Nachwirkungen haben.

Wegen der knappen Topfzeit mischt man stets nur so viel an, wie man jeweils verarbeiten kann. So reichen die auf den beiden Spachtelklingen angemischten Mengen stets. Es ist außerdem ratsam, die einzelne Faserspachtelschicht nicht stärker als etwa 5 mm anzulegen und lieber eine zweite Schicht nach einiger Zeit darüberzuspachteln, wenn die Beule ziemlich tief ist.

Wie bereits auf Seite 63 erwähnt, ist für tiefere Beulen und bei kleinen Löchern im Blech (bei diesen muß die verrostete Blechrückseite sorgsam saniert werden! Siehe Seite 186) das faserarmierte Polyesterharz (»Sauerkraut«-Spachtel wegen seiner Faser-Struktur) besser geeignet, weil es durch die eingemischten Glasfasern äußerst reiß- und bruchfest ist. Es wird mit dem Flächenspachtel in die Beule nach deren Vorbehandlung (Seite 217) eingestrichen, notfalls in mehreren Schichten.

Tiefe Beulen mit faserarmiertem Polyspachtel

■ Spachteln Sie dieses Material aber nicht so hoch, daß es flächengleich zu seiner Umgebung liegt, sondern es muß mehrere Millimeter tiefer liegen bzw. entsprechend zurückgeschliffen werden. Sonst stehen beim späteren Schleifen für die Decklackierung angeschnittene Glasfasern aus der Schicht und bilden Poren bzw. Material, an dem der Decklack nicht einwandfrei verläuft. Das gibt eine matte und schlechte Lackierung. Es muß noch mindestens eine weitere Spachtelschicht darüber.

■ Nach einer guten halben Stunde (bei etwa 20° C und je nach Härterzugabe) ist der Faserspachtel so weit durchgehärtet, daß er »beigeschliffen« werden kann. »Beischleifen« bedeutet die Beseitigung grober Unebenheiten und das Aufrauhen der ganzen Oberfläche für die nächste Aufbauschicht, die sich darin besser als in eine glatte Oberfläche einkrallen kann. Außerdem wird alles weggeschliffen, was über die vorgesehene Fläche hinausragt.

Faserspachtel beischleifen

Der gleiche Kotflügel vom Bild auf der Vorseite beim nächsten Arbeitsgang: Füllspachtel auf Polyesterbasis ziehen. Während im Bild oben die Beule nur gerade so mit »Sauerkrautspachtel« gefüllt wird, kommt es beim Füllspachtel schon sehr auf die Formgebung an. Denn die nächste Schicht, der Messerspachtel auf Nitrokombinationsbasis, läßt sich nur dünnschichtig verarbeiten und taugt nicht zur grundsätzlichen Formgebung. Das richtige Werkzeug ist darum beim Füllspachtel nur der in der Form anschmiegsame Japan-Flächenspachtel, mit dem der Füllspachtel möglichst gratfrei (besser als hier zu sehen) und formgenau aufgetragen wird. Alle Unsauberkeiten müssen später wieder mühselig heruntergeschliffen werden. Das kann man sich ersparen, denn: Glatt gespachtelt ist halb geschliffen!

Dementsprechend empfiehlt sich für dieses Beischleifen eine mittlere Körnung, etwa 240. Wir bevorzugen dabei bereits Naßschliff, denn bei der Durchhärtung des Polyharzes entwickelt sich eine beträchtliche Wärme, und auf der Oberfläche setzt sich eine Klebschicht ab, so daß durch beide Einwirkungen beim Trockenschliff das Schleifkorn leicht verschmiert. Die Wasserzugabe kühlt und nimmt nur feinere Partikelchen weg, so daß die Spachtelschicht nicht so leicht aufgerissen wird (Naßschliff Seite 99).

Füllspachtel auftragen
Arbeitsgang Nr. 11

Die Arbeit mit dem Faserspachtel konnten Sie sich sparen, wenn die Kratzer, Beulen und Vertiefungen nicht mehr als etwa 8 mm tief waren. Dann wird gleich – ebenfalls direkt auf das blanke, aufgerauhte Blech – mit Spachtelkitt (mit Füllstoffen angereichertes Polyesterharz; siehe Seite 63) gearbeitet.
Aber auch über Faserspachtel sollten Sie möglichst noch eine Schicht Spachtelkitt legen, denn der Faserspachtel ist einerseits zu grobporig und andrerseits wegen seiner teigigen Substanz nicht genügend eben, um gleich mit dem nur in dünnsten Schichten verarbeitbaren Messerspachtel darübergehen zu können. Es gäbe ein stundenlanges Spachteln und Schleifen.
Dagegen: Wenn Sie mit einem butterweichen Füllspachtel, wie z. B. »Polystop LP« von Sikkens, arbeiten, gibt es bereits eine ausgezeichnete Spachtelfläche, aber diese Arbeit erfordert jetzt zunehmend sorgsamen und gekonnten Umgang mit dem Spachtelwerkzeug. Vor allem müssen Sie sich den Abschnitt »Spachtelklingen pflegen« auf Seite 48 zu Herzen nehmen, ständig einen passenden Napf, mit Aceton gefüllt und einem Waschpinsel darin, zum Waschen der Spachtelklingen zwischen jedem weiteren Arbeitsgang zur Hand haben und bei jeder »Schramme« im gerade geführten Spachtelglattstrich prüfen, ob sich trotz aller Sorgfalt doch Krümel an der Arbeitskante des Spachtelwerkzeugs abgesetzt haben oder ob es nachgeschliffen (Bild Seite 49) werden muß.
Man spart sich mit Sorgfalt bei den letzten Spachtelschichten unendlich viel Mühe beim späteren Schleifen, denn das dazu notwendige feinkörnige Schleifpapier nimmt von einer groben Oberfläche nur ganz langsam so viel weg, wie zur wirklichen Flächenglätte erforderlich ist. Deshalb: Das saubere Spachteln und Feinschleifen ist mühsamer als das eigentliche Lackieren und entscheidender für den Erfolg als jede andere Arbeit beim Lackaufbau!

Fingerzeig: *Beim Spachteln und Schleifen ist ein scharfkantiges Stahl-Lineal (beim Schleifen auch ein Kunststoff-Lineal) bis zu 1 m Länge ein sehr nützliches Hilfsmittel. Das setzt man, auf eine Kante gekippt, auf der Arbeitsfläche auf und beobachtet, wo unter der Linealkante Gegenlicht mehr oder weniger stark durchschimmert. Da muß noch Spachtel hin, bzw. müssen die von der Linealkante berührten Flächen noch abgeschliffen werden.*

Beim seither beschriebenen Freischleifen der Schadensstelle und dem Beischleifen des Faserspachtels (wenn welcher notwendig war) kam es nicht so genau darauf an, Hauptsache, was da weggeputzt werden sollte, war schnell und gründlich beseitigt.

Jetzt, beim letztmaligen Schleifen des Füllspachtels, über den der Messerspachtel nur noch dünnschichtig gezogen werden kann, und erst recht beim Feinschleifen vor der Decklackierung, ist sorgfältigste Arbeit höchstes Gebot, sonst kommt man vor lauter »Noch-einmal-Spachteln« und »Noch-einmal-Schleifen« überhaupt zu keinem Ende, oder die mit so viel Mut begonnene Lackierarbeit sieht mehr oder weniger schäbig aus.

Das Sortiment der empfehlenswerten Schleifpapiere und Körnungen ist auf Seite 54 aufgeführt. Braucht man sie alle? Nein, keineswegs, aber man erleichtert sich die Arbeit, hat in kürzerer Zeit ein besseres Ergebnis und spart überdies Arbeitsmaterial. Also ist es doch besser, sich das ganze Sortiment dieser Pfennigartikel anzuschaffen.

■ Trockenschliff wird in der Regel nur beim grobkörnigen »Putzen« angewendet, wenn in größeren Mengen vollkommen durchgetrocknetes Material beseitigt werden soll. Mit feinerer Körnung wird allenfalls an blankem Metall trocken geschliffen (dann empfiehlt sich Korund-Schleifleinen), wenn man wegen des sofort ansetzenden Rostes kein Wasser verwenden will oder kann und die schnelle Trocknung schwierig ist. Dann ist sogar mit Trockenschliff schon fast polierende Wirkung zu erzielen, wenn das Schleifleinen mit Kreide eingestrichen wird. Damit wird dem Schleifkorn die Schärfe zum Teil genommen, und es kann nur noch ganz flache Schleiffrillen ziehen. Dagegen wird man Spachtel- und Lackschichten nicht mit feiner Körnung trocken schleifen, denn durch die Schleiferwärmung verklebt der feine Schleifstaub (auch solcher alter und

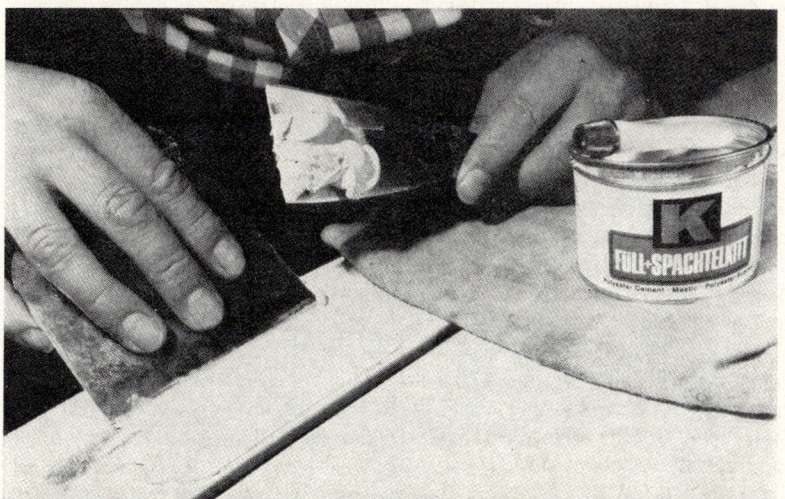

Der routinierte Heimwerker mischt, genau wie der Fachlackierer, den Zweikomponentenspachtel nicht im Töpfchen oder auf einer Platte, sondern auf zwei Spachtelwerkzeugen. So läßt sich in schnellem Bewegungsablauf (ähnlich dem Messerwetzen beim Metzger) der Spachtel flott von einem Werkzeug auf das andere umschichten und dabei einwandfrei durchmischen, während man am Fahrzeug steht. Denn die Topfzeit, nach der Polyspachtel abzuhärten beginnt, ist sehr knapp – bei dem hier verarbeiteten Polyester-Füllspachtel nur knapp 5 Minuten –, man darf also beim Verarbeiten keine Sekunden verlieren und muß zügig arbeiten.

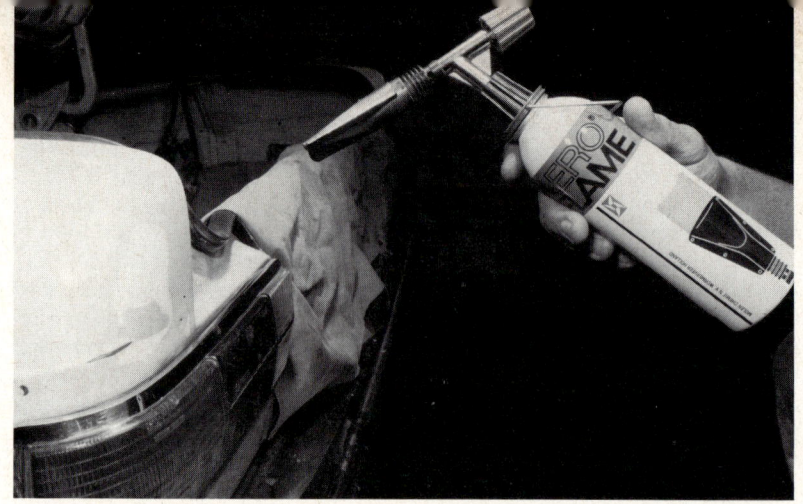

Restfeuchtigkeit, die durch Naßschliff auf der Reparaturstelle zurückbleiben kann, wird zu einem ärgerlichen Problem, denn sie kann später zu Unterrostungen, Bläschenbildung im Lack oder Schichtablösungen führen. Das gilt auch für Tau, Nebel oder Feuchtigkeitsniederschlag durch krasse Temperaturunterschiede (kaltes Metall im geheizten Raum). Deshalb ist porentiefe Trocknung vor jedem Arbeitsgang zwingend. Bei kleinen Flächen kann man, wie hier, eine vorsichtig gehandhabte Bastler-Lötlampe benutzen.

durchgetrockneter Schichten) zu leicht und verschmiert das Schleifpapier, so daß es schon nach kurzer Zeit gewechselt werden muß.

■ Naßschliff mit ständiger Wasserzugabe bewirkt dagegen, daß die Berührungsstellen von Schicht und Schleifpapier gekühlt werden, so daß der Schleifstaub nicht so leicht verklebt oder das Schleifpapier verschmiert (hilft allerdings auch nicht mehr, wenn eine verunglückte dauerklebrige Spachtel- oder Lackschicht geschliffen werden soll; man schiebt sie besser mit einem Spachtelmesser ab, (siehe Bild Seite 137) und verhindert, daß die Berührungsstellen verschmoren (was rauhe Brandrisse in der noch nicht völlig durchgehärteten Spachtel- oder Lackschicht verursacht). Außerdem bewirkt der Naßschliff, daß der Schleifstaub zwischen der Papierkörnung herausgeschwemmt wird (bei viel Wasserzugabe) oder (bei geringer Wasserzugabe) als eine Art weiche Polierpaste die Schärfe des Schleifkorns mildert und damit einen wesentlich feineren Schliff bewirkt, als er bei gleicher Körnung mit Trockenschliff möglich wäre. Bei Naßschliff bleibt außerdem das Schleifpapier länger brauchbar (weil es nicht verschmiert), wobei zunehmend die schärfsten Schleifkornspitzen eingeebnet werden und ebenfalls ein feineres Schleifbild erreicht wird.

Naßschliff ist nur mit solchen Schleifpapieren möglich, die ausdrücklich die Bezeichnung »Waterproof« (= wasserfest) tragen. Schleifpapier ohne diesen Aufdruck (auch Schleifleinen) löst sich bei Wasserzugabe sehr schnell auf.

Naßschliff nachwaschen und trocknen

Nach jedem Naßschliff muß die betreffende Fläche mit viel klarem Wasser und einem sauberen (garantiert fettfreien) Tuch abgewaschen, mit einem Frottierhandtuch bestmöglichst vorgetrocknet und danach möglichst schnell nachgetrocknet (Sonnenschein, Heizstrahler, Lötlampe) werden. Das Waschwasser darf nicht an der Schleifstelle antrocknen, weil die Rückstände aus unserem Leitungswasser – Kalk, Salze us. – für den weiteren Lackaufbau schädlich sind und z. B. zu Bläschenbildung im Lack führen können. Eine gute Fachwerkstatt nimmt deshalb zum Naßschleifen nur enthärtetes Wasser. Für die Heimwerkerei ist das natürlich zu aufwendig.

Trocknungsprobleme

Der nächste Arbeitsgang darf aber wirklich erst begonnen werden, nachdem alle Feuchtigkeit porentief ausgetrocknet ist. Ärgerlich ist dabei, daß auf blankem Metall jede Feuchtigkeitsaustrocknung neuen Rostanflug bewirkt, auch wenn er mit bloßem Auge kaum oder gar nicht erkennbar wird. Wer da »hudelt«, wie die Schwaben sagen, baut sich mit Porenfeuchtigkeit und Rostanflug gleich die künftige Unterrostung in den Lackaufbau mit ein. Das ist aber wohl nicht der Sinn des arbeitsreichen Wochenendes.

Was tun? Die Trocknung beschleunigen! Das ist vor allem bei feuchter oder kühler Witterung unabdingbare Voraussetzung für einen dauerhaften Lackaufbau. Viele Hilfsmittel sind brauchbar:

■ Druckluft (die man als Heimwerker selten haben wird und die auch unbedingt völlig öldunstfrei sein muß, was selten der Fall ist),

■ »Umgedrehter« Staubsauger (bei vielen kann man den Schlauch auch am »Auspuff« anschließen und damit blasen),

■ Heizsonne und Heizstrahler (z. B. einen nicht mehr gebrauchten Badezimmer-Strahler an einer Holzkiste montiert),

■ Heizlüfter oder Lötlampe (wie im Bild links gezeigt).

Man muß jeweils Erfahrung damit sammeln, denn die Reparaturfläche darf nicht zu heiß werden, sonst gibt es Schwierigkeiten beim Arbeitsfortgang, z. B. durch rissebildende »Schnelltrocknung«.

Vortrocknen mit Wärme müssen Sie auch unbedingt, wenn sich auf dem Fahrzeug Tau, Nebel oder Regenfeuchtigkeit niedergeschlagen hat oder wenn (im Herbst oder Winter) ein kaltes Fahrzeug zum Lackaufbau in eine gewärmte Halle (Mietwerkstatt) gebracht wird. Das kalte Fahrzeug »beschlägt« dann sofort. Das passiert beim Transport eines (sonnen-)warmen Fahrzeugs in eine kühle Halle übrigens nicht.

Füllspachtel schleifen

Bei 20° C Arbeitstemperatur ist der Füllspachtel nach etwa einer halben Stunde soweit durchgehärtet, daß an Naßschliff gedacht werden kann. Bei Trockenschliff müssen Sie mit der doppelten Zeit rechnen.

■ Vor dem Schliff muß jedoch die sich auf Polyesterspachtel stets bildende Klebschicht mit Nitroverdünnung in einem sauberen Lappen mit schneller Bewegung (nicht langsam und nicht hart reiben, sonst wird das Polyharz »aufgeweicht«) heruntergewischt werden. Diese Klebschicht bzw. deren Schleifstaub würde als Trennmittel wirken, auf dem der Lackaufbau nicht hält.

Hatten Sie eine etwa handgroße oder größere Fläche mit Füllspachtel überzogen, wird es Ihnen (vor allem zu Anfang) nicht gelungen sein, die Fläche vollkommen flächenplan – also ohne kleine Wellen – zu spachteln. Wenn Sie nur mit der Hand schleifen, beseitigen Sie zwar die kleinen Spachtelunebenheiten, aber die Flächenwellen bleiben, weil sich die schleifende Hand ihnen anpaßt. Sie fallen auf der gipsmatten Fläche auch gar nicht auf, falls man nicht mit starkem Seitenlicht auf der Spachtelfläche Schatten zu werfen versucht. Probieren Sie es einmal. Diese »unscheinbaren« Wellen stören später durch die Spiegelung des Lack-Hochglanzes schrecklich.

■ Die Spachtelwellen müssen also eingeebnet werden. Dazu ist nur ein völlig plan gehobelter, etwa handgroßer Schleifklotz aus Hartholz (Seite 51) brauchbar, auf den Schleifpapier aufgelegt oder aufgespannt wird. Weil der Füllspachtel dicker gespachtelt ist, können Sie je nach Stärke der Wellen zuerst einmal ein gröberes Schleifpapier – etwa Körnung 180 oder sogar 120 – für den ersten Schleifgang benutzen. Damit schleifen Sie vorerst nur so lange, bis Sie mit dem Schleifbrett alle Wellen weggeputzt haben und das Schleifkorn gerade den Grund der vorherigen »Wellentäler« anzuschleifen beginnt. Weiter schleifen dürfen Sie mit dieser Körnung nur noch jene Stellen, die über die angrenzenden Flächen hervorstehen.

■ Danach schleifen Sie im zweiten Schleifgang (jetzt können Sie gut einen Schwingschleifer benutzen) mit mittlerer Körnung, etwa 240, die groben Schleifrillen heraus und, wenn nötig, die ganze Fläche soweit zurück, daß sie einen knappen Millimeter tiefer als die anschließende Fläche liegt, denn es muß ja zwecks besserer Porendichte für den Decklack noch Messerspachtel drüber. Dieses Zurückschleifen ist natürlich nicht notwendig, wenn die Spachtelschicht schon sowieso etwas tiefer als die angrenzenden Flächen liegt. Auch hier wird am besten naß geschliffen, aber auch Trockenschliff ist möglich, wenn die Spachtelschicht sehr gut durchgehärtet ist.

Wenn Sie bei dieser Schleifarbeit an der einen oder anderen Stelle wieder bis aufs blanke Blech kommen, ist das nicht schlimm, es muß ja sowieso noch Haftgrund über alles gesprüht werden.

Schleifen Sie, um es sich später leichter zu machen, diese Spachtelschicht schon so rillenlos und eben, daß Sie eigentlich versucht sind, gleich den Farblack drüberzusprühen. Tun Sie's aber besser nicht, denn Füllspachtel hat so große Poren – man sieht das natürlich nur mit der Lupe –, daß der Lack darin einsinken und nur eine entsprechend matte Oberfläche bilden könnte. Diese Poren müssen von dem feinporigen Messerspachtel (und dem zwischenliegenden Haftgrund) geschlossen werden.

Altlackierung vorschleifen

■ Schleifen Sie bei dieser Gelegenheit auch die gesamte restliche Fläche der Altlackierung bis zu den nächsten Kanten und Sicken (ins Blech eingepreßte Zier- oder Versteifungs-»Falten«). Dazu nimmt man bei Naßschliff das schon feinere Schleifpapier mit Körnung 320. Die Altlackierung wird dabei nicht weggeschliffen, sondern die gesamte Fläche nur »mattiert«.

■ Zuletzt wird der Schleifstaub mit viel Wasser und einem sauberen Tuch abgewaschen und getrocknet, wie auf Seite 100 beschrieben.

Dieser Arbeitsgang gilt auch für verfleckten und angeätzten Lack, der überarbeitet werden muß.

Haftgrund verarbeiten
Arbeitsgang Nr. 13

Falls Sie nicht mit Polyester-Füllspachtel arbeiten mußten, weil die Unebenheiten der Schadensstelle nur geringfügig waren, konnten Sie die Seiten nach dem Abschnitt »Haftgrund oder Füllspachtel?« (Seite 95) bis hierher überspringen. Nur die Hinweise zum Trocken- und Naßschliff (Seite 99) sind für Sie wichtig, denn sie gelten auch für die weiteren Schleifarbeiten.

Wie bereits auf Seite 95 erwähnt, wird unter Polyester-2-Komponentenspachtel auf das blanke Blech kein Haftgrund gesprüht. Er wird jedoch gesprüht
■ unter Messerspachtel (Nitrokombinationsspachtel und Kunstharzspachtel) direkt auf das blanke Blech,
■ unter Messerspachtel auf Polyesterharz-Füllspachtel.
■ Haftgrund muß nicht gesprüht werden unter Messerspachtel auf Lack- und Spachtelschichten der gesunden Altlackierung, die zum Lackaufbau weiter verwendet werden soll. Aber es schadet auch nichts. Für diesen Fall muß aber die Altlackierung zuvor mattgeschliffen werden, am besten Naßschliff mit 320er Papier, wie im vorhergehenden Abschnitt beschrieben.

Fahrzeug behelfsmäßig abdecken

Bevor Sie auf den Sprühkopf der Sprühdose mit Haftgrund drücken, müssen Sie das Fahrzeug gegen den Sprühnebel abdecken, soweit es nicht lackiert werden soll. Dieses Abdecken und Abkleben vor der Endlackierung ist eine pingelige Arbeit, weil die Grenzkanten für den neuen Lack peinlich genau abgeklebt werden müssen. Diese Sorgfalt ist beim Abdecken vor dem Haftgrundsprühen nicht notwendig, weil ja nur die metallblanken Stellen und Füllspachtelschichten mit Haftgrund gesprüht werden müssen.

■ Kleben Sie darum etwas großzügig um die zu übersprühenden Flächen (natürlich innerhalb der später zu lackierenden Gesamtfläche) abdeckende Zei-

102

tungsbogen mit Tesakrepp an. Daran anschließend einen weiteren Ring Zeitungsbogen, der dachziegelartig unter dem inneren Zeitungsbogenring anschließt (damit kein Sprühnebel von der Arbeitsstelle her sich darunterschleichen kann).

◼ Weiter weg decken Sie das Fahrzeug vollständig mit Tüchern ab. Es können Bettücher sein, denn der nicht so feine Haftgrundnebel dringt auf größeren Abstand nicht durch das Gewebe (bei Farblacknebel ist das riskanter).

Über Art und Zweck des Haftgrundes lesen Sie auf Seite 61 mehr. Und so wird es verarbeitet:

Haftgrund sprühen

◼ Haftgrund-Sprühdose tüchtig in der Hand schütteln, bis die Mischkugeln einige Minuten gut hörbar geklickert haben. Auf ausreichende Sprühdosentemperatur (siehe Seite 69) achten.

◼ Den ersten Sprühspritzer mit zumeist dicken Tropfen aus dem Steigrohr seitab auf das Abdeckpapier spritzen. Danach alle blanken Metallflächen und Füllspachtelschichten in mehreren dünnen Schichten deckend überziehen. Die Sprühtechnik ist die gleiche wie bei den Lacksprühdosen (S. 112).

◼ Obwohl Haftgrund sehr schnell abtrocknet, soll man ihn 1 bis 2 Stunden vor der Weiterarbeit durchtrocknen lassen, damit alle Lösungsmittelanteile entweichen konnten und nicht die nächste Aufbauschicht beeinträchtigen.

Der Haftgrund wird grundsätzlich nicht geschliffen, wenn Messerspachtel darübergezogen werden soll, und das ist in der Regel der Fall, denn auch feine Kratzer kann Haftgrund allein nicht ausfüllen.

Falls Sie aber im Haftgrund – etwa weil Sie mit der Sprühdose zu nahe an das Blech herangingen – Laufträren (»Rotznasen«) gesprüht haben, dann sollten Sie nach etwa 2 Stunden Wartezeit (bei mehr als 15° C Arbeitsplatztemperatur; Laufträren trocknen langsamer) die ganze Fläche naß mit 240er oder 320er Papier schleifen, damit auf alle Fälle diese Laufträren weg sind. Danach wird die ganze Fläche nochmals (weil sowieso sicher einige blanke Stellen beim Schleifen herauskamen) mit Haftgrund (und ohne Laufträren) gesprüht. Man könnte diese Laufträren auch mit dem anschließend verarbeiteten Messerspachtel ausgleichen, aber da macht das Spachtelwerkzeug beim Drüberlaufen meist Wellenbewegungen, und man hat wesentlich mehr Arbeit mit dem Beischleifen des Spachtels.

Über den Haftgrund kommt als nächste Schicht der Fleck-, Zieh- oder Messerspachtel, dessen Eigenschaften auf Seite 64 ausführlich beschrieben sind. Erst dieser Spachtel auf Nitrokombinations- oder Kunstharzbasis (letzterer nur bei Kunstharz-Decklackierung!) gibt die feinporige Fläche, auf der der spätere Decklack wirklich »steht«, also Hochglanz bringt.

Messerspachtel ziehen
Arbeitsgang Nr. 14

Er kann nur in hauchdünnen Schichten verarbeitet werden, sinkt beim Trocknen durch seine starken Lösungsmittelanteile mehr oder weniger stark ein (im Gegensatz zum grobporigen Polyesterspachtel), so daß in der Regel mehrere dünne Schichten übereinander gezogen werden müssen. Aber die Gesamtschichtstärke sollte nicht mehr als etwa einen Millimeter betragen, eine dickere Schicht ist spröde oder trocknet mit Spannungsrissen ein.

Auch der feinste Nadelkratzer und jede gröber sichtbare Schleifkornrille (größer als 240er Papier) muß mit Messerspachtel ausgeglichen werden, ebenso jede kleinste Aussplitterung in der Altlackierung, die mit übersprüht werden soll. Der später aufgesprühte Decklack deckt solche winzigen Kratzer nicht gnädig zu, sondern macht sie durch seinen Hochglanz erst richtig sichtbar.

Es ist also gar kein Fehler, mit dem Messerspachtel großzügig zu arbeiten und mit dem breiten Japan-Flächenspachtel-Werkzeug (Seite 47) auch eine hauchdünne Schicht über die vorher mattgeschliffene Altlackierung, die mit überlackiert werden soll, zu ziehen. Auch wenn 95 % davon beim Endschliff wieder heruntergeputzt werden, sind doch mit Sicherheit alle porigen Stellen und feinen Kratzer in der Altlackierung gefüllt.

Diese qualitätsverbessernde Spachtel-Großzügigkeit macht klar, daß mit einer winzigen Spachteltube nicht viel anzufangen ist, sondern besser eine Dose mit Nitrokombinationsspachtel gekauft wird.

Auch beim Messerspachtel ist die »Topfzeit« nur wenige Minuten lang, obwohl es nur ein »Ein-Komponenten-Material« ist und somit gar keine Reaktionszeit hat. Aber der Nitrokombinationsspachtel beginnt sofort bei der Herausnahme aus Tube oder Dose (die immer gut verschlossen gehalten werden müssen) zu trocknen und bildet nach wenigen Minuten Trocknungskrümel, die die Verarbeitung dieser Spachtelportion sofort beenden. Es muß also schnell und zügig mit möglichst breitem Spachtelwerkzeug gearbeitet werden. Und so geht die Arbeit:

■ Spachtelwerkzeug sorgfältig in Aceton waschen, sorgsam mit fusselfreiem Lappen trocknen und auf vollkommen gratfreie Arbeitskante prüfen (mit der Fingerspitze prüfen; man spürt es besser, als es zu sehen ist).

■ Aus der Spachteltube oder -dose die erste dünne Schicht wegnehmen und wegwerfen, damit die dort stets vorhandenen Spachtelkrümel nicht die Spachtelschicht versauen (es gibt keinen schwächeren Ausdruck für den dadurch bewirkten Ärger).

■ Je nach Formung der Schadensstelle auf das bestgeeignete Spachtelwerkzeug (in der Regel möglichst breiten Flächenspachtel) an die Arbeitskante einen breiten Strang Messerspachtel geben und diesen wie einen Brotaufstrich ganz dünn und in schnellen Zügen auf die Schadensstelle ziehen. Sofort die nächste Spachtelbreite daneben anschließen lassen und mit eventuell formgebend durchgebogener Spachtelklinge (siehe Bild Seite 98) zu vermeiden suchen, daß zwischen den beiden Spachtelflächen ein Spachtelgrat entsteht. Keine langsamen Bewegungen, das gibt beim unvermeidlichen Handzittern Wellen! Wenn's was hilft, Atem anhalten bei jedem Spachtelstrich.

Glatt gespachtelt ist halb geschliffen!

Zur Ermunterung hier den wichtigen Merksatz:

■ Glatt gespachtelt ist halb geschliffen! Wenn nicht dreiviertel. Sie müssen das Spachteln sofort unterbrechen, wenn Sie in der Spachteloberfläche Rillen und Grate sehen. Haben sich doch schon an der Werkzeug-Arbeitskante trockene Spachtelkrümel oder zurückgebliebene Schleifstaubkörner angesetzt, die jetzt ihre Spur in die »Buttercreme« ziehen? Oder haben Sie die Werkzeug-Arbeitskante doch nicht fein genug auf dem Ölstein (mit Wasser!) abgezogen? Ursache erforschen und beseitigen. Und zwischen jeder neuen Portionsaufnahme das Werkzeug sorgfältig in Aceton waschen! Auch jede Spachtelportion rücksichtslos wegwerfen, wenn sich darin Krümel zeigen, Sparsamkeit hat da gar keinen Zweck, sondern verhindert jede ordentliche Arbeit.

Mehrere Spachtelschichten ziehen

■ Nach der ersten dünnen Spachtelschicht legen Sie jetzt eine Pause von wenigstens einer Stunde ein. Es wird kaum gelingen, in einer Schicht wirklich flächenglatt zu spachteln, denn der Nitrokombinationsspachtel »schwindet« beim Trocknen, man sieht also alle feinen Rillen, Schrammen und Poren wieder. In dieser Trockenpause können Sie, falls sonst nichts zu tun ist, bereits mit dem Abdecken und Abkleben des Wagens für die Decklackierung beginnen (Seite 108).

104

■ Zweckförmig ist es auch, mit superfeinem Schleifpapier 600 auf einem ganz glatten Schleifklotz kurz und behutsam trocken über die Spachtelschicht zu schleifen. Dem Auge vorher nicht sichtbare Unebenheiten in der Spachteloberfläche zeigen sich durch Glanzunterschiede sehr deutlich. Selbstverständlich wird hier noch nicht richtig geschliffen, das kommt später.

■ Stehengebliebene Spachtelgrate, die sich ohne Aufreißen des frischen Spachtels beim Spachteln nicht vermeiden ließen, kann man nach dem Durchtrocknen mit einem kleinen Schleifklotz und einem Stückchen Schleifpapier (etwa Körnung 320) abzuschleifen versuchen. Vorsicht, damit der Spachtel nicht doch noch aufgerissen wird. Andrerseits stören solche Grate beim Ziehen der nächsten Spachtelschicht sehr.

■ Nun wird die nächste Schicht Messerspachtel noch feiner, aber in anderer Strichrichtung, gezogen, so daß möglichst nur die eingesunkenen feinen Vertiefungen wieder ausgefüllt sind.

■ Wieder mindestens eine halbe Stunde trocknen lassen und noch eine dritte, ganz dünne Schicht drüberspachteln. Erst mehrschichtiger Spachtelaufbau sichert, daß alle Unebenheiten flächenglatt ausgefüllt sind.

Kein Zweifel: Messerspachtel ziehen ist eine Geduldsprobe. Aber sorgsames Spachteln lohnt sich.

Fingerzeig: *Bedenken Sie bei dieser feinen Spachtelarbeit, daß anschließend die Spachtelschicht vollständig bis zu ihrer tiefsten Riefe heruntergeschliffen werden muß. Wenn Sie also in einer feinen Rille noch den Untergrund (Polyspachtel, Blech oder Altlack) erkennen, müssen Sie nach Trocknen des Spachtels unbedingt noch eine weitere dünne Schicht drüberspachteln, bis alle Riefen gedeckt sind, sonst war alle Spachtelei »für die Katz«.*

Selten wird man eine solche Heimwerker-Lackiererei an einem einzigen Wochenende zu Ende bringen können, wenn es sich nicht nur um eine leichte Schramme oder dergleichen handelt. Irgendwann muß man unterbrechen und sein Auto wieder benutzen. Dementsprechend sieht man oft gespachtelte Autos umherfahren. Das sollte man aber nur bei trockener Witterung mehrere Tage oder gar eine Woche betreiben, denn vor allem der grobporige Polyesterspachtel zieht durch seine Kapillarwirkung Feuchtigkeit bis tief in die Schicht hinein, wenn es regnet oder Nebel herrscht. Das kann Unterrostungen des Lackaufbaus einleiten und wird sicher später zur Bläschenbildung im Lack führen. Schutz dagegen: Auch wenn noch nicht fertig gespachtelt und geschliffen ist, über die letzte trockene Spachtelschicht einen hauchdünnen Farb- oder Klarlacküberzug sprühen. Das sieht zwar scheußlich aus, aber es schützt den Spachtel und kann vor der Weiterarbeit ohne weiteres heruntergeschliffen werden.

Messerspachtel fein schleifen
Arbeitsgang Nr. 15

Selbstverständlich wird der Messerspachtel aus den auf Seite 99 aufgeführten Gründen naß geschliffen. Wie lange Sie nun brauchen, um die Spachtelschicht völlig glatt (nicht glänzend!) zu schleifen, hängt von der Geschicklichkeit beim vorhergehenden Spachteln selbst ab. Einige Spachtelgrate zwischen den einzelnen Spachtelstrichen und vor allem eine feine Riefigkeit in den Spachtelstrichen selbst (die unbedingt weggeschliffen werden muß) lassen sich aber auch vom Berufs-Lackierer kaum vermeiden, erst recht nicht vom Heimwerker. Nun soll, wie in den Gebrauchsanleitungen der Lacksprühdosenhersteller immer vermerkt, der Feinschliff mit 400er Schleifpapier vorgenommen werden. Damit muß man sich aber bei einer nicht sehr gut geratenen Spachtelschicht stundenlang abmühen, denn dieses feine Schleifpapier trägt ja auch nur entsprechend fein – also sehr langsam – die Spachtelschicht ab. Nach unseren Erfahrungen geht es besser so:

Die beiden Bilder auf dieser Seite zeigen noch immer den gleichen Käfer-Kotflügel von Seite 97, dessen Schadensstelle nunmehr auch mit Messerspachtel (Nitrokombispachtel) überzogen ist. Beachten Sie, wie hoch der Spachtel von der vorne unten liegenden Beule (Bild Seite 98) gezogen werden mußte, um alle feinen Unebenheiten auszugleichen. Man muß also den Spachtel »aus dem Vollen« verarbeiten, knickrige Sparsamkeit führt zu nichts. Das Bild zeigt, wie der Messerspachtel schließlich fein geschliffen wird. Dazu ist nur Naßschliff und ein mittelfeines Schleifpapier (Körnung 280 und zuletzt 320 bis 360) auf einem völlig plan gehobelten Hartholzbrett brauchbar. Falls Sie statt dessen eine Kork- oder Gummiplatte (Schwingschleifer) als Schleifunterlage benutzen, wird die Spachtelfläche wellig, wenn Sie die darunter liegende Füllspachtelschicht »anschneiden«.

■ Bei etwas grob geratener Spachtelschicht Naßschliff mit 280er Papier auf etwa handgroßem Hartholzklotz beginnen, aber sofort aufhören, wenn alle groben Grate und Unebenheiten gerade abgeschliffen sind.

■ Bei nur geringen Spachtelfehlern bzw. in Fortsetzung nach dem Beischleifen wird nun mit 320er Papier (bzw. P 400) vorgeschliffen bzw. weitergeschliffen, damit die feinen Spachtelfehler verschwinden und die gröberen Schleifspuren des 280er Papiers eingeebnet werden. Bei diesem Schliff muß die Fläche bereits völlig glatt werden.

Fingerzeige: *Wenn Sie beim Schleifen des Messerspachtels eine eventuell darunterliegende Polyesterspachtelschicht »anschneiden«, werden Sie mit Schleifpapier auf der puren Hand bald zu Ihrem Schrecken bemerken, daß Sie flache Mulden in den Polyspachtel schleifen, während sich rundum der Messerspachtel nicht so leicht wegschleifen läßt.*
Der Grund liegt in der unterschiedlichen Härte und Porigkeit des Materials. Polyspachtel ist härter und grobporiger, wird vom Schleifkorn demgemäß leichter abgeschliffen. Es hilft nichts, die Fläche muß noch einmal sorgsam getrocknet und mit einer dünnen Schicht Messerspachtel überzogen werden. Vorbeugung: Sowie eine

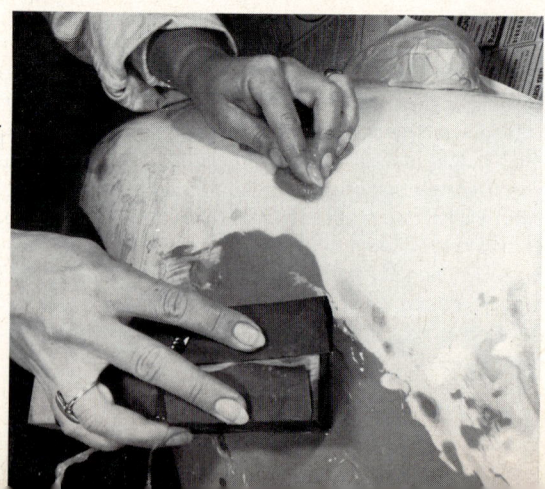

Vergleichen Sie dieses Bild genau mit dem Bild oben: Die gleiche Schadensstelle und gleiche Feinschliffarbeit. Trotzdem: Die Messerspachtelfläche ist kleiner und die Begrenzungsränder der Spachtelschicht sind zu weichen Übergangsflächen in die benachbarte Lackfläche geworden. Diese Spachtelschichtränder müssen wie ein Sprühnebel in die angrenzende Schicht übergehen, denn jede scharf abgegrenzte Kante ist nichts anderes als eine winzige Stufe, die beim späteren Überlackieren mit dem dünnschichtigen Decklack nicht zu übersehen ist. Man sieht, der Feinschliff ist eine mühselige Handarbeit, aber der Aufwand macht sich durch eine fachmännisch aussehende Lackierung bezahlt.

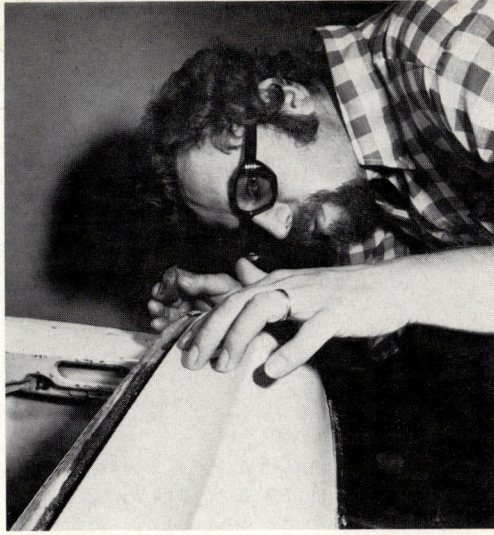

Benutzen Sie beim Feinschleifen fleißig ihre Fingerspitzen! Wer es noch nicht wußte, wird mit Überraschung feststellen: Die Fingerspitzen »sehen« (besonders bei Naßschliff) besser als die Augen auch die feinsten Riefen und Spachtelkanten in der matten Spachtelfläche. Und was Sie auf diese Art mit den Fingerspitzen »sehen«, das dürfen Sie nicht übersehen, sonst sehen Sie es ganz bestimmt, auch ohne Brille, nachher im hochglänzenden Lack als deutliche Unebenheit.

Polyspachtelschicht unter dem Nitrokombispachtel zum Vorschein kommt, nur noch mit Hartholzbrett als Schleifpapierunterlage weiterschleifen, um Schleifmulden zu vermeiden.

Spätestens bei diesem Feinschliff brauchen Sie ein weiteres »Werkzeug« – Ihre Fingerspitzen. Wer es noch nicht wußte, wird es jetzt mit Überraschung feststellen: Die Fingerspitzen »sehen« (besonders bei Naßschliff) besser als die Augen. Auch feine Riefen, Vertiefungen oder Spachtelschichtränder, die in der matten Spachteloberfläche vom Auge nur mit Mühe zu erkennen sind, spürt man unter den nassen Fingerspitzen ohne weiteres.

Fingerspitzen »sehen« mehr als die Augen

■ Schleifen Sie darum mit 400er Papier (bzw. P 600; Bedeutung des »P« siehe Seite 53) zuletzt die ganze Fläche, die lackiert werden soll, äußerst sorgfältig, bis auch alle Spachtelschichtränder nur noch ganz »unscharf« in die Altlackierung übergehen. Spülen Sie zwischendurch das Schleifpapier immer wieder sorgfältig ab, damit kein festgeklemmtes Sandkorn gröbere Schleiffrillen in die Fläche zieht, und fühlen Sie immer wieder die geschliffene Fläche mit den Fingern nach.

■ Zuletzt wird die ganze Fläche sorgsam mit frischem Wasser abgewaschen und gründlich durchgetrocknet.

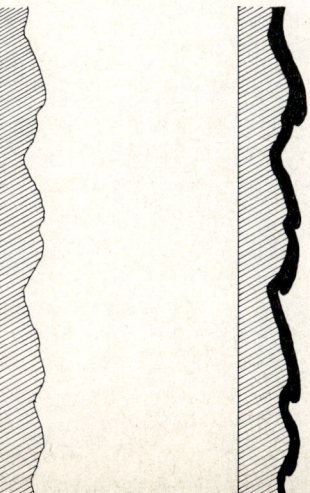

Es ist eine völlig falsche Hoffnung, daß sorglos aufs Autoblech gesprühter Lack kleine Unebenheiten und sonstige Nachlässigkeiten bei den Lackiervorbereitungen mitleidsvoll verstecken und zudecken werde. Das Gegenteil ist der Fall, wie diese Skizze veranschaulichen soll: Eine im matten und gespachtelten Zustand vielleicht ganz glatt aussehende Fläche (links in stark vergrößertem Querschnitt) wird durch darübergesprühten Lack nur noch unebener, weil der Lack an jedem Unebenheitsüberhang zu einem schichtdickeren Tropfen aufläuft (rechter Querschnitt). Die »Mulden« werden also tiefer, und ein übersehenes (kaum sichtbares) Staubkörnchen wird durch übergesprühten Lack um das Zwanzigfache seines Volumens vergrößert! Außerdem spiegelt der Hochglanz des Lackes jede vorher kaum auffallende Unebenheit nun unübersehbar.

Die drei Bilder auf diesen Seiten zeigen das richtige Abkleben. Zuerst Abklebestreifen von der Rolle schneiden, umgekehrt auf eine glatte Arbeitsfläche legen und den Rand des Zeitungsbogens in halber Abklebebandbreite daraufdrücken. Dazu kann man ruhig etwas gröber gekrepptes Abklebeband nehmen (siehe Seite 50), die Gefahr des unterkriechenden Lackes ist hier nicht so groß.

Arbeitsplatz zum Lackieren vorbereiten

Da beim nächsten Arbeitsgang die Sprühdose aktiv werden soll, müssen Sie sich jetzt den passenden Arbeitsplatz suchen, an dem Sie sich nicht am Lackdunst halbwegs vergiften. Darum wird die Lackiererei in der Regel im Freien stattfinden müssen. Da müssen Sie aber erst mal nach dem passenden Wetter schauen:
■ Geeignete Temperatur für den Lack? Siehe Seite 70.
■ Kein Nebel oder drohender Regen? Auch nach Stunden kann einsetzender Regen eine frische Lackierung verderben.
■ Kein Wind? Er bläst Staub, den schlimmsten Lackfeind, durch die Gegend und läßt den Lacksprühstrahl davonwehen.
Wenn es mit dem Wetter stimmt, verbleiben noch diese Platzbedingungen:
■ Nicht in der Sonne lackieren. Das angestrahlte Autoblech wird zu heiß für die Lackierung.
■ Nicht unter Bäumen lackieren. Von oben rieselt ununterbrochen feiner Schmutz herunter.

Fahrzeug abkleben und abdecken
Arbeitsgang Nr. 16

Kleben Sie jetzt ein fein gekrepptes Abklebeband (richtige Sorten siehe Seite 55) haarscharf an die Abgrenzungskante der Reparaturfläche. Dabei müssen alle feinen Randfalten, die hier über den schwarzen Pfeilen erkennbar sind, sorgfältig mit einem Messerrücken oder noch besser mit dem Fingernagel angedrückt werden, damit an diesem Rand auf keinen Fall der Lack unter das Abklebeband kriechen kann.

Wenn es in jeder Beziehung der richtige Tag ist, dann rangieren Sie also Ihren Wagen an den gewählten Platz und weiter geht es:
■ Mindestens die Autoseite, auf der ein Teil lackiert werden soll, mit feuchtem Fensterleder abwischen, damit der dort inzwischen vom Schleifen abgesetzte Staub gebunden und beseitigt wird.
■ Gummiumrandungen um Fenster, Dichtleisten oder Türdichtungsgummis, die abgeklebt werden sollen, mit einem verdünnergetränkten Läppchen (Nitro-

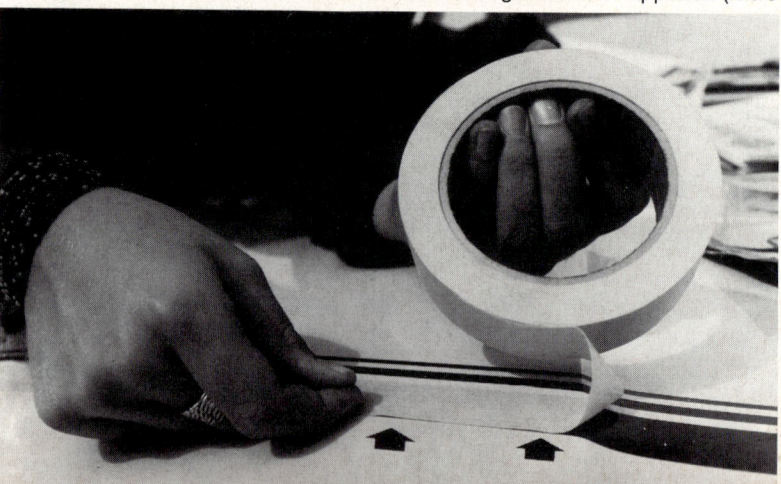

Der Fachlackierer schafft das Abkleben zwar mit einem einzigen Abklebstreifen, aber ein Heimwerker wird bei solch einem Versuch meist nur eine mehr oder weniger wellige Begrenzungskante zuwege bringen, weil ihn der anhängende Zeitungsbogen etwas behindert. Besser also ein zusätzliches fein gekrepptes Kantenband, wie im Bild links unten zu sehen, das sich allein leicht schnurgerade aufziehen läßt. Zuletzt werden dann die mit Abklebstreifen vorbereiteten Zeitungsbogen dachziegelartig über das Kantenband geklebt. Dabei kommt's auf leichte Schlangenlinien nicht an, solange nicht vorne oder hinten über die Klebebandkante hinausgeklebt wird.

Verdünnung) sorgfältig abreiben, sonst haftet das Abklebeband dort nicht zuverlässig.

■ Zeitungsbogen und Decken (siehe Seite 50), die zum Abdecken des Fahrzeugs benutzt werden sollen, im Freien, weitab vom Fahrzeug, tüchtig ausschütteln, staubsaugen oder ausklopfen. Papierbogen auf beiden Seiten am besten noch zusätzlich mit einem leicht angefeuchteten Lappen überwischen, um möglichst viel Staub zu beseitigen.

■ Jetzt wird die zu lackierende Fläche an ihren Begrenzungen – Konstruktionskante, Sicke, Falz oder Zierleistenuntergrund usw. – mit schwach gekrepptem Tesakrepp (z. B. Tesakrepp 308, 5277 oder »speziell Nr. 5276, zum Abkleben beim Fensterstreichen«; siehe Seite 55) und darüber mit Zeitungsbogen, wie in den Bildern gezeigt, abgeklebt.

Den »Luxus« solcher doppelter Klebestreifen an der Lackfläche leistet sich der Fachlackierer meistens nicht, aber wir haben festgestellt, daß es bei mangelnder Routine mit den etwas unhandlichen Zeitungsbogen zu schwierig ist, eine wirklich saubere und gerade Flächenkante zu kleben. Deshalb: Zuerst Begrenzungsklebeband sehr sorgfältig kleben und darüber dachziegelartig den Zeitungsbogen mit dem Kleberand.

■ Weiter außen werden mit wenigen Klebestreifstückchen weitere Papierbogen angeklebt, jedoch dachziegelartig unter die zuerst geklebten, damit der vagabundierende Farbnebel nicht unter die nächste Papierabdeckung auf das Auto, sondern abweisend darüber geblasen wird.

■ Der Rest des Fahrzeugs kann mit Decken abgedeckt werden, das ist einfacher als die Papierabkleberei. Aber Sie dürfen auch an der Gegenseite des Fahrzeugs nicht das kleinste Fleckchen unbedeckt lassen, denn der feine Sprühstrahl der Lacksprühdosen vagabundiert auch bei Windstille unwahrscheinlich weit, und wenn Sie links vorne auf dem Kotflügel eine Dose Lack versprüht haben, können Sie mit Sicherheit von einem etwa unbedeckten rechten hinteren Kotflügel Farbe mit Verdünner im Wattebausch abreiben. Die Arbeit kann man sich sparen. Auch Zierteile, die nicht demontiert werden mußten, wie z. B. Stoßstangen oder eine Auspuffblende, müssen mit Papier eingewickelt und mit Klebestreifen gesichert werden.

Der Fachlackierer hat eine staubfreie Kabine, an deren Wänden entweder Wasser herunterläuft oder deren Innenluft ständig abgesaugt und gefiltert wird. Als Heimwerker muß man sehen, wie man sich auf andere Weise irgendwie gegen

**Staubschutz
besonders wichtig**

Staub ist der schlimmste Feind beim Lackieren. Schwemmen Sie darum den Arbeitsplatz vor dem Lackieren in weiterem Umkreis tüchtig mit Wasser ein, um allen Staub zu binden. Ferner Bekleidung in respektvoller Entfernung vom Fahrzeug tüchtig ausschütteln oder staubsaugen. Und im Sommer schadet's gar nichts, wenn Sie auch die Ärmel und eine eventuelle Arbeitsschürze anfeuchten, damit auch von dort kein Staub in den frischen Lack rieselt.

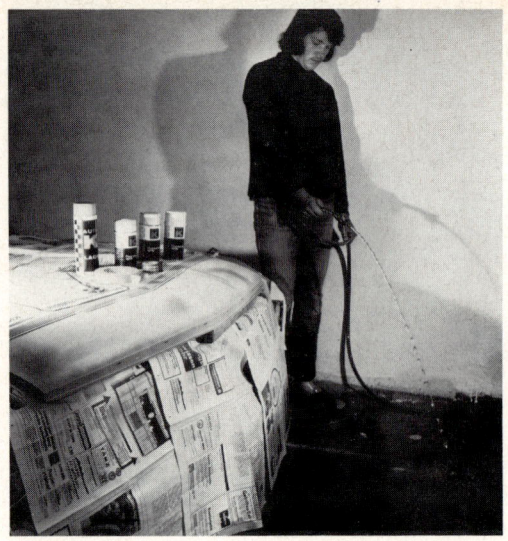

den Staub – den größten Feind beim Lackieren – schützen kann. Denken Sie an die Lackierer aus Vater Daimlers Zeiten (Seite 53). Auch wenn Sie sich nicht mit Ihrem Auto knöcheltief ins Wasser stellen müssen, so ist Wasser doch das beste Mittel, wie im Bild oben gezeigt.

»Füller« spritzen
Arbeitsgang Nr. 17

Trotz dieser Vorbereitungen zum Lackieren muß die Farblacksprühdose noch ein wenig warten. Denn auch Nitrokombinationsspachtel hat noch so große Poren (andernfalls würde er glänzen), daß sie vom Farblack nicht ausgefüllt werden können und der Lack, direkt aufgesprüht, nur matt würde. Auch feinstes Schleifen nutzt da nichts, denn beim Schleifen werden ja immer wieder neue Poren angeschnitten.

Um die Spachtelporen zu schließen, sprüht der Fachlackierer »Füller« darüber. Es ist also buchstäblich ein Poren-Füller.

Im Heimwerker-Sortiment ist das einfacher, denn hier wurde ein Kompromiß zwischen Haftgrund (zur besseren Haftung der Lackschicht auf dem Blech) und Füller (zum Schließen der Spachtelporen) im Sprühdosen-Haftgrund gefunden, wie auf Seite 62 beschrieben. Man braucht ihn also zum Lackaufbau als Heimwerker zweimal, wobei »in einem Aufwaschen« auch gleich die doch wieder da oder dort bis aufs blanke Blech geschliffenen Stellen den dringend notwendigen Haftgrund für den Decklack erhalten. Ideal ist das allerdings nicht, denn an diesen Stellen ist der nur zweischichtige Lackaufbau aus Haftgrund und Decklack doch reichlich dünn und nicht sehr haltbar. Aber noch mal Spachtel drüber ziehen (was eigentlich richtig wäre)? Man will die Geduld ja auch nicht ganz verlieren. Also:

■ Haftgrund als Füller über alle gespachtelten und blanken Stellen (dort etwas satter) sprühen. Dabei die einzelnen Sprühgänge in gut bemessenem Zeitabstand sprühen, damit ja keine Laufttränen entstehen (Haftgrund neigt auch nicht so sehr dazu). Die abgeschliffene Altlackierung, die ebenfalls lackiert werden soll, wird nur dann mit Haftgrund übersprüht, wenn mit dessen hellgrauem oder rostrotem Farbton ein starker Farbgegensatz zwischen altem und neuem Lack überdrückt werden soll (siehe Bild Seite 62), andernfalls ist »Füller« dort nicht notwendig.

■ Vor dem letzten Feinschliff Haftgrund wenigstens 2 Stunden (Richttemperatur 20° C) trocknen lassen.

Letzter Feinschliff
Arbeitsgang Nr. 18

Haftgrund ist durch seinen hohen Pigmentanteil in der Oberfläche zu »rauh«, um bei drübergesprühtem Farblack wirklich Hochglanz zu bringen. Vor allem Acrylharzlack (Dupli Color) wird auf ungeschliffenem Haftgrund allenfalls seidenmatt-glänzend. Darum muß nun zum letzten mal noch einmal besonders fein geschliffen werden, selbstverständlich naß.

■ Haftgrund und die angrenzenden Altlackflächen sehr behutsam (damit die Haftgrundschicht ja nicht durchgeschliffen wird) mit feinem Schleifpapier (mindestens Körnung 400, besser 500 und für Dupli Color 600 bzw. höhere »P-Ziffer« 600, 800 und 1000) naß schleifen. Damit werden dem Haftgrund die Spitzen »geklopft«, wie der Lackierer sagt.

Mensch, ärgere dich nicht

Oft werden bei diesem Feinschleifen wieder Teile der etwa andersfarbigen Messerspachtelschicht herauskommen und sich plötzlich kleine Riefen und Unebenheiten, die Sie beim Schleifen des Spachtels gar nicht bemerkt hatten, zeigen, weil Sie durch den darin sitzenden und noch nicht so tief weggeschliffenen Haftgrund deutlich erkennbar sind.
Da haben Sie leider vorher doch noch nicht so sorgfältig geschliffen, wie dies nötig gewesen wäre und Sie müssen nun noch einmal, wie beim »Mensch ärgere dich nicht«, zurück auf Nr. 17 (nochmals Füller spritzen) oder sogar auf Nr. 14 (nochmals Messerspachtel ziehen), wenn die Unebenheiten so deutlich sind, daß sie auch eine neue Schicht Haftgrund nicht ausgleichen kann.
■ Zum Schluß die Reparaturfläche gründlich waschen – es darf keine Spur Schleifstaub zurückbleiben –, sorgfältig trocknen und noch einmal schräg gegen das Licht mit dem Auge prüfen (die Fingerspitzen dürfen die Fläche nicht mehr berühren), ob wirklich alle Schleiffrillen und Unebenheiten verschwunden sind. Und ebenso scharf auf Staubkörnchen oder Fusseln achten. Der Lackierer benutzt zum letzten Wischen ein staubbindendes Tuch, das man als Heimwerker nicht hat (nicht verwechseln mit Klarsichttüchern für die Windschutzscheibe, sie sind mit einem Mittel getränkt). Wir wischen stattdessen ganz flüchtig (und leichtsinnig, aber es geht) mit der trockenen Handkante (die Handinnenfläche ist dagegen immer schweißig) über die ganze Fläche und nehmen den letzten Staub dabei mit.

Fingerzeig: *Wenn Sie beim letzten Feinschliff des Füllers immer wieder auf das blanke Metall kommen (darüber hält kein Decklack!), dann spritzen Sie zuerst auf diese blinkende Stelle und ihre nächste Umgebung eine Schicht andersfarbigen Füller (für helle Lackierungen also dunkelbraun) und nach dessen Abtrocknen die passende Füllerfarbe. Wenn Sie nun wieder schleifen, merken Sie am Durchschimmern der gegensätzlichen Füllerfarbe, daß jetzt gleich wieder blankes Metall kommt. Schliff dort sofort beenden!*

Farblack sprühen
Arbeitsgang Nr. 19

Jetzt wird's feierlich. Man möchte Schillers Lied von der Glocke zitieren: »Weiße Blasen seh' ich springen . . .«. Halt, nein, das ist die falsche Stelle, denn Sie haben ja
■ die richtige Farbe gewählt und im Zweifelsfalle eine Sprühprobe im Kofferraum (Seite 66) gemacht?
■ die richtige Lackart gewählt, die sich bei der gegebenen Arbeitsplatztemperatur (Seite 70) einwandfrei verarbeiten läßt und sich auch mit den bereits berarbeiteten Lackmaterialien problemlos verträgt (Seite 73)?

111

■ so viele Sprühdosen zur Hand, daß der Lack für die ganze Reparaturstelle ausreicht (Ergiebigkeit, Seite 75)?

■ Übrigens: Windstill ist es ja? Sonst fliegen Staub und Lack um die Wette durch die Gegend.

■ Und sehen Sie sich um, ob inzwischen der Arbeitsplatz zwecks Staubbindung nochmal eingenäßt werden sollte, denn jetzt kommt's drauf an!

Lacksprühdose schütteln

In der Gebrauchsanleitung jeder Lacksprühdose ist vorgeschrieben, daß sie mehrere Minuten kräftig geschüttelt werden muß. Man braucht dazu keine Stoppuhr, sondern hört schon am munteren Klickern der Mischkugeln, daß sie nicht mehr zähe durch den Lack treiben.

■ Dazu ist es vorteilhaft, die Lacksprühdose am Vorabend oder wenige Stunden vor dem Lackieren schon einmal kurz aufzuschütteln und hinzulegen, wenn sie vorher stand, bzw. umgekehrt, damit sich das unten abgesetzte Farbpigment verlagert.

■ Die Schüttelei der Sprühdose dient aber nicht nur dem Durchmischen des Farblacks, sondern bei kühler Temperatur noch mehr dem Aufwärmen der Sprühdose (Sprühdosen-Temperatur, Seite 66), um den Innendruck zu erhöhen. (Besonders wichtig für den Kunstharzlack von Ducolux!)

■ Nach dem Schütteln richten Sie den Sprühkopf der Dose nicht sofort auf das Autoblech, sondern pusten den ersten kurzen Strahl nebenan auf das Abdeckpapier oder in einen Kotflügel des Autos. Denn im Steigrohr der Sprühdose befindet sich immer ein undurchmischter oder vielleicht etwas eingedickter Lackrest vom letzten Dosengebrauch oder vom Befüllen. Dieser »Pfropfen« muß erst abgesprüht werden.

Kreuzgang, was ist das?

Auf den meisten Lacksprühdosen ist ein Gittermuster abgebildet, dessen »Fäden« jeweils am Ende mit dem nächsten verbunden sind. Nach diesem Muster soll man, ohne abzusetzen, erst waagrecht Streifen um Streifen sprühen und danach noch einmal das ganze senkrecht auf und ab. Der Lackierer nennt das »Kreuzgang« (im Bild oben links).

Was für den Fachlackierer bei seinen durchweg großen Flächen richtig ist, muß für die kleinen Heimwerker-Reparaturflächen nicht ebenso richtig sein. Denn bei kleinen Flächen hat »Kreuzgang sprühen« diesen Nachteil: In der Mitte der Hin- und Herbewegung ist die Bewegungsgeschwindigkeit am größten – genau wie beim Kolben im Motor –, der Lackfilm wird dort nur dünn. Am Ende der Sprühstreifen wird die Bewegung langsam und kommt beim Wenden zum näch-

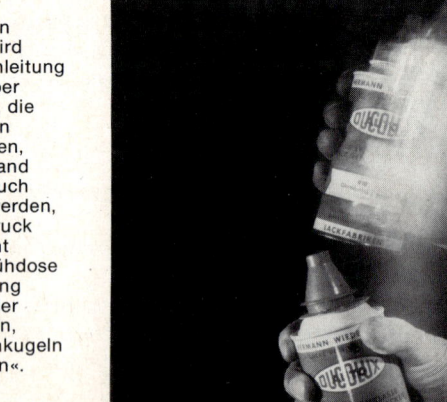

Das kräftige Schütteln vor dem Lackieren wird in jeder Gebrauchsanleitung empfohlen. Es hat aber nicht nur den Zweck, die Farbe im verflüssigten Treibgas aufzumischen, sondern durch die Hand soll die Sprühdose auch zusätzlich erwärmt werden, wodurch der Innendruck der Sprühdose erhöht wird. Darum die Sprühdose wirklich 3 Minuten lang mit fest umspannender Hand kräftig schütteln, auch wenn die Mischkugeln schon lange »klickern«.

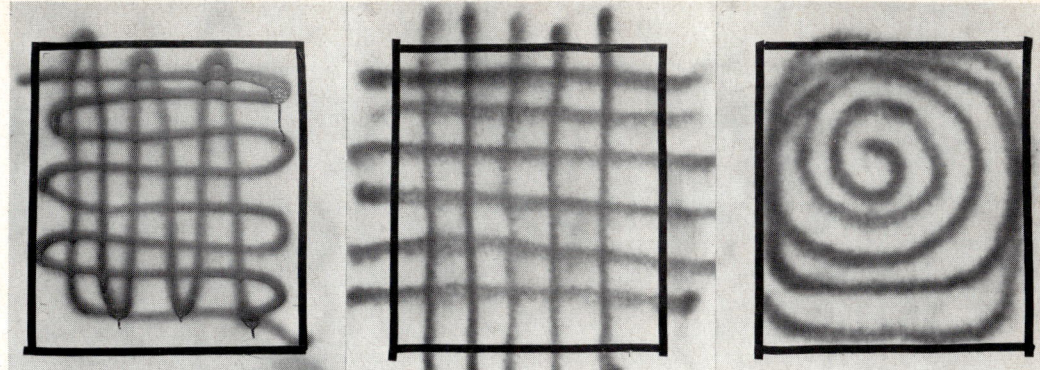

Auf drei Flächen, die hier durch dunklen Klebestreifen markiert sind, wurden die verschiedenen Sprühverfahren demonstriert (zur besseren Übersichtlichkeit allerdings in zu lockeren Streifen). Links das auf vielen Sprühdosen gezeigte Schema, das nicht zu empfehlen ist. Denn die bei der Hin- und Herbewegung zu unterschiedliche Bewegungsgeschwindigkeit und die Wendung innerhalb der Arbeitsfläche bewirken an den Endpunkten zu dicken Lackauftrag, was, wie hier deutlich zu sehen, leicht zu Laufträen führt. Wir arbeiten am liebsten, wie in der Mitte gezeigt, mit einem Kreuzgitter, bei dem

jeder Sprühstreifen außerhalb (!) der Arbeitsfläche beginnt und endet. Das gibt nach unserer Erfahrung eine gleichmäßige Lackverteilung, was vor allem beim Sprühen von Metalleffektlack wichtig ist. Ein anderer Vorschlag (von Wiederhold) ist die in der Mitte beginnende Schneckenrolle, bei der es keine Überschneidungspunkte der einzelnen Sprühstreifen mit entsprechend dickerem Lackauftrag gibt. Allerdings sollte man auch bei der Schneckenrolle (anders als hier gezeigt) die Kreise ungehemmt über die Lackierfläche hinausziehen, um Verdichtungen zu vermeiden.

sten Streifen ganz zum Stillstand. In diesem »Totpunkt« kommt zu viel Lack auf die Fläche – es gibt Laufträen, wie oben links an 4 »Wendepunkten« zu sehen. Es geht auf zwei Arten besser so (im Bild oben Mitte und rechts):

■ Wenn Sie in einer Art »Kreuzgang« sprühen, dann verbinden Sie die Enden der einzelnen Streifen nicht miteinander, indem Sie unentwegt weiter auf den Sprühkopf drücken. Sondern bei jedem einzelnen Streifen, erst hin und her, dann auf und ab, am Ende den Sprühkopf loslassen. Dabei muß der Sprühstreifen bereits eine halbe Handspanne vor und eine halbe Handspanne nach der Lackierfläche auf dem Abdeckpapier beginnen bzw. enden, damit die zu lackierende Fläche selbst völlig gleichmäßig besprüht wird und eventuelle Spucktropfen beim Betätigen des Sprühkopfes nicht auf die Lackierfläche treffen. Dabei muß unbedingt die Sprühdose über die ganze Breite der Lackierfläche in

Beim Lackieren muß die Sprühdose über die ganze Breite der Lackierfläche in gleichmäßigem Abstand und mit stetiger Bewegung hin und her bzw. auf und ab geführt werden. Man darf deshalb nicht, wie in der Skizze links gezeigt, »aus dem Handgelenk« oder »aus dem Ellbogen« arbeiten, also nicht von einem mittleren Haltepunkt die Sprühdose in beiden Richtungen schwenken, denn das gibt unterschiedliche Sprühentfernung und damit unterschiedliche Lackdeckung (besonders bei Metalleffekt!). Statt dessen muß die Sprühdose, wie in der Skizze rechts gezeigt, »aus der Schulter heraus« bewegt werden, wobei auch der Ellenbogen die ganze Bewegung mitmacht und damit gleichen Sprühabstand mit gleichmäßiger Lackdeckung sicherstellt.

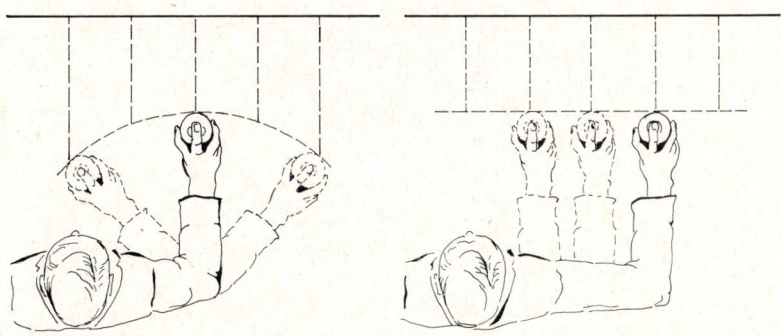

Der Sprühdosenabstand soll etwa 25 bis 30 cm betragen, das sagt jede Gebrauchsanleitung. Eine gute Hilfe ist die immer mal wieder »zwischengeschaltete« gespreizte Hand, das entspricht etwa der empfohlenen Entfernung. Gerade zu Anfang der Lacksprühdosen-Lehrzeit kommt man beim Sprühen dem Autoblech immer näher und immer näher. Und wundert sich dann über die vielen Bläschen im Lack. Denn dies ist der Hauptgrund für den 25-cm-Mindest-Abstand: Das als Verdünnung dienende Treibgas muß auf dem Weg zwischen Sprühkopf und Lackfläche seitlich verdampfen können, sonst gerät es mit in den Lack und schäumt dort in kleinen Bläschen wieder heraus. Daraus ergibt sich: Bei kühler Temperatur muß der Sprühabstand größer sein (bis zu 40 cm), bei sehr heißer Witterung darf man bis auf 15 cm herangehen, sonst ist der Lack (vor allem Acrylharz- und Nitrokombinationslack) schon »trocken«, bis er die Lackierfläche erreicht.

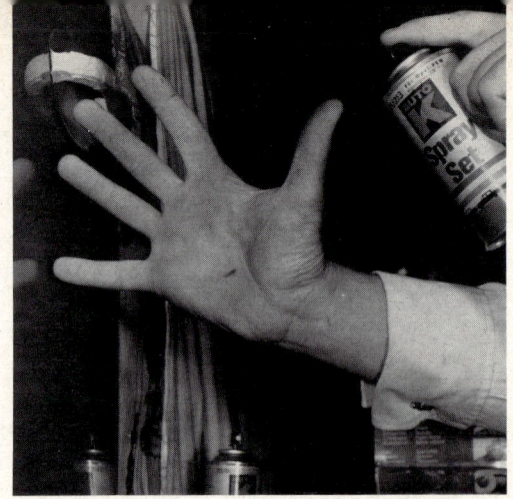

Beim Lackieren soll man die Sprühdose immer möglichst senkrecht halten. Das ist aber beim Lackieren waagerechter Flächen (wie im Bild oben und auf Seite 125) nicht so ohne weiteres möglich, und bei halbleerer Sprühdose bläst plötzlich nur noch Treibgas (meist

Auf richtigen Abstand achten

vermischt mit einigen ärgerlichen Lack-spuck-Tropfen) aus dem Sprühkopf. Sie brauchen dann noch nicht zur nächsten Sprühdose zu greifen, denn das nicht auf die Bodenmitte, sondern in die seitlich liegende Randkante ragende Steigrohr taucht nicht mehr in den Lack, sondern zeigt waagerecht nach hinten Abhilfe: Sprühkopf um 90 oder 180° drehen, so daß bei der jetzt gedrehten Sprühdose das Steigrohr (hoffentlich) wieder in den Lack eingetaucht ist, wie es die Skizze hier zeigt. So läßt sich auch der letzte Lackrest ausnutzen. Natürlich kann man die Steigrohrlage nur erraten bzw. ausprobieren.

gleichmäßigem Abstand mit stetiger Bewegung hin und her bzw. auf und ab geführt werden, wie in der Zeichnung auf der Vorseite gezeigt. Nur das garantiert eine gleichmäßige schnelle Bewegung über die Lackfläche hinweg.

■ Oder man lackiert – besonders kleinere Flächen – in einer »Schneckenrolle« (im Bild auf der Vorseite). Nach dem Absprühen der ersten (unbrauchbaren) Lacktropfen zielt man auf die Mitte der Lackierfläche und beginnt beim Druck auf den Sprühkopf sofort mit kreisenden Bewegungen in immer größeren Ringen um den zuerst gesprühten Mittelpunkt, wobei die »Drehzahl« um den Mittelpunkt bei den immer größer werdenden Ringen natürlich abnehmen muß, damit die Farbdeckung gleichmäßig bleibt.

Auf den meisten Sprühdosen ist vermerkt, daß man aus 20–25 bzw. 25 bis 30 cm Entfernung den Lack auf die Fläche sprühen soll. Diese Empfehlung gilt aber nicht auf den gleichen Zentimeter genau für alle Verhältnisse. Einerseits soll durch den Abstand vermieden werden, daß der Lack zu dicht auf eine zu schmale Fläche gesprüht wird (das gibt sogleich Lauftränen) und andrerseits muß auf diese Entfernung das als Lösungsmittel dienende Treibgas (Frigen oder Propan-Butan) bereits so weit »verdampft« sein, daß es nicht mit zu hohem Anteil in die Lackschicht gerät und erst dort in Form von Bläschen »ausschäumt«. Das

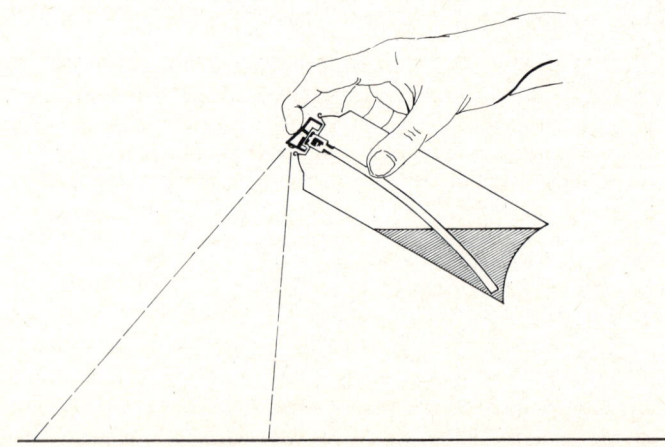

kann die ganze Lackschicht ruinieren und macht zumindest eine mühselige Austupfarbeit notwendig. In der Praxis bedeutet das:

○ Bei kühlen Temperaturen aus größerem Abstand – mindestens 30 cm, eventuell bis 40 cm – sprühen, damit das jetzt schwerer verdunstende Treibgas schon verschwinden kann und der auftreffende Lack nicht zu dünnflüssig ist.

○ Bei hoher Temperatur etwas näher – bis 20 oder sogar nur 15 cm – herangehen, weil bei größerem Abstand schon zu viel Treibgas verdampft ist, so daß der Lack »halbtrocken« auf dem Blech ankommt und dadurch apfelsinenschalenartig oder matt antrocknet.

Zuerst nur dünnen Hauch sprühen

Rom wurde nicht in einem Tag erbaut, und es ist unmöglich, mit einem einzigen Kreuzgang die Farbe deckend aufzusprühen – der Versuch gibt unvermeidbar Lauftränen, er mißlingt kläglich. Deshalb lackiert auch der Fachlackierer erst mal einen »halben Kreuzgang«. Damit ist nicht etwa ein Lackieren nur der halben Fläche gemeint, sondern ein Lackieren mit sehr schneller Armbewegung, bei der nur ein dünner Farbhauch über die ganze Fläche gelegt wird. Kein Farbtröpfchen berührt das nächste, so daß sie nicht miteinander verlaufen können, sondern jedes für sich »ablüftet«. Bei dieser ersten Stufe des Abtrocknens sind die abgelüfteten Lacktröpfchen schon klebrig fest und bilden für die Lacktropfen des nächsten vollen Kreuzganges eine Art Haltegitter. Dabei wird der abgelüftete Lack wieder angelöst und verläuft besonders gut mit dem frischen Lack zu einer glatten Fläche, hält aber den frischen Lack fest, so daß es keine Tränen gibt. Darum:

■ Mit »halbem Kreuzgang« oder schnell gesprühter »Schneckenrolle« nur einen gleichmäßig dünnen Farbhauch über die ganze Fläche legen.

■ Aufgesprühten Lacknebel »ablüften« lassen.

Danach zwei volle Schichten sprühen

■ Belton, Auto-K-Lack und Dupli Color sowie Prestoflux sind schon nach wenigen Sekunden (je nach Temperatur), Ducolux ist (ebenfalls je nach Temperatur) zwischen 10 und 40 Sekunden soweit abgelüftet, daß die nächste Lackschicht aufgesprüht werden kann. Bei dieser Lackschicht, die noch nicht deckend sein wird, sollen die Farbtropfen gut miteinander verlaufen.

■ Decklackschicht wieder, aber etwas länger, ablüften lassen.

■ Weitere Decklackschicht in Kreuzgang oder Schneckenrolle jetzt »satt« sprühen, daß möglichst der Untergrund nicht mehr durchschimmert, die Oberfläche zu einwandfreiem Hochglanz verläuft, aber auch keine Lauftränen entstehen. Wenn das alles gelungen sein sollte, dann hören Sie sofort mit der Sprühdose auf!

■ Wenn Sie jetzt noch nicht ganz zufrieden sind, machen Sie es bestimmt nur noch schlechter, wenn Sie hier und da noch einen »Schuß« Farbnebel hinsprühen. Lassen Sie es, auch wenn die Versuchung dazu – zugegeben – sehr groß ist. Denn im Zentrum der angesprühten Stelle gibt es jetzt doch noch Lauftränen und rund herum hat der vagabundierende Farbnebel, weil es zu wenige Tröpfchen sind, keinen Verlauf mehr und Sie haben dort einen »blinden Hof«.

■ Nur so läßt sich etwas verbessern: Die letzte Farbschicht mit mindestens doppelter Zeit ablüften lassen und nochmals die gesamte Fläche dünn übersprühen, daß die Farbe gerade zu Hochglanz verläuft.

■ Zum Schluß – auch zwischen allen einzelnen Sprühgängen – die Sprühdose mit dem Kopf nach unten halten und den Sprühkopf einige Sekunden drücken, bis aller Lacknebel aus dem Steigrohr und dem Sprühkopf gespritzt wurde, sonst klebt das Sprühventil zu. Den meist noch am Sprühventil anhaftenden Lacktropfen abwischen, dabei aber nicht das Sprühventil zuschmieren.

■ Haben Sie mit Kunstharzlack (Ducolux) gesprüht, unterstützt ein Heizstrahler(kein Heizlüfter! Er wirbelt Staub auf den Lack!) vorteilhaft die anschließende Trocknung. Heizstrahler nicht zu nahe aufstellen, damit die Lackfläche gleichmäßig erwärmt wird. Und Tageslicht braucht dieser Lack zum Trocknen!

Lauftränen machen traurig

Vor allem beim Lackieren einer Seitenwand des Autos laufen plötzlich, gewissermaßen aus dem Nichts entstehend, Lacktränen im frischen Lack herab. Der Lackierer nennt sie anschaulich »Rotznasen«, womit gleich der Ärger demonstriert wird. Diese Neigung zu Lauftränen ist allerdings bei keiner der von uns erprobten Lacksprühdosen bei richtiger Temperatur besonders ausgeprägt. Beim Lackieren mit einer Spritzpistole ist die Gefahr schon größer, weil man sich leicht mit der Verdünnung vertun kann. Mit den bewährten Sprühdosen kann man sie aber gut vermeiden. Trotzdem empfiehlt es sich durchaus, eine Fläche, wenn möglich, in waagrechter Lage zu lackieren, also ein demontierbares Autoteil auch wirklich abzubauen. Lauftränen gibt es:

○ bei niedrigen Temperaturen eher als bei guter Arbeitsplatzwärme, weil bei Kälte die Lackverdünnung nicht schnell genug verdunstet,

○ bei zu knapper Sprühentfernung, wenn das Treibgas mit in die Lackschicht gesprüht wird,

○ bei dem unglücklichen Versuch, schon beim ersten Sprühgang sofort farbdeckend zu lackieren. Statt dessen hält der abgelüftete erste Sprühnebel die deckende Farbschicht fest und verhindert Lauftränen.

○ bei dem ebenfalls unglücklichen Versuch, eine in die nasse Lackschicht geratene Fliege herauszupicken und das entstandene Loch in der Lackierung mit einem »Sprüh-Schuß« wieder zu schließen.

Was tun, wenn doch

Es ist noch kein (Lackier-)Meister vom Himmel gefallen und deshalb gibt es ganz bestimmt doch mal Lauftränen. Was tun, wenn? Und was läßt man besser bleiben?

■ Tupfen Sie niemals eine Laufträne mit einem Läppchen ab. Erstens bleiben dann in der ganzen Umgebung der Schadensstelle die Fusseln des Läppchens hängen (das muß dann auch noch runter) und zweitens gibt es an der Stelle der vormaligen Laufträne eine tiefe Delle mit steilen Lackrändern (natürlich in Millimeter-Bruchteilen, aber hier geht es ja um Tausendstel-Millimeter!). Diese Stelle bekommen Sie niemals mehr flächenglatt zu und vor allem gibt es beim Reparaturversuch durchweg wieder Lauftränen durch die zu dicken Lackrandzonen.

■ Schaben Sie niemals die Laufträne in einem schmalen Streifen mit dem Spachtelwerkzeug aus der Lackfläche. Auch das gibt steile Lackränder, die sich nicht mehr flächenglatt anschließen.

■ Allenfalls können Sie mit einem spitzen Ausfleckpinsel (Wasserfarbenpinsel) die Lauftränen herauszutupfen versuchen. Viel Handfertigkeit gehört dazu, aber hinterher sieht diese Stelle doch so aus als wäre sie mit dem Küchenschrank-Pinsel und halbtrockenem Lack gestrichen worden.

■ Die Radikal-Lösung: Nehmen Sie Ihr breitestes Spachtelwerkzeug und schieben Sie die ganze Lackschicht behutsam herunter, ohne daß dabei der Untergrund angekratzt wird. Der letzte Rückstand wird dann entweder mit Nitroverdünnung abgewaschen oder – noch besser – man läßt die Fläche mehrere Tage trocknen, schleift noch mal ganz fein und lackiert noch mal von vorne – diesmal ohne Rotznasen. Verdammt nochmal!

■ Aber das scheint uns der beste Trick, wenn die Lauftränen nicht zu weit weg von der unteren Kante der Lackierfläche sitzen: Die Lauftränen »ziehen«, d. h. überschüssig viel Lack an den »Fuß« der Lauftränen sprühen, daß sie flott ins

Laufen kommen. Dadurch bilden sich seitlich weitere Lauftränen oder ganze »Laufwellen«. Hilft nichts, immer feste sprühen, bis die ganze Fläche ins Fließen gerät und den Lack gut fließend hält! Dieses Verfahren ist nichts anderes als eine Art »Tauchlackierung«, bei der der Lack hinterher ja auch abtropfen muß. Bei warmem Wetter ist dieses Verfahren nicht so leicht erfolgreich – der Lack trocknet doch zu schnell, aber bei kühler Temperatur um 10° C (mit entsprechender Lackart) gelingt das ganz gut. Allerdings: Die Sprühdose wird schnell leer, es kostet eine Menge Lack (die man aber doch gebraucht hätte, wenn alles noch einmal lackiert werden müßte). Wenn der Untergrund einwandfrei geschliffen war, kann es eine völlig glatte, hochglänzende Fläche geben. Aber das geringste Staubkorn und die geringste Unebenheit im Untergrund bringen unvermeidbar »Lauflack-Wellen«, weil daran der Lack hängenbleibt.

■ Versuchen Sie niemals, Lauftränen (oder Schmutz, Fliegen usw.) mit Verdünnung aus dem Lack zu bügeln. Das geht immer schief und nur eines ist gewiß: Der Schaden wird noch schlimmer.

Vor allem beim länger trocknenden Kunstharzlack ist es fast unvermeidbar, daß sich im feuchten Lack kleine Fliegen niederlassen oder Staub und winzige Fusseln ankleben. Was ist zu tun?

Schmutz im Lack

Für diese Fälle haben wir Ihnen als Hilfswerkzeuge eine feine Pinzette, einen spitzen Ausfleckpinsel und eine Dekorationsnadel (Seite 56) empfohlen. Sie sollten schon vor dem Lackieren griffbereit liegen.

■ Gerät eine Fliege oder eine Staubfussel in den noch fließenden nassen Lack, wird sie mit der Pinzette oder der spitzen Dekorationsnadel vorsichtig herausgepickt. Der nasse Lack dann noch in dem »Krater« zusammenfließen oder es wird noch ein wenig mit dem Ausfleckpinsel nachgeholfen. Aber auf keinen Fall zusätzlich Lack dorthin sprühen.

■ Ein Staubkorn im Lack war meist schon vorher da und man hat es nur übersehen. Durch den übergesprühten Lack wird es etwa zwanzigfach vergrößert. Es ist nicht zu übersehen und muß heraus. Das macht man sofort, bevor der Lack abgelüftet hat, am besten mit dem Ausfleckpinsel, der dazu aber wirklich spitz sein muß. Sind es zu viele Staubkörner, müssen Sie sich entscheiden: Entweder die Lackschicht noch einmal mit dem Spachtelwerkzeug abschieben und alles noch einmal, aber mit mehr Säuberlichkeit, frisch lackieren. Oder Sie lassen den Staub im Lack, lassen diesen mehrere Wochen trocknen und polieren dann die Fläche glatt (siehe Seite 122).

■ Klebt eine Fliege oder ein Staubfussel am zunehmend mehr abtrocknenden Lack an, dann stören Sie sich erst mal gar nicht daran, sondern lassen den Schmutz in aller Ruhe zusammen mit dem Lack trocknen. Nach einigen Tagen oder Wochen ist die Fliegenleiche ausgetrocknet und mit einem Handwischer ist alles weg. Allenfalls noch mit ein wenig Autopolitur das hängengebliebene Mückenbein herauspolieren.

■ Wenn Treibgas-Verdünnung in die Lackschicht gekommen ist, schäumt sie in Bläschen an die Lackoberfläche und bleibt dort hängen. Nach unseren Erfahrungen ist die Dekorationsnadel das beste Werkzeug, mit deren Spitze man ganz schnell in die Bläschensammlung sticht, bis alle geplatzt sind.

■ War Schmutz in den halbtrockenen Lack geraten, der unbedingt heraus mußte, und hat es dabei ein Loch im frischen Lack gegeben, kann man oft die Ränder des noch weichen Lackes mit dem dicken Kopf der Dekorationsnadel zu einer ebenen Punktfläche zusammenkneten. Oder man setzt, wie bei einem Steinschlag, einen Tropfen Lack mit dem Ausfleckpinsel in das aufgerissene Loch, nachdem die weichen Lackränder heruntergedrückt wurden.

Fehlertabelle
in der vorderen
Buchklappe

Mit Schmutz und Lauftränen ist die Zahl der möglichen Mißgeschicke beim Lakkieren leider noch nicht erschöpft. Zwar sind sie alle in diesem Buche beschrieben, aber wenn die Lackiererei schiefzugehen droht, tut Eile not. Deshalb finden Sie in der vorderen Buchklappe eine ausführliche Fehlertabelle mit Hinweisen auf Ursache und Abhilfe.

Der Lack trocknet

Das sind nach dem bereits beschriebenen Ablüften die einzelnen Trocknungsstufen des Lackes (siehe auch Seite 71):
■ »Staubtrocken« ist der frische Lack, wenn er keine umherfliegenden Staubfusseln mehr bindet. Dann kann z. B. das Abdeckpapier wieder unbesorgt abgenommen werden. Aber berühren darf man den Lack noch nicht.
■ Berührungsfest ist der Lack, wenn man bei einem vorsichtigen Versuch an einer unauffälligen Stelle an der (sauberen!) Fingerspitze kein Kleben mehr spürt und beim Blick schräg gegen das Licht keine sichtbare Fingerspur zurück bleibt. Danach kann man, wenn es sein muß, mit seinem frisch lackierten Auto gemächlich losfahren, aber scharfe Fahrt würde den überall vorhandenen Staub noch in den Lack pressen.
■ Griffest ist der Lack, wenn man ihn mit der ganzen Hand (muß unbedingt sauber sein!) ohne Druck und für wenige Augenblicke ohne Schaden berühren kann. Aber es wäre noch zu früh, ein frisch lackiertes Autoteil in diesem Zustand zu montieren, denn dazu muß man meistens etwas intensiver und länger zupakken. Besser noch warten.
■ Abklebfest wird der Lack erst, wenn er so weit durchtrocknet ist, daß man ihn mit Tesakrepp abkleben kann (z. B. zum Kantenabkleben für eine Zweifarbenlackierung), ohne nach Abziehen des Abklebebandes Lackmattierung und Klebemittelrückstände (die sich in den Lack einfressen und kaum noch wegzupolieren sind) befürchten zu müssen. Besser ist allerdings sowieso, noch einige Stunden oder gar Tage mit dem Überkleben zu warten, wenn dies möglich ist.

Schlußarbeiten
Arbeitsgang Nr. 20

■ Noch bevor der Lack staubtrocken ist — also bald nach dem Ablüften — sollen bereits jene Abklebbänder abgezogen werden, die direkt die frische Lackfläche eingrenzen. In diesem Zustand ist der Lack noch so weich, daß die Lackränder mit dem Abklebband nicht aufreißen, sondern sozusagen in sich verschmelzen. Wartet man länger, gibt es eine harte, meist gratige Kante.
Damit das Abklebband beim Abziehen keine weichen Farbfäden ziehen kann, wird es weder flach nach oben, noch in starkem Knick gegen den restlichen Klebestreifen (dann splittert Lack ab und klebt auf dem frischen Lack fest, sondern etwa im rechten Winkel gegen die frische Lackfläche hin abgezogen. Dadurch wird der Lackrand etwas »eingebügelt«.
■ Zum Abziehen der übrigen Fahrzeugabdeckung warten Sie jedoch, bis der Lack staubtrocken ist, denn Staub gibt es bei dieser Arbeit auf jeden Fall und der soll nicht gleich den frischen Lack verzieren.
■ War das neu lackierte Autoteil vom Fahrzeug abgebaut, warten Sie mit der Montage möglichst lange — bei Nitrokombinations- und Acrylharzlack mindestens einen Tag, bei Kunstharzlack wenigstens zwei Tage.
■ Das war's! Na, wie war's denn?

Sparmaßnahmen

Die sauberste Lackierung gibt es, wenn, wie auf den vorhergehenden Seiten beschrieben, die Reparaturfläche bis zur nächsten Konstruktionskante, Sicke oder bis unter die nächste Zierleiste lackiert wird. Das ist eine Lackfläche aus gleichem Material, die mit gleicher Farbnuance altert und gleichmäßigen Pflegeanspruch bei gleichartiger Glanzbildung hat. Aber es macht meist mehr Arbeit, als der eine oder andere Heimwerker aufbringen mag.

Da wird dann probiert, eine markstück- oder vielleicht auch handtellergroße Fläche Lack in eine sonst noch ordentliche Altlackierung zu sprühen, weil nur eine kleine Beule oder Schramme ausgebessert werden muß. Das wird ohne zusätzliche Tricks wenig Freude machen, denn um einen vielleicht hochglänzenden Mittelpunkt hat sich in weiterem Umkreis der vagabundierende Lacksprühnebel mit nur so wenigen Lacktropfen abgesetzt, daß diese nicht miteinander verlaufen können und einen mehr oder weniger breiten matten Umkreis bilden. Das nennt der Fachlackierer einen »blinden Hof«, wie man ihn bei leichtem Nebel um den Vollmond am Himmel sieht.

Der »blinde Hof« stört

Es ist sehr schwierig, solch eine matte Fläche wirklich hochglänzend auszupolieren und dabei einen unauffälligen, hochglänzenden Übergang von der Altlackierung zur Nachlackierung zu erreichen. Aber auch wenn man den Hochglanz erreicht, wird die Reparatur-Lackierung nach spätestens einem Jahr in Glanz und Farbton von ihrer Umgebung abweichen. Das liegt am Unterschied von Einbrenn- und lufttrocknender Lackierung, an unterschiedlicher Lackbasis und schließlich daran, daß durch das Polieren die besonders widerstandsfähige Lackoberfläche abgetragen ist. Der Lack darunter ist witterungsanfälliger.

Um solch einen »blinden Hof« ganz zu vermeiden, gibt es allerdings einen guten Ausweg:
Überlegen Sie, ob Sie solch eine kleine Schadensstelle nicht einfach andersfarbig in einer kantenscharf abgeklebten (und daher durchweg hochglänzenden) geometrischen Form lackieren könnten. Das setzt allerdings die Absicht voraus, daß das Auto ein wenig »poppig« aufgemacht werden soll oder bereits ist. In letzterem Falle gibt es sogar die Möglichkeit zu einem weiteren speziellen Farbschnörkel. Mehr darüber Seite 146.

Ausweg: Farbkontrast lackieren

Oder Sie lackieren unter Einbeziehung der vielleicht schmalen Schadensstelle einen Zierstreifen. Das wäre beispielsweise bei einer Schramme über Kotflügel und Tür recht attraktiv. Es muß keine kreischende Signalfarbe sein, wenn Sie Ihren Wagen nicht auf »möchtegern-sportlich« trimmen wollen, denn ausgesprochen elegant wirkt ein Zierstreifen, der nur um einige Farbtöne von der Originallackierung abweicht, also etwa chamois-gelb auf mais-gelb oder ähnlich. Wie die Tesa-Zierlinien-Abdeckbänder zu handhaben sind und die Arbeit erleichtern, ist ab Seite 135 ausführlich beschrieben.

Mit Sprüh-schablone »Lack in Lack«

Zumeist möchte man aber den gleichen Farbton auf eine kleine Fläche innerhalb der noch einwandfreien oder wenigstens guten Altlackierung spritzen. Man nennt dies Lackieren »Lack in Lack«, wobei in unserer Heimwerkerei zwar der Farbton, aber leider nicht die Lackbasis übereinstimmt, was die vorher beschriebenen Glanz- und Farbtondifferenzen nach einiger Zeit bewirkt.

Ganz läßt sich der »blinde Hof« beim »Lack-in-Lack«-Verfahren nicht vermeiden, aber man möchte ihn doch so schmal wie möglich halten. Zu dicht abkleben an der Schadensstelle kommt dafür nicht in Frage, denn das gibt statt des »blinden Hofes« scharfgratige Lack-Kanten, die gar nicht mehr richtig einzuebnen sind.

Schmäler wird aber der »blinde Hof« durch die Verwendung einer Sprühschablone, die die nach der Seite wegstrebenden Sprühnebelanteile weitgehend auffängt. Die Arbeit geht dann so:

■ Aus einem genügend großen (möglichst größer als ein Bogen Schreibmaschinenpapier) leichten Karton wird mit der Schere ein Loch in Form der Reparaturstelle, aber etwas kleiner als diese, herausgeschnitten. Der Karton muß genügend groß sein, damit man aus etwa 25 cm Abstand nicht daran außen vorbeisprüht.

■ Das Loch in der Schablonenpappe mit den Fingern rundum entsprechend der Reparaturstelle größer reißen, damit es ganz unscharfe Ränder gibt (bringt »weicheren« Lackflächenübergang zur umgebenden Lackfläche).

■ Die Schablone soll an einer Schmalseite gehalten werden. Auf der gegenüberliegenden Schmalseite werden an den Ecken je eine lange Stecknadel durchgesteckt, die etwa 2 bis 3 cm herausragen. Sie müssen verhindern, daß die Schablone vom Sprühstrahldruck gegen die Reparaturfläche geblasen wird und den nassen Lack berührt.

■ Die Reparaturfläche wird, wie auf den vorhergehenden Seiten beschrieben, sorgfältig entfettet, gespachtelt, geschliffen usw., doch wird die Altlackierung nicht mehr als 2 oder 3 cm über die eigentliche Reparaturfläche hinaus matt geschliffen.

■ In einem weiteren Umkreis von etwa 10 cm Abstand wird die Reparaturstelle unregelmäßig – kein exaktes Viereck! – abgeklebt.

Soll innerhalb einer noch einwandfreien Lackfläche ein kleiner Lackschaden ausgebessert werden, dann wird nach den entsprechenden Vorarbeiten die Schadensstelle in einem weiteren Umkreis von etwa 10 cm Abstand möglichst unregelmäßig abgeklebt. In dieser großzügig bemessenen Fläche muß man mit »vagabundierendem Sprühnebel« beim Lackieren rechnen. Bei einem exakt abgeklebten Rechteck wären die entsprechenden Sprühnebelkanten später nicht zu übersehen, bei unregelmäßig abgeklebter Fläche fällt es weniger auf. Nie sollte solch eine Fläche zu eng begrenzt abgeklebt werden, denn das ergäbe bei dichterer Lackschicht an der Abklebkante häßlichauffällige Lackkanten, die sich kaum »beischleifen« lassen.

■ Sprühschablone sorgfältigst entstauben, am besten zur Staubbindung feucht abwischen, aber nicht durchfeuchten.

■ Nach dem Durchmischen der Lacksprühdose die Sprühschablone in etwa 2 bis 3 cm Abstand vor die Reparaturfläche halten, haltende Hand auf der abgedeckten Fläche abstützen, ebenso Gegenkante der Schablone durch Distanz-Stecknadeln.

■ Aus richtigem Sprühabstand gegen das Loch in der Sprühschablone sprühen. Schwierigkeit: Da man nicht aus gleicher Richtung wie der Sprühkopf durch das Schablonenloch schaut, ist die Wirkung des Lacksprühstrahls mehr zu ahnen als zu sehen. Vor allem ist die Entwicklung von Laufträren nicht zu beobachten. Deshalb jeweils nur ganz kurzen Farbhauch sprühen, Schablone abheben, Erfolg feststellen, entsprechend weitersprühen, damit genügend Material zum späteren Schleifen da ist.

■ Falls es, wie hierbei sehr leicht, Lacktränen gibt, schiebt man den verunglückten Lack am besten mit dem Spachtelwerkzeug ab (Bild Seite 137) und wäscht den Rest mit Nitroverdünnung herunter, schleift nach dem Trocknen nochmals fein und versucht sein Glück von vorne.

■ Wenn es gelingt, wird die Fläche in der Mitte zu Hochglanz verlaufen, aber rundum gibt es den beschriebenen »blinden Hof«, der um so schmaler ist, je genauer man in die Sprühschablone die Form der Schadensstelle geschnitten und gerissen hat.

■ Wenn die Lackfläche bis zu den Abklebebändern oder auch nur bis an einige Stellen derselben zu Hochglanz verlaufen ist, ist die Lackierung mißglückt, weil es kaum möglich ist, die dabei entstehende Lackkante später ohne Durchschleifen der äußeren Lackfläche beizuschleifen. In diesem Fall muß der Abklebkreis erweitert und noch ein blinder Hof an die Lackkante angesprüht werden.

■ Abklebebänder und Abdeckbogen abnehmen, wenn der Lack staubtrocken ist.

■ Wenn sich an den Abklebbändern durch den Sprühstrahlstau eine dickere Farbschicht abgesetzt hat, die zur Mitte hin dünner wird, kann der äußere Rand alsbald vorsichtig mit einem verdünnergetränkten sauberen Läppchen weggewischt oder »glattgebügelt« werden. Mit der Hochglanzmitte oder dem eigentli-

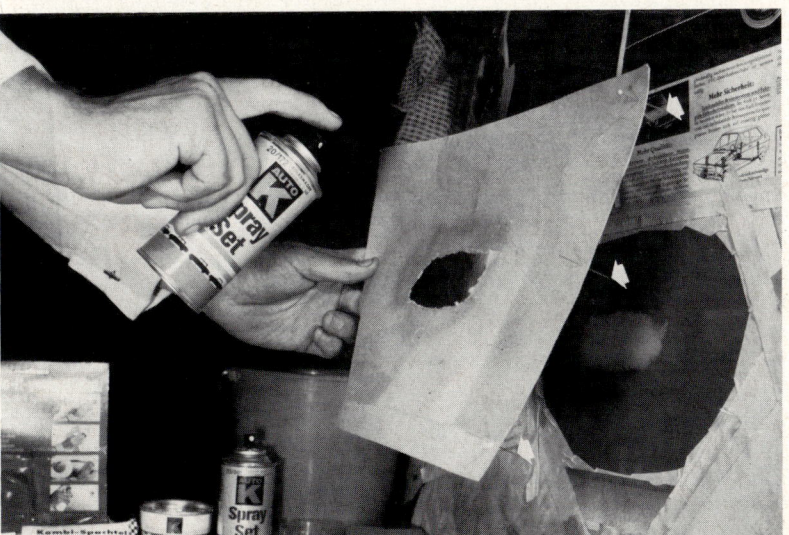

Aus dem leichten Schablonenkarton wird ein Loch, entsprechend der Schadensstellenform, herausgeschnitten und gerissen. Damit der Karton nicht vom Sprühstrahl gegen die frische Lackfläche geblasen wird, steckt man an der Außenkante kräftige Steck- oder Dekorationsnadeln durch den Karton (weiße Pfeile). Das sichert den gleichmäßigen Abstand von 2 bis 3 cm von der Lackfäche. Die linke Hand hält die Schablone und stützt sich dabei auf den Abklebbogen ab. Mit der Sprühdose zielt man schließlich auf das Schablonenloch, hebt die Schablone nach jedem »Puster« ab, um den Erfolg zu kontrollieren, bevor Rotznasen im Lack herunterlaufen.

chen »Hof« darf das verdünnergetränkte Läppchen auf keinen Fall in Berührung kommen – der Lack reißt zu scharfen Kanten auf, die sich nicht beischleifen lassen.

»Blinden Hof«
polieren

Nicht nur beim »Lack-in-Lack-Sprühen« durch die Schablone entsteht ein »blinder Hof«, sondern auch beim normalen Lackieren einer für die Arbeitsplatztemperatur zu großen Fläche können solche matten Placken entstehen, weil der Lack bereits zu stark angetrocknet war, bevor er zu Hochglanz verlaufen konnte (um solche blinden Stellen möglichst zu vermeiden, sollen größere Flächen ja auch möglichst mit dem langsamer trocknenden Kunstharzlack lackiert werden). Das Problem, matte Lackstellen doch noch zu Hochglanz zu bringen –, wenn es nicht am schlecht vorbereiteten Untergrund liegt; siehe Fehlertabelle in der vorderen Buchklappe –, hat man also nicht nur nach dem Sprühen durch die Schablone.

Die Ratschläge, einen solchen Sprühnebel wegzupolieren, können in Anbetracht der unterschiedlichen Eigenschaften der Lackarten auch durchaus verschiedenartig sein. So wird empfohlen:

■ Matten Kunstharzlack mindestens 3 Tage trocknen lassen. Dann nur mit Hartwachs, also Lack-Konservierer (Seite 36), matten Sprühnebel polieren. Nach unseren Beobachtungen hält diese Glanzwirkung nur solange der Lack-Konservierer wirkt, dann ist alles wieder matt.

■ Matten Nitrokombinations- und Acrylharzlack schon nach etwa einer Stunde (Temperatur etwa 20° C vorausgesetzt) mit einer »Hochglanzpolitur mit nur sanfter Schleifwirkung« (das wäre eine Autopolitur ohne Lackreinigeranteile aber mit geringem Schleifmittelanteil) polieren. Davon bekommt man aber die apfelsinenschalenartige Narbigkeit des vorher blinden Hofes nicht weg und wirklichen Hochglanz gibt es auch nicht.

»Polier-Lackierung«

Nach unseren Erfahrungen ist es am besten, den matten Lack so zu behandeln, wie man früher Nitropolierlackierungen (siehe Seite 57) aufarbeitete. Das setzt allerdings eine genügend »dicke« Lackierung voraus, bei der genügend »Fleisch« zum Beischleifen vorhanden ist und außerdem scheint uns für diesen Zweck Nitrokombinationslack (Belton oder Auto-K-Lack) geeigneter, weil er ein Polierschleifen besser als Kunstharzlack verträgt, denn dieser hat nach dem unvermeidbaren Abtragen der obersten harten Lackschicht nicht mehr die ursprüngliche Widerstandskraft gegen die Witterung. Andererseits baut Nitrokombinationslack schneller ab, so daß diese Stelle besonders sorgfältig und oft wiederholte Lack-Konservierung braucht.

Als Hilfsmittel benötigen Sie:

■ Kleinen **Kork-Klotz**, wie man ihn zum Skiwachsen nimmt, mit völlig planer Fläche. Zur Not geht es auch mit einem plangehobelten kleinen Holzklotz bis zu etwa 8 cm Durchmesser

■ **Naßschleifpapier** feinster Körnung 400 und 600.

■ **Schleifpolierpaste** (Seite 39).

■ **Autopolitur** (ohne Lackreinigeranteile! Seite 38).

■ Wenn vorhanden, **Lammfellscheibe** auf Bohrmaschinendorn (Bild Seite 30).

■ **Polierwatte.**

Bevor die Polierarbeit beginnt, soll der Lack mindestens einige Tage gut durchgetrocknet sein. Es schadet auch gar nichts, wenn man einen Monat damit wartet – der Lack ist dann umso härter und besser schleifbar. Die Arbeit geht so:

■ Um einen kleinen Kork-Klotz ein entsprechend kleines Stück 400er Schleifpapier legen und damit im Naßschliff die apfelsinenschalenartige Oberflächen-

struktur des matten Hofes – und eventuell auch aus der Hochglanzmitte – gerade
wegschleifen. Dabei darf das Schleifpapier die umgebende (dünne!) Altlackierung kaum berühren, denn dort ist die Farbschicht im Nu bis auf die Grundierung
durchgeschliffen. Es muß also äußerst behutsam geschliffen werden, aber die
matte »Apfelsinenschale« muß weg, da hilft nur diese etwas gröbere Körnung.
Schleifen Sie nur nicht mit dem Schleifpapier auf den Fingerspitzen, das gibt
Wellen in der Lackoberfläche.

■ Jetzt die feinere Schleifstufe mit 600er Papier, ebenfalls im Naßschliff natürlich. Damit sollen nur die gröberen Schleifspuren des 400er Papiers ausgeglichen, aber kein weiteres Material abgetragen werden, die Fläche muß bereits
völlig eben sein.

■ Die glattmatte Fläche wird nun mit Schleifpolierpaste auf einem kleinen
Stück 600er Papier von Hand weiter geschliffen. Das geht ohne Wasser, das
durch die in die Körnung gedrückte Schleifpolierpaste ersetzt wird. Diese Po-
lier-Zwischenstufe soll die Schleifrillen des 600er Papiers einebnen, wobei nach
wie vor größte Vorsicht gegenüber der dünnen Altlackierung gewahrt bleiben
muß.

■ Nun Schleifpolierpaste in die etwa vorhandene Lammfellscheibe geben, die
vorher gründlich entstaubt und ausgewaschen wurde, so daß sich kein Staubkorn mehr darin verstecken konnte. Die Lammfellscheibe wird auf die Bohrmaschine gespannt, die ebenfalls vorher gründlich ausgeblasen werden muß, damit durch die Kühlluft des Elektromotors kein Staub gegen die Polierfläche geblasen wird.

■ Statt dessen kann man aber auch die Schleifpolierpaste auf Polierwatte geben und damit von Hand die Fläche weiter polieren. Ein Poliertuch ist dabei nicht
so empfehlenswert, weil sich darin eher noch Staubkörner befinden können, die
böse Spinnwebenkratzer in die Polierfläche ziehen, bevor man es richtig merkt.

■ Zwischendurch immer wieder mit frischer Polierwatte die Fläche sauber wischen und nachprüfen, ob Gefahr des Durchschliffs besteht und ob sich zuneh-
mender Glanz zeigt.

■ Den letzten Hochglanz erhält schließlich der Lack durch eine milde Autopolitur mit leichten Schleifmittelanteilen. Es darf auf keinen Fall Lackreiniger sein,
der die Lackierung chemisch anlösen und zerstören könnte. Selbstverständlich
wird auch hier nur Polierwatte, frisch aus der geschlossenen Packung, verwendet, um alle Staubkorneinflüsse zu vermeiden.

Wenn Sie es so machen, wie wir es hier beschrieben haben und alle Sorgfalt walten ließen, werden Sie anschließend die benachbarte Altlackierung ebenfalls
gründlich polieren müssen, weil sie ihnen plötzlich matt vorkommt.

Dann war's richtig.

Kontrastprogramm

Was von der Auto-Industrie überhaupt nicht und von den Lackierwerkstätten nur für teures Geld zu haben ist, das bieten die Hersteller von Lacksprühdosen mit ihren »Effeckt-Lacken« dem Heimwerker an: Das Auto in ganz persönlicher, mehr oder weniger auffallender Aufmachung. Wie hätten Sie's denn gern? Matt oder glitzernd, weithin strahlend oder trist, schock oder pop, aggressiv oder ästhetisch, für dauernd oder nur ein kurzes Weilchen – alles ist zu haben.

Traurige Ausnahme: Die Metallic-Sprühdosen, die zum Ausbessern serienmäßiger Metallic-Lackierungen gedacht sind und auch in diese Gruppe der Effekt-Lacke gehören, aber dem Heimwerker meist herbe Enttäuschung bringen. Wir kommen noch darauf.

Doch sonst sind diese Sonderlacke der Sprühdosenhersteller für den Heimwerker gerade richtig und ihre Verarbeitung ist teilweise wesentlich einfacher als die Ausbesserungslackierung mit »Unifarben«-Lacken. Zudem sollen meist nur kleinere Flächen oder Streifen am Auto damit verziert oder etwa leichte Streifschäden damit kaschiert werden, das ist sowieso einfacher als die meist großflächige Ausbesserungslackierung »von Kante zu Kante«, die bei Unifarben-Lackierung unvermeidbar ist, wenn es wirklich ordentlich aussehen soll.

Lackiervorbereitungen grundsätzlich gleich

Besonders einfach sind die Lackiervorbereitungen beim wieder abwaschbaren »Vogi Rally-Strip« vom Dupli-Color-Hersteller Vogelsang (Seite 131), wenn eine Zierlackierung damit über eine einwandfreie Altlackierung gelegt werden soll. Dann ist außer Entfetten und Abkleben nichts zu tun, beim Strip-Spray darf der Altlack nicht einmal mattgeschliffen werden.

In allen anderen Fällen sind die Lackiervorbereitungen die gleichen wie bei der entsprechenden Lackierung mit Unifarben-Lack nach den Arbeitsplänen ab Seite 79. Eventuelle Abweichungen sind bei der Besprechung der verschiedenen Sonderlacke auf den folgenden Seiten erwähnt.

»Rallye-matt«-Lack

»Erfunden« wurden diese Matt-Lacke von Sportfahrern, die sich damit die Motorhaube matt-schwarz lackierten, um weniger von starkem Gegenlicht geblendet zu werden. In dieser Form hat die schwarze Matt-Frabe für den Sportfahrer auch tatsächlich einen Nutzen, als matter »Rally-Streifen« ist es nur noch ein auffälliger Spaß ohne Nutzwert. Warnen möchten wir jedoch ausdrücklich vor der Verwendung solch einer Mattfarbe an größeren senkrechten Front- oder Heckpartien, etwa an einem VW-Bus, denn solche Mattfarben machen das Fahrzeug im Dämmerlicht »unsichtbar«, also ausgesprochen gefährlich für alle Verkehrsteilnehmer.

Zwei Vorteile haben diese Matt-Lacke für den Heimwerker: Da ihnen der Hochglanz fehlt, fallen kleine Nachlässigkeiten beim letzten Feinschliff oder geringe Unebenheiten im Lackuntergrund nicht so sehr auf. Und außerdem ist die Deckkraft dieser »hochpigmentierten« Lacke (mit hohem Farbstoffanteil) sehr groß,

so daß sich auch starke Farbkontraste ohne Schwierigkeit mit dünner Lackschicht überdecken lassen.

Versuche, solchen Mattlack nachträglich durch Feinschliff und Politur auf
Hochglanz zu bringen, haben keinen Sinn, denn es fehlen in diesem Lack die
zum Hochglanz notwendigen Bestandteile. Auch das Übersprühen mit Klarlack
bringt keinen Glanz, sondern allenfalls eine stark apfelsinenschalenartige
speckglänzende Oberfläche und allenfalls verbesserten Witterungsschutz, vorausgesetzt, die Lackbasis des Klarlacks verträgt sich überhaupt mit der Lackbasis des Matt-Lacks.

Nach dem derzeitigen Stand haben die Matt-Lacke der namhaften Lacksprüh-
dosenhersteller die gleiche Lackbasis wie die »Uni-Lacke« gleicher Marke, also:
- ■ Belton und Auto-K-Lack (Auto-K-Racing-Spray): Nitrokombinationslack
- ■ Dupli Color (DC Rallye-Spray): Acryllack
- ■ Ducolux (Rallye Racing Pop Color Sound): Kunstharzlack.

Wichtiger Hinweis: In den »Haushaltserien« der Lacksprühdosen von Belton,
Auto-K und Dupli Color gibt es ebenfalls Matt-Lacke und matte Metallfarben
(gold, silber, kupfer). Sie haben jedoch zum Teil andere Lackbasis, so daß es bei
gleichzeitiger Verwendung solcher Lacke mit Lacken der Autolackserie zu Unverträglichkeiten (Anlösungen, Runzeln, Blasen usw.) kommen kann.

Ducolux erklärt dagegen ausdrücklich, daß seine Kunstharz-Sprühlacke aus der
Serie »Seiden-Color« in Norm-RAL- und Mode-Farben von gleicher Qualität und
Verwendbarkeit wie Auto-Dulox sind.

Diese »frechen« Farben giftig-grün, lila und dergleichen gibt es auf keinem Auto
serienmäßig. Es sind also reine Zierfarben für den eigenen Geschmack. Sie haben durchweg durch eine geringe Beimischung von »Metall-Bronze« (meist
Aluminiumpulver) einen schwachen Metallic-Effekt.

Bei den Pop-Lacken gibt es zwar Glanz, aber keinen Hochglanz. Man kann den
Glanz allerdings etwas verbessern (ohne wirklichen Hochglanz zu erreichen),
indem man den durchgetrockneten Lack mit 600er Papier naß schleift und anschließend mit Klarlack übersprüht. Bei diesen Klarlacken auch gleicher Marke
kann es jedoch durch unterschiedliche Lackbasis zu Unverträglichkeiten mit

Pop-Farben

»Rallye-matt«-Lacke
braucht man nicht
nur für einen besonde-
ren »Sport-Look«,
denn vor allem das
matte »Rallye-
Schwarz« ist sehr
gut zum Lackieren
von Frontgittern
(wie hier) und solchen
Flächen geeignet,
die besonders stark
der Verschmutzung
ausgesetzt sind,
also z. B. die Karosse-
rieseiten unterhalb
der Türeinstiege
oder die unteren
Innenflächen der
Türausschnitte (Tür-
schweller). Auf dem
matten Lack ist
Schmutz (und Fliegen-
schmutz im Ziergitter)
weniger auffällig
als auf hochglänzen-
dem Lack oder Chrom.

dem Pop-Lack kommen (Anlösungen, Runzeln, Blasen), denn jede Marke führt einen Klarlack auf Acrylharzbasis für ihre Fluorescentlacke (siehe Seite 129), der eben auf Nitrokombinationslack und erst recht auf Kunstharzlack Ärger, aber keinen Hochglanz bringt. Sie dürfen also zum Überzug nur einen Klarlack genau jener Sorten-Nummer nehmen, die eventuell auf der Pop-Lack-Sprühdose vermerkt oder für den Metallic-Lack der gleichen Marke als Überzugs-Klarlack vorgesehen ist. Die Vorarbeiten für Pop-Lackierungen sind die gleichen wie bei den Uni-Lacken gleicher Marke.

Metalleffekt-Lacke

Metalleffekt-Lacke sind ein ganz trauriges Kapitel für den Heimwerker. Zwar gibt es in den Sortimenten der Lacksprühdosenhersteller auch die serienmäßigen Metallic-Lacke in den Farbtönen der Autofabriken, aber damit gelingt auf gar keinen Fall eine Reparaturlackierung, die unauffällig in ihrer Altlackierungs-Umgebung verschwindet. Man darf sich da keine falschen Hoffnungen machen, es sind nur mehr oder weniger gute Annäherungswerte zu erreichen. Denn selbst für den Fachlackierer mit seinen technischen Möglichkeiten sind Metalleffekt-Reparaturen ein Problem, das nur der wirkliche Könner mit viel Erfahrung meistert.

Metallic-Lack wird leicht »wolkig«

Selbst bei absolut gleicher Farbgebung hängt die optische Wirkung eines Metalleffekt-Lackes nicht nur von der Lackbasis und der Trocknungsart (lufttrocknend oder Einbrennlackierung) ab, sondern auch:
○ von einem eventuellen Überzug mit Klarlack (Zwei-Schichten-Lack),
○ von der Arbeitsplatztemperatur und vom Sprühabstand,
○ von der Lackschichtstärke und
○ von der Schnelligkeit der Lackierbewegung.
Das gibt jeweils beträchtliche Wirkungsunterschiede, weil die im Metallic-Lack enthaltene »Metall-Bronze« (meist Aluminiumpulver) entweder auf der Schicht oben oder mehr im Untergrund »schwimmt«, was jeweils von den obigen Lackierbedingungen und -umständen abhängt. Außerdem wird Metallic-Lack sehr leicht »wolkig« (hat also hellere und dunklere Flecken), wenn man mit ungleichmäßig schneller Armbewegung die Sprühdose führt.

Hochglanz-Probleme

Metalleffekt-Lacke haben, da sie »hoch pigmentiert« (stark mit Farbstoffanteilen und »Metall-Bronze« angereichert) sind, von Haus aus nur einen dürftigen Hochglanz. Aus dieser Schwierigkeit rettet sich die Auto-Industrie bei der serienmäßigen Metalleffekt-Lackierung mit einer trickreichen Zwei-Schichten-Einbrenn-Lackierung, die durch eine Klarlack-Überzugsschicht jenen »tiefen« Hochglanz hat, der manche Autofahrer so begeistert.
Solch ein Hochglanz ist durch lufttrocknenden Lack auf keinen Fall zu erreichen. Um wenigstens eine annähernde Wirkung zu erzielen, greift man aber ebenfalls vielfach zum Zwei-Schichten-System, wobei die »2. Schicht« ein glanzverbessernder, witterungsschützender und abriebfester Klarlack ist. Bei Ein-Schicht-Metallic-Lacken muß gleich der (allerdings meist dürftige) Hochglanz mit drin sein. Das ist zwar billiger, aber auch schwieriger und unbefriedigender in der Verarbeitung. Aber man kann auch über die Ein-Schicht-Lacke den dafür geeigneten Klarlack (und nur diesen! Siehe Angaben auf der folgenden Seite) sprühen, was den Glanz und Witterungsschutz natürlich verbessert, der Metallic-Lack wirkt dadurch jedoch dunkler als vorher und oft verändert er sich aus einer »feinporigen Aluminiumfarbe« zu einer Art »Hammerschlaglack unter Glas« (»Hammerschlaglacke« sind mattglänzende Metallic-Lacke, die als Maschinenlackierung üblich sind), d. h. die Aluminium-Bronze im Lack

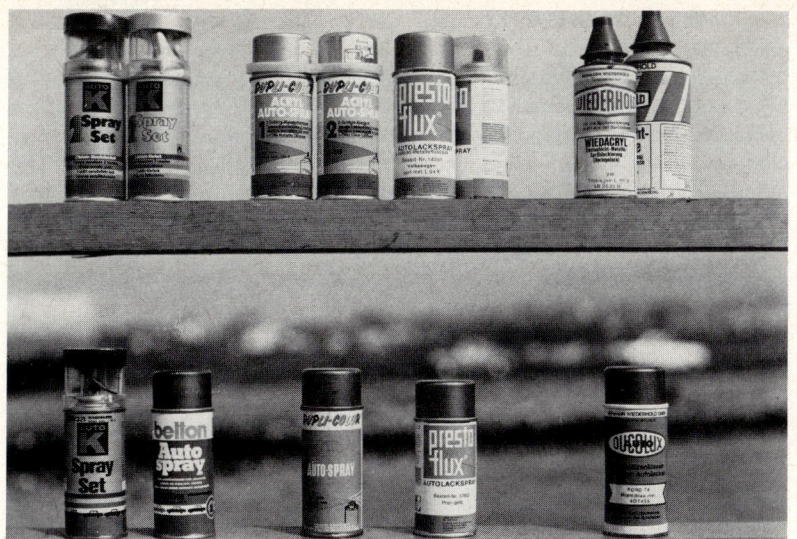

Auf diesem Bild sind alle hierzulande üblichen Metalleffekt-Lacke friedlich vereint. In der unteren Reihe die Ein-Schichtlacke aller Marken, oben die Zwei-Schichtlacke der jeweils gleichen Marke, wobei es für Belton aus dem gleichen Hause Kwasny die Auto-K-2-Spray-Sets (um Irrtümer zu vermeiden, jeweils zusammen als Klarsichtpackung verschweißt) gibt. Auch bei Dupli Color sind die Zwei-Schicht-Lacke deutlich gekennzeichnet und werden ebenfalls als Set in einem Fesselring verkauft. Bei Ducolux (Firma Wiederhold) laufen die Ein-Schichter unter »Auto-Ducolux« (Kunstharzlack), aber die Zwei-Schicht-Metalleffekt-lacke unter »Wiedacryl« (Acrylharzlack) zur deutlichen Kennzeichnung der unterschiedlichen Lackbasis.

»schwimmt« unter dem anlösenden Klarlack zu feinen Wellen zusammen und auseinander. Solche Hammerschlag- oder Fischschuppen-Lackierung sieht zwar recht attraktiv aus, wenn der Hochglanz wirklich gelungen ist, stimmt aber kaum mit der benachbarten Altlackierung überein.

Bei ihren Überlegungen, Metalleffektlacke als Ein-Schicht- oder als Zwei-Schicht-Material herauszubringen, richten sich die Lacksprühdosenhersteller vielfach danach, ob die Kraftfahrzeughersteller den entsprechenden Farbton selbst als weniger glänzenden Ein-Schicht- oder als hochwertiger glänzenden Zwei-Schicht-Lack verarbeiten.

Damit die schon bestehenden Schwierigkeiten mit der Metalleffektlackierung nicht noch größer werden, dürfen Sie nicht nur einfach irgendeinen Klarlack der gleichen Marke drübersprühen, sondern den genau dafür vorgeschriebenen, denn selbst bei Klarlacken gleicher Marke gibt es unterschiedliche Lackbasis für verschiedene Vorlackarten.

○ Bei der Firma Peter Kwasny ist dem Auto-K-2-Spray-Set schon der passende Klarlack beigefügt, da kann nicht viel passieren. Zur Glanzverbesserung bei den Ein-Schichtlacken von Auto-K und Belton läßt sich aber auch Klarlack übersprühen, dazu ist jedoch allein Auto-Klarlack 33/017 (Nitrokombi) geeignet, wogegen Auto-K-Klarlack 301/005 nicht geeignet ist, denn er hat Acrylharz-Basis und ist für die alle auf Acrylharz-Basis aufbauenden Fluorescent-Sprays von Auto-K gedacht.

○ Auch bei Dupli-Color von der Firma Kurt Vogelsang kann der Ein-Schicht-Metalleffektlack mit zusätzlichem Klarlack verbessert werden. Das geschieht ausschließlich mit dem auch für die Zwei-Schichtlacke bestimmten Klarlack Nr. 35–065. Dagegen kann es Schwierigkeiten mit dem Dupli-Color-Klarlack Nr. 35–063 geben, der zwar auch ein Acryllack, aber bei anderen Bindemitteln und Lösungsmitteln speziell für den Leucht-Spray von Dupli Color bestimmt ist.

○ Bei der Firma Hermann Wiederhold (Ducolux) gibt es neben den Ein-Schicht-Metalleffektlacken auf Kunstharzbasis (in den üblichen Auto-Ducolux-Sprühdosen) die qualitativ besonders anspruchsvollen Metalleffektlacke aus dem »Zwei-Schichten-Zwei-Komponenten-System« unter der Marke »Wie-

Nur den genau richtigen Klarlack nehmen!

127

dacryl«. Bei diesem System, das aber auch »Wirkungston-Genauigkeit« des Metalleffektlackes nicht garantieren kann, hat der »Vorlegelack« mit Farbton und Metallbronze keinerlei Glanz. Dafür sorgt als 2. Schicht der »Wiedacryl Klarlack 2 K«, ein Zwei-Komponentenmaterial, dessen zweite Komponente, der Härter, dem Klarlack bereits beigemischt und durch einen chemischen Trick eine gewisse Zeit lagerfähig (etwa ein Jahr) gemacht wurde, was für Zwei-Komponenten-Material an sich ungewöhnlich ist. Nach dem Sprühen unterstützt die natürliche Luftfeuchtigkeit das Aushärten dieses Klarlacks, der übrigens auch über Dupli-Color- und Auto-K-Metalleffektlacken brauchbar ist. Ganz unbrauchbar ist er jedoch wegen seiner »Acryl-Aggressivität« über dem Ein-Schicht-Metalleffektlack aus dem eigenen Haus, Auto-Ducolux.

Metallic-Lack-Verarbeitung

Genauso sorgfältig wie bei Uni-Lacken muß die Metallic-Lackierung vorbereitet werden. Etwaige Nachlässigkeit beim Fein-Schliff verzeiht er nicht so leicht wie z. B. »Rallye«-Matt-Lack.

Noch mehr als bei Uni-Lacken ist von einer kleinen Reparatur-Lackierung innerhalb einer größeren Metallic-Lackfläche (»Lack-in-Lack-Verfahren«, siehe Seite 120), auch mit Hilfe einer Sprühschablone, abzuraten. Der Unterschied würde vor allem durch das anschließende Beischleifen und Polieren des »blinden Hofes« sehr auffallend und häßlich. Man muß also, um dunklere und hellere Farbwirkung einigermaßen zu vermeiden, wenigstens bis zur nächsten Teilekante durchlackieren.

■ Nach dem letzten Feinschliff der gespachtelten Fläche (Arbeitsgang Nr. 18) und dem Mattschliff der anschließenden Metallic-Lackfläche bis zur Abklebegrenzung wird zuerst die eigentliche Reparaturfläche mit mehreren, jeweils dünn gesprühten »Schneckenrollen« (Seite 113) Vorlegelack (beim Wiedacryl-2-Schichtenlack) farbdeckend lackiert.

■ Etwa 3 bis 5 Minuten warten und nun die ganze Fläche gleichmäßig mit einer oder mehreren Schichten dem Farbton anpassen. Dabei muß die Lacksprühdose ganz besonders gleichmäßig »aus der Schulter heraus« (siehe Seite 113) flott hin und her und auf und ab im »Kreuzgang« bewegt werden, sonst wird die Fläche unweigerlich »wolkig«. Zur möglichsten Farbtonangleichung ist besonders zu beachten:

■ Der endgültige Farbton läßt sich erst nach etwa 3 Minuten (bei 20° C Arbeitsplatztemperatur) Ablüften beurteilen.

■ Bei Zwei-Schicht-Lackierung muß der farbgebende Vorlegelack heller als die umgebende Altlackierung ausfallen, weil durch den anschließend darüber lackierten Klarlack der Farbton etwas dunkler wirkt.

■ Metallic-Lack wirkt »silbriger«, wenn die Lackierbewegung sehr schnell ist, denn dadurch werden die einzelnen Schichten dünner, die eingemischte Aluminiumbronze »schwimmt« mehr an der Oberfläche.

■ Metallic-Lack wirkt dunkler, wenn »satt«, also mit etwas langsamerer Handbewegung gespritzt wird. Allerdings ist dabei die Gefahr größer, daß die Lackierung wolkig, also ungleichmäßig wird.

■ Falls Ihnen eine einzelne Stelle in der Lackierfläche etwas farbtonabweichend oder wolkig erscheint, retten Sie gar nichts mit einem einzelnen oder mehreren »Farbschüssen« auf diese Stelle – die Tonabweichung wird nur noch großflächiger und schlimmer. Statt dessen müssen Sie etwa 5 Minuten Geduld zum Ablüften des Lackes haben und danach noch einmal die gesamte – die gesamte! – Lackierfläche mit einer jetzt gleichmäßig gesprühten Lackschicht überziehen.

■ Wenn die Metallic-Lackierung (beim empfehlenswerten Zwei-Schichten-Material) wolkenfrei gelungen ist und etwas heller als die angrenzende Altlackierung wirkt, muß sie bis zum »Zustand staubtrocken« matt austrocknen (etwa 15 Minuten bei 20° C Arbeitsplatztemperatur), bevor der witterungsschützende und glanzbringende Klarlack (nur geeignete Sorte!) aufgebracht werden kann. Für die mattgetrocknete Vorlegelack-Fläche reicht ein Sprühgang meist nicht aus, um Hochglanz zu erreichen. Wer es dennoch versucht, wird es durch »Lauftränen« büßen müssen. Darum mehrere »Kreuzgänge« oder »Schneckenrollen« im Abstand von etwa 3 Minuten sprühen.

■ Falls es durch die verhältnismäßig dicke Lackschicht leichte Oberflächenwelligkeit gegeben hat, überlegen Sie es sich zweimal, ob Sie die narbige Oberflächenstruktur plan schleifen sollen, wenn ansonsten der Farbton einigermaßen stimmt und die Fläche einigermaßen wolkenfrei gelungen ist. Denn beim Schleifen kommt man leicht in den eigentlichen Farblack und dann sind unterschiedliche Farbtonflächen fast unvermeidbar. Falls allerdings mehrere Fehler zusammen gekommen sind: Lack eine oder mehrere Wochen aushärten lassen, Fläche mit zunehmend feinerer Körnung (von etwa 320 bis 600) sorgsam naß schleifen und nochmals lackieren.

Fluorescent-Lacke

Vor einigen Jahren schienen die damals neu entwickelten Fluorescentlacke bei Auto-Heimwerkern ein toller »Hit« zu werden. Weil aber der Gesetzgeber eilig »Leuchtstoffe« an normalen Kraftfahrzeugen verbot und die Fluorescentlacke, obwohl selbst gar nicht leuchtend, einfach dazu zählte, verloren sie schnell wieder ihre Bedeutung, zumal mancher beim TÜV mit solch einem »Warnstreifen« Ärger bekam. Lediglich Feuerwehr- und Rettungswagen dürfen mit solcher »Tagesleuchtfarbe« leuchtend-rot lackiert werden und das hat zweifellos dort seine Berechtigung.

Für den »zivilen Gebrauch« sind Fluorescentlacke nur auf den Gefahrenklasse-Schildern (orange) von Tankwagen, als LKW-Begrenzungskanten, auf Motorrad-Schutzhelmen, an Tür-Innenkanten (als Warnsignal beim Aussteigen) oder in Form eines Warndreiecks innen auf Kofferraum oder Motorraumhauben am Wagenheck gestattet. Allenfalls gibt es mit einem kleinen Streifen in gelb oder hellgrün keinen Ärger.

Übrigens sind diese Fluorescent-Lacke entgegen vielfältiger Meinung nur Tagesleuchtlacke, die lediglich bei Tageslicht und in der Dämmerung so weithin auffällig wirken. Bei Dunkelheit ist ihr Effekt vorbei. Deshalb ist ein in die Kofferraumhaube lackiertes Fluorescent-Warndreieck bei Nacht nicht wirksamer als ein mit Mattlack lackiertes.

Zahlreiche Probleme

Der kritische Blick des TÜV-Prüfers ist nicht das einzige Problem mit diesen Fluorescentlacken. Es gibt weitere:

○ Man muß 3 Schichten (rein-weiße matte Grundfarbe, farbgebende Fluorescentfarbe und Klarlack) übereinander lackieren, wenn es einigermaßen sauber aussehen und wirkungsvoll sein soll. Nur mit Fluorescentlack allein gibt es lediglich eine völlig matte, schmutzig-wolkige Fläche ohne jede Strahlwirkung.

○ Die Deckkraft des farbgebenden Fluorescentlackes ist äußerst dürftig. Man braucht bereits für einen schmalen Streifen eine volle Dose oder mehr.

○ Die Lichtbeständigkeit der Fluorescent-Lacke ist begrenzt auf etwa 1 Jahr. Lediglich die Firma Wiederhold, als Schrittmacher auf diesem Gebiet, erwartet längere Lichtbeständigkeit von ihrem Fluorescentlack.

○ Die Fluorescentlacke werden beim Lackieren sehr leicht »wolkig«, also flekkig, und verschmutzen wesentlich leichter und stärker als andere Lacke.

○ Das Lackieren mit Fluorescentlacken wird teuer. Wir verbrauchten für einen

Weil Fluorescentstreifen auf Motorhaube oder Wagenheck von TÜV-Prüfern schief angesehen werden, empfiehlt die Firma Wiederhold (Ducolux), mit ihrer »Wiedacryl-Tagesleuchtlackfarbe« ein Warndreieck auf die
Innenseite der Heckhaube zu sprühen und verkauft
den mattweißen Grundlack mit dem leuchtend roten
Fluorescentlack zusammen in einem »Sicherheits-Set«
für etwa 16,– DM. Die Dose mit dem zugehörigen Klarlack muß man extra kaufen, sie läßt sich allerdings
an dieser nicht ständig Licht und Witterung ausgesetzten
Fläche aber auch ausnahmsweise ersparen.

20 cm breiten und 125 cm langen Streifen (= $^1/_4$ Quadratmeter) $^1/_2$ Dose weiß-
matt, 1$^1/_2$ Dosen Fluorescentlack, $^1/_2$ Dose Klarlack (Dosen zu je 300 Gramm) für
zusammen etwa 28,– DM!

Besondere Mixtur

Die farbgebende Fluorescentschicht hat kein Farbpigment im herkömmlichen
Sinne, sondern es sind ganz fein gemahlene Harz-»Kügelchen«, die selbst farb-
los sind, aber deren Oberfläche mit einem besonderen Farbstoff »getränkt«
wird, und das alles »schwimmt« in einem Acrylharzbindemittel, in ähnlicher Art
bei allen Lacksprühdosenherstellern. Diese mit Farbstoff angereicherten Harz-
kügelchen haben nur eine sehr dürftige Deckkraft, kommen also gegen einen
Farbkontrast als Untergrund überhaupt nicht an, sondern strahlen nur auf der
speziellen rein-weißen Grundfarbe, die nicht »vergessen« werden darf.

Fingerzeige: *Zur Glanzwirkung darf nur der für Fluorescent speziell bestimmte
Klarlack verwendet werden, weil diese Spezialsorte Schutzstoffe gegen die ausblei-
chende Wirkung des Sonnenlichts enthält, was andere Klarlacke natürlich nicht haben. Dementsprechend ist für den Auto-K-Fluorescentspray nur der Auto-K-Klarlack
301/005, beim Dupli-Color-Rallye-Leuchtspray nur der Dupli-Color-Überzugslack
35–63 und bei der Wiedacryl-Tagesleuchtlackfarbe nur der »Überzugslack Tages-
leuchtlackfarbe« richtig – nichts anderes!
Diese Zusammengehörigkeit in das jeweilige »System« besteht genauso für den
matt-weißen Grundlack, der nicht durch irgend einen anderen weißen Lack ersetzt
werden kann. Alle anderen Versuche führen nur zu Pfusch.*

Die Arbeitsfolge

■ Bei der üblichen Lackiervorbereitung entsprechend dem vorherigen Zustand
der Fläche (Arbeitsgänge Nr. 1 bis Nr. 19 je nach Erfordernis) muß vor allem die
Verträglichkeitsprüfung der Altlackierung (Arbeitsgang Nr. 6) sehr sorgfältig
vorgenommen werden, denn die Acrylharzbasis der Fluorescentlacke verträgt
sich nicht ohne weiteres mit Kunstharzlacken als Untergrund, vor allem nicht mit
luftgetrockneten (Ducolux). Man muß dazu einen kleinen Lacksprühversuch innerhalb der Lackierfläche mit allen 3 Doseninhalten kurz hintereinander machen.

■ Auf die sorgsam feingeschliffene Fläche, die entweder einen entsprechend
matt geschliffenen, hellen Farbton haben oder vorher mit hellgrauem Füller-
Haftgrund gespritzt sein muß, wird die zum »System« zugehörige rein-weiße
matte Grundfarbe in mehreren »Kreuzgängen« oder »Schneckenrollen« (siehe

Seite 113) völlig gleichmäßig deckend gesprüht. Auch nur geringfügige »Wolkigkeit« im weißen Grundlack vervielfacht die häßliche »Wolkigkeit« des farbgebenden Fluorescentlackes. Auch auf weißer Altlackierung die matt-weiße Spezial-Grundfarbe nicht »vergessen«!

■ Der matt-weiße Untergrund darf nicht geschliffen werden, um etwa einen besseren Glanz der Decklackierung zu erreichen. Er muß matt-porig bleiben, um den nachfolgenden Fluorescentlack besser haften zu lassen.

■ Nach etwa 15 Minuten (ausgehend von 20° C Arbeitsplatztemperatur) ist die Grundfarbe so weit angetrocknet, daß der Fluorescentlack gesprüht werden kann. Absolut stetige Handbewegung bei den notwendigen 3 bis 5 Lackiergängen, bis eine wolkenfreie, gleichmäßig farbige Fläche erreicht ist.

■ Wegen des hohen Farbträgeranteils trocknet Fluorescentlack ebenfalls matt auf. Versuche, durch Schleifen und Polieren Glanz (eventuell sogar ohne Klarlack) zu erreichen, sind zwecklos, der Lack bleibt matt und würde allenfalls ungleichmäßig wolkig und jedenfalls in seinen Poren schnell verschmutzt.

■ Nach etwa einer Stunde (bei dick geratener Schicht durch langwierige Gleichmäßigkeitsbemühungen wesentlich länger) kann eine erste Schicht Klarlack und nach deren Ablüften eine zweite Schicht lackiert werden.

■ Sofort nach dem ersten Ablüften der letzten Lackierschicht – ebenso, wenn die Lackierung für mehrere Stunden unterbrochen werden muß – sollten Sie die eingrenzenden Abklebebänder abziehen, sonst trocknen deren Kanten unweigerlich in die ziemlich dicke Fluorescentlackschicht mit ein und es gibt beim späteren Abziehversuch aufgerissene Farbkanten.

■ Die dicke Farbkante wirkt wie eine aufgeklebte Farbfolie. Deshalb lassen sich mit Fluorescentlack auch keine feinen Zierstreifen lackieren.

Signal-Spray

Weil die Fluorescentlacke nicht so ungehemmt aufs Auto gesprüht werden dürfen (gesetzliche Einschränkungen, siehe Seite 129 und entsprechender Hinweis auf den Auto-K-Fluorescentlackdosen), hat die Firma Kwasny eine Serie besonders strahlender Farben aus ihrem normalen Uni-Farben-Programm in einer besonderen Serie unter der Bezeichnung »Signalspray« zusammengefaßt. Es sind Farbtöne, die wegen ihrer Klarheit sehr gut erkennbar sind, zwar nicht so kräftig »leuchten« wie die Fluorescentlacke, dafür aber auch gleich den bei den Auto-K-Lacken üblichen Hochglanz haben.
Die Signalsprays von Auto-K sind in größeren 300-Gramm-Dosen abgefüllt, damit man sich auch einen ordentlichen Längs- oder Querstreifen aufs Auto lackieren kann und außerdem hat man besonders ergiebige Farbtöne dazu ausgewählt. Besondere Verarbeitungsprobleme gibt es also nicht, es wird wie bei den üblichen Auto-K-Uni-Farblacken auf Nitrokombinationsbasis gearbeitet. Preis pro 300-Gramm-Sprühdose etwa 12,– DM.

»Strip-Spray«

Einen recht munteren Witz hat man sich in der Firma Vogelsang mit dem »abwaschbaren« Vogi-Spray »Rallye-Strip« einfallen lassen. Das ist eine Serie farbkräftiger und klarer Lacke auf Acrylbasis, die nicht als Reparaturlacke gedacht sind, sondern der Devise »Öfter mal was Neues« folgen.
Dieser »Rallye-Strip« ist vor allem für jene Autobesitzer eine nette Idee, die ihren Wagen mal ein wenig poppig anmalen möchten, davor aber doch Scheu haben, weil sich solch ein scheckiger Vogel nachher als Gebrauchtwagen meist nur noch schlecht verkaufen läßt. Denn das ist der Pfiff: Wenn einem die Lackierung nicht mehr gefällt, wird sie mit einem Spezial-Ablöser (nebenstehendes Bild) wieder abgewaschen.
Echten Nutzwert scheint uns dieser abwaschbare Strip-Spray aber für Cara-

van-Besitzer zu haben, die damit ihrem Wohnanhänger eine spezielle Markierung geben können: Das Fahrzeug ist, etwa mit zwei großen roten Kreisen auf dem Heck, im Straßenverkehr besser erkennbar und Kinder finden auf dem Campingplatz unter den alle in einheitlichem Weiß lackierten Wohnanhängern leichter ihr elterliches Zuhause.

Besonders leicht zu verarbeiten

Dazu kommt, daß kein anderer Spraylack so leicht wie dieser »Rallye-Strip« bei unseren Versuchen zu verarbeiten war. Das waren nach unseren Beobachtungen die Gründe:

○ Er ist besonders stark mit Farbpigmenten angereichert, so daß die Farbe auch auf Farbkontrast-Untergrund sehr schnell deckt. Man ist darum gar nicht versucht, zu viel hinzuzusprühen. Dadurch gibt es auch keine »Laufträen« beim Lackieren.

○ Wegen des hohen Pigmentanteils zieht der »Rallye-Strip«, entgegen sonstigem Acryllack-Brauch, darunter befindliche Kunstharz-Nachlackierung in der Regel nicht hoch.

○ Der hoch pigmentierte Acryllack trocknet in wenigen Minuten bereits griffest durch, so daß nur wenig Gefahr besteht, daß sich darin umherfliegender Staub oder lebensmüde Fliegen fangen und die Lackoberfläche verschandeln.

○ Zum Lackieren mit »Strip-Spray« sind außer dem Entfetten der betreffenden Fläche und dem Abkleben keinerlei Vorbereitungen notwendig. Es kann schon nach wenigen Minuten mit dem Lackieren losgehen. Voraussetzung ist allerdings ein einwandfreier Lack als Untergrund – ohne Rostpickel, Auskreidungen oder Kratzer. Falls doch, dann müssen Sie allerdings erst sorgsam behandelt werden, denn dort würde sich der Strip-Spray so fest ansetzen, daß er kaum noch »abwaschbar« ist.

○ Es gibt den Vogi-Rallye-Strip in einer Matt- und in einer Glanz-Serie. Alle unsere guten Erfahrungen beziehen sich nur auf den richtig matten und völlig glanzlosen Rallye-Strip. Denn die »glänzenden« Rallye-Strips haben (wohl wegen der hohen Pigmentierung) keinen umwerfenden Glanz, machen aber im Gegenlicht alle »Untergrund-Pfuschereien«, wie Schleifrillen und dergleichen, unübersehbar, genau wie bei jedem anderen Glanzlack. Bei den matten Rallye-Strips sieht man dergleichen nicht und die klaren Farben sehen gegen den glänzenden Autolack attraktiv aus.

Und dies ist die ganze Arbeitsfolge:

○ Am besten ist als Untergrund die serienmäßige Einbrennlackierung mit noch gutem Hochglanz geeignet. Dieser Lack darf – im Gegensatz zum Lackieren mit allen anderen Lacksprays – auf keinen Fall matt geschliffen werden, sondern soll möglichst glatt sein, um das spätere Abwaschen zu erleichtern.

■ Die zu lackierende Fläche entfetten (siehe Seite 93).

■ Die zu lackierende Fläche abkleben. Dazu eignet sich für eine eventuell mehrfarbige Streifenbemalung besonders gut Tesa-Zierlinien-Abdeckband (siehe Seite 135). Fahrzeugrest ebenfalls abkleben und abdecken.

■ Sprühdose, wie üblich, kräftig aufschütteln und spraylackieren.

■ Nach dem Ablüften des Strip-Spray Abklebebänder abziehen. Bei späterem Abziehen können die getrockneten Farbkanten einreißen.

Auf den matten Lack darf man anschließend natürlich keine Versuche mit Klarlack sprühen, um den »Strip-Spray« etwa dauerhafter und wetterbeständiger zu machen, denn das würde das spätere Ablösen mehr oder weniger unmöglich machen. Er bleibt also in seiner matten Aufmachung der Witterung ausgesetzt, ist natürlich als Mattlack nicht so witterungsbeständig, auch sonst gegen kohlenwasserstoff- oder alkoholhaltige Mittel (Eis-Entferner, Teer-Entferner, Ben-

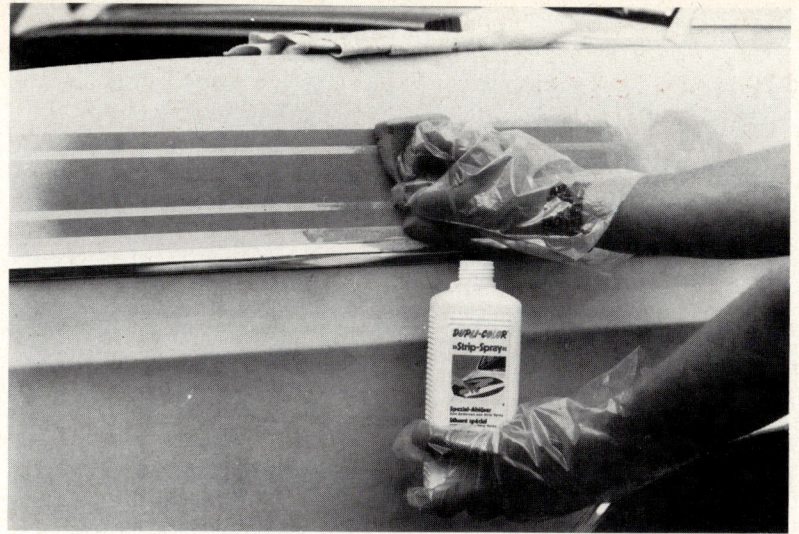

Wenn Ihnen der Strip-Spray nicht mehr gefällt (oder das Auto verkauft werden soll), läßt er sich mit dem salmiakhaltigen Spezial-Ablöser ohne besondere Schwierigkeiten wieder abwaschen. Wenn der Altlack darunter in Ordnung war – ohne Rostpickel oder Schrammen –, gibt es keine Rückstände.

zin, Petroleum, Scheibenreiniger, Flüssig-Wachs) und Salmiak empfindlich. Dafür läßt er sich aber auch ohne große Mühe erneuern.

Um den »Strip-Spray« wieder zu beseitigen, ist ein salmiakhaltiger Spezial-Ablöser notwendig. Das »Abwaschen« kann allerdings etwas mühselig werden, wenn der Untergrund vor dem Lackieren nicht einwandfrei glatt war. Auch inzwischen entstandene Rostpickel halten den Strip-Spray-Lack fest, ebenso narbige Oberflächen. Grunsätzlich geht das »Abwaschen« so:

Nicht ganz so leicht abzuwaschen

■ Schutzhandschuhe gegen die Säure anziehen.

■ Vogi-Spray Spezial-Ablöser mit einer weichen Bürste, einem breiten Waschpinsel oder einem Schwamm satt auf den Strip-Spray auftragen.

■ Das Ablösemittel wenige Minuten einwirken, aber nicht eintrocknen lassen und mit fließendem Wasser bei ständiger Nachhilfe mit Waschpinsel, Schwamm oder Bürste den Strip-Spray abwaschen. Notfalls Arbeitsgang wiederholen.

■ Haben sich unlösbare Farbteilchen in Poren festgesetzt oder lassen sich gegen das Licht noch leichte Streifen erkennen, muß die betreffende Stelle nachhaltig mit Lackpolitur oder sogar Schleifpolierpaste (siehe Seite 39) behandelt werden.

■ Da der Lack durch das Abbeizen stark »ausgemagert« wurde, muß er auf jeden Fall zuletzt sorgfältig mit Hartwachs konserviert werden.

Meisterklasse

Wer sich eine Zeitlang mit der Heimwerker-Autolackiererei befaßt hat, kommt bald auf die Idee, ob er nicht ein wenig mehr mit seinen erworbenen Fähigkeiten und Kenntnissen am Auto-Äußeren anfangen könnte. Warum nicht?

Zierstreifen lackieren

Die sogenannten »Rallye-Streifen« sind nicht jedermanns Geschmack, denn sie machen einen Uralt-Käfer auch nicht um einen halben Kilometer schneller. Aber es muß ja nicht unbedingt eine aggressive Schock-Pop-Leuchtlackfarbe sein. Dagegen kann ein Farbstreifen, der sich nur um eine Kleinigkeit vom ursprünglichen Farbton abhebt, ausgesprochen ästhetisch wirken, also etwa auf eine grüne Lackierung ebenfalls einen grünen Streifen, nur ein wenig heller oder dunkler, oder ein möglichst ähnlicher Farbton in Metalleffekt, das alles ganz nach persönlichem Geschmack. Das ist eine individuelle Farbgestaltung, die die Auto-Industrie nicht wahrnimmt. Bei ihr erschöpft sich solch ein Zierstreifen zumeist in matt-schwarzem »Rallye-Look« auf etwas sportlich herausgeputzten Alltagsautos.
Aber für den Heimwerker ist ein in der Farbe gut abgestimmter ästhetischer Zierstreifen kein Problem, wogegen ein wildfarbiger Rallye-Streifen eher milde Nachsicht der Betrachter herausfordert.
Bedeutender Vorteil: Mit solch einem Farbstreifen läßt sich eine aufwendige Teilelackierung ersparen, wenn z. B. durch Anstreifen an einem Hindernis ein schmaler Kratzer auf der Wagenseite entstanden ist: Kratzer, wie üblich, ausschleifen, vorbehandeln und spachteln, wobei man allerdings darauf achten muß, daß die Spachtelei und Schleiferei nicht zu sehr in die Breite geht. Danach wird ein Zierstreifen in passender Breite über die ganze Fahrzeuglänge lackiert. Vor allem kann solch ein schrammenüberdeckender Zierstreifen die einzige Rettung vor einer teuren Metallic-Lack-Repartur durch die Fachlackiererei sein, denn einem Heimwerker gelingt die Metallic-Lack-Reparatur mit Sprühdosen doch kaum (siehe Seite 126). Zu empfehlen wäre in diesem Falle eine im Ton verwandte Metallic-Farbe, die sich aber doch deutlich vom Original-Lack abhebt. Oder eine »farbverwandte« Uni-Farbe, etwa der nahezu gleiche Farbton ohne Metall-Effekt.

Zierlinien-Abdeckband als Arbeits-erleichterung

Zum Abkleben eines Zierstreifens eignet sich Tesakrepp nicht, denn selbst schwach gekrepptes Abklebeband (wie z. B. Tesakrepp 314) genügt nicht für die hier notwendige randscharfe Farbabgrenzung und flache Lackkanten. Das ist nur mit einem dünnschichtigen und glatten Tesafilm (für diesen Zweck besonders geeignet: Tesafilm Nr. 104; siehe Seite 55) zu erreichen. Aber es ist sehr schwierig, für einen Zierstreifen absolut parallel laufend zwei Tesafilme als Streifenbegrenzung zu kleben. Irgendwo wird es doch ein wenig breiter oder schmaler.
Die Mühe, zwei oder mehrere Tesafilme haargenau prallel zu verarbeiten, wird

durch vorgearbeitetes Zierlinien-Abdeckband erleichtert, das es ebenfalls in der Tesa-Produktenreihe als einfachen, als doppelten und sogar als dreifachen Streifen in unterschiedlichen Breiten gibt.

Die Tesa-Firma Beiersdorf hatte diese Zierlinien-Abdeckbänder ursprünglich als Arbeitshilfe nur für die Lackierwerkstätten entwickelt und deshalb waren sie -und sind sie auch heute noch oft- nicht in Heimwerkergeschäften oder im Autozubehör zu finden. Das hat sich ein wenig gebessert, aber meist muß man doch im Farbenfachgeschäft nachfragen. Lassen Sie sich dort ungescheut den entsprechenden Tesa-Katalog zeigen, um danach den passenden Zierstreifen auszuwählen. Sie sind z. B. in den Bestell-Nummern 4157 (Opel-Commodore-Zierstreifen), Nr. 5595 (Rallye-Kadett), Nr. 5596 (Simca special), Nr. 5598 (Ford 20 M RS) und weiteren Ausführungen zu bekommen. Die Zierlinien-Abdeckbänder werden zumeist in 10-m-Rollen konfektioniert und kosten pro Rolle etwa zwischen 2,50 DM und 9,50 DM.

Die Karosserierosterei beginnt meist unterhalb der »Gürtellinie« des Fahrzeugs. Nach dem Freilegen und Beseitigen der Rostschäden von innen und außen sieht man, daß eine Ganzlackierung des Wagens eigentlich gar nicht unbedingt notwendig wäre, denn auf dem Dach, an den Fenstersteigen und auf den Hauben ist die Original-Lackierung noch ganz gut. Weil man, wie auf Seite 89 näher erläutert, sowohl aus Arbeitsersparnis wie aus Qualitätsgründen eine noch gute Originallackierung möglichst erhalten sollte, liegt eine zweifarbige Lackierung nahe. Man hat dann keinen Ärger mit Farbtonungenauigkeiten, hat keine zu großen Lackflächen zu lackieren, kann also mit allen angebotenen Lacksorten ohne Schwierigkeit arbeiten.

Aber solch eine andersfarbige »Schürze« rund um den Wagen sieht doch nach notwendigem Flickwerk aus, wenn die obere Farbkante ganz unvermittelt zur Original-Lackierung abbricht. Diese Farb-Schürze macht sogleich einen wesentlich besseren Eindruck und sieht nicht mehr so sehr nach bedauerlichem »muß«, sondern nach geradezu künstlerischer Absicht aus, wenn sich an die obere Farbkante in gleicher Farbe zwei schmale Zierlinien anschließen und »mit leichter Hand« zur Originallackierung überleiten. Da wären z. B. die Tesa-Zierli-

wie auf Seite 89 näher erläutert

Zierlinien bei Zweifarbenlackierungen

Das Abkleben haargenau parallel laufender Zierlinien ist mit normalem Abklebband ungemein schwierig und bei schmalen Mehrfach-Zierlinien ganz unmöglich. Da hilft nur das vorgearbeitete Tesa-Zierlinien-Abdeckband, bei dem zwei, drei oder vier schmale rote Begrenzungsstreifen auf einem glasklaren breiten Tesafilm genau parallel »vorkonfektioniert« sind. Für Heimwerker sind diese Zierlinien-Abdeckbänder ideal, aber meist nur in Lackierer-Fachgeschäften zu bekommen oder zu bestellen. Vor dem Abkleben muß man sich zwei kleine Pappstreifen vorbereiten, um getrennt die Enden der roten Begrenzungsstreifchen (unten) und des deckenden Klarfilms (in der Hand rechts) nach Gebrauch anheften zu können.

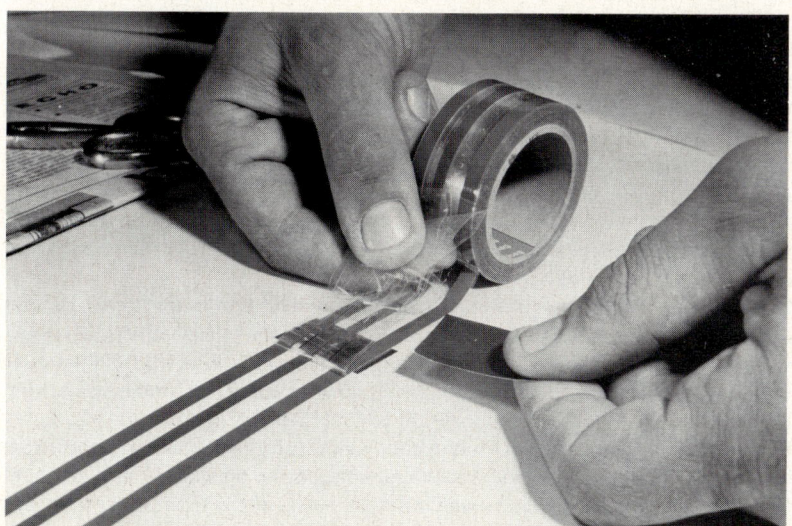

Zum Aufkleben der Zierlinien-Abdeckbänder – hier für einen breiten »Rallye-Streifen« – wird erst die notwendige Länge von der Rolle abgewickelt, dann mit Hilfe von Markierungspunkten oder Hilfslinien schnurgerade angeklebt und zuletzt der farblose Schutzfilm abgezogen, wobei man am Bandanfang darauf achten muß, daß sich die schmalen roten Begrenzungsstreifen nicht ebenfalls lösen.

nien-Abdeckbänder Nr. 5593 (Opel Manta) oder Nr. 5596 (Simca special) sehr geeignet, bei welchen jeweils in einigen Millimetern Abstand je zwei unterschiedlich breite (z. B. beim »Simca special 6 und 3,5 mm) Zierlinien parallel nebeneinander laufen. Die breitere Zierlinie kommt nach unten neben die breite Farb-Schürze, die schmalere Zierlinie leitet zur Original-Lackierung über. Denken Sie einmal daran, wenn Sie vor dem Problem stehen, die untere Wagenhälfte lackieren zu müssen.

Zierlinien-Praxis

■ Bei jedem größeren Lackschaden, der durch einen Zierstreifen überdeckt oder zur Zweitfarbe abgegrenzt werden soll, sind zuerst die Vorarbeiten zur eigentlichen Reparaturlackierung entsprechend dem »zuständigen« Arbeisplan (Seiten 79 bis 83) bis zum Arbeitspunkt Nr. 15 einschließlich (»Spachtel fein schleifen«) zu erledigen.

■ Vor dem Abkleben des Fahrzeugs (Arbeitsgang Nr. 16) wie für den Fall eines reinen Schmuck-Streifens auf einwandfreier Altlackierung muß die später vom Zierstreifen überdeckte Altlackierung besonders sorgfältig mit Nitroverdünnung (nur, wenn die Altlackierung widerstandsfähiger Einbrennlack ist) oder Waschbenzin entfettet werden. Denn der Untergrund des Zierstreifens kann nicht, was eigentlich für die Farbhaftung besser wäre, matt geschliffen werden, weil Teile der Altlackierung ja selbst als Zierstreifen dienen, sie sollen also anschließend ungebrochenen Hochglanz haben. Da besteht bei ungenügender Entfettung (Lackpflegemittelrückstände in den Poren) die Gefahr, daß alsbald der Zierstreifenlack abblättert. Nur bei den breiteren Zierstreifen vom »Rallye«-Format empfiehlt es sich, nach dem Aufkleben des Zierlinien-Abdeckbandes mit kleinen Schleifpapierstreifchen auf der Fingerspitze die 38 mm breiten Mittelstreifen ein wenig auszuschleifen. Dabei dürfen die Kanten der roten Begrenzungsstreifen nicht beschädigt werden.

■ Nach dem gründlichen Entfetten müssen zuerst die Zierlinien-Abdeckbänder auf einwandfreier Altlackierung schnurgerade geklebt werden. Damit Sie keine Berg-und-Tal-Bahn kleben, sollten Sie mit einem Helfer einen Bindfaden oder ein Gummiband straff über die geplante Zierlinie spannen, mehrmals von beiden Seiten visieren, ob die Richtung stimmt und mit Bleistift unauffällige Richtmarken anzeichnen. Erst danach Abdeckband kleben und luftblasenfrei andrücken. Diese Tesa-Zierlinien-Abdeckbänder sind übrigens so elastisch, daß sich damit auch karosserieangepaßte Kurven mit nicht zu starker Krümmung kleben lassen.

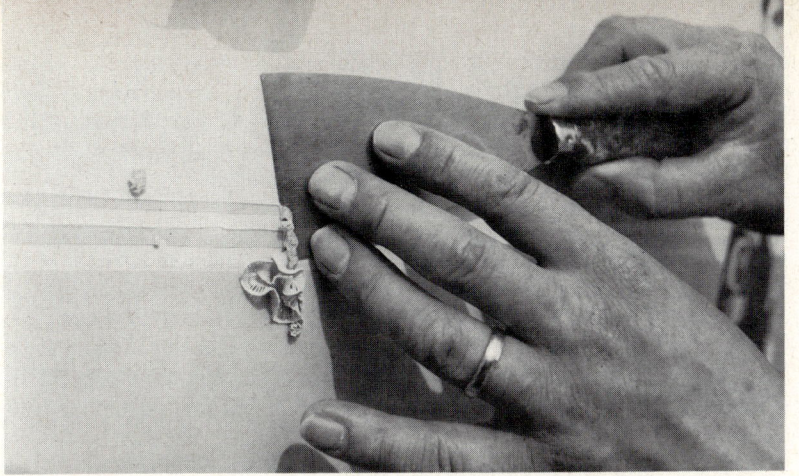

Wenn Ihnen einmal
eine Lackierung
mißglückt, wie hier
ein Zierstreifen,
dann sollten Sie
nicht sogleich versu-
chen, mit Verdünnung
oder Aceton den
Schaden abzuwa-
schen, denn dadurch
wird entweder angren-
zender frischer Lack
oder auf jeden Fall
der Untergrund
in Mitleidenschaft
gezogen. Meist ist
dann eine zeitrau-
bende Nacharbeit
durch neues Spach-
teln und Füllerspritzen
notwendig. Besser
und zumeist erfolg-
reich ist der Versuch,
die Fehllackierung
mit einem sorgfältig
kantenscharf geschlif-
fenen Spachtelwerk-
zeug (Bild Seite
49) »abzuschälen«.
Der noch weiche
Lack gibt nach,
und der Untergrund
wird vom kantenschar-
fen Werkzeug bei
vorsichtiger Handha-
bung regelrecht
glattgehobelt.

■ Sitzt das Zierlinien-Abdeckband genau, durchsichtigen Schutzstreifen abziehen, aber darauf achten, daß die roten Begrenzungsstreifen nicht mit hochgezogen werden. Die roten Begrenzungsstreifen zur Sicherheit noch einmal gut
andrücken.

■ Für eine größere Reparaturlackierung wird erst jetzt die zu lackierende Fläche abgeklebt, wobei der übliche Tesakrepp (z. B. Nr. 308 oder Nr. 5277) über
den äußeren roten Begrenzungsstreifen des Zierlinien-Abdeckbandes geklebt
wird.

■ Beim anschließenden »Füllerspritzen« (Arbeitsgang Nr. 17) sollten die Zwischenräume zwischen den roten Begrenzungsstreifen nicht mit Haftgrund-Fül-
ler gespritzt werden, weil er an dieser Stelle ja nicht mehr feinstgeschliffen werden kann und außerdem die Farbschicht aus Haftgrund und Decklack insgesamt
zu dick für die Zierstreifen und auch für die sehr dünnen Abdeckbänder würde.
Man muß also mit der Haftgrund-Sprühdose Abstand halten, bzw. mit einem
dünnen Karton leicht abdecken. Soll nur ein Zierstreifen aufgebracht werden,
wird sowieso nicht mit Füller-Haftgrund gespritzt, sondern nur mit Decklack.

■ Beim Arbeitsgang »Decklacksprühen« (Nr. 19) wird im Bereich des Zierstreifens so dünn wie möglich lackiert, denn eine dicke Farbschicht sieht nachher
wie ein aufgeklebter Kunststoffstreifen aus.

■ Soll nur ein schmaler Zierstreifen als Schmuck auf eine einwandfreie Altlak-
kierung aufgebracht werden, erleichtern Sie sich die ganze Arbeit außerordentlich, wenn Sie gar nicht zur Lacksprühdose greifen, sondern sich eine 100-
Gramm-Dose der gewünschten Farbe oder eine entsprechende Tupflackdose im
Autolack-Fachgeschäft kaufen und den Zierstreifen mit dem Ausfleck- oder einem Wasserfarbenpinsel ausmalen. Sie ersparen sich dadurch vor allem das
vollständige Abkleben und Abdecken des Fahrzeugs. Versuchen Sie übrigens
nicht, sich den Kauf der Mini-Lackdose zu ersparen und statt dessen aus der
Sprühdose Lack in den Dosendeckel zu sprühen und diesen nachher zu »verpin-
seln«. Das wird, auch wenn Sie den Sprühlack im Dosendeckel ein wenig vortrocknen lassen, immer fleckig und sieht entsprechend häßlich aus.

■ Sogleich nach dem Lackieren des Zierstreifens mit Sprühdose oder Pinsel
müssen die Begrenzungsstreifen vorsichtig schräg zum Lack (bei Streifen mit-
ten im Lack steil nach oben) abgezogen werden, damit die Lackkanten sauber
und gleichmäßig verlaufen können. Sie bilden dadurch eine nur flache Kante.

Fingerzeig: *Wenn Sie auch mal einen mehr oder weniger breiten Zierstreifen auf*

Ihrem Auto riskieren möchten, aber nicht sicher sind, ob Ihnen (oder Ihrer Familie oder Ihren Berufskollegen oder Freunden) so was auf die Dauer auch gefallen wird, können Sie es ja einmal mit dem abwaschbaren »Rallye-Strip« von Vogelsang (Dupli Color) versuchen – »Zierstreifen ohne Reue«, kann man da sagen (siehe Seite 131). Damit ist das Lackieren wirklich (ausnahmsweise!) mühelos.

Ganzlackierung selbst gemacht?

Bei einem Kraftfahrzeugmonteur besteht heute die Arbeit zumeist aus Ab- und Anmontieren. Das kann man als Heimwerker, wenn man keine zwei linken Hände hat, mit der Zeit auch ganz gut schaffen. Bei einem guten Autolackierer ist das anders. Da steckt schon eine außerordentliche handwerkliche Routine allein im Handgelenk, mit dem er die Spitzpistole führt. Das ist ein Können und eine Handfertigkeit – auch bei zügig-fehlerfreiem Spachteln und beim sorgfältigen Schleifen –, die man als Laie nicht so ohne weiteres nachahmen kann und um die sich selbst ein gelernter Malergeselle stets bemühen muß.

Deshalb ist auch eine Heimwerker-Ganzlackierung nahezu eine Unmöglichkeit, wenn es nach etwas aussehen soll. Die Leute werden kaum sagen: »Schau an, er hat sich ein neues Auto gekauft«. So sagen sie bestimmt nicht, wenn sie bei näherem Hinsehen hier eine blinde Stelle, dort die in den nassen Lack geratene Fliege, eine unebene Fläche oder etliche »Laufnasen« bemerken.

Schließlich muß man sich auch darüber klar sein, daß der lufttrocknende Lack aus der Sprühdose in seiner Qualität niemals an den in der Lackierwerkstatt mit 60 bis 80 °C ofengetrockneten Lack (»eingebrannt« wäre als Bezeichnung für diese Temperatur ein wenig übertrieben) herankommt, nie so witterungsbeständig und unempfindlich gegen überlaufendes Benzin, scharfes Scheibenreinigermittel, Dieseldunst und dergleichen sein kann. Wenn Sie eine wirklich gute Neulackierung des ganzen Wagens brauchen, ist der Weg zur guten Lackierwerkstatt noch immer der beste Rat.

Fingerzeig: *Nur selten ist Autoreparaturwerkstätten eine gute Autolackiererei angeschlossen. Zumeist vermittelt die Autowerkstatt nur den Auftrag einer Reparatur- oder Neulackierung an eine mit ihr zusammenarbeitende Autolackiererei. Lassen Sie sich nicht darauf ein, denn das wird in der Regel nur teurer, weil die vermittelnde Werkstatt auch noch etwas daran verdienen will.*

Bedenken Sie auch bei einer verlockend »preisgünstigen« Ganzlackierung (weil eine Versicherung zahlen müßte), daß die Qualität der serienmäßigen Einbrennlackierung von keiner Art Nachlackierung erreicht werden kann. Es liegt also im eigenen Interesse, diese Erstlackierung so weit wie möglich zu erhalten und nur das nachlak-

Auch für einen emsigen Heimwerker ist es keine Schande, eine schwierige Ganzlackierung dem Fachmann zu überlassen. Natürlich erwarten Sie eine besonders hochwertige Facharbeit. Aber gute Autolackierer sind rar wie gute Maßschneider. Fragen Sie darum in Ihrem Bekanntenkreis oder bei den Mechanikern Ihrer Werkstatt nach dem Namen eines guten Lackierers. Wenn Sie den gleichen Namen mehrmals hören, sind Sie auf der richtigen Spur. Es lohnt sich, nach diesem guten Mann zu suchen – man wird es einige Jahre Ihrem Auto ansehen. Dagegen hat die Frage nach der besten Lackierwerkstatt wenig Zweck, denn der Chef dort lackiert nur selten selbst und er hat auch bestimmt einige weniger gute Lackierer unter seinen Mannen.

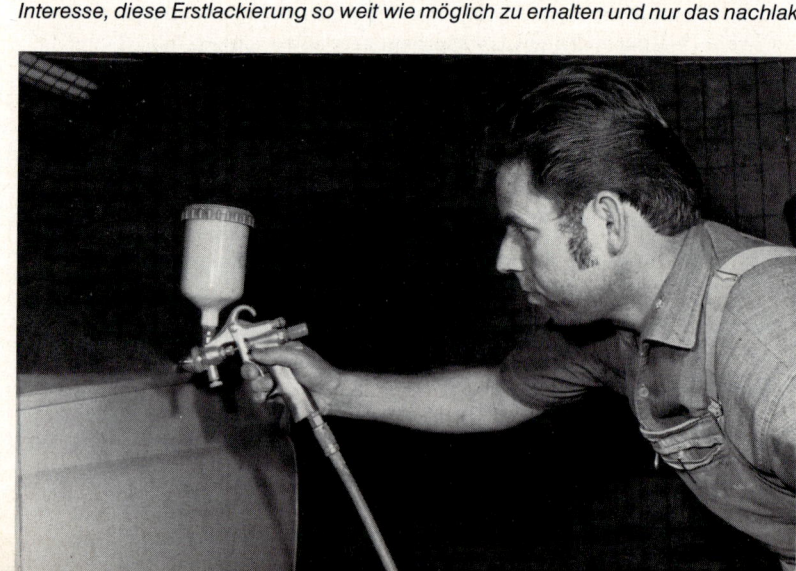

kieren zu lassen, was wirklich wegen Beschädigung nachlackiert werden muß. Anders ist es natürlich, wenn Sie sich am ganzen Auto bei dieser Gelegenheit eine andere Farbe wünschen.

Trotzdem wollen wir Ihnen den Mut nicht nehmen. Es gibt noch einige Wege, die um die teure Fachlackierung herum führen können. Und schließlich ist es ja auch der Stolz eines richtigen Heimwerkers, sein Auto selbst lackiert zu haben. Aber es gehört halt allerhand vorausgehende Erfahrung dazu:

○ Selbstlackierung mit großen Kunstharzlack-Sprühdosen (unten)
○ Selbstlackierung mit der Treibgas-Sprühpistole »Jet-Pak« (Seite 140)
○ Selbstlackierung mit Kompressor und Spritzpistole (Seite 140)
○ Endlackierung durch eine Autohobby-Werkstatt (Seite 145)
○ Selbstlackierung in Pop-Aufmachung (Seite 146)

Umwege um die Lackierwerkstatt

Sprühdosen-Ganzlackierung

■ Für eine Ganzlackierung aus Sprühdosen kommt nur Kunstharzlack (also Ducolux) in Frage. Denn nur Kunstharzlack bleibt solange »offen« (siehe Abschnitt »Hochglanz und Trocknungszeit«, Seite 70), daß gesprühte Lacktröpfchen auch noch nach mehreren Minuten einwandfrei mit dem übrigen Lack zu Hochglanz verlaufen. Mit dem schnell trocknenden Acrylharzlack (Dupli Color) oder Nitrokombinationslack (Auto-K-Lack- geht es allenfalls bei etwa 10 °C, es gibt bei größeren Flächen bei mehr Wärme matte Streifen, meist wird alles matt mit apfelsinenschalenartiger Oberfläche.

■ Auch eine hausgemachte Ganzlackierung bekommen Sie nicht geschenkt, denn immerhin wurden ja bereits bei der Erstlackierung im Werk etwa 4 Kilo Decklack über ihr Fahrzeug verteilt. Bedenken Sie, wieviele Sprühdosen Sie da brauchen werden, auch wenn in Ihrem Fall nur die Außenseite und nicht auch die Innenseite der Karosserie lackiert werden muß. Bei Ducolux rechnet man mit etwa 9 großen Lacksprühdosen zu je 300 Gramm Inhalt (pro Dose etwa 12,50 DM) für einen VW-Käfer! Unter sehr günstigen Umständen, wenn z. B. gleichfarbiger Lack über die Altlackierung gesprüht wird oder eine sehr günstige Arbeitstemperatur herrscht, hat man es auch schon mit 6 großen Dosen geschafft. Es kommt dabei entscheidend auf die Deckkraft des gewählten Farbtones an.

■ Solch eine Ganzlackierung ist nur im Bereich der günstigen Arbeitsplatztemperatur um 20 °C möglich. Kühlere Temperatur hält den Lack länger offen, was bei großer Lackierungsfläche ein Vorteil sein kann, bei höherer Temperatur lüftet er aber zu schnell ab und wird matt.

■ Zu einer hausgemachten Ganzlackierung muß der Arbeitsplatz völlig staubfrei und möglichst gedeckt, wowie absolut zugfrei sein. Auf einem kleinen Hof im Freien sind die Bedingungen kaum zu erfüllen, zumal dort bei den erwünschten Temperaturen stets allerlei Ungeziefer durch die Luft schwirrt. Es müßte am besten eine große Werkhalle sein, in der etwa am Wochenende die Arbeit ruht, also auch kein Staub aufgewirbelt wird.

■ Selbstverständlich schaffen Sie solch eine Ganzlackierung mit allen Vorarbeiten nicht an einem Wochenende. Es sind zwei oder drei weitere Helfer erforderlich, damit die Arbeiten flott voran gehen und wenigstens in 3 oder 4 Urlaubstagen – oder entprechend zahlreichen Wochenenden – das Fahrzeug fertig wird.

■ Auch die Endlackierung selbst sollten Sie nicht in einem einzigen Durchgang versuchen, denn so lange bleibt auch der Kunstharzlack nicht offen, bis Sie sämtliche Flächen vom Dach bis zur Unterkante aller Kotflügel lackiert haben. In dieser Zeit fliegt aber ständig Lacknebel umher und setzt sich auf dem frisch lackierten Dach ab, wodurch dieses unweigerlich matt wird. Darum ist es besser,

Als eine Art Lückenfüller zwischen den preiswerten Lacksprühdosen mit ihren allerdings begrenzten Möglichkeiten und den teuren Kompressor-Lacksprühpistolen bietet die Lackfabrik Lesonal in ihren Verkaufsstellen ihr »Jet Pak« an, bei dem Treibgas und Lackfarbe getrennt sind.

etwa am ersten Lackiertag nur das Dach und in respektvoller Entfernung die demontierten Haubendeckel zu lackieren. Am zweiten Lackiertag sollten Sie sich der einen Fahrzeugseite, am dritten Lackiertag der anderen Fahrzeugseite annehmen, wobei jeweils Dach und andere Fahrzeugseite sorgfältig abzudecken sind. Es gibt ja genügend leicht abklebbare Konstruktionskanten, an welchen man die Lackier-Etappe jeweils beginnen und beenden kann.

■ Zusätzlicher Arbeitsgang für die Ganzlackierung: Abbau aller Zier- und Anbauteile, wie Chromstreifen, Markenzeichen, Scheinwerfer, Stoßstangen usw. Wenn man sich diese Arbeit sparen will, hat man statt dessen mühsame Abklebearbeit um diese Teile, trozdem Farblackflecken auf der Chromzier, aber vor allem in absehbarer Zeit Durchrostungen unter den Rändern dieser Anbauteile.

Treibgas-Sprühpistole »Jet-Pak«

Es ist nicht gesagt, daß es den gewünschten Farbton in den größeren 400-Milliliter-Dosen von Ducolux überhaupt gibt. Und mit den kleineren 150-ml-Dosen wurde die Sache ja noch teurer. Und bestimmt wird es nicht billiger – ganz im Gegenteil –, wenn man sich nun wegen einer Ganzlackierung extra eine Kompressor-Lackspritzpistole anschaffen wollte. Da bietet als »Lückenfüller« die Stuttgarter Lackfabrik Lesonal ihr »Jet-Pak« an, »die Spritzpistole ohne Kabel, ohne Schlauch«.

Wie im Bild oben gezeigt, besteht dieses Gerät aus einem Schauglas mit der Lackfarbe und einer aufsteckbaren Gasflasche (in der Hand gehalten), die nur das Treibgas enthält (Triebgasdose allein etwa 8 DM). Zusammen mit der ersten Treibgasdose kostet das ganze »Jet-Pak« etwa 18 DM.

Dazu muß man sich nun vom »Lesonal«- oder »Sikkens«-Fachhändler auf seiner speziellen »Farbenmisch-Orgel« den genauen Farbton (Kunstharzlack) mischen lassen – er hat dazu die genauen Mischtabellen für alle gängigen Auto-Farbtöne, kann aber natürlich auch, weil es eine Ganzlackierung ist, jeden anderen gewünschten Farbton mischen. Aus Gründen der Farbtongenauigkeit muß der Farbenhändler übrigens mindestens ein halbes Kilo (für rund 16 DM) mischen. Die Kunstharzlack-Sprüherei mit diesem »Jet-Pak« erfordert eine Arbeitsplatztemperatur um 20°C. Sind weniger, spuckt das kalte Treibgas dicke Lacktropfen aufs Autoblech. Mit einer Treibgasdose läßt sich nach Werksangabe etwa ein halbes Kilo Kunstharzlack versprühen. Versuchen Sie nicht, den Lack selbst zu mischen, denn Sie werden kaum die richtige Spritzviskosität (Dünnflüssigkeit; Seite 143) erreichen und dann gibt es entweder Lauftränen bei mangelhafter Lack-Deckkraft oder Farbbutzen, die nicht verlaufen wollen.

Übrigens: Auch jede andere Flüssigkeit läßt sich aus dem »Jet-Pak« versprühen, z. B. Spritzmittel gegen Ungeziefer an Ihren Topfpflanzen.

Mit Kompressor und Sprühpistole

Nur selten wird man als Heimwerker eine fachgerechte Ausrüstung mit Kompressor (völlig öl- und feuchtigkeitsfreie Druckluft von 4 bis 6 atü), Lacksprühpistole (verstellbarer Sprüdüsenkopf für Fächer- und Rundstrahl bei 0,8 mm Düsenöffnung) und den notwendigen Gerätschaften zum Mischen und Nachprüfen der Lackflüssigkeit zur Verfügung haben. Dann kann man allerdings bei entsprechendem Geschick mit einer fachgerechten Ganzlackierung rechnen.

»Airless«-Geräte nichts für Autolackierung

In der Regel müht sich aber der Heimwerker mit einer elektrisch betriebenen Bastler-Spitzpistole ab. Gänzlich abzuraten ist dabei von jenen elektrischen Vibrations-Spritzpistolen, die ohne Druckluft (englisch: »airless«) arbeiten. Obwohl sich solche »Airless«-Geräte für spezielle Sprühaufgaben (z. B. Unterbodenschutz, Hohlraumkonservierung, Grundierungen usw.) in industriestarker Ausführung durchaus eignen, so sind sie doch in den wesentlich leistungsschwächeren Heimwerker-Ausführungen zu einer ordentlichen Autolackierung kaum brauchbar. Geräuschvoll knatternd müssen sie durch schnelle Vibrationen den Lack fein vernebelt durch die Spritzdüse ausstoßen, aber sie spucken gelegentlich auch dickere Farbtröpfchen aus, so daß es eine ungleichäßige Oberflächenstruktur auf dem Lack gibt, die nur bei Gartenmöbeln oder dem Garagentor Freude macht.

Wenn schon, dann mit Druckluft

Wenn Sie im Haushalt einen guten Staubsauger haben, findet sich im Prospekt sicherlich der Hinweis, daß man mit einer als Zubehör erhältlichen Sprühvorrichtung, die mit dem Schlauch an den »Auspuff« des Staubsaugers angeschlossen wird, auch spritzlackieren könne. Manche Staubsaugerhersteller geben dabei sogar einen deutlichen Wink in Richtung Auto. In dieser Richtung sollten Sie sich Versuche ersparen. Was auf Kinderzimmermöbeln sehr schmuck aussieht, reicht nicht für den Auto-Hochglanzanspruch unserer lackverwöhnten Augen. Der Luftdruck der Staubsauger ist einfach zu einer guten Autolackierung zu schwach – man muß den Autolack aus der Dose so stark verdünnen, bis er sich mit diesem schwachen Luftdruck sprühen läßt, daß er entweder für die Farbdeckung zu dünn ist oder in Tränenbächen herunterläuft.

Wenn schon, dann sollte man aber trotzdem, wie die Lackierwerkstatt, mit Luftdruck arbeiten. Einigermaßen brauchbar erscheint uns dazu bislang nur die Bosch-Farbspritzanlage für Heimwerker. Ihr Kernstück ist ein kleiner Kompressor, der an die vorhandene Heimwerkerbohrmaschine (die hat man ja als »Edel-Bastler«, nicht war?) angeflanscht wird. Daß der Klein-Kompressor die höchsterreichbaren 6 atü (z. B. kurzzeitig zum Aufpumpen der Reifen) auch wirklich schafft, setzt die kräftigste Bohrmaschine voraus. In der Regel stehen für das Spritzen nur knapp 2 atü zur Verfügung, und das ist gegenüber den 4 bis 6 atü der Lackierwerkstatt doch etwas wenig. Demgemäß wird die Autolackierung auch mehr oder weniger apfelsinenschalenartig, aber bei sonst sauberer Arbeit immerhin einigermaßen anschaubar. Zu bedenken ist aber alles in allem, daß die Anschaffungskosten rund 220 DM (ohne antreibende Bohrmaschine) betragen. Da muß man sich überlegen, wie sich das durch erspartes Geld auszahlen soll. Wobei man aber durchaus auch die sonst in Haus und Hof anfallende

Ein für die Heimwerker-Autolackierung brauchbares Spritzgerät ist die Bosch-Farbspritzanlage mit dem von einer Bohrmaschine angetriebenen kleinen Kompressor (links vorne), dem Druckschlauch zur Spritzpistole (in der Hand) mit verstellbarer Sprühdose. Wegen des verhältnismäßig geringen Kompressordrucks wird die Lackierung allerdings leicht apfelsinenschalig, für die Autolackierung bei sehr kritischem Blick nicht ganz überzeugend, aber sehr ordentlich bei Wohnwagen, Booten oder, wie hier, bei Auto-Anhängern – da ist unser Auge nicht so anspruchsvoll.

Lackierarbeit – einschließlich Spritzen der Zimmerwände mit Dispersionsfarben – mit ansetzen darf. Doch sonntags werden Sie diesen schnatternden Kompressor auch nur bei sehr friedfertigen Nachbarn in Tätigkeit setzen können. Hier aber noch einige Hinweise zum Spritzlackieren:

■ Kaufen Sie dazu nur solchen Kunstharzlack, der ausdrücklich als Autolack gekennzeichnet ist. Die Dose trägt dann jeweils auch die ganz spezielle Farbbezeichnung von Opel, Ford, VW usw. »Haushaltslacke« entsprechen nicht den speziellen Auto-Qualitätsanforderungen. Außerdem haben Autlacke einen anderen Farbcharakter – es sind in der Regel »gebrochene« Farben, die mit schwarz, ocker, sepia oder ähnlich »dämpfenden« Farben abgetönt sind, während Haushaltslacke vielfach »reine« Mischfarben sind, die von sich aus greller wirken und leicht als »Nicht-Autofarben« auffallen. Diesen Autolack erhalten Sie nur selten im allgemeinen Farbengeschäft, zumeist müssen Sie ein Spezial-Fachgeschäft aufsuchen. Wichtiges Merkzeichen, wie gesagt: Farbtonbezeichnung und Farbton-Nummer eines Autoherstellers müssen auf der Dose zu finden sein, sonst ist es kein echter Autolack. Außerdem muß er lufttrocknend sein.

■ Statt eines umfangreichen Farbtonlagers – es gibt nahezu 3000 unterschied-

Zur Bosch-Spritzanlage gehört noch der »Viskositäts-Meßbecher« (an das Haltegestell montiert), mit dem vor dem Lackieren mit der Spritzpistole der Lack »eingestellt« werden muß, d. h. er muß eine genau vorgeschriebene Dünnflüssigkeit haben, um wirklich gut mit der Spritzpistole versprüht werden zu können. Üblicherweise ist der Kunstharzlack (speziell für Autos) in den Dosen streichfähig, also zum Spritzen zu dickflüssig. Es muß entsprechend passende Verdünnung zugesetzt werden. Wenn man glaubt, daß der Lack spritzfähig verdünnt ist, füllt man bis oben hin den Meßbecher, während man mit einem Finger die Auslauföffnung (genau 4 mm Durchmesser) verschließt, und streicht mit einem breiten Spachtelwerkzeug den überschüssigen Lack in die Überlaufrinne des Meßbechers, dann sind es, genau nach DIN-Vorschrift, auch wirklich 100 ccm, die gemessen werden.

liche Autofarbtöne – besitzen gut ausgestattete Farbgeschäfte eine Farbton-Mischmaschine von einem Lackhersteller, z. B. von Lesonal, Sikkens oder Glasurit, mit der sie selbst nach genau ausgearbeiteten Mischtabellen den verlangten Farbton herstellen. Auch diese Kunstharzlacke sind – wenn lufttrocknend – vollwertige Autolacke, allerdings hängt die Farbtongenauigkeit von der Gewissenhaftigkeit des Farbenhändlers ab, er muß z. B. seine Basis-Farbdosen täglich mindestens 10 Minuten lang aufrühren und pingelig genau die verschiedenen Farbtöne abwiegen. Wegen der oft nur geringgewichtigen Abtönbeimischung muß mindestens 1 Kilo abgenommen werden.

Für die Heimwerker-Spritzlackierung geeigneter lufttrocknender Acrylharzlack ist uns bislang nicht bekannt.

■ Kaufen Sie zugleich die auf dem Etikett aufgedruckte vorgeschriebene Spritzverdünnung des gleichen Herstellers. Auch wenn es sich stets um Kunstharzlack handelt, so sind die Rezepturen der zahlreichen Lackhersteller doch so unterschiedlich, daß nur die spezielle Lackverdünnung aus dem gleichen Hause beste Mischverhältnisse sichert. Eine preiswertere allgemeine Kunstharzverdünnung, die das Fachgeschäft anbietet, kann brauchbar sein, aber es kann auch beispielsweise starken Bläschen-Schaum auf der Lackoberfläche damit geben.

■ Wenn Sie noch keinen Viskositätsmeßbecher besitzen (wie er zur Bosch-Farbspritzanlage serienmäßig gehört), müssen Sie sich im Fachgeschäft dieses trichterartige Gerät kaufen. Es ist genormt nach DIN 53211 und wird von den Lackierern »4er-Becher« genannt, weil seine Auslauföffnung 4 mm Durchmesser hat. Dieser Meßbecher ist für das Arbeiten mit der Spritzpistole unbedingt erforderlich, denn die Autolacke werden nicht spritzfertig geliefert, sondern müssen auf die entsprechende Viskosität (= Dünnflüssigkeit) mit der passenden Verdünnung »eingestellt« werden.

Wie das gemacht wird, zeigen die Bilder unten.

Wenn wir bei der Handhabung der Lacksprühdosen dazu geraten haben, die Dosen ein wenig zu erwärmen, damit sie besser spritzen, so muß von einer Erwärmung des Lackes für die Spritzpistole auf jeden Fall abgeraten werden. Eine Abweichung zur Umgebungstemperatur ergibt eine falsche »Einstellzeit« mit dem

**Richtige
Spritzviskosität
»einstellen«**

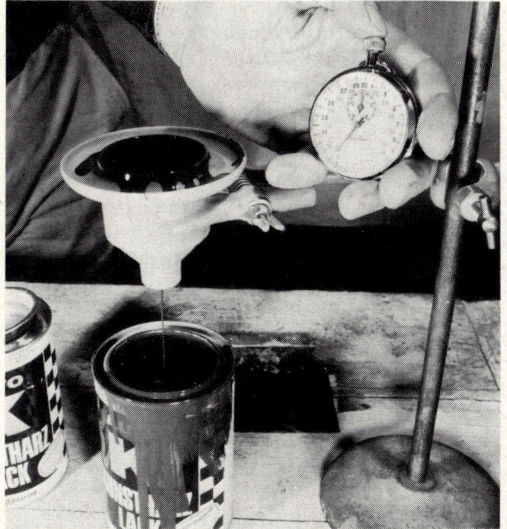

Zum Messen der richtigen Dünnflüssigkeit des Lackes brauchen Sie nun eine Stoppuhr oder mindestens eine Uhr mit Sekundenzeiger. Während die Stoppuhr gestartet wird oder der Sekundenzeiger die 0-Marke durchläuft, wird gleichzeitig der Finger von der Auslauföffnung genommen und die Zeit gemessen, bis der letzte Lacktropfen ausgelaufen ist. Auf jeder Autolack-Dose hat der Hersteller die Auslaufzeit für den spritzfertigen Lack vermerkt, etwa »Einstellung im DIN-Becher auf 17–19 sec«. Diese Zeit, in der im allgemeinen Kunstharzlack ausgelaufen sein muß, liegt bei Metalleffektlacken meist zwischen 12 und 16 sec.

DIN-Meßbecher und entsprechend schlechte Lackierergebnisse. Auch hier sind 20–22°C die beste Arbeitstemperatur.

Fingerzeig: *Nach den gesetzlichen Sicherheitsbestimmungen muß ein Raum, in dem mit elektrisch angetriebenem Kompressor (gilt für Bosch-Farbspritzanlage wie für jeden »umgedrehten« Staubsauger) farbgespritzt wird, mindestens 30 Kubikmeter Rauminhalt und mindestens 10 Quadratmeter Bodenfläche haben, und je Kubikmeter Rauminhalt dürfen pro Stunde nicht mehr als 20 Gramm Lack gespritzt werden, sonst besteht Explosionsgefahr!*

Es gibt sogenannte »Glattstrich-Pinsel« (z. B. von Firma Brennenstuhl), die anstelle von Pinselborsten keilförmige Streichköpfe aus

Pinsel-Anstrich taugt nicht viel

Schaumstoff haben. Wenn damit das Lackieren auch nicht gänzlich ohne Pinselspuren bleibt, so ist bei richtiger Streichfähigkeit des Lackes die lackierte Fläche doch glatter. Wir haben recht gute Erfahrungen damit gemacht, schmale und nicht so auffällige Kanten lassen sich zur Not damit auch streichen. Preiswert sind diese Pinsel ohne Borsten außerdem. Beachten Sie bei diesem Bild, daß der Lack vom Pinsel nicht direkt aus der Autolack-Dose, sondern aus einem hier in der Hand gehaltenen kleinen Gefäß versorgt wird, denn: Der erfahrene Lackierer taucht niemals den Pinsel in die Lackdose, weil dabei unweigerlich kleine Staubkörnchen und Fusseln eingeschleppt werden, die später jede saubere Lackierung völlig unmöglich machen. Es wird immer ein kleiner Handvorrat herausgegossen und ein eventuell übrig bleibender Rest aus dem »Handgefäß« nie in die große Lackdose zurückgekippt, sondern sonstwie an unwichtiger Stelle (etwa Garagentor) verbraucht.

Schmale Zierstreifen kann man ohne weiteres mit einem feinhaarigen und weichen Pinsel »anlegen« – man erspart sich dabei sogar das aufwendige Abkleben und Abdecken des Fahrzeugs –, aber Autoteile oder gar das ganze Fahrzeug mit dem Pinsel anstreichen zu wollen, das wird eine Enttäuschung. Was auf einem Küchenschrank ode einer Zimmertür optisch hervorragend aussehen kann, reicht nicht für die Glätte- und Hochglanzansprüche unserer autolackverwöhnten Augen aus. Der Pinselstrich ist als paralleles Wellenbündel sofort zu erkennen und nur bei einem waagrecht aufgelegten Teil gelingt es durch »satten« (also dicken) Farbauftrag und leichtflüssig verdünnten Lack, daß dieser zu einer spiegelblanken Fläche verläuft. Aber zu diesem Zweck kann man ja sein Auto nicht auf die Seite legen, und schon das Autodach ist zu stark gewölbt, um darauf einen einwandfreien Lack auf diese Art zu erreichen. Aber es gibt vielleicht Umstände, die zu einem Pinsel-Anstrich zwingen. Dann wird die Lackiererei nicht zu schäbig, wenn Sie auf folgende Punkte achten:

■ Nehmen Sie, genau wie zur Spritzlackierung, nur solchen Kunstharzlack, der ausgesprochen als Autolack gekennzeichnet ist, wie auf Seite 142 beschrieben.

■ Kaufen Sie sich dazu gleich Kunstharzverdünnung und probieren Sie in Vorversuchen, mit wieviel Verdünnerzugabe sich der Lack am glattesten streichen läßt, damit einerseits der Pinselstrich nicht mehr so stark erkennbar bleibt, aber auch andrerseits der Lack nicht zu leicht in Lauftränen abläuft und überdies die Farbdeckung gesichert ist.

■ Tauchen Sie niemals den Pinsel direkt in die Farbdose, sondern füllen Sie sich jeweils nur den nächsten Bedarf in eine blitzsaubere Dose oder in ein kleines Glasgefäß ab. Denn unweigerlich bekommen Sie nach und nach mehr und mehr Staubkörner in den Pinsel, die Sie alle zu späterem Ärger in die Lackdose einschleppen würden. Das sollten Sie vermeiden und nach jedem Aufbrauchen des Lackes aus dem kleinen Abfüllgefäß dieses mit Kunstharzverdünnung sorgsam auswaschen.

Autohobby-Mietwerk-stätten sind keines-wegs kleine, trübe Winkelbetriebe, sondern, wie man hier aus München sieht, oft recht an-sehnliche Werkshallen mit modernen techni-schen Einrichtungen. Die größte uns be-kannte Autohobby-Mietwerkstatt, in Köln, hat z. B. 70 Ar-beitsplätze. In der umseitigen Tabelle haben wir nur jene Mietwerkstätten aufgeführt, die sich auch mit dem Lackie-ren befassen.

■ Schütten Sie aus gleichem Grund niemals einen überbleibenden Farbrest aus dem kleinen Abfüllglas in die Lackdose zurück, wenn der Lack später noch für das Auto verwendet werden soll, denn Sie schleppen unvermeibar Schmutz in den Lack. Einen Farbrest darum wegschütten oder irgendwie in Haus, Hof oder Garten (Rasenmäher anstreichen) verwenden.

■ Um Staub von vorneherein auszuschalten, den Pinsel direkt vor dem ersten Farbenstrich gründlich in klarer Verdünnung auswaschen, denn in den Pinsel-borsten hat sich beim Aufbewahren bestimmt Staub abgesetzt. Der muß vorher raus, oder Sie haben ihn als Pünktchen im Autolack.

■ Bei warmem Wetter ist auch dieser Trick möglich: Verdünnen Sie den Lack ziemlich stark, so daß er leicht fließt und an der lackierten Fläche auf ganzer Breite herunterläuft. Das ist eine Art »Tauchlackierung«, bei der allerdings viel Farbe verschwendet wird, es gibt jedoch eine glatte Oberfläche, wenn der Lack-untergrund einwandfrei feinstgeschliffen und kein Staubkörnchen hängenge-blieben ist. Aber um jede kleine Unebenheit und um jedes Staubkorn bildet sich eine kleine Laufträne. Diese »Fließ-Lackierung« deckt allerdings nicht in einem einzigen Farbauftrag. Darum ist wames Wetter erwünscht, so daß die dünne er-ste Lackschicht bald durchgetrocknet und nochmals vorsichtig naß feinstge-schliffen werden kann (dabei werden nur herausragende Staubkörnchen und Fusseln »geköpft«, der Lack soll aber nicht matt geschliffen werden). Danach er-folgt der zweite und eventuell auch noch ein dritter Farbauftrag, bis die Farbe deckt. Durch die starke Verdünnung wirkt der Lack-Hochglanz nachher übri-gens etwas dunkler und »glasiger«.

Wie wär's denn mit dieser Lösung: Alle Vorbereitungsarbeiten (je nach Bedarf Arbeitsgänge 1 bis 16) für die Ganzlackierung selbst machen und die doch recht problematische Endlackierung vom Fachlackierer machen lassen? Kann man da was sparen? Man kann! Und wir brauchten auch nicht erst auf die Idee zu kommen, sie wird bereits seit Jahren praktiziert. Im allgemeinen wird ein Lak-kiermeister, zu dem Sie mit solchem »unsittlichen« Ansinnen kommen, leicht beleidigt in eine andere Richtung schauen. Aber in Landstrichen, in welchen bei ganzen Völkerschaften die Eigenleistung nach Feierabend hoch im Kurs steht, wie etwa im Schwabenland, gibt es durchaus Lackierwerkstätten, die zu sol-chem Service ohne weiteres bereit sind. Im Bedarfsfalle muß man mal im Be-kanntenkreis und unter Werkstatt-Mechanikern herumfragen.

Vor allem haben sich aber in etlichen Großstädten Autohobby-Mietwerkstätten

**Endlackierung
vom Fachmann**

In der Mietwerkstatt

angesiedelt, in welchen man gegen entsprechende Arbeitsplatz-Stundenmiete (oft einschließlich Werkzeugbenutzung) selbst an seinem Fahrzeug bauen und basteln kann. Verschiedene dieser Mietwerkstätten haben die Endlackierung durch einen dort angestellten Fachlackierer in ihr Dienstleistungsprogramm aufgenommen. Zur Zeit sind uns folgende Mietwerkstätten mit Lackier-Service bekannt:

Post- leit- zahl	Anschrift	Name	Telefon
1	Berlin-Mariendorf 42 Mariendorfer Damm 146	Auto-Hobby Janasik + Schiffmann	7 06 13 86
2	Hamburg-Altona 50 Ruhrstraße 48	Autoselbsthilfe Fibier & Co.	8 50 11 51
5	Köln 1 Genter Straße 13	Auto-Hobby-Mietwerkstatt	52 48 74
6	Frankfurt-Nied Nieder Kirchweg 113	Auto-Hobby-Mietwerkstatt	39 92 92
65	Mainz-Mombach Industriestraße 5	Auto-Hobby-Mietwerkstatt	68 20 66

Selbstverständlich weichen die Dienstleistungen der Mietwerkstätten ein wenig voneinander ab, aber durchweg wird der Lack ofengetrocknet (60 bis 80 °C), entspricht also durchaus der Lackierwerkstatt-Qualität, die man selbst mit seinem lufttrocknenden Lack nicht erreicht. In der Regel wird schon bei den Vorarbeiten fachmännischer Rat erteilt.

Die Preise betragen natürlich nur einen Bruchteil der üblichen Lackierwerkstatt-Preise.

Falls Sie diese Möglichkeit, preiswert zu einer fachmännischen Ganzlackierung zu kommen, ins Auge fassen, sollten Sie sich mit Ihrem Fahrzeug ein genaues Angebot einholen und dabei durchrechnen, wieviel Kilometer Hin- und Rückfahrt mit den Kosten noch drin sind, bevor die Sache im Vergleich zum Preisangebot einer Lackierwerkstatt unrentabel wird. 100 Kilometer bis nach Frankfurt, Köln oder München sind auf jeden Fall drin, meist auch 150 oder gar 200 Kilometer!

Natürlich gibt es bei diesen Mietwerkstätten auch Teillackierungen nach eigener Vorbereitung. Da kostet in Köln die Haube eines Opel Rekord in Uni-Lack etwa 90 DM, der Kotflügel eines VW-Käfers etwa 75 DM. Aber, so meinen wir, wenn Sie schon hier unser Buch besitzen, dann könnten Sie es bei Fahrzeug-Einzelteilen selbst probieren. An Ratschlägen dazu fehlt's ja nicht.

Vielfarben-Lackierung ist gar nicht so schwer

Die größten Probleme einer Ganzlackierung – matte Stellen, weil der Lack nicht lange genug »offen« bleibt oder Staub und Fliegen im Lack durch die lange Arbeitszeit oder die sehr begrenzte Temperaturspanne – haben Sie alle vom Hals, wenn Sie aus Ihrem Auto einen munter-farbigen Vogel machen wollen. Je farbiger das Auto wird, umso leichter wird die Arbeit. Denn Sie

■ können bei jeweils kleinen Farbflächen alle Lackarten benutzen (wobei man zwecks Lackverträglichkeit aber doch bei einer Sorte bleiben sollte),

■ sind nicht an die Temperaturgrenzen zwischen 20 und 25 °C gebunden,

■ können einzelne mißglückte Flächen (Laufträgen, Staub oder Fliegen) ohne allzu großen Aufwand noch einmal nacharbeiten,

■ können sich Zeit mit der Arbeit (über mehrere Wochenenden oder Urlaubstage) lassen

■ haben schließlich ein individuelles Fahrzeug, das wegen seiner Auffälligkeit-

niemand zu klauen wagt. Nicht zu vergessen die erhöhte Verkehrssicherheit bei auffälligen Kontrastfarben, denn solch ein Fahrzeug sieht man besser und erfahrungsgemäß halten die anderen Verkehrsteilnehmer mehr Abstand von solch einem Fahrzeug »mit Signalwirkung«.

Wir sprechen hier absichtlich nicht von Pop-Bemalung, denn es muß nicht gerade eine wilde Farb-Orgie sein. Da kann ein wirklich künstlerischer Entwurf als Vorlage dienen, den man sich vorher selbst ersinnt oder von einem kunstbeflissenen Bekannten oder Verwandten vorschlagen läßt. Sie müssen also keineswegs befürchten, daß rundum die Leute sich an die Stirn tippen, weil das Fahrzeug mehrfarbig lackiert ist. Es gibt da das sehr weite Feld der »Farb-Psychologie« und so können Farbkombinationen mit heftig unharmonischen Kontrasten aufreizend und verärgernd wirken (daher die Bezeichnung »Schock-Farben«), während andere Farbzusammenstellungen ein wenig jugendlich-unausgereift und vielleicht auch lächerlich aussehen (daher die Bezeichnung »Pop-Farben«) und schließlich ausgesprochen harmonisch aufeinander abgestimmte Farben dem bemalten Gegenstand ein freundlich-friedliches Aussehen verliehen. Suchen Sie sich aus, wie Sie's haben möchten.

Aber vielleicht helfen Ihnen einige Hinweise weiter:

■ »Farbreste-Lackierungen« ohne Farbflächenbegrenzungen, bei denen alle Farben ohne feste Konturen ineinander laufen, sehen nicht nur nachlässig und ungepflegt aus, sondern sie verleihen dem Fahrzeug auch noch einen ausgesprochenen Tarnanstrich, der die Umrisse des Fahrzeugs mehr oder weniger »auflöst« und es bei ungünstigen Lichtverhältnissen unsichtbar macht. Das ist gegen die Verkehrssicherheit.

■ Dunkle Farben oben und helle Farben unten lassen ein Auto optisch »umkippen« (gilt nicht für dunkles Dach allein), während das Fahrzeug bei dunklen Farben unten und hellen Farben oben scheinbar stabiler auf der Straße liegt.

■ Eine Kontrastfarbe innerhalb einer sonst harmonischen mehrfarbigen Lackierung ist für die Verkehrssicherheit günstiger als ein buntes Kontrastfarbengewirr.

■ Die Kontrastfarbe sollte in einer großen geometrischen Figur (Kreis, Punkt, Dreieck, Quadrat, breiter Streifen usw.) symmetrisch das Fahrzeug markieren. Sie soll also, von der Fahrzeug-Mittelachse ausgehend, auf beiden Fahrzeughälften unbedingt den gleichen Flächenumfang einnehmen. Ein etwa auf der rechten Motorhaubenhälfte aufgemalter großer Fluorescentlack-Kreis würde entgegenkommende Autofahrer mit der linken Fahrzeugbegrenzung täuschen.

■ Nach sauberer Arbeit sieht es immer aus (und wirkt dadurch sympathisch), wenn die einzelnen Lackflächen kantensauber voneinander abgegrenzt sind. Dazu braucht es beim Abkleben ein dehnbares und in Bogen kantensauber aufklebbares Abdeckband, wie z. B. Tesafilm Nr. 104. Oder man schneidet sich aus selbstklebendem Schablonenpapier (Tesakrepp Nr. 430), wie es für Fahrzeugbeschriftungen benutzt wird, künstlerische Figuren heraus.

■ Beinahe hätten wir vergessen, daß es ja Ihr Geschmack sein sollte (und nicht der unsrige), den Sie auf Ihrem Auto durch fröhliche Bemalung vorzeigen wollen. Darum nur noch: Viel Vergnügen (auch den anderen Autofahrern, die Ihnen begegnen)!

Etwas Farb-psychologie

Rasten und rosten

Wer rastet, der rostet! Ein altes Sprichwort, da muß es ja stimmen, oder? Man sollte es wirklich mal ausprobieren, sein Auto nur im Sommer fahren und den ganzen Winter über in der Garage rasten lassen. Und nach 12 Jahren mit einem gleichaltrigen Auto vergleichen. Nein, das hat keinen Zweck, das Modell ist längst ausgestorben und die letzten Stücke – außer jenen für das Werksmuseum – wurden schon vor zwei Jahren in einer großen Rost- und Staubwolke zu einem handlichen Paket gepreßt. Doch an dem rastenden Auto wird Rost kaum zu finden sein.

Man sieht: Auf nichts ist mehr Verlaß, nicht mal auf alte Sprichwörter.

Falls Sie jedoch einen Satz Winterreifen mit entsprechenden Felgen extra haben, können Sie es auch so sehen: Stellen Sie beim Frühjahrsputz die Winter- und die Sommerfelgen nebeneinander. Keine Angst, Sie werden sie später nicht verwechseln. Der Rost wird Ihnen zeigen, wann Winter war.

Dabei muß Rost am Auto, folgt man zwei Jahrzehnten der Autowerbung, nur irgend ein bedauerliches Mißverständnis sein. Denn den »vollkommenen Korrosions- und Rostschutz« gab es doch schon im vorvergangenen Jahrzehnt aus Köln und München. Das nannte sich Elektrophorese und garantierte auf elektrischem Wege, daß aber auch jedes Fleckchen Blech im Grundierungstauchbad mindestens ein absolut rostschützendes Lacktröpfchen erhielt. Der Rostschutz war perfekt. – War er nicht!

Wenige Jahre später pries jeder Autoverkäufer mit bedeutender Geste: Sein Auto habe Unterbodenschutz, serienmäßig im Werk aufgebracht, Rost an diesem Wagen sei ausgeschlossen! – War er auch nicht!

Dann kam die Hohlraumkonservierung. Bei BMW seit Anfang 72, Citroen begann schon 68, Daimler-Benz nennt es seit 70 Hohlkörperkonservierung. Fiat schloß sich Ende 73 an, um nur einige Beispiele zu nennen. Ja, nun muß aber doch endlich mit dem Rost Schluß sein! – Nein, wir glauben auch nicht an den Weihnachtsmann.

Und kürzlich erfuhren wir von einem Renault, den nach 4 Jahren Lebensdauer der TÜV auf den Rosthaufen scheuchte. Aber in seinem Geburtsjahr, 1976, las man einen Jubel-Artikel in der Renault-Hauszeitschrift: »Klein Platz für Rost.« – Na, so was.

Werbesprüche schützen nicht vor Rost

Wenn ein neues Automodell vorgestellt wird, sieht man keinen Rost und auch ernsthafte Autotester sehen kaum etwas davon, weil sie stets ein neues Fahrzeug und dieses allenfalls ein halbes Jahr in Gebrauch haben. Da hofft man, wenn man den Neuen auf Bildern durch Schnee und Regen, durch Pfützen und das Salzwasser der flachen Küste fegen sieht, endlich wäre mit dem Rost mal Ruhe. Vergebliche Hoffnung – die echten Tester der Nation, die TÜV-Prüfer, schauen nach wenigen Jahren in Autos, deren Rostkrümel nur noch von Lack und Unterbodenschutz kümmerlich zusammengehalten werden. Und da ist manches

"ICH STREUE FÜR IHR LEBEN GERN"

IHR GELBER FREUND

Ihr gelber Freund ist unterwegs für Sie. In Schnee und Eis. Damit Sie unterwegs sicher sind. Ihr gelber Freund streut Tauwetter-Auftausalz.

Seit Streusalz gestreut wird, ist die Zahl der winterbedingten Unfälle überall zurückgegangen. Der gelbe Freund: Sicherheit, wenn es schneit.

Informationsdienst Deutsche Salzindustrie e.V. · 53 Bonn · Zitelmannstr. 9–11

Schuld an der Autorost-Misere ist hierzulande vor allem das winterliche Salzen der Straßen. Da werden die Autos alljährlich eingepökelt, wie es ehedem Witwe Bolte mit dem Schweinernen auch nicht besser konnte. Da klingt es schon reichlich zynisch, wenn diese salzgesteuerte chemische Autoverschrottung mit dem albernen Spruch »Ich streue für Ihr Leben gern« in Anzeigen von der Salzindustrie zur Lebensrettung erklärt wird. Den ehedem geehrten scharfgriffigen (und rostunschädlichen) Split hat man ganz vergessen. Nur wer sein Auto in der Garage rasten lassen kann, wenn die braven Straßenpfleger mit Salz um sich werfen, kann ohne bösartige Rostschäden über den Winter kommen.

Fuhrwerk dabei, das vordem von Cocktailparty-Journalisten mit lautem Trara zum »Auto des Jahres« erkoren worden war.

Die Vereinigung der Technischen Überwachungsvereine legte in ihrem seit 1972 erscheinenden Mängel-Report für 1979 wieder einmal die Karten auf den Tisch. Zwar hat sich im Vergleich zu den früheren, wirklich katastrophalen TÜV-Reports manches gebessert, aber wir fragen uns doch, wo manche Kraftfahrzeughersteller den Mut zu ihren Antirost-Werbesprüchen und den langjährigen Rost-Garantien hernehmen. Statistisch erfaßt wurde der Rost zusammen mit (den selteneren) Brüchen und Rissen an Rahmen und tragenden Teilen (z. B. Türschwellern, oberen Stoßdämpferbefestigungen), also dort, wo es nicht nur häßlich aussieht, sondern auch verkehrsgefährdend wird.

An trauriger Spitze rangierten bei den 6 Jahre alten Autos Renault 4,6 und 16 (Renault-Werbespruch: »Kein Platz für Rost«), danach folgten der frühere Spitzenreiter Fiat mit den Modellen 124, 128, 127 und 500 (»Fiat läßt dem Rost keine Chance«), noch rostiger als der Fiat 128 war der Chrysler-Simca 1000, und auch erheblich über dem »Minus-Durchschnitt« lagen Autobianchi, Alfa Romeo und Peugeot 304.

Aber in all den Jahren, in denen diese »Rostlauben« vom Band liefen, hat es an lebhaften Beteuerungen, was man nicht alles gegen den Rostfraß tue, nie gefehlt. Doch Worte und Werbesprüche verdunsten leicht und sind als Dauerrostschutz darum nicht so recht geeignet.

Die »Deutsche Wertarbeit« hat dagegen ihren Ruf wieder etwas verbessert, alle deutschen Produzenten liegen über dem Rost-Durchschnitt von 5,9% aller 6 Jahre alten Fahrzeuge, von einigen Ausreißern einmal abgesehen (Ford Escort I und VW-Bus alter Art).

Den größten Schock gab es aber im vertrauten Kreise der Autoproduzenten, daß die Japaner Datsun und Toyota so gut wie gar keinen Rost an ihren allerdings erst 2 und 4 Jahr alten Autos hatten. Das hat wohl kräftig zu den langjährigen Rost-Garantien beigetragen, die heute jedem Neuwagen mitgegeben werden. Gibt es also doch den totalen Rostschutz?

Nicht zur Werbung geeignet: TÜV-Report

Totaler Rostschutz – ein Wunschtraum

Diese Skizze von Teroson zeigt, wo an unseren Autos heute die rostempfindlichsten Stellen zu suchen sind. Es ist weniger der glatte Unterboden (der sich leicht schützen läßt), sondern es sind vor allem vorne die Scheinwerfermulden, die Längsträger unter den Türen (die »Türschweller«), die Unterkanten der Türholme und die hinteren Radkästen.

Nein, totalen Rostschutz am Auto gibt es trotzdem nicht und deshalb müssen auch die »rostgarantierten« Autos in gewissen Zeitabständen nachgeprüft und nachgearbeitet werden. Totalen Rostschutz gäbe es nur mit Autos aus rostfreiem Stahl. Das geht aber nicht, weil es so viel Nickel auf der Welt gar nicht gibt, wie dazu notwendig wäre.

Dem Wunschtraum kommt derzeit nur Porsche mit hochwertig verzinktem Autoblech am nächsten und andere Autofahrer schaffen sich lediglich allerhand Ruhe vor Rostsorgen, wenn sie ihr neues Fahrzeug nach dem aufwendigen »Tuff-Kote«-Verfahren von Dinol (siehe Seite 163) behandeln lassen.

Rost kommt von innen

Und wer ist daran schuld, daß die Autos dermaßen rosten? Die Autofahrer nicht! Denn es liegt nicht an mangelhafter Pflege, die sich ja üblicherweise nur auf das Wagenwaschen, die Lackpflege und die technische Wartung erstrecken kann. Auch der Lack ist nicht am Rosten schuld. Er ist im Laufe der Jahrzehnte so gut geworden und die Autohersteller geben sich auch durchweg solche Mühe mit der Lackierung, daß der Autolack fast immer länger hält als das darunter befindliche Blech.

Woher kommt denn nun der Rost trotz Unterbodenschutz und wirklich rostabweisender Lackierung? Wenn Sie auf Ihrem Auto eine kleine Roststelle finden, dann sollen Sie, so empfehlen es die Hersteller zahlreicher »Reparatur-Sets«, den Rost bis aufs blanke Blech wegkratzen. Tun Sie's mal! Ob Sie noch »blankes Blech« finden werden? Gar zu oft nicht, es sei denn, es war von außen ein Steinschlag oder Kratzer im Lack. Meist ist genau unter dem Rostpunkt eine dunkle Stelle, und wenn Sie dort mit spitzer Nadel kratzen, verschwindet plötzlich dieselbe im Blech. Weil dort keins mehr ist. Denn das Blech ist von innen heraus durchgerostet. Wie kommt das?

Ziehfett verhindert Rostschutz

In der Regel wird Ihre stochernde Nadel in einem schwer oder gar nicht zugänglichen Hohlraum der Karosserie verschwinden, denn trotz Elektro- oder Kataphorese, die angeblich und theoretisch alles blanke Metall gleichmäßig mit Rostschutzgrund beschichtet, ist dort nichts oder nur wenig hingekommen. Warum nicht?

Solche Hohlräume sind wichtig für die Stabilität der »Selbsttragenden Karosserie«. Sie werden auf der schweren Ziehpresse aus dünnen Blechplatten geformt und durch Schweißnaht oder Punktschweißung mit den anderen Karosserieteilen verbunden. Damit beim Ziehen, Pressen und Stanzen das Blech nicht reißt oder bricht, sondern sich geschmeidig den Preßformen anpaßt, ist es gefettet. Dieses Ziehfett wird zwar außen an der Rohkarosserie vor dem Phoshpatieren sorgfältig abgewaschen, aber in den schon geschlossenen Hohlräumen ist das Entfetten nur unvollkommen möglich. Dort verhindert das isolierende Ziehfett bei der anschließenden Tauchgrundierung das Ansetzen der Grundierung. Für ganz kurze Zeit wirkt dieses Ziehfett selbst als Rostschutz, ist aber in seiner chemischen Zusammensetzung nicht auf diesen Zweck spezialisiert. Und gerade dort, wo er besonders wichtig wäre, gibt es schon nach wenigen Wochen nicht einmal mehr den dürftigen »Ziehfett-Rostschutz«.

Auch Pfusch verhindert Rostschutz

Das dürfte aber doch seit der Einführung serienmäßiger Hohlraumkonservierung nicht mehr passieren, oder? Leider doch, denn nicht alles, was im Prospekt als »Innen-Rostschutz« und dergleichen bezeichnet wird, ist wirkliche Hohlraumkonservierung und ein Neuwagen-Besitzer ist gut beraten, wenn er sofort nach Empfang seines brandneuen Autos zu einer Spezialwerkstatt eilt, um dort seine Hohlraumkonservierung sorgsam nacharbeiten zu lassen (Werkstattwahl siehe Seite 179). Am besten ist zur Zeit (Sommer 1980) das allerdings sehr teure (400 bis 600 DM) Tuff-Kote-Verfahren von Dinol in einigen wenigen Spezialbetrieben (siehe Seite 163).
Wir mißtrauen aber auch serienmäßigen Hohlraumkonservierungen, trotz Garantiekarte, denn manche Werke verwenden für die Hohlraumkonservierung zu zähflüssiges Material, damit in den Werkshallen Montageband und Arbeitsplätze nicht zu sehr durch abtropfendes Material verschmutzt werden. Solch zähflüssiges Material ist aber nicht genügend kriechfähig, um wirklich in alle Engstellen und in die schmalen Spalten der Punktschweißnähte (Zeichnung unten) eindringen zu können.
Nur dies ist die Wahrheit über die Rostmisere unserer Autos! Da ist – man wird es einsehen – alles Kratzen, Schleifen, Spachteln und Lackieren nur von der Wagenaußenseite her völlig zwecklos.

Es beginnt damit, daß sich auf dem Lack hier und da stecknadelkopfgroße Punkte zeigen, um die sich, wie bei Nebel um den Mond, ein immer größer werdender rostiger »Hof« bildet. Beim nächsten Regen gibt es dann schon rostige Tränenspuren am Lack herunter und schließlich brechen die kleinen Rostpickel als kleine Krater auf (siehe Bilder auf Seite 88 und 204).
Oder bei sehr elastischem und hochwertigem Lack bilden sich winzigkleine Bal-

Schon auf dem Reißbrett werden bei vielen Automodellen die späteren Rostnester mitkonstruiert, weil es billig sein

Durchrostungen erkennen

muß. Da sind die Bördelkanten (1), z. B. um die Radausschnitte in den Kotflügeln, mit denen das dünnwandige Blech verstärkt werden soll. Ganz besonders genial sind an zahlreichen Automodellen die Hohlräume zwischen Scheinwerfermulden und Vorderkotflügel-Oberkanten (2). Und überall gibt es die nur äußerlich zugepappten Punktschweißnähte (3). Überall dort dringt unweigerlich Feuchtigkeit ein und frißt das Blech von innen heraus, wie das Foto auf der nächsten Seite zeigt.

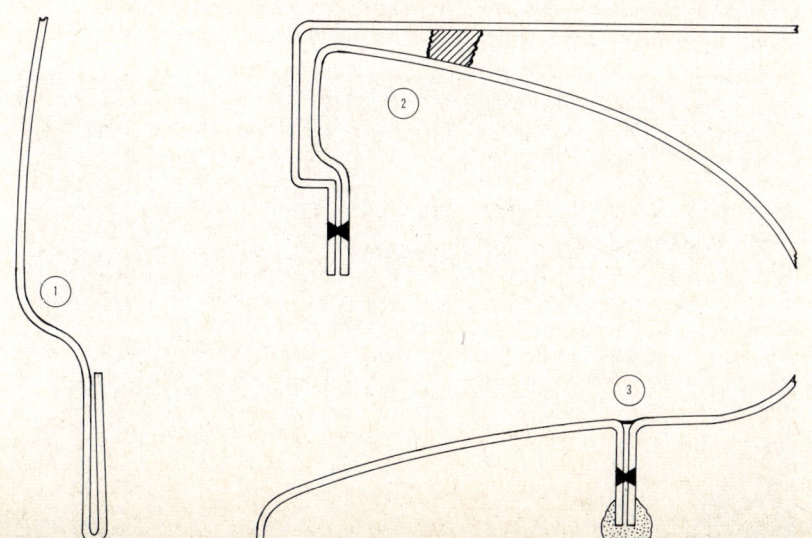

Für dieses Bild wollte das Volkswagenwerk gerne gelobt werden. Aber es tut uns leid, da ist allerhand Pfusch dabei. Denn bei diesen serienmäßigen Unterbodenschutzbehandlungen werden von den Werken – nicht nur von VW – zu zähflüssige Materialien verwendet, damit die Arbeitsplätze nicht völlig vom abtropfenden Material verkrustet werden. Dieses zähflüssige Zeug kann aber nicht in die engen Spalten, Bördelkanten und Nahtstellen (Zeichnung auf der Vorseite) eindringen, und so werden diese Stellen, wie hier zu sehen, mit dem Pinsel zugekleistert. Da kann zwar tatsächlich kein Salzwasser eingespritzt werden (solange die Beschichtung nicht rissig wird), aber in all diesen Spalten ist und bleibt Luft. Und Feuchtigkeit! Die knabbert dann das ungeschützte Blech von innen an, und man kann so gut wie nichts dagegen tun. Was daraus wird, sieht man im Bild unten, und im Herbst 1977 mußte das Volkswagenwerk seinen Werkstätten auf 5 Seiten Kundendienstmitteilung beschreiben, wie man den Rost an Kanten, Fugen und Falzen wieder wegbekommt, um »einem negativen Image unserer Produkte vorzubeugen«, wie zu lesen war.

Ein gar nicht so schlimm aussehender Schaden, aber fast nicht mehr zu beheben: Der Rost drückt hier eine Punktschweißnaht hoch. Jeder Schweißpunkt ist im schrägen Licht gut erkennbar. Dazwischen war Feuchtigkeit eingedrungen und hatte Rost angesetzt. Da Rost ein wesentlich größeres Volumen als das Eisen hat, aus dem er entstanden ist, drückt der Rost die Stoßkanten mit großer Gewalt immer weiter auseinander, läßt damit weitere Feuchtigkeit eindringen, und der Rost frißt weiter. Der hochwertige Lack hat brav alle Verrenkungen mitgemacht, nur an zwei Stellen ist der Rost durchgebrochen. Wenn Sie hier die Schleifmaschine ansetzen, fliegt Ihnen nach Sekunden eine Wolke Rost entgegen. Ob man hier ohne Schweißen auskommt, ist fraglich. Wenn es kein tragendes Teil ist, geht es vielleicht mit Glasfasermatte und Polyesterharz.

lons und Schwellungen (wie beim Griff in die Brennesseln auf der Haut), ohne daß sich der Lack rostig oder sonstwie verfärbt. Sticht man mit spitzer Nadel in solch eine Pustel, kommt ein winziges Flüssigkeitströpfchen heraus (auch wenn schon seit Wochen trockenes Wetter herrscht).

Diese beiden Erscheinungen – Rostpickel und Lackschwellungen – sind ein sicheres Zeichen dafür, daß das Blech unter dem Lack von seiner Rückseite her an dieser Stelle bereits völlig durch Rost zerstört ist und nur noch Lack und Spachtel nach außen Zusammenhalt geben.

Vor allem die schnakenstichartigen Pusteln ohne Rostverfärbung nach außen demonstrieren einen chemophysikalischen Effekt (Osmose): Durch das von innen rostporöse Blech haben sich im Winter kleine Salzwassertröpfchen unter den Lack geschoben. Im Sommer saugen sie durch ihren Salzgehalt das »Süßwasser« an und blasen sich dabei zu kleinen Ballons auf, bis der Lack schließlich aufbricht.

Diese zuerst so harmlos aussehenden Pickel und Schwellungen sind »die spitze eines Eisbergs«. Es ist also absolut verschwendete Zeit und verschwendetes Material, solch eine Stelle von außen her zu schleifen (wobei erst die großen Löcher erkennbar werden), zu spachteln und zu lackieren. Dieser Pfusch hält unter gün-

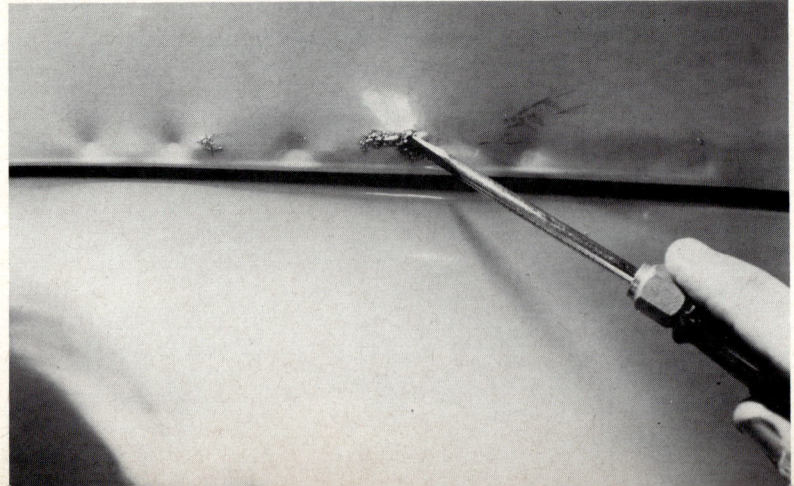

stigen Umständen 4 Wochen, dann ist alles wieder so wie es war oder noch schlimmer, weil sich die Restbestände des Blechs ebenfalls in Rost umgewandelt haben, der nunmehr auch durch den Lack drückt.

Einzige Abhilfe: Rostbehandlung und Sanierung der kranken Fläche von der Blechinnenseite her. Viel Arbeit, höchste Sorgfalt und viel Zeit kostet das..

Doch das alles gehört in das Kapitel »Karosserie-Reparaturen« ab Seite 186. Dafür haben Sie aber die Gewißheit, daß Sie als Heimwerker solch eine Rostsanierung wirksamer und langdauernder durchführen und bessere Arbeit leisten können, als alle Werkstätten in der Regel bieten. Denn zur Rostsanierung gehört Zeit, die die Werkstatt nicht hat oder die dort zu teuer ist. Alles in allem: Serienmäßiger Unterbodenschutz und serienmäßige Hohlraumkonservierung ist gut. Mißtrauen, daß dies ein totaler Rostschutz für alle Zeiten sei, ist besser. Man muß ihn immer wieder kontrollieren, ergänzen und nachbehandeln.

Fingerzeige: *Wer im Winter die Annehmlichkeit einer geheizten Garage genießt, hat mehr Ärger mit dem Rost! Denn bei jedem Abstellen im warmen Raum tauen Eis und Schnee am Auto und das salzdurchmischte Wasser nagt am Blech. Auch Schneewasser ohne Salz trocknet dort nicht ab, weil geheizte Gragen, um die Wärme im Raum zu halten, meist gar nicht oder nur schlecht gelüftet sind. Bleibt das Auto dagegen draußen im Frost stehen, findet der Rostprozeß nicht statt. Dafür klappert man beim Einsteigen ins frostklirrende Fahrzeug und die teifgekühlte Batterie mag auch nicht recht. Man sieht: Wie man's macht, ist es falsch.*

Nach einer Untersuchung des deutschen Karosseriehandwerks verursacht die Winterselzerei durchschnittlich für 2 Milliarden Rostschaden an den zugelassenen Fahrzeugen in der Bundesrepublik. Macht nichts, die Autofahrer haben's ja.

Die Salzrückstände des Winters verschwinden nicht von selbst vom Auto. Sie kleben zusammen mit dem Schmutz fest am Fahrzeugboden, am Fahrwerk und in den Hohlräumen. Da Salz nie restlos austrocknet, sondern schon bei geringer Luftfeuchtigkeit sofort wieder Wasser aufnimmt, knabbert auch im Sommer zurückgebliebenes Salz am Autoblech weiter – um so stärker, je wärmer es draußen ist. Vorbeugung: Im Frühjahr das Fahrzeug von der Unterseite her gründlich waschen lassen. Dieser Service war für einige Jahre zeimlich aus der Mode gekommen, aber heute wird die Unterwagenwäsche wieder von vielen Waschstraßen angeboten. Aber auch in Selbsthilfe geht es ganz gut mit einem »Apa-Druckstrahlreiniger« auf dem Schlauch (Bild Seite 31). Notfalls können Sie sich aber auch auf dem Lande mal nach einer Tankstelle umsehen, die den Bauern die Traktoren pflegt. Dort hat man Hochdruck-Heißwassergeräte, die sind gerade richtig für eine wirkungsvolle Unterwagenwäsche. Auch unterrostete und lose Unterbodenschutzstücke werden bei dieser Prozedur davongeblasen. Möglicher Nachteil: Durch den hohen Wasserdruck kann auch Feuchtigkeit in schmale Blechfalze und Ritzen gedrückt werden. Diese Gefahr ist aber geringer als zurückgebliebenes Salz am Fahrzeug.

Kurz und schlecht, jetzt haben wir also Rost am Auto! Was ist zu tun?

Da dürfen wir uns zuerst einmal seufzend der »guten alten Zeit« erinnern, als das Auto-Fahrgestell aus dickem Stahl und die Karosserien aus »Panzerplatten in Leichtausführung« gefertigt wurden. Da war Rost kein Problem (Dafür hatten unsere Väter, seien wir ehrlich, eine ganze Menge Ärger mit durchgefaulten hölzernen Karosseriegerippen). Gegen den Rost wurde das blank gekratzte Metall mit Altöl eingepinselt und das war's. Davon ist heute entschieden abzuraten, denn modernes Motorenöl hat einen Zusatz, der Wassertropfen anzieht und durch die Arbeit im Motor enthält das Altöl Säuren aus den Verbrennungsabgasen, die Rost eher fördern als hemmen.

Rostschutzmittel

153

Rost-umwandler, Rostentferner

Nicht zu empfehlen!

Mit Altöl ist uns also heute wirklich nicht mehr gedient. Aber wenn man sich nun in den Autobastelregalen der Discountläden, Kaufhäuser, Zubehörläden oder in den Katalogen der Versandhäuser umschaut, findet man doch Dutzende von Säften, Salben oder Pasten, die sich alle als »Rostumwandler« oder »Rostentferner« anbieten und mit kräftigen Werbesprüchen Mut zum Gebrauch machen, z. B.: »Ein Pinselstrich genügt. Rost verwandelt sich in nichtrostendes Eisen«. »Macht Chrom wie neu« und dergleichen. Schön wär's ja!

In Wirklichkeit ist das alles Augenwischerei und die Zeitschrift »test« hat in ihrer Ausgabe 6/79 unwidersprochen festgestellt, daß diese gängigen »Rostumwandler« und »Rostentferner« nicht nur untauglich, sondern in vielen Fällen sogar schlechter als gar nichts sind. Das entpricht auch genau unseren langjährigen Versuchsergebnissen und Erprobungen.

Damit Sie nun nicht auch für solche Säfte und Pasten sinnlos Geld ausgeben (auch auf Seite 61 sind wir schon darauf eigegangen), hier ein wenig »Warenkunde«: Die gängigen »Rostumwandler« und »Rostentferner«

○ haben als Basis Phosphorsäure und sind, ohne verfärbende »Füllstoffe« hellblau-glasig oder hellgrün-glasig. Wenn man einen Tropfen auf einen Zementboden fallen läßt, »kocht« der Tropfen auf.

○ haben als weiße Pasten oder Emulsionen ebenfalls Phosphorsäurebasis und sollen, da sie an senkrechten Flächen nicht herablaufen können, bessere Wirkung haben (z. B. Sonax Rostentferner oder Ferro-Bet-Paste),

○ haben als graue dickflüssige Phosphorsäureumwandler sogenannte »Füllstoffe«, meist metallhaltige Zusatzstoffe und schichtbildende Harze, z. B. »Bostik Antirost plus« mit Blei- und Zinkverbindungen sowie Epoxydharze oder »Kurust« mit Bleioxyd.

○ Es gibt noch einige wenige colafarbige Rostumwandler auf Tanninsäurebasis, z. B. das überaus teure »Rostsiegel 1«. Sie wandeln Rost in eine blauschwarze Eisenverbindung um.

Warum die Rostumwandler versagen

Alle Rostumwandler auf Phosphorsäurebasis wandeln den Rost in ein hellgraues Eisenphosphat um. Die Hersteller weisen darauf hin, daß es der gleiche Grundstoff sei, mit dem auch die Rohkarosserie ganz zu Anfang ihrer Beschichtung »phosphatiert« werde. Der kleine Unterschied: Dort geschieht dieser Prozeß mengenmäßig, temperatur- und wirkungszeitgesteuert am praktisch blanken Blech.

Als Heimwerker hat man unterschiedliche Roststärken zu bekämpfen, arbeitet notgedrungen »überschwemmend«, damit auch aller Rost umgewandelt werde und hat wenig Einfluß auf die Reaktionstemperatur (wobei allerdings ein Heizstrahler oder -lüfter die Reaktion beträchtlich verstärken und verkürzen kann). Das führt dazu, daß in der Regel zwar aller oberflächlicher Rost (nur dieser!) umgewandelt ist, aber auch noch überschüssige Phosphorsäure zurückbleibt. Die soll zwar vor der Weiterbeschichtung mit viel Wasser abgespült werden, aber entweder sieht man dann sogleich wieder Rostanflug (weil die Schicht zu dünn wurde) oder es bleibt zu viel zurück. Diese Phosphorsäurerestbestände tun dann unter der Lack- oder Unterbodenschutzschicht gar nichts anderes als der Rost selbst: Sie werden aggressiv, wenn auch in anderem chemischem Prozeß und zerstören die darüberliegende Rostschutzschicht. So zeigte sich immer wieder bei unseren Versuchen, daß lediglich mit Sprühlack – egal welcher – besprühtes blankes oder leicht angerostetes Blech nach einigen Wochen Bewitterung kaum oder gar keinen Rostanflug zeigt, während die mit Phosphorsäure-Umwandlern behandelten und dann mit gleichem Sprühlack beschichteten Flächen unübersehbare Rostspuren oder rostige Verfärbung zeigen. Das hat außer der zusätzlichen Korrosionswirkung durch Phosphorsäuremangel oder -überschuß noch einen weiteren Grund:

Eisen und Eisenphosphat haben unterschiedliche Ausdehnung bei Erwärmung. Das führt innerhalb der Schichten zu ganz feinen Spannungsrissen. Dort dringt Feuchtigkeit ein und die Folge ist neuer Rost.

Weiterhin sind die pastösen oder dickflüssigen Phosphorsäureumwandler so »trocken«, daß sie zwar an der Rostoberfläche besser haften, aber mangels Flüssigkeit den Rost nicht durchdringen. Das kann man bei Erprobungen mit anschließenden Kratzversuchen ohne weiteres erkennen. Selbst für die dünnflüssigen Rostumwandler auf Phosphorsäure- oder Tanninsäurebasis empfehlen Experten, den Rost vorher mit Wasser anzufeuchten, um das Eindringen des Umwandlers in den Rost zu erleichtern.

Schließlich machen die mit Metallverbindungen und Harzen »gefüllten« Phosphoräureumwandler in der ersten Zeit durch ihre graue Schicht zwar einen äußerlich guten Eindruck, aber man merkt nach einiger Zeit doch, was sich derweilen unter der verbergenden Schicht getan hat.

Bei den Rostumwandlern auf Tanninsäurebasis ist die Wirkung zwar eine Spur besser, aber ebenfalls auf Dauer untauglich.

Fingerzeige: *Wirkliche »Rostentferner« sind nach wie vor nur Drahtbürste, Schleifmaschine, Schleifpapier und als bestes Mittel, ein Sandstrahlgebläse. Das wird man als Heimwerker allerdings kaum zur Verfügung haben. Falls doch, hat man gut arbeiten, denn der Sandstrahl nimmt kein gesundes Metall weg und in der von ihm genarbten Fläche haftet der Lackaufbau oder der Rostschutz besonders intensiv. Vor allem putzt der scharfe Sandstrahl auch alle Winkel und Ecken, aus denen mit üblichen Werkzeugen der Rost überhaupt nicht heraus zu bekommen ist.*

Versuchen Sie aber niemals, mit einer Feile Rost abzuschruppen! Das tut auch kein erfahrener Schlosser, denn Rost macht jede Feile stumpf.

Wirklich dauerhafte Wirkung haben wir nur bei einigen Roststabilisatoren gefunden, die sich teilweise auch Rostumwandler nennen, aber mit jenen auf Phosphorsäurebasis in gar keiner Weise zu vergleichen, sondern wesentlich besser sind. Die Rostumwandlung – besser: Roststabilisierung – geschieht bei diesen Mitteln zum Teil in monatelanger Reaktion unter einer porendicht abschließenden Schicht (Kunststoff-Dispersion zumeist), die sich, je nach ihrer Eigenart, mit Kunstharz- oder Nitro- und Acryl-Lack überstreichen oder übersprühen läßt. Mit Unterbodenschutz oder Hohlraumkonservierer lassen sie sich jedoch auf jeden Fall beschichten.

Als unterste Rostschutzschicht unter einem Lackaufbau sind einige allerdings ein wenig problematisch, nicht wegen ihrer Wirksamkeit, sondern wegen ihrer Schichtdicke, die auf einem flächenglatten Autoblech dazu führen kann, daß die Reparaturfläche, gegen das Licht besehen, hinterher wie ein plattgedrückter Pfannkuchen aussieht, der deutlich über das Blech heraussteht. Deswegen haben wir bei den von uns verwendeten Roststabilisatoren geprüft, ob sie sich, wie dies zu einem sauberen und flachen Lackaufbau notwendig ist, auch ohne weiteres schleifen lassen.

Leider sind einige dieser wirklich brauchbaren Roststabilisatoren erst selten in Autozubehörläden zu finden, in Farbenhandlungen sind sie schon eher erhältlich. Trotzdem nennen wir nachfolgend neben der Charakterisierung einiger Produkte auch deren Hersteller, um notfalls von dort die nächstgelegene Bezugsquelle zu erfahren. Falls Sie sich solch eine Bezugsquelle nachweisen lassen wollen, sollten Sie sich in Ihrem Fragebrief auf dieses Buch beziehen (man

**Rost-
stabilisator**

**Bei richtiger
Anwendung gut**

Rostschutzgrundierungen, die sich bei unseren Erprobungen bewährt haben: Corroless Rost-stabilisator; Noverox Rostumsetzer; Kunstharz-Bleimennige V 40 (hier von Firma Lack-Thywissen); Clorkautschuklack Icosit A 2030 von Firma Lechler; Auto-K Zink Chromat Primer; Holts Zinc Plate (als Spray und zum Streichen).

weiß dort Bescheid), damit Ihnen nicht eines Tages ein Beratungsingenieur in der Tür steht und nach dem Stahlhochbau fragt, der da gestrichen werden soll.

○ **Corroless Roststabilisator,** erhältlich in Farbenhandlungen, andernfalls Bezugsquellennachweis durch »Corroless World Association«, Glockengießerwall 26, 2 Hamburg 1. Dieses Produkt hat sich bislang als das beste und vielseitig anwendbarste bei uns bewährt. Es läßt sich für den Lackaufbau einwandfrei schleifen, verträgt als Überzug alle Sprühdosenlacke mit bestem Lackglanz. Ist auch ohne Überlackierung langzeitig rostfest. Wir bezahlten für die 150-Milliliter-Dose 5,90 DM.

Nach Herstellerangabe wandelt Corroless den Rost in einem mehrmonatigen Prozeß in stabiles Eisenmagnetit und Hämatit um. Flecken und Pinsel lassen sich mit Aceton auswaschen.

○ **Noverox Rostumsetzer** (Bezugsquellennachweis durch SFS Fritz Haas GmbH, Postf. 1860, 6370 Oberursel 1. Auch bei »Quelle« erhältlich; 250 ml kosten dort 19,90 DM). Dieses Schweizer Produkt ist eine weiße Kunststoff-Dispersion, die den Rost in ein tiefschwarzes Eisenoxydpigment umwandelt. Sein wesentlichster Nachteil ist, daß die Kunststoff-Dispersion nicht »lagerstabil« ist, d. h. sie gerinnt in der angebrochenen Dose nach einigen Monaten zu gummiartigen Krümeln mit geringem Nutzwert. Deshalb sollte man, je nach Bedarf, nur ein 100-Milliliter- (Preis etwa 9 DM) oder 250-ml-Fläschchen kaufen. Noverox läßt sich auch auf feuchtem Rost einwandfrei verarbeiten, eignet sich aber vor allem als Rostschutzuntergrund außerhalb der hochglanzlackierten Flächen, da es sich nicht sehr gut für den Lackaufbau schleifen läßt und übersprühte Lacke keinen hochwertigen Hochglanz zeigen. Sehr gut ist es also für Fahrwerk, Türschweller, Spoiler und dergleichen. Pinsel lassen sich mit Nitroverdünnung reinigen.

○ **Kunstharz-Bleimennige** nach der Bundesbahnvorschrift V 40 gibt es in allen Farbenhandlungen. Wir zahlten für eine 100-ml-Dose 3,30 DM. Auch bei der Stiftung Warentest war aufgefallen, daß diese Kunstharz-Bleimennige wesentlich wirkungsvoller als alle Rostumwandler auf Phosphorsäurebasis ist. So hat sie sich auch bei uns bewährt und ist für den Lackaufbau einwandfrei schleifbar. Aber zu unserer Überraschung vertrug sich diese Kunstharz-Mennige überhaupt nicht mit darüber gesprühtem Kunstharzlack (Ducolux), sondern dieser zog auch die schon längere Zeit durchgetrocknete Kunstharz-Bleimennige als Netzaderhaut hoch und die nur nach 24 Stunden trockene Mennige bildete unter dem Kunstharzlack eine runzelige Krokodillederhaut, obgleich der Hersteller Lack-Thywissen gerade ein Überstreichen mit Kunstharzlack nach 24 Stunden empfohlen hat. Dagegen wird die Überlackierung mit dem (theoretisch unverträglichen) Nitro- (Belton) und Acryl-Sprühlack (Dupli Color) einwandfrei. Pinsel lassen sich mit Nitroverdünnung auswaschen.

○ **Chlorkautschuklack** ist an sich als wasserfester Betonanstrich, z. B. für Schwimmbecken gedacht, hat sich bei uns aber auch als Rostschutz am Auto bewährt, vor allem auf den Blechinnenseiten, aber auch als Rostschutzgrund unter dem Lackaufbau, falls mit Kunstharzlack (Ducolux) weiter gearbeitet wird. Dann ist auch der Hochglanz einwandfrei. Auch mit Nitrokombi- und Acryl-Sprühlack scheint sich der Chlorkautschuklack zu Anfang sehr gut zu vertragen und zeigt auch einen einwandfreien Hochglanz. Nach einiger Zeit beginnt jedoch der Nitro- und der Acryllack abzusplittern, diese Kombination funktioniert also nicht.

Besonders wirkungsvoll wird die Rostschutzgrundierung mit Chlorkautschuklack, wenn darunter noch eine Schicht mit spezieller Chlorkautschuk-Bleimennige (also nicht jede Bleimennige eignet sich dazu!) gelegt wird. Einziger Nachteil: Chlorkautschuklack ist empfindlich gegen Kraftstoff, Öl und Lacklösungsmittel, also sollte man nicht gerade den Kotflügel unter dem Kraftstoffeinfüllstutzen damit lackieren. Auch im Motorraum ist Chlorkautschuklack darum nicht sehr beständig, jedoch bestens als Schutzanstrich auf dem Innenraumboden unter den Fußmatten. Pinselreinigung mit Benzin und allen Lacklösemitteln.

Eine große Rolle spielen schon seit Jahren Zinkverbindungen als Rostschutzmittel. Jedermann sind »feuerverzinkte« Bleche (z. B. als Dachrinnen) bekannt und hochwertig verzinkte Bleche werden von Porsche für die rostfesten »Langzeitautos« verwendet. Bei den gestrichenen oder gesprühten Schutzschichten unterscheidet man Zinkstaubfarben und Zinkchromat-Grundierungen. Lassen Sie sich von einem vielleicht wenig fachkundigen Verkäufer nicht sagen, es sei doch einerlei, ob Sie eine Zinkstaub- oder eine Zinkchromat-Grundierung nähmen. Das ist es keineswegs, denn Zinkchromat braucht zur chemischen Bindung als Untergrund leichten Rost, während Zinkstaubfarben nur auf blitzblankem Blech wirken.

Rostschutz durch Zink

Im Gegensatz zu den Zinchromat-Grundierungen wirkt der Rostschutz bei den Zinkstaubfarben auf elektrochemischem Wege als sogenannter »kathodischer Rostschutz«. Zinkstaub und Eisen bilden dabei gewissermaßen ein elektrisches Element und müssen sich dazu leitend berühren. Deshalb muß das mit Zinkstaubfarbe bestrichene Blech vorher unbedingt metallisch blank sein. Nicht weggeschliffener oder chemisch umgewandelter Rost bilden dagegen eine trennende Isolierschicht, so daß der Zinkstaubanstrich darauf absolut nutzlos ist. Deshalb dürfen vor dem Streichen oder Sprühen mit Zinkstaubfarbe (z. B. Autolux Korrosionsschutz von Ducolux, Holts Zinc Plate zum Streichen oder aus der Sprühdose oder CRC Automotive Zinc) auf keinen Fall auf dem Blech Rostumwandler oder andere Roststabilisatoren angewendet werden.

Aus gleichem Grund müssen auch Neuteile, die vom Werk nur grundiert geliefert werden, mit Aceton sorgfältig gewaschen werden, bis die Grundierung einwandfrei entfernt ist. Erst danach hat es Sinn, mit Zinkstaub eine gute Rostgrundierung auszuführen.

Viel Reklame wird mit solchen Zinkstaubanstrichen als Rostschutz auf Auspuffanlagen gemacht. Wir halten gar nichts davon (siehe Seite 173), denn erstens kommt der Auspuffrost vor allem von innen, zweitens nutzt der ganze Zinkstaubanstrich nichts, wenn nicht das werkseitige Rostschutzwachs einwandfrei ent-

Zinkstaub nur auf blitzblankem Metall wirksam!

Zinkstaub als Auspuffanstrich

157

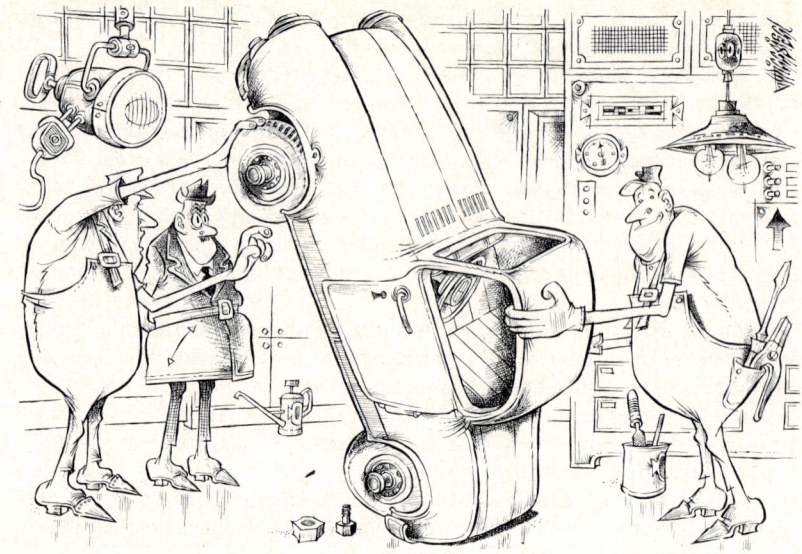

»Wenn Sie Ihr eigenes Fahrgestell genausowenig pflegen, schaffen Sie es nicht mehr bis zum nächsten Arzt!«

fernt wird (und das ist am eingebauten Auspuff gar nicht mehr möglich) und schließlich darf das ganze Auspuffgeröhre auch noch nicht die Spur angerostet sein. Sparen Sie sich Ihr Geld! Der metallische Zinkstaub ist in geeignete Bindemittel eingemischt, die die erste Haftung auf dem Blech sichern. Der eigentliche Rostschutz entwickelt sich erst unter Witterungseinfluß mit der Zeit durch eine Art »Verzementierung« des Zinks mit dem Eisen. Allein für sich sind Zinkstaubfarben sowieso kein Rostschutz, sie müssen also überlackiert werden. Bei »Holts Zinc Plate« zeigten sich die üblichen Sprühlacke zwar verträglich, aber bei Nitro ließ der Lackglanz zu wünschen übrig.

Zinkchromat problemlos

Problemloser, wenn auch im Spezialfall nicht so wirkungsvoll wie Zinkstaubfarben, sind die Zinkchromat-Primer, die kein metallisch blankes Blech als Untergrund brauchen. Unter dem Lackaufbau eignet es sich besonders gut, denn es wird in dünner Schicht gesprüht, braucht deshalb nicht geschliffen zu werden und wird als erster Haftgrund auf dem noch leicht rostnarbigen Blech angewendet. Alle Lacksprühdosenhersteller haben ein Zinkchromat in ihrem Programm. Diese Sprühdosen sind natürlich auf die Sprühlacke abgestimmt und demgemäß wurde bei unseren Erprobungen der drübergesprühte Decklack auch einwandfrei hochglänzend.

Fingerzeige: *Zum Schluß noch ein Rostschutz-»Geheimtip«: Das blank geschliffene Blech wird mit dem lächerlich billigen Leinölfirnis eingestrichen. Der klebt sehr zäh und durchsichtig am Blech, so daß man gut beobachten kann, ob der Rost zum Halten gebracht ist. An Stellen, die mechanisch nicht stark beansprucht werden und wo das Kleben nicht stört, also z. B. in Türkästen oder Scheinwerfermulden, ist Leinölfirnis ein hervorragender und überaus preiswerter Rostschutz.*
Sie haben es schon gemerkt: Was auf den vorhergehenden Seiten über Roststabilisatoren und Rostschutzmittel geschrieben steht, hat nicht nur für Ihr Auto Gültigkeit. Es nutzt ebenso beim Anstrich eines stählernen Garagentores, eines eisernen Gartenzaunes und aller Stahlteile, die in Haus, Hof oder Garten still vor sich hinrosten, wenn man nichts dagegen tut.

Untergrund-Kämpfer

Im allgemeinen zählt man ja unterm Strich am Ende einer Rechnung zusammen. Hier machen wir es einmal anders und stellen das Ergebnis unserer Erfahrungen mit Unterbodenschutz und Hohlraumkonservierung an den Anfang:

■ Mit Heimwerkermitteln ist ein neuer Unterbodenschutz nicht und eine einwandfreie Hohlraumkonservierung schon gar nicht zu schaffen.

■ Vorhandener Unterbodenschutz läßt sich jedoch mit Heimwerkermitteln sehr gut nachbessern und ergänzen.

■ Vorhandene Hohlraumkonservierung kann man nur »auf Verdacht« mit Heimwerkermitteln, und dies auch nur völlig unzureichend, nachbessern, da keine ausreichende Sichtprüfung möglich ist.

Das mag im ersten Augenblick für einen emsigen Heimwerker enttäuschend klingen, ist aber in Wirklichkeit gar nicht so schlimm, weil heute in der Bundesrepublik kein neues Auto mehr ohne serienmäßigen Unterbodenschutz verkauft wird. Da dieser serienmäßige Unterbodenschutz aber nicht immer von eindrucksvoller Qualität ist, bleibt im durchaus möglichen Nachbessern für Heimwerker noch ein reiches und auch sehr nützliches Betätigungsfeld. Ein ganz neuer Unterbodenschutz steht also nur noch bei einem älteren Gebrauchtwagen zur Diskussion, der seither mit nacktem Bauch vor sich hinrostete. Doch das ist ein Problem für sich, siehe Seite 162.

Alle Autohersteller wissen heute, daß ein Auto ohne mitgelieferten Unterbodenschutz nicht mehr zu verkaufen ist. Doch, wie das so ist, der Unterbodenschutz soll teurer aussehen als er ist. Und vor allem muß sich der Auftrag des Unterbodenschutzes störungfrei in den ganzen Produktionsrhythmus einordnen. Das muß es also sehr schnell gehen, und dazu wird ein Material verlangt, das sich blitzschnell auch an senkrechten Flächen in dicken Schichten aufbringen läßt,

Serienmäßiger Unterbodenschutz

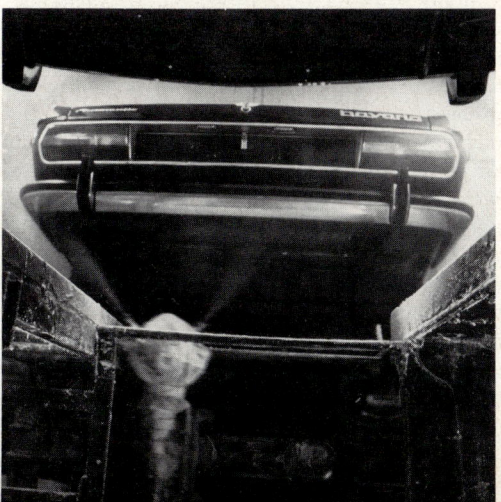

Auch dieses Bild von der Aufbringung des serienmäßigen Unterbodenschutzes bei BMW muß man ein wenig kritisch betrachten: Bei diesem automatischen Aufsprühen des Unterbodenschutzmaterials kommt an viele besonders rostanfällige Stellen nur wenig hin, sie liegen im »Sprühschatten« oder zu weit vom Sprühkopf entfernt. Man sieht, auch der vom Autoverkäufer so sehr gelobte Werks-Unterbodenschutz ist nicht für die Ewigkeit gedacht und muß nachkontrolliert werden.

159

denn der Unterbodenschutz soll außerdem ja als Antidröhnmasse wirken. Sprühnebel darf es dabei auch nicht geben, denn sie könnten auch dorthin geweht werden, wo sie den späteren Lackaufbau stören. Tropfen darf das Zeug auch nicht, weil das den Arbeitsplatz weithin verschmutzen würde.

Aber gerade ein dünnflüssiges Material, das auch in feinste Ritzen einzudringen vermag und dementsprechend für einen dickeren Schichtauftrag Zeit braucht, ist als Unterbodenschutz besser, jedoch in die Autoproduktionsgeschwindigkeit nicht einzuordnen. Statt dessen kleistert das dort verwendete dickflüssige Material die Blechfalze, Punktschweißnähte und schmalen Spalten von außen zu und überläßt dem darin sich bildenden Kondenswasser das Feld.

Man sieht, ein serienmäßiger Unterbodenschutz ist auch nicht für die Ewigkeit gedacht. Es ist aber sein wesentlicher Vorteil, daß er zu einem Zeitpunkt auf das gerade tauchgrundierte Blech der Rohkarosserie aufgebracht wird, bevor dort der erste Rostanflug sich festgesetzt hat. Und so hat man wenigstens eine gute Basis und kann bei regelmäßiger Unterbodenschutzkontrolle den Rost fernhalten.

Bestes Material: PVC

Manche Herstellerwerke setzen als Unterbodenschutzmittel Vinylharz oder ähnliche PVC-Materialien ein, z. B. BMW und Daimler-Benz an stark beanspruchten Stellen, Audi NSU, Fiat seit Herbst 1973, Ford, Opel auch nur an stark beanspruchten Stellen, Peugeot, VW bei allen Modellen. Das ist zur Zeit das beste Material, es muß aber eingebrannt werden, weshalb PVC nur auf Rohkarosserien zu Beginn der Fahrzeugmontage verwendet werden kann. Aber auch bei diesen PVC-Beschichtungen gibt es gelegentlich Mängel, etwa durch Blasenbildung beim Einbrennen, was dann später zu Unterrostungen führen kann. Oft zeigt sich auch, daß es nur ungenügend in schwer zugängliche Ecken, etwa die Engstellen über den Scheinwerfermulden, eingespritzt wurde. Deshalb wird auch bei BMW und Daimler-Benz »doppelt genäht« und die ganze Fahrzeugunterseite, sowohl an den PVC-beschichteten Stellen wie an den unbeschichteten, mit einem Unterbodenschutz auf Wachsbasis gesprüht. Und bei Opel macht man dasselbe zusätzlich mit Bitumen-Unterbodenschutz.

Obwohl als »Dauerunterschutz« bezeichnet, ist also auch PVC kein Grund, den Unterbodenschutz beruhigt zu vergessen.

Langzeitschutz: Kautschuk- und Bitumenbasis

Außer der PVC-Beschichtung werden auch Unterbodenschutzmaterialien auf Kautschuk- und Bitumenbasis gelegentlich als Dauerunterschutz bezeichnet. Das ist vielleicht in Ausnahmefällen bei dem einen oder anderen Material in der Theorie berechtigt, da es aber in der Praxis auf die Verarbeitungsqualität ankommt, die mal so und mal anders sein kann, sind diese Unterbodenschutzmittel grundsätzlich nur als Langzeit-Unterbodenschutz zu bezeichnen.

Wie sehr es auf die Verarbeitungsqualität ankommt, sieht man beispielsweise beim Antirost-Musterfahrzeug Volvo, wo man mit serienmäßigem Bitumen-Unterbodenschutz besten Eindruck macht. Allerdings werden auch feuerverzinkte Bleche an der Volvo-Karosserie verwendet. Unterbodenschutz auf Bitumenbasis verwenden auch Chrysler-Simca, Citroen, DAF und zur Vervollständigung der teilweisen PVC-Beschichtung noch Opel. Bei Renault ist zusammen mit stellenweiser PVC-Beschichtung je nach Herstellungsort Unterbodenschutz auf Kautschuk- oder Bitumenbasis aufgetragen.

Als Mangel kann sich bei diesen Mitteln auf Bitumenbasis (landläufig: Asphalt) und Kautschukbasis (eine Art Gummierung) ergeben, daß sie zum Zweck einer guten Antidröhnwirkung zu stark mit Füllstoffen (z. B. Metallpulvern) oder Fasern angereichert werden, um sie dick auftragen zu können. Solche Schutzschichten können bald ihre Elastizität verlieren oder schnell »altern«, also spröde werden. Das gibt bei der dauernden Blechvibration (daher das »Dröhnen«) Alterungsrisse, durch die ohne weiteres Feuchtigkeit eindringen und die Schutzschicht unterrosten kann. Oder aus der vor allem bei Frost spröde gewordenen Schicht schlagen angeschleuderte Steinchen zu viel Material heraus, so daß das Autoblech bald »straßen-sandgestrahlt« blank ist und zu rosten beginnt. Langzeitschutz soll 1 bis 3 Jahre halten – das kommt natürlich ganz auf die Beanspruchung des Fahrzeugs an. Auch hier sollte spätestens alle halbes Jahr Kontrolle und Nacharbeit stattfinden.

Obwohl Wachs im Prinzip ein besonders guter Korrosionsschutz ist, gesteht man ihm als Unterbodenschutz nur eine Wirkung »für eine Saison« zu, also etwa ein halbes Jahr. Das liegt an seiner geringen Abriebfestigkeit gegenüber anspritzendem Splitt und Sand. Sonderfall: Dinol Metallic, bei dem der Wachsbasis abriebfestes Aluminiumpulver beigemischt ist. Da gibt man bei Neuwagen 3 Jahre Garantie.

Saisonschutz: Wachsbasis

Serienmäßig gibt es Unterbodenschutz auf Wachsbasis bei den billigeren VW-Modellen, dem VW-Trasporter und -Bus, bei den Mercedes-Fahrzeugen, wo der Wachsschutz jedoch nur Zusatz zur teilweisen PVC-Beschichtung ist, und bei BMW sowie Datsun (beide Tectylbasis), wo die Fahrzeuge als Voraussetzung der Rostschutzgarantie 14 und 36 Monate nach dem Neuwagenkauf zur Nachkontrolle und Nachbesserung (auf eigene Kosten von rund 200,– DM) erscheinen müssen.

Tatsächlich dringen auch diese im Verarbeitungszustand dünnflüssigen Unterbodenschutzmittel besser in die Bördelkanten und Blechfalze ein. Bei regelmäßiger Nachkontrolle und Nachbesserung braucht also Unterbodenschutz auf Wachsbasis in der praktischen Rostschutzwirkung nicht schlechter zu sein als andere Unterbodenschutzmaterialien mit theoretisch länger anhaltender Wirkung.

Um die unterschiedlichen Eigenschaften der als Unterbodenschutz verwendeten Materialien zu veranschaulichen, hier eine übersichtliche Tabelle, die natürlich auch für die Grundstoffe der Nachbesserungs-Unterbodenschutzmittel aus dem Heimwerkersortiment Gültigkeit haben.

Unterbodenschutz-Eigenschaften

Eigenschaften	PVC	Kautschuk	Bitumen	Wachs
Abriebfestigkeit	ausgezeichnet	sehr gut	gut	gering
Korrosions-schutz	gut	sehr gut	sehr gut	ausgezeichnet
Alterungs-beständigkeit	sehr gut	verschieden	verschieden	gut
Kälteverhalten	ausgezeichnet	sehr gut	mäßig	gut
Entdröhnungs-wirkung	mäßig	gut	mäßig	keine
Übliche Schicht-stärken in mm	0,8–3,0	1,0–3,0	0,6–2,0	0,1–0,3

Alle Werbebehauptungen, man könne auch als Heimwerker einen »totalen Rostschutz« selber machen, wecken nur übertriebene und falsche Hoffnungen. Hinterher, wenn das Geld ausgegeben und die Arbeitszeit vertan ist, wird die Enttäuschung um so größer. Warum geht es nicht, obgleich es doch ein massenhaf-

Unterboden-schutz selbst gemacht?

tes Angebot von Unterbodenschutz-Sprühdosen in Tankstellen, Zubehörläden usw. gibt?

Sprühdosen sind für einen selbstgemachten Unterbodenschutz einfach zu teuer. Man braucht sie aber auf jeden Fall für die schwer zugänglichen Ecken und Winkel, für die nach oben führenden Spalten, also überall da, wo man beim besten Willen nicht mit dem Pinsel und dem preiswerten streichfähigen Unterbodenschutz hinkommen kann oder wo der Unterbodenschutz vom Pinsel aus nach oben fließen müßte, um an die angerosteten Stellen zu gelangen – aber das tut er ja nicht. Das zeigt also die Grenzen für streichbaren Unterbodenschutz, der ebenfalls im Zubehörhandel angeboten wird. Nimmt man nur streichfähiges Material, werden nur die gut zugänglichen Flächen beschichtet, die sowieso nicht so rostgefährdet sind wie Ecken und Winkel, in denen sich der nasse und salzdurchmischte Schmutz fängt. Übrigens haben die Unterbodenschutz-Sprühdosen nur einen Druck von etwa 1,5 bis 2 atü, der mit dem Spritzdruck der Werkstatt-Spritzpistolen für Unterbodenschutz nicht zu vergleichen ist.

Kernstück einer wirklich guten Unterbodenschutz-Qualität ist aber die vorhergehende Entrostung. Die ist weit wichtiger als der vielleicht sehr renommierte Markenname des Unterbodenschutzmittels. Die einzige Möglichkeit, Rost von gefalztem, geripptem und verwinkeltem Blech einigermaßen herunterzubekommen, ist das moderne Sandstrahlgebläse – ein ausgesprochenes Werkstattgerät, das einen Kompressor von mindestens 6 atü Leistungsdruck voraussetzt. Mit diesen Hinweisen ist gar nichts gegen das eigenhändige Kontrollieren und Nachbessern eines bereits vorhandenen Unterbodenschutzes gesagt, das läßt sich sogar ganz gut machen und spart auch tatsächlich Geld. Besonders beim Auswechseln defekter Blechteile (gebraucht von der Autoverwertung oder neu ab Werkstatt-Ersatzteillager) bietet sich ein sehr wichtiges Feld für vorbeugenden Rostschutz in wirklich erstklassiger Qualität durch den Heimwerker. Deshalb haben wir diesem Thema den Sonderabschnitt »Unterbodenschutz für Neuteile« auf Seite 171 gewidmet.

Auftrag an die Spezial-Werkstatt

Ein kompletter Unterbodenschutz ist jedoch Werkstattsache, ebenso die Erneuerung eines niemals nachgebesserten und daher durchweg verkommenen Unterbodenschutzes. Falls das bei Ihnen zur Diskussion steht, sollten Sie auf folgende Punkte achten:

■ Suchen Sie sich eine Spezialwerkstatt, die für ihren Unterbodenschutz einen guten Namen hat, und gehen Sie nicht zu einem Betrieb, der auch mal gelegentlich Unterbodenschutz auf Autos sprüht. Im Spezialbetrieb hat man eine bessere technische Ausstattung und mehr Erfahrung.

■ Fragen Sie sogleich, wie man den Rost am Fahrgestell beseitigt. Wenn man kein Sandstrahlgebläse hat, lassen Sie sich auf keinen Fall einen Dauerunterschutz (Kautschuk oder Bitumen/Kautschuk) verkaufen. Schade ums Geld, denn auf Rost hält die Sache nicht lange, auch wenn ein Roststabilisator als Zwischenschicht gesprüht wird. Allenfalls ist ein Langzeitschutz (meist Bitumenmaterial) oder noch besser ein Saisonschutz (Wachs) angebracht. Da muß sowieso nach einiger Zeit wieder mal nachkontrolliert werden. Wachs dringt auch besser in die Rostporen, und ein Saisonschutz ist auch erheblich billiger. Besser ist aber die Überlegung, ob Sie nicht ein Haus weiter gehen sollten, wo man wirklich Rost entfernt, bevor drübergepfuscht wird. Und das geht wirklich gut nur mit einem Sandstrahlgebläse. Es wird teurer sein, aber dieses Geld ist gut angelegt.

■ Lassen Sie sich einen verbindlichen Kostenvoranschlag machen. Das ist für eine gute Fachwerkstatt kein Problem, wenn der Auftragannehmer mal einen Blick unter den Wagen geworfen hat.

■ Überlegen Sie dabei, ob auch eine Hohlraumkonservierung in Frage kommt (siehe Seite 179), dann geht es in einem Aufwaschen hin, und es wird zusammengerechnet billiger als zwei getrennte Aufträge, bei denen sich die Arbeiten überschneiden.

■ Am besten nehmen Sie sich etwas Zeit und schauen zumindestens am Anfang (nicht erst am Ende!) der Arbeit zu. Denn die Vorarbeiten garantieren den Erfolg.

■ Zu den entscheidenden Vorarbeiten gehört zuerst eine gründliche Unterwagenwäsche mit einem Hochdruck- und möglichst auch Heißwassergerät, mit dem der anhaftende Schmutz einwandfrei gelöst und weggeschwemmt wird.

■ Anschließend muß die Fahrzeugunterseite mit Preßluft nachhaltig getrocknet werden. Sagen Sie nichts dagegen, wenn man dazu Ihr Fahrzeug eine oder mehrere Stunden abstellt, es ist Ihr Vorteil, wenn keine Feuchtigkeit unter der Unterbodenschutzschicht eingesperrt wird.

■ Achten Sie darauf, daß alle Stellen, an denen sich Öl oder Fett abgesetzt hat, mit Verdünnung oder Waschbenzin einwandfrei entfettet werden, sonst haftet kein Unterbodenschutz an diesen Stellen.

■ Falls die Entrostung ohne Sandstrahlgebläse vor sich gehen muß, ist wenigstens der grobe Rost und lose Rostzunder abzuschleifen. Lassen Sie sich auf keinen Fall erzählen, der von der Werkstatt verwendete Unterbodenschutz dürfe ruhig über Rost gesprüht werden, der Rost werde dann »neutralisiert« oder »umgewandelt« oder sonst dergleichen. Das sind Märchen, allenfalls hat ein dünnflüssiger Roststabilisator, wie z. B. »Terotex-Rostprimer« von Teroson (gibt es auch in Sprühdosen für die Heimwerkerarbeit) als Zwischenschicht eine neutralisierende und vor allem haftverbessernde Wirkung.

■ Daß zuletzt beim Aufsprühen des Unterbodenschutzes kein Eckchen vergessen wird, das ist schon bald das geringste Problem.

Der nach unseren Erfahrungen beste Rostschutz ist derzeit (Sommer '80) die »Tuff-Kote«-Methode der Firma Dinol. Sie umfaßt nicht nur den Unterbodenschutz, sondern auch die Hohlraumkonservierung. Dabei werden nicht, wie sonst üblich, ein Rostschutzmittel für den Unterbodenschutz und ein anderes für die Hohlraumkonservierung verarbeitet, sondern zwei verschiedene Rostschutzsubstanzen werden an den strapazierten Flächen übereinander gespritzt. Als unterste Schicht und vor allem in die Hohlräume wird »Dinol Penetrant« gespritzt, eine wachsartige Substanz, die bei der Verarbeitung flüssig wird, besondere Kriechfähigkeit in Falze und Bördelkanten besitzt, Wassertropfen und Feuchtigkeit unterwandert und alsbald zu einer weichfettartigen Masse erstarrt. Darüber wird im zweiten Arbeitsgang an allen spritzwasser-, steinschlag- und schmutzstrahl-gefährdeten Flächen und Kanten »Dinol Sealant« als Versiegelung gesprüht.

Dinol gibt für die Tuff-Kote-Behandlung 5 Jahre Garantie bei Neuwagen (bis 6 Monate nach Erstzulassung) und 2 Jahre auf Gebrauchtwagen (bis zu 3 Jahre nach Erstzulassung und vorbehaltlich einer Beurteilungs-Inspektion, ob die Arbeit noch lohnt). Die 2 Nach-Inspektionen (bei der 5-Jahre-Garantie), zu welchen der Fahrzeugbesitzer mit Postkarte aufgefordert wird, sind kostenlos und lediglich die zuvor erforderliche Unterbodenschutzreinigung muß bezahlt werden. Nachbehandlungen sind nicht vorgesehen, wenn alles in Ordnung ist (allenfalls zur Konservierung neu angebauter Teile). Es kostet also nichts, im Gegensatz zu den zumeist kostenpflichtigen Nachbehandlungen bei den Rostschutz-Garantien der meisten Autoproduzenten.

Verständlicherweise ist diese Tuff-Kote-Methode nicht billig. Sie kostet je nach Fahrzeuggröße zwischen 400 und 600,– DM. Dem Preis entsprechend ist es au-

Derzeit bester Rostschutz: Tuff Kote von Dinol

ßerdem eine zeitaufwendige Angelegenheit und man muß mindestens 24 Stunden auf sein Fahrzeug verzichten können, bis zwischen allen Arbeitsgängen die notwendigen Trocknungszeiten verstrichen sind.

Eine besondere Schwierigkeit dürfen wir nicht verschweigen: Von den zahlreichen Dinol-Stationen im Bundesgebiet sind erst etwa 14 in der Lage (Stand Sommer '80), diese Tuff-Kote-Methode anzuwenden. Die Firma Dinol will ihren Qualitätsvorsprung nicht verscherzen und vergibt erst dann eine Lizenz, wenn der betreffende (selbstständige) Betrieb vollkommen auf die Spezialausstattung umgerüstet hat und die Mitarbeiter erfolgreich geschult wurden.

Unser Ratschlag: Wenn Sie Ihren Neuwagen einige Jahre behalten wollen, dann kratzen Sie noch einmal die notwendigen Peseten nach dem Fahrzeugkauf zusammen und erfragen Sie bei der Dinol GmbH, Abteilung Kundendienst, Wilhelm-Steinweg 2, 2 Hamburg 36, die nächstgelegene Tuff-Kote-Dinol-Station. Wenn der Weg dorthin nicht zu weit ist, bringen Sie Ihren Wagen baldmöglichst hin, auch wenn Sie bereits vom Autoproduzenten eine Rostschutzgarantiekarte haben. Falls Ihr Neuwagen z. B. ein BMW, Citroen oder Renault ist, müßten Sie für deren zwei Nachbehandlungen sowieso zusammen rund 500,– DM zahlen und mehr wird wahrscheinlich auch die Tuff-Kote-Behandlung nicht kosten. Dann sind Sie Ihre Rostsorgen los und auch der Käufer Ihres Gebrauchtwagens erbt noch die Garantie, wenn die 5 Garantie-Jahre noch nicht verflossen sind. Für solch ein rostfreies Auto werden Sie überdies einige Hunderter mehr beim Verkauf erzielen können.

Unterbodenschutzkontrolle

Falls es Ihnen an Zeit, Geld oder Gelegenheit fehlte, Ihren Neuwagen nach der Tuff-Kote-Methode konservieren zu lassen, die Rostschutzgarantie des Autoproduzenten langsam ausläuft oder Sie sich einen Gebrauchtwagen erstanden haben, ist baldmöglichst eine peinlich genaue Kontrolle des Unterbodenschutzes notwendig. Als »Kontrollwerkzeuge« werden benötigt:

■ ein **alter Schraubenzieher** oder ein abgebrochenes Küchenmesser zum Stochern und Kratzen an verdächtigen Stellen,

■ ein kräftiges **Spachtelwerkzeug** zum Wegschienen loser Unterbodenschutzschichten,

■ eine kräftige **Drahtbürste** zum Wegputzen loser Rostborken,

■ eine möglichst helle **Hand- oder Taschenlampe**, um alle Ecken und Winkel ausleuchten zu können,

■ ein handlicher **Spiegelscherben**, um auch »um die Ecke« sehen zu können, wo sich eventuell Rost angesetzt hat,

■ **Kreide** zum Markieren schadhafter Stellen.

Zum Freilegen schadhafter Unterbodenschutzstellen braucht man

■ am besten eine **Bohrmaschine** mit aufgestecktem **Schleifkörper**, noch besser eine »biegsame Welle« zwischen Bohrmaschine und Schleifkörper, um auch an schwer zugänglichen Stellen Rost wegschleifen zu können,

■ **Schleifpapier** grober Körnung, etwa 60 oder 80.

■ **Waschbenzin** und **Waschpinsel** zum Entfetten schadhafter Stellen.

Zum Nachbessern selbst benötigen Sie noch

■ einen harten, flachen **Pinsel** zum Streichen des Unterbodenschutzmittels auf gut zugängliche Flächen, wie z. B. Radkästen,

■ das **Spachtelwerkzeug**, um zähes Material aufspachteln zu können,

■ eine Dose streichbares oder spachtelbares **Unterbodenschutzmittel** und eine Sprühdose mit Unterbodenschutz (siehe folgender Abschnitt),

■ eine Spraydose **Haftverbesserer** für Unterbodenschutz auf angerosteter Fläche, wie z. B. Teroson »Terotex-Rostprimer«.

Fingerzeige: *Bei den verschiedenen Unterbodenschutzmitteln gibt es keine Unverträglichkeiten wie bei den Lackfarben (Ausnahme: PVC; siehe, »Fingerzeig« nächste Seite). Der Unterbodenschutz aus der Kilodose und aus der Spraydose muß also nicht von gleicher Art sein, wenn man ihn zusammen verarbeitet.*
Besonders rostgefährdet sind im allgemeinen an den Autos die Verbindungswinkel zwischen Radkästen und Türholmen, zwischen Türschwellen und Bodenplatte, die Umgebung der Scheinwerfermulden-Rückseiten, die Verbindungsstellen zum Kofferraumboden und die Umgebung der Heckleuchten.

Am bequemsten geht das Ausbessern des Unterbodenschutzes mit einer der zahlreichen im Zubehörhandel angebotenen Sprühdosen. Da sie aber, bezogen auf ihren Inhalt, etwa 3- bis 4mal so teuer als gleichwertiger streichfähiger Unterbodenschutz sind, wäre es recht verschwenderisch, alle Unterbodenschutz-Nachbesserungen nur mit Sprühdosen zu machen. Mit einer Sprühdose läßt sich außerdem nur eine sehr dünne und daher nicht genügend widerstandsfähige Schicht aufsprühen. In der Regel brauchen Sie also streichbares Material für die großen Flächen und eine Sprühdose zum Konservieren der sonst nicht zugänglichen Ecken und Winkel.

■ Als streichfertiges Material ist im Heimwerker-Angebot »Terotex P« von Teroson besonders gut bekannt (Dose mit 2,3 kg Inhalt zu etwa 20,– DM). Es hat Bitumen-Kautschuk-Basis, also eine bewährte Mischung mit Langzeitwirkung. Es läßt sich auch mit Spachtelklingen auftragen, was für die korrosionsabwehrende Schichtdicke vorteilhaft ist.
Natürlich kann man zum Streichen auch alle Unterbodenschutzmaterialien nehmen, die als 1-Liter-Anschraubdosen für die Werkstattsprühgeräte angeboten werden. Auch sie sind, wie immer bei Werkstattmaterial, preiswerter, aber man muß suchen, bis man sie zu kaufen bekommt. Dieses meist dünnflüssige Material dringt besser in Unebenheiten ein, bringt aber keine so dicke Schutzschicht, wie spachtelbares Material, es sei denn, man streicht die Unterbodenschutzflächen in Tagesabständen mehrmals.
Es gibt eine Unmenge verschiedener Anbieter, die Unterbodenschutz in ihrem Programm haben. Wir denken da beispielsweise an Pingo Elastic-Schutz (Kautschukbasis), Caramba Unterbodenschutz (Kunststoff-Bitumenbasis), Veedol Anorustol (Wachsbasis), ADX-Unterbodenschutz von Ducolux (Kautschukbasis), Dr. Riehm-Unterbodenschutz Alu (Bitumen-Kautschukbasis mit Aluminium- und Zinkoxydbeimischung), Bostik Unterbodenschutz (in verschiedenen Ausführungen der 6000-Reihe auf Bitumen-, Bitumen-Kunststoff- und Kautschuk-Kunststoff-Basis). Man sieht, es gibt alle Rezepturen.
■ In den handlichen Spraydosen, die man zum Nachbessern der schwer zugänglichen Ecken braucht, gibt es ebenfalls ein umfangreiches Angebot auf Wachsbasis (Aral Unterbodenschutz, »Tectyl S« von Valvoline) und in Wachs-Bitumen-Kombination (z. B. Auto-K-Unterbodenschutz). Kautschukmaterial ist für diese Sprühdosen zu dickflüssig, aber es gibt Kautschuk als Beigabe zu einer Bitumenbasis (z. B. »Terotex-Spray«).
■ Da sich nicht immer aller Rost restlos entfernen läßt, Unterbodenschutzmaterial aber auf Rost nicht gut haftet und vor allem darunter der Rost nur wenig beeindruckt weiter wirkt, wurden Spezialmittel entwickelt, die als Zwischenschicht unter den Unterbodenschutz gesprüht oder gestrichen werden sollen. Diese Mittel – wir kennen da »Rost-Stop« von Pingo und »Terotex-Rostprimer« von Teroson – sind sehr dünnflüssig und kriechfähig, so daß sie sich auch in engen Spalten hochziehen und Feuchtigkeit unterwandern können. Natürlich muß grober Rostzunder und lockere Rostborke vor dem Auftragen abgekratzt werden. Aber

leichter Rost saugt diese Mittel auf, so daß sich daraus eine lackähnliche feste Schicht bildet, auf der danach aufgetragener Unterbodenschutz wesentlich besser haftet.

Fingerzeige: *Fahrzeuge, die serienmäßig mit einem eingebrannten PVC-Unterbodenschutz ausgestattet sind (siehe Seite 160) machen gelegentlich beim Nachbessern mit Unterbodenschutzmaterial auf Bitumenbasis Schwierigkeiten, weil letzteres nicht gut auf der PVC-Schicht haftet oder weil der Kunststoff von Lösungsmitteln angegriffen wird. Weil es kein PVC-Material zum Nachbessern gibt, sollte man bei PVC-Beschichtung grundsätzlich zur Nachbesserung nur Unterbodenschutz auf Kautschukbasis (z. B. »Terotex hell« von Teroson) oder auf Wachsbasis (z. B. »Tectyl« von Valcvoline) nehmen. Ist ein anderer Unterbodenschutz über PVC-Beschichtung nach 3 Tagen noch nicht trocken, hat er das PVC angegriffen (»Weichmacher-Wanderung«) und der Unterbodenschutz muß ganz erneuert werden.*

Vergessen Sie beim Nachbessern des Unterbodenschutzes auch nicht jene Rostschutzmittel, die wir im letzten Kapitel aufgeführt haben und die als Unterschicht besonders nützlich werden, wenn sich der Rost nicht restlos beseitigen läßt, also »Corroless«, Kunstharzmennige, Chlorkautschuklack usw. Nicht zu verwenden sind Zinkstaubfarben, da sie metallisch blankes, rostfreies Blech verlangen, sonst »reagieren« sie nicht.

Unterbodenschutz muß nicht pechschwarz sein, es gibt auch hell- und silberfarbigen, wie z. B. »Terotex hell« (mit Elastomer), Dr. Riehm-Unterbodenschutz Alu (mit Aluminiumpulverbeimischung), das hellbeige Auto-Coating »Copilot 6070« von Bostik oder den bronzefarbenen »Elastic-Schutz« von Pingo. Wesentlicher Vorteil: Auch bei schlechten Lichtverhältnissen sieht man besser, wo man da eigentlich auf dem Fahrzeugboden herumstreicht und sieht leichter eventuelle Mängel als bei pechschwarzem Unterbodenschutzmaterial.

TÜV-Prüfer werden mißtrauisch, wenn Ihnen ein allzu schwarz und frisch aufgetragener Unterbodenschutz entgegenstrahlt, wen wundert das. Denn einige Tage hält Unterbodenschutz auch noch die letzten Rostkrümel zusammen, die vordem mal eine mittragende Traverse oder Türschwelle waren. Ein verantwortungsbewußter TÜV-Prüfer wird dann besonders lange mit seinem Schraubenzieherchen stochern und mit seinem Hämmerchen dumpfe Töne abklopfen. Darum: Unterbodenschutz-Nachbesserung möglichst einige Wochen oder Monate vor der TÜV-Prüfung vornehmen und weniger auffälliges und sichtbehinderndes helles Unterbodenschutzmaterial verarbeiten. Lassen Sie den Prüfer ruhig ein wenig Rost sehen. Er glaubt ja doch nicht, daß da keiner ist.

Unterbodenschutz nachprüfen

■ Die Unterbodenschutzkontrolle beginnt mit einer tüchtigen Unterwagenwäsche. Mit Wassereimer und Waschbürste ist da nichts auszurichten, es muß mindestens ein Wasserschlauch mit kräftigem Wasserdruck sein (wobei das Nachreiben mit Waschpinsel und Waschbürste kein Nachteil ist), damit auch aller Schmutz aus Ecken und Winkeln geschwemmt wird. Besser ist eine Unterwagenwäsche mit einem Heißwasser- oder Dampfstrahlgerät, wie es zumeist Tankstellen haben, die Lastwagen und Traktoren zur Pflege annehmen.

■ Suchen Sie sich für diese Aktion einen trockenen (möglichst auch heißen) Tag aus, sonst wird die Fahrzeugunterseite nicht trocken und das Nachbessern etwaiger Schadensstellen muß ausfallen. Ungünstig ist deshalb diese Arbeit im späten Herbst – obwohl es da vor dem Winter höchste Zeit zum Nachbessern wird –, weil sich bei dieser Witterung leicht Feuchtigkeit auch auf trockenem Metall absetzt und unter einem übergesprühten Unterbodenschutz eingesperrt wird. Das kann zu Unterrostungen führen.

Zur Nachprüfung des Unterbodenschutzes muß der Wagen aufgebockt werden. Legen Sie sich aber auf gar keinen Fall, wie hier, unter einen Wagen, der nur von einem Wagenheber einseitig angehoben wird – das ist lebensgefährlich, wenn das Fahrzeug vom wenig stabilen Heber herunterfällt und dabei durchfedert!

Wagen aufbocken

Wenn Sie nun den Unterbodenschutz Ihres Wagens inspizieren wollen, muß er sicher aufgebockt werden. Nur selten wird man eine der früher üblichen »Abschmiergruben« oder eine Auffahrrampe aus Beton zur Verfügung haben, mit denen man wenigstens gut den Unterbodenschutz ausbessern kann. Am besten ist natürlich eine »Hebebühne« mit von außen unter dem Wagenboden angreifenden Hebelarmen. Da kann man unter dem Wagen spazierengehen und hat in jeder Richtung Bewegungsfreiheit. Aber wer hat so was schon, allenfalls ist sie in einer Hobbywerkstatt stundenweise zu mieten.

In der Regel muß man sich mit einfachen Mitteln begnügen, aber auch sie müssen sicher sein. Der Wagenheber allein tut's nicht, denn die serienmäßigen Apparate dieser Art, die von außen unter der Wagenkante angesetzt werden, knicken leicht um – auch wenn die Handbremse angezogen ist!

■ Vergessen Sie deshalb beim Gebrauch des Wagenhebers niemals – niemals!

Ziemlich stabil ist das Aufbocken des Wagens auf den breiten Hohlblocksteinen. Man kann, wenn die Höhe nicht ausreicht, noch einen Backstein auflegen, aber ein gleich hoher Ziegelsteinstapel wäre entschieden zu wackelig und damit ebenfalls lebensgefährlich. Als Zwischenlage zwischen Stein und Blech ist ein möglichst weiches Holzbrett oder Holzscheit nützlich, denn darin können sich Blechkanten eindrücken, anstatt selbst auf dem harten Stein zerdrückt zu werden.

Da ist natürlich die Arbeit am Unterboden besonders leicht, aber dieses Umkippverfahren kann man auch nur mit einem leichten Wagen (hier ein Fiat 500) vornehmen. Man muß dazu seinem Auto vor allem ein weiches, der Seitenform angepaßtes Bett aus Stroh, Holzwolle oder Schaumstoff bereiten, damit das Seitenblech nicht eingedrückt wird. Außerdem Batterie ausbauen, damit sie nicht ausläuft, der Tankeinfüllstutzen muß nach oben zeigen, ebenfalls das Ölpeilstabrohr am Motor, sonst laufen Öl und Benzin aus. Das Belüftungsloch des Bremsflüssigkeitsbehälters muß mit Tesafilm sorgsam zugeklebt werden, dann kann mit einigen Helfern der Wagen behutsam auf die Seite gelegt werden. Er wird nicht aufs Dach rollen, sondern braucht eher, wie hier, noch einen Balken unter die Reifen, damit er nicht zurückkippt und die Kotflügelunterkanten nicht zu stark belastet werden.

–, nicht nur die Handbremse anzuziehen und einen Gang einzulegen, sondern blockieren Sie auf jeden Fall mit festuntergekeilten Steinen oder Holzkeilen die Räder der gegenüberliegenden Fahrzeugseite!

■ Weil Sie aber unter dem Wagen, wenn er allseitig und richtig aufgebockt ist, ein wenig Bewegungsfreiheit brauchen, muß er verhältnismäßig hoch aufgebockt werden. Das darf aber nicht auf einem Stapel Ziegelsteine geschehen, denn solch ein Ziegelsteinstapel ist in gar keiner Weise kippsicher. Am besten sind dazu Hochblocksteine.

■ Zum höheren Aufbocken reicht oft der serienmäßige Wagenheber nicht aus. Abhilfe: Wagenheber bis zum äußersten Ende hochdrehen, Wagenseite hoch unterbauen, Wagenheber herunterdrehen, Backstein unter den Heber legen und nochmals hochdrehen. Praktisch sind auch die dreibeinigen Abstützböcke (siehe Bild unten).

Praktisch zum Abstützen des Wagens sind auch solche Dreiböcke, die es in Kauf- und Versandhäusern für rund 25,– DM gibt. So stabil wie ein Hohlblockstein sind sie allerdings nicht, und bei ungeschickter Aufstellung können sie vom auf der anderen Wagenseite angesetzten Wagenheber umgeschoben werden. Zum Druckausgleich ist auch hier, damit der Türschweller-Blechfalz nicht verbogen wird, ein Holz zwischengelegt.

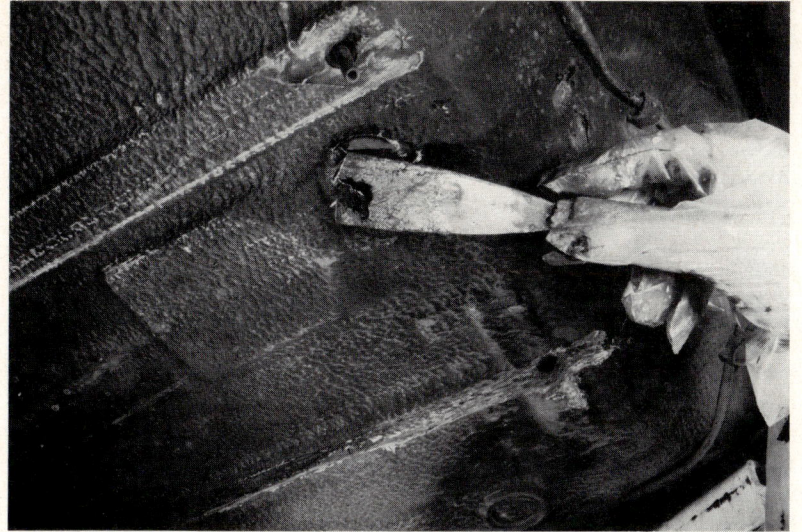

Wo Sie bei der Nachprüfung des Unterbodenschutzes auch nur den geringsten Verdacht haben, daß er nicht mehr fest auf dem Karosserieblech sitzt, müssen Sie mit einem alten Schraubenzieher, abgebrochenen Küchenmesser oder kantenscharfen Spachtelwerkzeug kräftig kratzen und eventuell lose Schichten wegputzen. Schadhafte Stellen, wie im Text unten beschrieben, nacharbeiten.

■ In das Innere der Vorderkotflügel wird man durch Hin- und Herdrehen der Vorderräder gut hineinschauen können, aber in den hinteren Kotflügeln ist das schwierig. Am besten montieren Sie die Hinterräder ab.

■ Leuchten Sie nun jedes Fleckchen und Eckchen der Wagenunterseite sorgfältig ab und stochern Sie dabei unentwegt mit dem Schraubenzieher dort nach, wo Sie gerade hinschauen. Vielleicht gibt die Unterbodenschutzschicht irgendwo nach, weil sie sich vom Blech gelöst hat. Sofort diese Stelle mit dem Spachtelmesser aufkratzen und alle losen Teile abschaben. Wo Rostpickel herausschauen, wird ebenso »gebohrt« wie an allen Stellen, wo der Unterbodenschutz aufgerissen zu sein scheint. Kratzen Sie auch kräftig durch Engstellen, das schadet nichts, denn anschließend können Sie leicht Unterbodenschutz über die Prüfstelle sprühen. Arbeitserleichterung:
Markieren Sie sich zuerst mit Kreide Kringel hin, wo Sie eine Schadensstelle gefunden haben. Das Aufkratzen und Rostschleifen kommt dann erst anschließend im nächsten Arbeitsgang.

■ Nützlich wird jetzt eine Bohrmaschine mit biegsamer Weller und aufgestecktem Schleifkörper (Bild, Seite 195) sein, um alle entdeckten Roststellen auszuschleifen, bis blankes Blech herauskommt. Mit einer Schleifscheibe wird man bei den beengten Verhältnissen dort kaum zurechtkommen.
Fehlen Ihnen Bohrmaschine und Schleifkörper, müssen Sie den Rost mit dem alten Schraubenzieher oder dem Spachtelmesser wegkratzen – auch ein abgebrochenes Küchenmesser tut da gute Dienste –, danach mit der Drahtbürste und kleinen Fetzen Schleifpapier mit grober Körnung die ehemalige Roststelle möglichst blank schleifen.

■ Sie werden den Rost nicht restlos wegbekommen und zumindest in Fugen und Poren bleibt Rost zurück. Der Gedanke an Rostumwandler liegt nahe, aber wir sind davon abgekommen, da das unvermeidbare Nachwaschen Probleme aufwirft (Trocknung) und sich das spätere Abzundern der neuentwickelten Eisenverbindungen (durch die auf Seite 154 erwähnten Spannungsrisse) nicht vermeiden läßt, so daß es schließlich unter der Deckschicht weiterrostet. Einigermaßen bewährt haben sich nur »Roststabilisatoren«, die den letzten Rost

Entrosten und nachbessern

»einbalsamieren«, wie z. B. Corroless Roststabilisator, Noverox Rostumsetzer, Kunstharz-Bleimennige V 40 oder Chlorkautschuklack (darunter aber zusätzlich spezielle Chlorkautschuk-Bleimennige), wie sie auf Seite 156/157 beschrieben sind. Das einfachste und nach unserer Erfahrung auch recht wirksame Mittel ist jedoch der »Terotex-Rostprimer« von Teroson (in Spraydosen), der zugleich Haftverbesserer für den anschließend aufzutragenden Unterbodenschutz ist.

■ Nach Austrocknen der Roststabilisatorschicht nochmals die Fläche mit der Drahtbürste überarbeiten, denn vorher noch festsitzende Rostborken können sich durch das Einsprühen und Trocknen (erst recht, wenn Sie doch Rostumwandler benutzten) gelockert haben. Sie müssen selbstverständlich vor der Weiterarbeit noch heruntergeputzt werden.

■ Nun jene Flächen mit Unterbodenschutz nachbessern, die mit dem Pinsel und dem preiswerteren streichbaren Unterbodenschutz behandelt werden können (Bild unten). Eine einzige Schicht Unterbodenschutz genügt nicht. Falls das Unterbodenschutzmittel ziemlich zäh ist und sich auch mit einem harten Pinsel nur schlecht streichen läßt, sollten Sie es nicht etwa durch Benzinzugabe verdünnen (manche Mittel werden dadurch zersetzt), sondern mit dem Spachtel in die Fläche »massieren«.

■ Bevor Sie nun mit der Spraydose die letzten Ecken und Winkel nachbessern, müssen Sie sorgfältig Bremstrommeln und Scheibenbremsen gegen den Sprühdunst abdecken. Denn Unterbodenschutz kann, z. B. von den Bremsscheiben auf die Bremsklötze übertragen, die Bremsbeläge derart zuschmieren, daß die Bremswirkung nur noch kriminell ist. Einzige Abhilfe: Neue Bremsbeläge. Das kann man sich sparen, wenn man alle diese Teile vorher mit Plastiktüten umhüllt.

■ Ebenso müssen alle Bremsschläuche (Gummi verträgt manche der Lösungsmittel nicht) umwickelt und alle Kardan- sowie Achswellen mit Papierbogen überhängt werden (einseitig angesprühter Unterbodenschutz gibt diesen schnell drehenden Wellen verschleißfördernde Unwucht).

■ Letzter Akt: Mit der Spraydose alle Stellen nachbessern, die mit Pinsel oder Spachtel nicht beschichtet werden konnten.

Fingerzeige: *Unterbodenschutz-Sprühtropfen sollen sich nicht auf dem Autolack festsetzen. Sehen Sie sich deswegen gleich nach der Arbeit den Wagenlack sorgfältig an und wischen Sie alle Tröpfchen mit einem benzinfeuchten Läppchen ab (keine Verdünnung!). Schonender ist die Behandlung mit einem Teerentferner.*
Um von vornherein zu verhüten, daß Unterbodenschutz auf den Lack kommt, brau-

Zum Nachbessern gut erreichbarer Karosserieflächen – ebenso bei angebauten Neuteilen, die noch keinen serienmäßigen Unterbodenschutz haben – ist streichbarer Unterbodenschutz, wie z. B. »Terotex-P«, besonders praktisch, denn es hat die zähere Mixtur aus Bitumen und Kautschuk (in Sprühdosen kann man nur geringfügig Kautschuk zugeben) und ist außerdem erheblich preiswerter als eine Unterbodenschutz-Spraydose (z. B. 2,3 kg Terotex-P zum Streichen für etwa 20,– DM; 450 Gramm Terotex-Spray für etwa 12,– DM). Trotzdem kann man auf die Sprühdose nicht verzichten. Sie muß ergänzend immer dort angewendet werden, wo schwer zugängliche Ecken, Nähte und Fugen nur vom kriechfähigen Spray, aber nicht vom Pinsel ausgefüllt werden können.

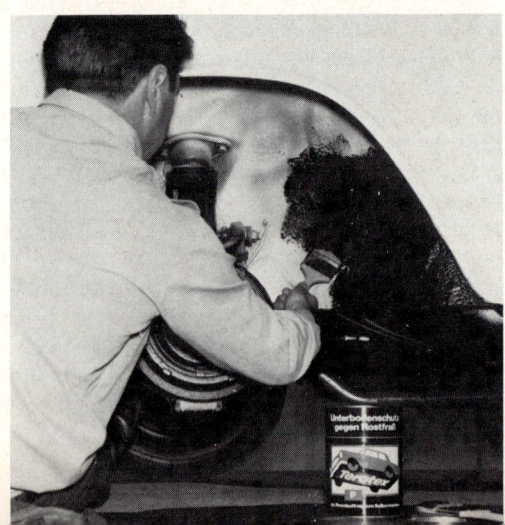

chen Sie den Wagen keineswegs wie zum Lackieren abzukleben und abzudecken. Es genügt vollkommen, wenn Sie an den Übergangskanten vom Unterboden zur Lackierung (die ganz besonders sorgfältig behandelt werden müssen, denn dort sitzen in der Regel Bördelkanten, Falze oder Schweißnähte) von außen möglichst lang herunterhängende Zeitungsbogen ankleben. Allen »vagabundierenden« Sprühnebel fangen die Innenseiten der Zeitungsbogen ab.

Falls Sie beim Entrosten der Fahrzeugunterseite mit Rostumwandler arbeiten wollen, müssen Sie ungedingt eine Schutzbrille tragen, damit Sie bei dieser Arbeit »über Kopf« keinen Säurespritzer in die Augen bekommen!

Da serienmäßiger Unterbodenschutz im Werk auf die Rohkarosserie aufgebracht wird, also bevor das ganze Fahrwerk montiert ist, sind alle Verschraubungen an Achsen, Antriebsteilen usw. ohne jeden Rostschutz. Es ist deshalb sehr nützlich, alsbald nach dem Erwerb eines Neuwagens alle Verschraubungen intensiv mit Unterbodenschutz einzusprühen (ganz besonders wichtig: Stoßdämpferbefestigungen). Dadurch verhindern Sie ein Zurosten der Schraubengewinde und wenn einmal eine Demontage notwendig wird, muß nicht mit Schweißbrenner, Mutternsprenger und dergleichen Gewaltwerkzeug gearbeitet werden, wie das beispielsweise beim Austausch der Stoßdämpfer sehr oft notwendig ist.

Unterboden-schutz für Neuteile

Mancher Autofahrer hat sich schon schwer darüber geärgert – wir auch –, daß nach dem Ersatz eines beschädigten und vielleicht schon leicht angerosteten Kotflügels das funkelnagelneue Stück die anderen Kotflügel im Rosten eilends einholte und nach wenigen Jahren bereits überholt hatte.
Grund: Die Werkstatt erhält diese Ersatzteile mit Grundierung und sonst gar nichts auf dem Blech. Da zur Montage des Kotflügels eine bestimmte Arbeitszeit (und die entsprechende Bezahlung) festgelegt ist, wird das neue Teil flugs montiert und das Fahrzeug eilig zum Lackierer kutschiert. Auch der ist nur für die Außenseite des Blechs zuständig, wenn er keinen besonderen Auftrag hat. Drum kümmert sich um den Unterbodenschutz im Kotflügel kein Mensch, falls Sie als Fahrzeugbesitzer sich nicht darum kümmern.
■ Merke: Wenn Sie in der Werkstatt an der Karosserie ein neues Teil montieren oder anschweißen lassen, dann fragen Sie ausdrücklich danach, wie das mit dem Unterbodenschutz stünde. Darauf sagt in der Regel der Kundendienstannehmer (was er sonst nicht gesagt und auch gar nicht auf den Auftragszettel geschrieben hätte): »Können wir machen.«
Vor allem, wenn ein Blechteil eingeschweißt wurde, ist es dringend notwendig, die ganz besonders rostanfälligen Schweißstellen zuerst mit spezieller Punktschweißfarbe (die die Werkstatt hat) einzupinseln. Nach dem Schweißen müssen diese Stellen besonders sorgfältig rostgeschützt werden. Das ist nur gesichert, wenn zuvor alle Schlackenreste und aller Zunder an der Schweißstelle sorgfältig abgeklopft und mit der Stahldrahtbürste gesäubert (noch besser: beigeschliffen) wurde. Prüfen Sie, wenn möglich, nach, ob das von der Werkstatt ordentlich gemacht wurde.

Neuteile selbst beschichten

Falls Sie als echter Heimwerker Neuteile selbst montieren, vergessen Sie nicht, vor Lackierung und Anbau die Innenseiten äußerst sorgfältig mit Rostschutz zu beschichten. Weil die Innenseite später nie mehr so gut zugänglich ist, können Sie sich einen echten »Lebensdauer-Rostschutz« leisten, den Ihnen kein Autowerk und keine Unterbodenschutz-Spezialwerkstatt bieten kann:
■ Nehmen Sie als Rostschutz für gut zugängliche Innenflächen mit neuem und nur grundiertem Blech kein übliches Unterbodenschutzmittel, sondern beschichten Sie alles mit Glasfasermatte und Polyesterharz! Das ist zwar teuer,

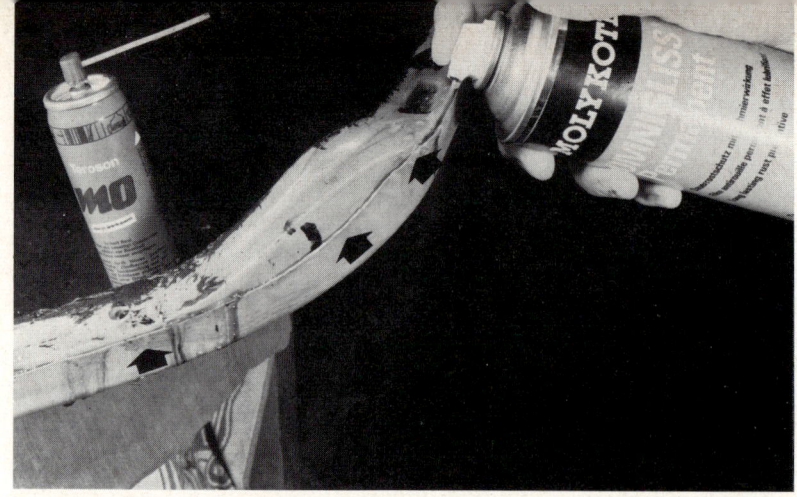

Besonders rostgefährdet sind Bördelkanten und Punktschweißnähte (schwarze Pfeile) an Neuteilen, die an das Fahrzeug montiert werden sollen, denn sie haben vom Werk her keinerlei Unterbodenschutz. Es lohnt sich, diese Fugen sorgsam gegen eindringende Feuchtigkeit zu schützen. Das muß im ersten Arbeitsgang mit besonders leichtflüssigen und kriechfähigen Rostschutzmitteln geschehen, denn alle zäheren Mittel würden die Fugen nur von außen zukleistern. Legen Sie darum das Neuteil so, daß der Spalt von oben mit Rostschutzmittel vollaufen kann. Geeignet sind für die erste »Füllung« z. B. das hier gezeigte »Molykote Metalprotector«, »Aral Metallkonservierer«, »Sonax-Konservierungswachs« oder »Pingo Motorschutzlack« und jedes andere dünnflüssige Rostschutzmittel.

Ist das dünnflüssige Rostschutzmittel abgedunstet, müssen Sie die Fugen (weiß umrandete Pfeile bei diesem Kotflügel) »versiegeln«. Das geht am besten mit streichfähigem Material oder mit dem flüssigen Spritzmaterial, wie es für die Werkstatt-Sprühpistolen geliefert wird und das man auch sehr gut streichen kann. Mit dem Pinsel den Unterbodenschutz fest einmassieren, bis die Fuge mit Sicherheit ausgefüllt ist, so daß Feuchtigkeit nicht mehr eindringen kann.

aber es rentiert sich auf jeden Fall, wenn Sie beim Ankleben der harzgetränkten Glasfasermatte sorgsam darauf achten, daß keine Luftblasen in und unter der Schicht zurückbleiben. Darum mit dem Spachtel (und nicht mit einem Pinsel!) die Glasfasermatten andrücken, eventuell während des Durchhärtens noch beschweren. Wie es genau gemacht wird, ist auf Seite 201 beschrieben.

Sie dürfen bei dieser Beschichtung die Glasfasermatte auf keinen Fall vergessen, denn das Polyesterharz würde ohne eingeschichtete Glasfasermatte spröde, so daß es bei den späteren Blechvibrationen abplatzen müßte. Die Glasfasermatte gibt ihm die feste Bindung und Elastizität. Versuchen Sie deshalb auch nicht, schwer zugängliche Ecken im Neuteil, wie z. B. die Innenseite des Radausschnitt-Falzes an einem Kotflügel, mit reinem Polyharz auszustreichen – es nutzt gerade dort nicht viel.

■ Wenn die Polyharz-Glasfaserschicht durchgehärtet ist, kommen die Blechfalze, Sicken, Bördelkanten, Punktschweißnähte dran. Sie werden beim serienmäßigen Unterbodenschutz, wie auf Seite 151 beschrieben, sehr stiefmütterlich behandelt, indem man sie einfach von außen mit dem dort üblichen dickflüssigen Material zukleistert. Und in den engen Spalten bildet sich genauso wie in jedem größeren Raum Kondenswasser und damit Rost. Das machen Sie besser! Die Bilder dieser Seite zeigen, wie es gemacht wird.

■ Alle Flächen, die wegen schwerer Zugänglichkeit nicht mit Polyharz-Glasmatte beschichtet werden konnten, werden nun ebenfalls mit Bitumen- oder Kautschuk-Unterbodenschutz dick eingestrichen oder eingesprüht.

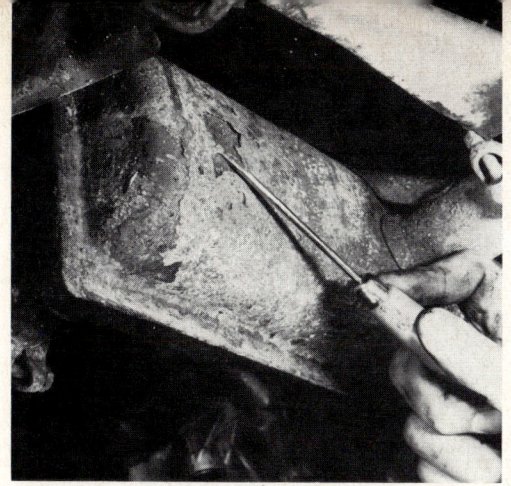

Wenn Sie bei der Unterbodenbesichtigung auch einmal den Auspuff kritisch untersuchen, werden sich dort mit dem stochernden Schraubenzieher oft mehr oder weniger große Rostborken abheben lassen. Hätte man das durch einen Schutzanstrich verhindern können? Nur zum Teil, denn die Auspuffanlage rostet durchschnittlich zu 75% von innen her und dagegen nutzt ein Außenanstrich auch nichts. Und ein »Auspuff-Konservierer« auf den angerosteten oder schon halb durchgerosteten Lack ist vollends »für die Katz«.

■ Zuletzt erhält auch die gesamte Glasfaser-Schicht noch eine dünne Überschichtung mit Unterbodenschutz, um nicht erkennbare Poren dort auch noch zu schließen. Das ergibt außerdem sehr gute Antidröhnwirkung.

■ Falls Ihnen die Beschichtung mit Glasfasermatte zu zeitraubend, umständlich oder zu teuer ist, geht es natürlich auch mit Unterbodenschutz allein, aber in diesem Falle natürlich nicht einfach mit solchem auf Wachsbasis. Damit Sie eine dicke und entsprechend widerstandsfähige Schicht erhalten, ein Tip: Eine Schicht streichen oder spachteln, auf die noch feuchte Schicht Glasfasermatte (ohne Tränkung mit Polyesterharz) aufdrücken und auf dieses »Haltegitter« zweite Unterbodenschutzschicht auftragen.

■ Nehmen Sie im übrigen die Gelegenheit dieser Neuteile-Montage wahr, auch die sonst abgedeckten und jetzt offenliegenden Teile der Karosserie einer gründlichen Rostkur zu unterziehen.

Fingerzeig: *Vergessen Sie bei Ihrer »Rostjagd« nicht die miteinander verschraubten Stoßkanten, z. B. an demontierbaren Kotflügeln. Diese Stoßfugen sind serienmäßig mit einem »Keder« – einer elastischen Kunststoff-Biese – abgedichtet. Diese Keder oder – an anderen Stellen – dauerplastischen Dichtbänder verrotten mit der Zeit, so daß sich in den Fugen Feuchtigkeit ansetzt und natürlich zu rosten beginnt. Deshalb bei Montagearbeiten gerade diese Stoßkanten besonders sorgfältig entrosten und dick mit Unterbodenschutz bestreichen, bevor die Teile miteinander verschraubt werden.*

Zahlreiche Rostschutzmittel werden zum Schutz der Auspuffanlage angeboten. Machen Sie sich aber darum keine Hoffnung, daß Sie nun nie mehr einen neuen Auspuff kaufen müßten. Machen Sie sich auch keine Selbstvorwürfe, Sie hätten es vielleicht doch nicht ordentlich mit dem »Auspuff-Konservierer« gemacht, oder wie die Paste heißt, wenn der nächste Auspuff gekauft werden muß, weil der TÜV-Prüfer gemeckert hat.

Das Problem liegt an einem anderen Ende: Auch die Hersteller dieser »Auspuff-Konservierer« wissen, daß bei der ganzen Auspuff-Rosterei nur zu etwa 25% das Blech der Auspuffanlage von außen nach innen, aber zu etwa 75% von innen nach außen rostet. Der Prozentsatz »Rost von außen« wird höher, wenn der heiße Auspuff recht oft in salziges Schneeschmelzwasser getaucht wird. Der Prozentsatz »Rost von innen« wird höher, wenn das Auto hauptsächlich im Kurzstreckenverkehr bewegt wird und durch den »unterkühlten« Motorbetrieb äußerst

**Rostschutz
für
den Auspuff?**

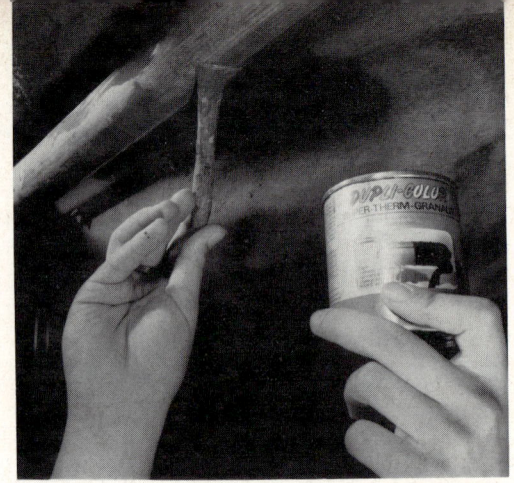

Falls Sie etwas gegen den Außenrost an der Auspuffanlage tun wollen, dann nutzt dies nur etwas am ganz neuen, blanken Metall. Denn die Auspuffkonservierer sind eine Art Zinkstaubfarbe, die nur mit blankem Metall rostschützend reagieren können (siehe Seite 157). Dazu muß der Auspuffschutz zusätzlich noch sehr hitzefest sein. Recht gute Erfahrungen haben wir da mit »Super-Therm-Granalit« von Dupli Color gemacht, das wirklich hitzefest ist, was andere zwar auch versprechen, aber nicht immer halten.

aggressive, säurehaltige Abgase entstehen, die das Auspuffblech von innen auffressen. Deshalb haben z. B. Berliner Autofahrer, die ständig im Innerstadtverkehr bei mäßiger Geschwindigkeit kurze Strecken fahren, einen erheblich höheren Auspuffverschleiß, als Autofahrer, die hauptsächlich lange Autobahnstrecken in flotter Fahrt zurücklegen.

Daran ändert auch ein Auspuff-Konservierer grundsätzlich nichts, er kann allenfalls das Auspuffleben um die rund 25% Außenrost verlängern.

■ Rechnen Sie sich einmal durch, was Auspuff-Konservierer kostet, der mindestens alle 3 Monate erneuert werden muß, um dauernd von außen zu schützen. Und was kostet ein Viertel Auspuff? Die Rechnung geht in der Regel nicht auf. Sein Geld wert ist der Auspuffanstrich nur im Winterhalbjahr als Schutz gegen salziges Schneewasser.

■ Bedenken Sie dabei, daß die meisten Auspuff-Konservierer eine Art hitzebeständiger Zinkstaubfarbe sind, die nur durch eine Art »Verschmelzung« zwischen Zink und Eisen wirken kann. Dieser »kathodische Rostschutz« kann aber auf einer Rostschicht kaum wirken – ein bereits tätig gewesener Auspuff muß also metallisch blank geschliffen werden, aller Rost muß weg sein, wenn der

Ein stellenweise durchgerosteter Auspuff sollte – vor allem nach TÜV-Spielregeln – ausgewechselt werden, weil er meist verboten laut ist. Aber man kann sich bei einem noch kleinen Schaden billig behelfen, indem die löchrige Stelle bandagiert wird. Dazu gibt es von der Firma Holt eine Reparaturpackung. Zuunterst kommt eine aluminiumartige Hitzeschutzfolie und darüber eine Bandage, deren Substanz nach Durchfeuchtung von der Auspuffhitze zusammengebacken wird.

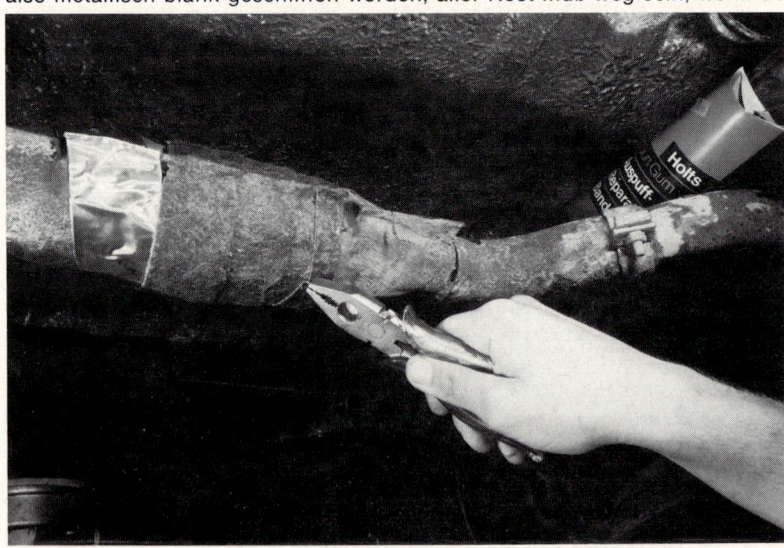

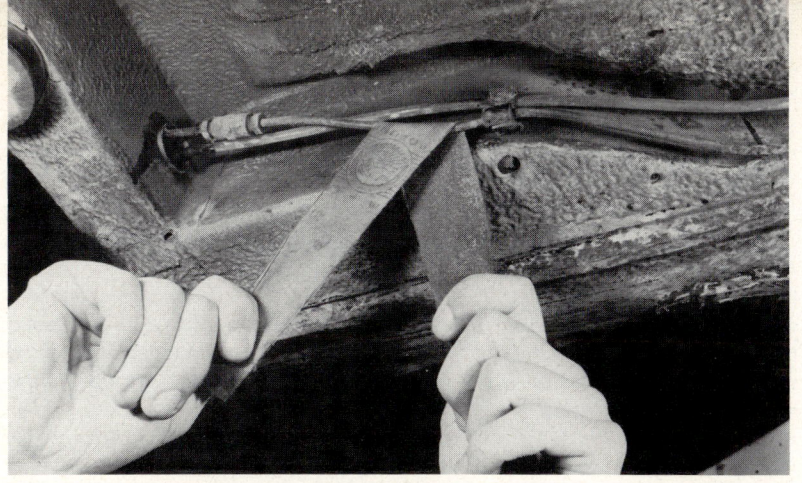

Es ist nicht damit getan, angerostete Bremsleitungen mit Roststabilisator zu bepinseln und anschließend mit Unterbodenschutz zu sprühen. Hier muß der Rost sorgsam und rundum entfernt werden, um nachprüfen zu können, ob es sich nur um leichten Rostanflug oder um tiefgehende Rostnarben handelt (in letzterem Fall Bremsleitungen auswechseln lassen). Am besten lassen sich die Bremsleitungen, wie hier gezeigt, mit Korund-Schleifleinen (siehe Seite 48) blank schleifen, denn Schleifpapier würde hier zu schnell brechen.

Auspuffkonservierer wirklich hundertprozentig schützen soll. Solch eine Blankschleiferei ist jedoch am eingebauten Auspuff nicht möglich.

■ Auch bei einem neuen Auspuff muß deshalb vor dem Auftrag von zinkstaubhaltigem Auspuff-Konservierer die Grundierung mit Verdünnung abgebeizt werden, es sei denn, die werksmäßig aufgebrachte Auspuff-Schutzschicht ist ebenfalls eine Zinkstaubfarbe – aber woher soll man das wissen?
Zumindest muß der serienmäßige Schutzanstrich des neuen Auspuffs mit Waschbenzin entfettet werden (wobei er wahrscheinlich mit abgeht), bevor der Auspuff-Konservierer gestrichen wird.

Da hilft dann auch kein Anstrich mehr, wenn's am Blech zum Anstreichen fehlt und der durchgerostete Auspuff bei der Fahrt patscht und knallt. Doch gibt es noch einen kleinen Rettungsring von der sofortigen Anschaffung einer neuen Auspuffanlage, vor allem, wenn erst eine kleine Stelle durchgerostet ist und der Rest der Rohre und Schalldämpfer noch ein Weilchen durchzuhalten verspricht. Bekannt ist für diesen Zweck die Auspuff-Reparatur-Bandage »Gun Gum« von der englischen Firma Holts. Zwar ist solch eine Bandage nur ein Behelf, denn bald rostet es neben ihr auch durch und irgendwann muß trotzdem ein neuer Auspuff her. Aber eine Weile hält's und kostet auch nicht viel (120 cm Bandage etwa 5,– DM).
Wie bei allen Rostschutzarbeiten muß zuerst einmal der lose Rost abgebürstet und abgekratzt werden, bis das hoffentlich nicht zu große Loch freigelegt und in seiner ganzen Ausdehnung gut erkennbar ist. Dann wird ein besonderer Folienstreifen als Hitzeschutz über das Loch gelegt, die Bandage kurz in kaltes Wasser gelegt und rund um den Auspuff gewickelt, so daß sich die Bandage immer um die Hälfte überlappt. Weil diese im Wasser eingeweichte Bandage keinerlei Festigkeit hat, wird sie zuerst mit Draht umwickelt, um sie zu sichern. Danach möglichst sofort in flotter Fahrt davonfahren, denn die Auspuffhitze ist für die durch das Einweichen eingeleitete Reaktion notwendig. Die Bandage wird gewissermaßen gebacken.

TÜV-Prüfer richten ein ganz besonders strenges Augenmerk auf den Zustand der Bremsleistungen, wenn sie die Wagenunterseite inspizieren. Das ist kein Wunder, denn ein verquollener Bremsschlauch, ein undichter Anschluß oder eine durchgerostete Bremsleitung kann Menschenleben kosten.
Das regelrechte Durchrosten der Bremsleitungen ist allerdings glücklicherweise

Auspuff bandagieren

Bremsleitungen entrosten

eine Rarität, denn Bremsleistungen bestehen nicht einfach aus einem Metall-
röhrchen, aus einem Stück, sondern sie sind – im Querschnitt betrachtet – wie
Toilettenpapier in einigen Lagen gerollt. Dazwischen wird beim Rollen der Lei-
tungsrohre Hartlot eingebracht und zuletzt das ganze hartgelötet, so daß diese
Röhrchen durch ihre Mehrschichtigkeit eine außerordentliche Druckfestigkeit
haben und auch so leicht nicht durchrosten.

Aber sie rosten leicht von außen an. Das darf nicht weiter nach innen fressen und
muß beizeiten behandelt werden.

Wenn Sie diese Arbeit an Ihrem Fahrzeug machen, müssen Sie daran denken,
daß Ihr und anderer Leute Leben davon abhängen kann, wenn Sie zu großzügig
rostzernarbte Bremsleitungen am Auto lassen. Sie müssen selbstverständlich
von der Werkstatt – das ist keine Heimwerkerarbeit, es kann zu viel übersehen
werden! – ersetzt werden.

Aber leicht angerostete Bremsleitungen lassen sich wieder in Ordnung bringen.
Hier sollten Sie jedoch nicht mit Roststabilisator über den anhaftenden Rost pin-
seln, sondern allen Rost wirklich bis aufs blanke Metall mit Schmirgelleinen-
Streifen abschleifen. Nur so kann man einwandfrei erkennen, ob es nur Oberflä-
chenrost ist oder tief eingedrungene Rostkrater sind. Auch die Halteschellen der
Bremsleitungen dabei öffnen, die Bremsleitungen vorsichtig herausnehmen,
damit kein Fleckchen Rost zurückbleibt. Da blankes Eisen, wie bereits erwähnt,
sehr gut mit Zinkstaub als »kathodischer Rostschutz« reagiert, sollten Sie hier
eine sprüh- oder streichbare Zinkstaubfarbe nehmen, z. B. Pingo Zink Antirost
(streichbar) oder Wiederhold Autokorrosionsschutz (Spraydose von Ducolux).
Voraussetzung für die gute Wirkung ist aber, daß wirklich aller Porenrost sorgsam beseitigt wurde. Nach dem Austrocknen der Zinkstaubfarbe übersprühen
Sie die ganzen Bremsleitungen am besten noch mit einem möglichst hellfarbi-
gen Unterbodenschutz-Sprühwachs, damit der Rostschutz wirklich porendicht
ist. Nur so viel Wachs aufsprühen, daß der graue Zinkstaubanstrich noch durchschimmert, so daß später schon eine kurze Nachschau genügt, um eventuell neu
blühenden Rost sofort unter der Wachsschutzschicht zu entdecken.

Fingerzeig: *Und ganz zum Schluß: Offen gestanden macht sich solch eine tat-
kräftige Rostbekämpfung, wie wir sie hier für Unterbodenschutz, Auspuff und nachfolgend für die Hohlraumkonservierung beschreiben, nur bezahlt, wenn Sie Ihr Auto
lange behalten wollen. Wenn Sie es jedoch nur 2 oder 3 Jahre fahren, bekommen Sie
beim Gebrauchtwagenverkauf das Geld, das Sie in den Rostschutz hineingesteckt
haben, nur zum kleinen Teil wieder heraus. Es sei denn, Sie können mit Ihrem Wagen
zugleich eine noch gültige Tuff-Kote-Rostschutz-Garantie (Seite 163) mitverkaufen.
Da bekommen Sie bestimmt wieder einen Teil Ihres vorher ausgegebenen Geldes
wieder zurück, Rostschutz macht sich aber auf jeden Fall bezahlt, wenn Sie Ihren
Wagen lange fahren. Dann erzielen Sie auch noch nach 10 Jahren Betriebsdauer einen annehmbaren Preis, während andere das gleiche Modell schon längst zum
Schrottplatz karren mußten.*

Innere Medizin

Zug um Zug bringen alle Autohersteller ihre Autos serienmäßig mit Hohlraum-konservierung heraus, denn die Autofahrer lassen sich »Wegwerfautos«, die vor Rost nach 4 oder 6 Jahren beim TÜV durchfallen, nicht mehr länger gefallen. Die sereinmäßige Hohlraumkonservierung hat den Vorteil, daß sie auf das bestimmt noch rostfreie Blech aufgebracht wird. Restbestände des Tiefziehfettes (siehe Seite 150) in den Hohlräumen oder zu zähes Material (beliebt, weil es sich schneller am Montageband verarbeiten läßt) können aber verhindern, daß wirklich alle Ecken und Winkel einwandfrei beschichtet und konserviert sind.

Die Sicherheit und Wirksamkeit einer hochwertigen Hohlraumkonservierung hat man nur, wenn innerhalb des ersten halben Jahres (trotz Rostschutzgrantie des Autoherstellers) die Hohlraumkonservierung von einer guten Spezialwerk-statt nachgeprüft und eventuell nachgearbeitet wird. Vor allem aber, wenn Ihr Neuwagen noch keine serienmäßige Hohlraumkonservierung haben sollte, müssen Sie sich unbedingt zusätzlich zu den unvermeidbaren Nebenkosten des Autokaufes – Steuer und Versicherung – einen weiteren Geldbetrag für eine gute Hohlraumkonservierung bereit legen. Rechnen Sie, je nach Modell, zwischen 150 und 300 DM. Und noch besser ist es, wenn Sie gleich Nägel mit Köpfen machen und, wenn erreichbar, eine der Tuff-Kote-Stationen von Dinol aufsuchen (nicht zu verwechseln mit den »normalen« Dinol-Stationen!). Das kostet zwar 400 bis 600 DM (siehe Seite 163), aber es ist die zur Zeit beste Rostschutzmethode.
Versäumen Sie möglichst keinen Tag und fahren Sie am besten direkt von der Fahrzeugauslieferung zu der von Ihnen sorgsam ausgesuchten Spezialwerk-statt. Denn jeder versäumte Tag verschlechtert, vor allem bei nasser Witterung, Ihre Chancen für eine wirklich einwandfreie Hohlraumkonservierung.

Hohlraum-konservierung nichts für Heimwerker

Mit der serienmäßigen Hohlraumkonservierung am Montageband begann BMW zusammen mit der Mineralölfirma Valvoline (»Tectyl«). Das ist eine gute Lösung, denn das Rostschutzmaterial wird schon in die Rohkarosserie eingebracht, wenn sich dort noch kein Rost angesetzt hat. Regelmäßige Nachprüfungen sollen dafür sorgen, daß eventuell nur nachlässig gesprühte Stellen ebenfalls vollwertige Hohlraumkonservierung erhalten.

Eine vollwertige Hohlraumkonservierung ist auch dem Fachmann nur möglich, wenn er einen genauen Arbeitsplan für das betreffende Automodell zur Hand hat (und auch nimmt!), wie er hier als Beispiel von der Firma Pingo für den Peugeot 304 gezeigt ist. An den von den dunklen Kreisen markierten Kreisen müssen Einspritzlöcher gebohrt werden, die hell markierten Stellen sind direkt zugänglich. Aber jedes Automodell ist anders und der Werkstattmann kann nicht erraten, welche Hohlräume der Autokonstrukteur auf dem Reißbrett entworfen hat. Solche Arbeitspläne gibt es auch von den Firmen Valvoline (»tectyl«), Bostik, Teroson und Dinol. Letztere sind besonders zu loben, denn sie bringen in Sonderzeichnungen jedes für die Hohlraumkonservierung wichtige technische Detail des Fahrzeugs mit ausführlichen Erklärungen.

Hohlraumkonservierung ist keine Heimwerkerarbeit, denn mit den im Heimwerkersortiment käuflichen Spraydosen können Sie alle Winkel und Ecken, die hinter Konstruktionsstegen »im Windschatten« liegen, gar nicht erreichen. Auch die Oberseite des Türschwellers, durch die hier Hohlraumkonservierer eingesprüht wird, erhält nicht einen Hauch Konservierungsmittel, weil das kurze Sprühröhrchen nur geradeaus, aber nicht kugelförmig, wie der hier notwendige Sprühkopf, sprühen kann.

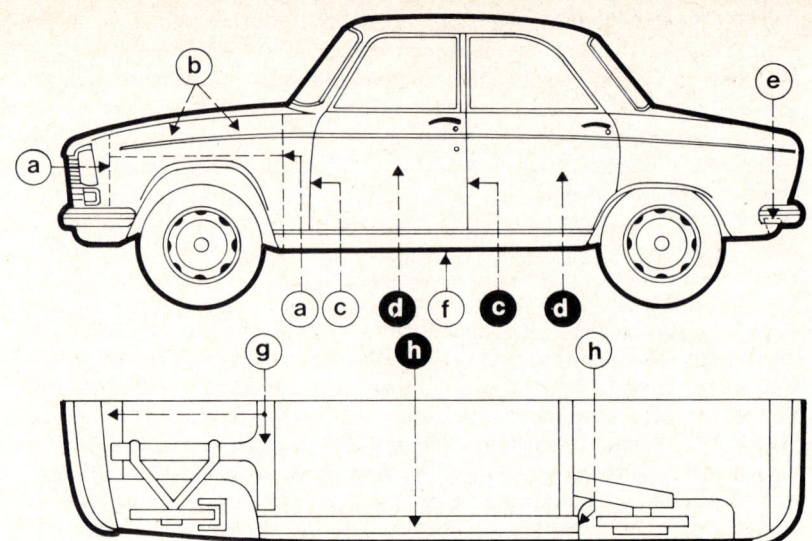

Ihr Fahrzeug ist sowieso oft nicht mehr rostfrei, denn es hat tagelang, wenn nicht wochen- oder gar monatelang, auf Abstellplätzen herumgestanden, hat auch schon einen längeren Transportweg zurückgelegt und in diesem Zeitraum begann bereits das in den Hohlräumen unvermeidbare Kondenswasser am Blech zu knabbern, auch wenn es in dieser Zeit durch die Ziehfett-Reste (siehe Seite 150) oder die Tauchgrundierung noch keine katastrophalen Formen angenommen hat.

Hohlraumkonservierung ist unbedingt Werkstattsache, auch wenn es im Zubehörhandel eine Menge Spraydosen mit »Hohlraumversiegelung zum Selbermachen« gibt und von Herstellern dieser Sprühdosen dem Heimwerker »totaler Rostschutz« versprochen wird. Das ist Unsinn, denn eine Hohlraumkonservierung, die diese Bezeichnung verdient, ist für einen Heimwerker nicht möglich,

○ weil das den Hohlraumkonservierungs-Spraydosen beigegebene Sprühröhrchen nur etwa 20 cm lang ist, aber eine etwa 1 m lange Sprühsonde aus Stahl mit einem nach allen Richtungen abstrahlenden Spezialsprühkopf gebraucht wird, wie sie nur die Werkstatt hat (siehe Bild Seite 180).

○ weil es sträflicher Leichtsinn ist, wie leider von Teroson empfohlen, Hohlräume überall da anzubohren, wo serienmäßige Öffnungen auf mehr als 50 bis

60 cm Abstand fehlen. Damit soll das kurze Sprühröhrchen ausgeglichen werden. Aber es ist unverantwortlich, tragende Teile ohne Kenntnis der Festigkeitsanforderungen einfach anzubohren, auch wenn es nur 4 mm-Löcher sein sollen. Für die tatsächlich vielfach notwendigen Einsprühlöcher – allerdings nicht in so kurzen Abständen – haben die namhaften Hersteller von Hohlraumkonservierungsmitteln für alle gängigen Automodelle Spezialpläne angefertigt, wie in der Musterzeichnung auf der Vorseite gezeigt.

○ weil ein für den Sprühkopf der Spraydose selbstgebastelter langer Sprühschlauch, der tatsächlich bis in den letzten Winkel reicht, im Hohlraum auf dem Boden liegt und dort sogleich »im eigenen Saft ertrinkt« und dabei natürlich alles Zerstäuben des Konservierungsmittels vergißt. Wir haben es mehrfach ausprobiert, wie im Bild unten gezeigt.

○ weil der Druck der Spraydosen überhaupt nicht ausreicht, um das Konservierungsmittel mit dem notwendigen Nachdruck in Winkel und enge Spalten zu pressen. Dort bildet sich ein »Windstau«, vor dem die leichten Nebeltröpfchen seitlich ausweichen und absinken. In den Spezialwerkstätten wird dagegen mit 8 atü (beim Druckluftverfahren) oder gar mit über 50 atü (beim »Airless«-Verfahren ohne Luftzugabe) gearbeitet, wodurch der Luftstau vom schwereren Material überwunden wird.

○ weil man als Heimwerker nicht in die Hohlräume hineinsehen kann, um die Verrostung und die Qualität der Hohlraumkonservierung nachprüfen zu können. Wirklich gute Spezialwerkstätten haben ein entsprechendes elektrisches Hohlraum-Sichtgerät, siehe Bild Seite 181.

siehe Bild Seite 181.

Wenn wir Ihnen empfohlen haben, einen Neuwagen möglichst umgehend mit Hohlraumkonservierung zu versehen, dann heißt das gar nicht, daß Sie dies ohne weiteres der Werkstatt überlassen sollten, die Ihnen das Auto verkauft hat. Auch wenn man es dort nicht selbst macht, müssen Sie bedenken, daß die dortige Empfehlung einer Spezialwerkstatt – zu der der Autohändler sich vielleicht sogar anbietet, den Wagen hinzubringen – in erster Linie geschäftliche Hintergründe hat – der Autohändler will ein bißchen mitverdienen. Für sie spielt nur eine Rolle, ob Sie für Ihr gutes Geld einwandfreie Arbeit bekommen.

■ Suchen Sie sich einen Spezialbetrieb, der für seine Hohlraumkonservierung einen guten Ruf hat. Oft machen Lackierwerkstätten diese Arbeit. Da sind Sie gut aufgehoben, denn dort sind die Leute besonders sorgfältige Arbeit gewohnt.

■ Lassen Sie sich mal bei der Vorbesprechung für diesen Auftrag – man will sich ja beraten lassen – den genauen Hohlraumkonservierungsplan speziell für

Suche nach der guten Spezialwerkstatt

Weil wir's wissen wollten, bastelten wir uns an die Hohlraumkonservierer-Spraydose einen langen Schlauch, der sich so weit wie eine Werkstatt-Strahldüse in die Hohlräume schieben ließ. Aber auch das nützte nichts, denn unser Sprühschlauch lag ja im Hohlraum auf dem Boden und ertrank schnell »im eigenen Saft«, so daß es gar keinen Sprühnebel mehr gab. Bei der Nachprüfung zeigte sich, daß der Hohlraumboden und die unteren Seiten zwar im Konservierer schwammen, aber an die oberen Seitenwände und gar an die Decke des Hohlraums war nichts gekommen.

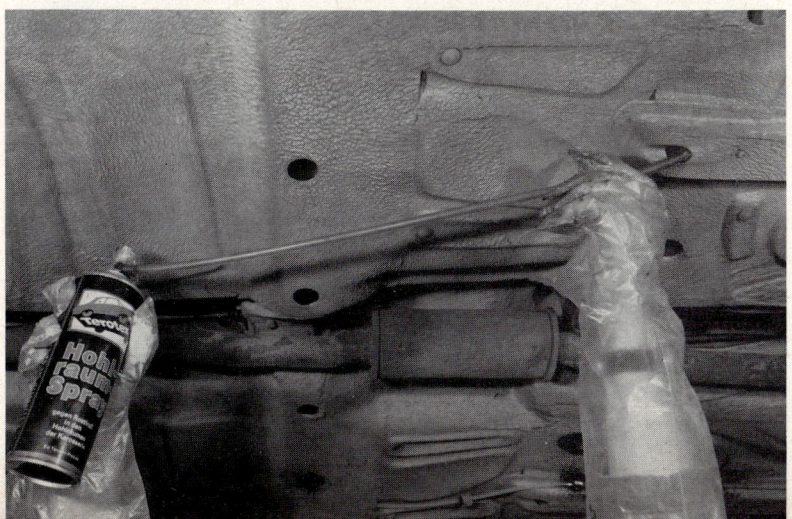

Eine vollwertige Hohlraumkonservierung bekommt man nur in der Spezialwerkstatt. Nach dem Arbeitsplan für das betreffende Modell (Musterzeichnung auf Seite 178), den der Werkstattmann zur Hand haben muß (sonst können Sie nur Pfusch erwarten), werden an den genau festgelegten Stellen Löcher gebohrt, um die Spezial-Sprühsonde einführen zu können. Hier an der Tür könnte man statt dessen zur Sanierung des unteren Türkastens auch die innenseitige Tür-»Garnierung« (siehe Seite 227) abnehmen, aber schneller geht es mit gebohrten Löchern, die zuletzt mit einem Gummistopfen verschlossen werden.

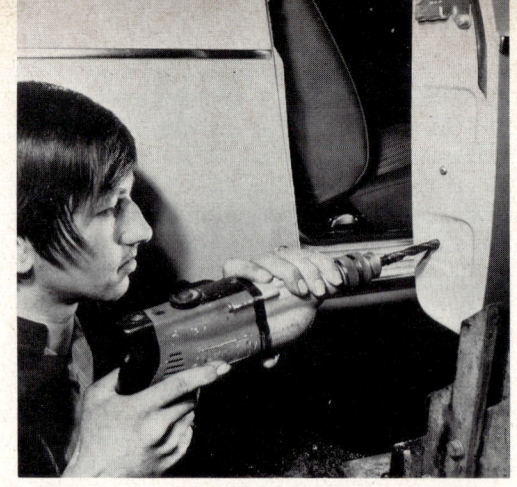

Ihren Wagen mit der Skizze des Fahrzeugs zeigen, denn Sie möchten ja gerne wissen, was da alles an Ihrem Wagen gemacht werden soll. Wenn man Ihnen solch einen Spezialplan nicht vorführen kann, dann gehen Sie gleich ein Haus weiter, auch wenn man Ihnen versichert, daß der Spezialist für diese Arbeiten das alles vorzüglich verstünde. Bei der Vielzahl der heutigen Personenwagen-Modelle ist es jedoch einfach unmöglich, daß auch der beste Spezialist an jedem Fahrzeug alle versteckten Stellen und Hohlräume findet, auf die es gerade bei der Rostbekämpfung ankommt.

■ Erkundigen Sie sich bei dem Vorgespräch auch mal so nebenbei, bei welcher Firma der betreffende Spezialist der Werkstatt einen Fachlehrgang mitgemacht hat. Wenn man Ihnen darauf keine Auskunft zu geben weiß, dann verabschieden Sie sich am besten baldmöglichst ohne Auftragserteilung. Denn eine Hohlraumkonservierung läßt sich nicht dadurch lernen, daß man einem Arbeiter eine Sprühpistole und eine Bohrmaschine für die Löcher in die Hand drückt. Das muß in einem ordentlichen Kurs erlernt und geübt sein.

■ Wenn Sie danach fragen, welche Firma denn nun das beste Hohlraumkonservierungsmaterial anbietet, dann müssen wir darauf antworten, daß sich wohl

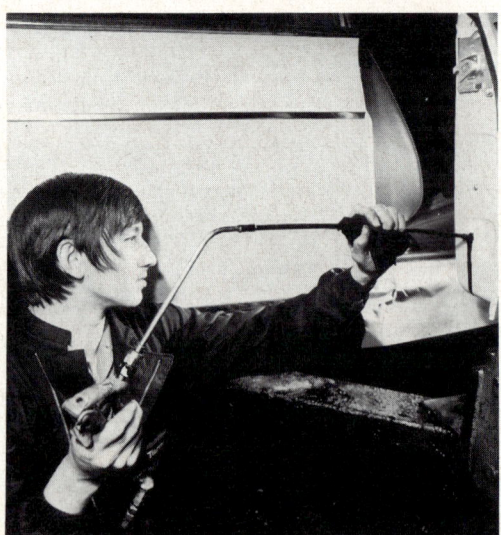

Hier arbeitet der Spezialist für die Hohlraumkonservierung mit der für die Hohlraumkonservierung notwendigen starren und langen Sprühsonde, deren Sprühkopf einen kugelartigen oder sternartigen Sprühnebel abgibt. Um den Hohlraum vollständig zu beschichten, wird die Sonde so tief wie möglich eingeführt und erst dann der Auslösehebel gedrückt, während die Sonde langsam zurückgezogen wird.

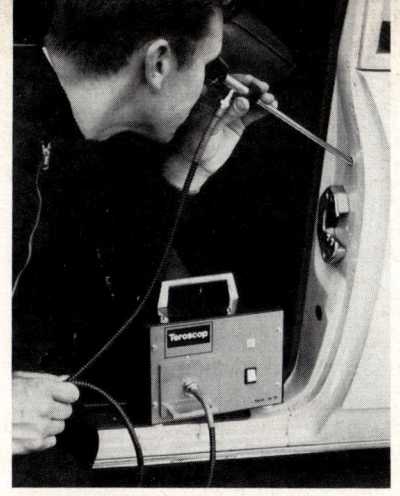

Weil man in die Auto-Hohlräume nicht mit bloßem Auge hineinsehen kann, hat Teroson aus einer Art »Magensonde« ein »Teroscop« entwickelt. Durch eine beleuchtete Lupe hat man direkten Einblick in die Karosserie-Hohlräume und kann ohne weiteres feststellen, wo eine Hohlraumkonservierung nachgearbeitet werden muß und ob eine gerade erledigte Hohlraumkonservierung auch alle Winkel und Ecken getroffen hat. Nur bei einer Fachwerkstatt, die solch ein Spezialgerät besitzt, können Sie mit vollwertiger Nachbehandlung rechnen. Alles andere ist eine Art Schrotschuß in finsterer Nacht – vielleicht rifft's was, aber wissen kann man's nicht.

Qualitätsunterschiede bei entsprechenden Vergleichstests zeigen, daß aber die Unterschiede zwischen dem besten und dem weniger guten Hohlraumkonservierer nicht so bedeutend sind, wie die Arbeits-Qualitätsunterschiede der Fachwerkstätten.

Das bedeutet: Die Hohlraumkonservierung einer guten Fachwerkstatt mit einem weniger guten Hohlraumkonservierer ist noch immer weitaus besser als jene mit dem allerbesten Hohlraumkonservierer, der von einem nachlässigen und unerfahrenen »Fachmann« verarbeitet wurde. Wichtiger als die Dinol- oder Tectylwerbung ist die Qualität der in der Anzeige vielleicht erwähnten Fachwerkstatt. Es gilt hier wie auch sonst: Kein Auto ist besser als sein Kundendienst.

■ In die Hohlräume kann man nicht mit bloßem Auge hineinsehen. Das geht nur mit einem für diese speziellen Zwecke weiterentwickelten Endoskop (Teroson nennt sein Gerät »Teroscop«, Bild oben). Eine gute Spezialwerkstatt hat dieses Gerät, denn nur damit ist es – vor allem bei der Nachkontrolle und Nachbesserung – möglich, entstehende Rostnester zu finden und entsprechend zu behandeln.

Wenn alle diese Bedingungen für die Hohlraumkonservierung erfüllt sind und Sie bei der Arbeit möglichst noch ein wenig »interessiert« zugeschaut haben, dann ist Ihr Geld gut angelegt. Ganz genau wissen Sie das aber auch erst nach 3 oder 4 Jahren, wenn andere Besitzer des gleichen Modells über Verrostungen klagen und Sie keinen Ärger damit haben.

Fingerzeige: *Ärgern Sie sich nicht, wenn Ihr Wagen nach einer Hohlraumkonservierung noch einen Tag lang tropft und schwarze Flecken in Ihrer Garage hinterläßt. Das ist, ganz im Gegenteil, ein gutes Zeichen, denn es beweist, daß das Material vor schmalen Ritzen nicht sogleich erstarrte, sondern überall hineinkroch. Und das soll es ja.*

Während der kühlen Jahreszeit soll das Fahrzeug nicht erst kurz vor der Hohlraumkonservierung aus dem Freien in die warme Arbeitshalle gebracht werden. Denn wie bei Brillenglas beschlägt sich das kalte Metall sofort außen und innen (!), wenn es in wesentlich wärmere Umgebung kommt. Zwar unterkriecht ein guter Hohlraumkonservierer solche Feuchtigkeit, aber man soll es dem Hohlraumkonservierer auch nicht unnötig schwermachen. Bringen Sie deshalb im Winterhalbjahr am besten Ihr Fahrzeug am Vorabend zur Spezial-Werkstatt und setzen Sie durch, daß es über Nacht in der Halle steht und morgens als erstes drangenommen wird. Dann ist das Autoblech gleichmäßig durchtemperiert.

Hohlraum-konservierung bei Gebrauchtwagen?

Eine ordentliche Hohlraumkonservierung kostet Geld. Wie lange rentiert sich diese Geldausgabe bei einem Gebrauchtwagen, der bislang noch keine Hohlraumkonservierung erhalten hatte?

Darüber gibt nur eine innere Sichtprüfung mit dem Endoskop durch den Hohlraumkonservierungs-Fachmann genauere Auskunft. Eine Jahreszahl kann man nicht nennen, denn es kommt nicht nur auf die äußerst unterschiedliche Rostanfälligkeit der verschiedenen Automodelle an, sondern auch auf den seitherigen Gebrauch des Fahrzeugs. Wenn man sein Auto im Winter in der Garage stehen lassen kann, sind die Rosterscheinungen auch nach Jahren nur gering. Bei anderen Fahrzeugen, mit modellbekannter Rostanfälligkeit und Benutzung bei jeder Witterung, kann es schon nach 3 Jahren für eine Hohlraumkonservierung zu spät sein. Das ist dann der Fall, wenn man mit dem Endoskop auf dem Boden der Hohlräume großformatigen Rostzunder in Schichten liegen sieht. In solch einem Falle rentiert sich eine Hohlraumkonservierung praktisch kaum noch. Den letzten Entscheid gibt eine sorgfältige Prüfung der tragenden Hohlräume von außen. Sind da irgendwo außen Rostpickel zu erkennen oder läßt sich ein dünner Schraubenzieher durch das Blech bohren oder das Blech mit leichtem Hammerschlag eindellen oder gar durchschlagen, dann ist jede Mark für eine Hohlraumkonservierung zum Fenster hinausgeworfen. Dinol nimmt in seinen Tuff-Kote-Stationen solch eine späte Hohlraumkonservierung (einschließlich Unterbodenschutz) nur an höchstens 3 Jahre alten Fahrzeugen an und auch erst nach einer eingehenden Innen-Inspektion aller Hohlräume mit dem Endoskop, ob es sich noch lohnt. Dann gibt es allerdings noch 2 Jahre Rostschutz-Garantie, falls der Spezialist positiv entscheidet.

Besser: Neuteile einschweißen lassen

Wenn der Hohlraum-Spezialist aber abwinkt, dann hilft allenfalls noch ein Gespräch mit der Autowerkstatt, ob es die durchgerosteten tragenden Teile als Einschweißteile gibt und was diese Arbeit (die auf keinen Fall Heimwerkerarbeit ist!) kostet. Meist wird der Kostenvoranschlag höher sein, als das ganze Auto wert ist. Dann sollte man keine Mark mehr in das alte Auto stecken und statt dessen in den Spartopf für das nächste Fahrzeug tun.

Bei einem nur mäßig innen angerosteten Auto ist aber eine Hohlraumkonservierung noch durchaus möglich, vor allem, wenn nach der Arbeit noch einmal mit dem Endoskop nachgeprüft werden kann, ob alle Ecken und Winkel saniert wurden.

Unterbodenschutz ist kein Hohlraumkonservierer

Guter Hohlraumkonservierer ist so dünnflüssig, daß er sich von leichtem Rost aufsaugen läßt und ihn dabei stabilisiert. Außerdem hat Hohlraumkonservierer große Kriechfähigkeit, kann also losen Rost unterkriechen und zieht sich in engen Spalten, z. B. Schweißnähten, nach oben. Schließlich vermag guter Hohlraumkonservierer Feuchtigkeit zu unterkriechen – ähnlich wie die bekannten Isoliersprays, die man bei Feuchtigkeitsstörungen in Zündanlagen verwendet –, so daß der Hohlraumkonservierer nicht wirkungslos auf der Feuchtigkeit schwimmt, sondern diese von ihrer Unterlage abhebt und damit das Weiterrosten verhindert. Dagegen braucht man bei Hohlraumkonservierern keinen Anspruch auf Steinschlagfestigkeit zu stellen. Hohlraumkonservierer müssen also etliche andere Eigenschaften als Unterbodenschutzmaterialien haben und darum ist Unterbodenschutzmaterial für eine Hohlraumkonservierung überhaupt nicht brauchbar. Hohlraumkonservierer haben deshalb in der Regel Wachsbasis, denn Wachs hat ja (siehe Tabelle Seite 161) sehr gute Korrosionsschutzeigenschaften und seine geringe Abriebfestigkeit spielt in den Hohlräumen keine Rolle.

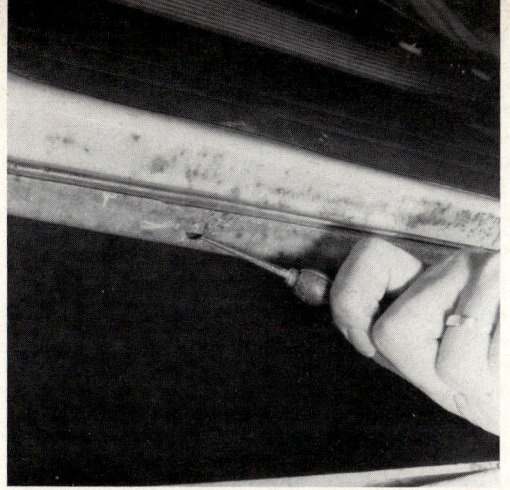

Fast alle Hohlräume der Karosserie haben irgendwo an der Unterseite Wasserablauflöcher, damit Kondens- und eingedrungenes Regenwasser ablaufen und einstreichende Luft den Hohlraum austrocknen kann. Dadurch hält sich der innere Rostbefall in Grenzen. Wenn diese Ablauflöcher aber durch Sand und Rostkrümel verstopft sind, bleibt die Feuchtigkeit im Hohlraum und die Rosterei vervielfacht sich. Das ist vor allem das Drama der an den Unterkanten so oft durchgerosteten Türen, wo von oben durch den Fensterschacht Regenwasser hereinläuft. Stochern sie diese Ablauflöcher mit feinem Schraubenzieher oder einem Pfriem immer wieder frei.

Trotz der vorhergehenden, nachdrücklichen Hinweise auf die Spezialwerkstatt ist es nun nicht so, daß man als Heimwerker überhaupt nichts mit der Nachkontrolle der Hohlraumkonservierung zu tun hätte. Achten Sie auf folgende Punkte, wenn Sie mal gelegentlich Ihr Auto von unten sehen oder am Fahrzeug montieren:

**Rostüber-
wachung
selbstgemacht**

■ Fast alle Hohlräume haben irgendwo an der Unterseite Wasserablauflöcher, die stets offen bleiben müssen (Bilder oben und unten).

■ Falls Sie dabei bemerken, daß rund um die Ablauföffnung ein Rostschlammkrater oder loser Rost sitzt, dann schadet es gar nichts, wenn Sie mit dem Wasserschlauch von unten tüchtig Wasser reinblasen (allerdings nicht bei den Türen!), bis aus den anderen Ablauflöchern nur noch klares Wasser herauskommt. Dann werden nacheinander auch die anderen Ablauflöcher des betreffenden Hohlraumes ausgespritzt. Das fördert keineswegs den Rost, sondern es wird durch das Frischwasser dort der Schlamm ausgespült, der lange Feuchtigkeit bindet und dadurch den Rost gefördert hat. Außerdem können mit dem Frischwasser auch noch Salzreste vom Winter herausgeschwemmt werden.

■ Wenn bei diesem Durchspülen nicht nur Straßenschmutz, sondern auch Rost

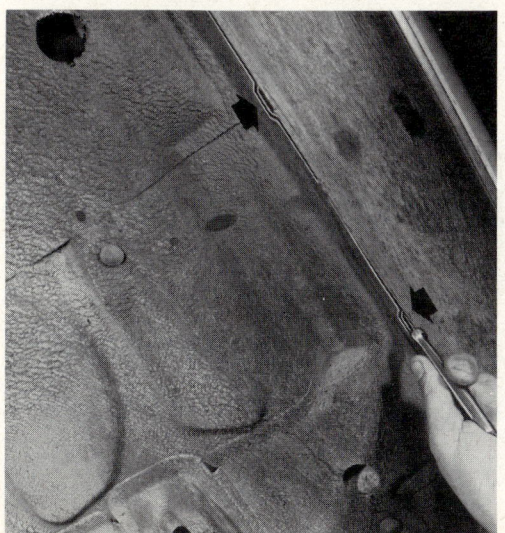

Die Wasserablauflöcher an der eigentlichen Bodengruppe sind oft nur schwer erkennbar (hier schwarze Pfeile), wenn sie mit Unterbodenschutz oder Straßenschmutz zugeschmiert sind. Suchen Sie danach, denn es lohnt sich durch weniger Innenrost. Hier werden die schmalen Schlitze mit einem abgebrochenen Küchenmesser freigekratzt. Wenn Sie dabei spüren, daß Sand und Rostschlamm das Loch gleich wieder verstopfen wird, sollten Sie sich nicht scheuen, diesen Hohlraum mit dem Wasserschlauch kräftig durchzuspritzen. Das reine Wasser spült eventuelle Wintersalzreste heraus, ebenso Schlamm und Rost, so daß sich spätere Feuchtigkeit nicht so nachhaltig festsetzen kann. Achten Sie bei dieser Spülung darauf, daß das Wasser aus sämtlichen Löchern herausläuft und keins verstopft bleibt. Danach die Hohlräume mit der Heißluft eines kräftigen Haartrockners über mehrere Stunden austrocknen. Bei der Unterbodenschutz-Nacharbeit dürfen diese Ablaufschlitze natürlich nicht zugeschmiert werden.

ausgeschwemmt wird, sollten Sie alsbald Ihre Spezialwerkstatt zur Nachschau und Nachbesserung aufsuchen.

■ Auch »Rosttränen« an den Unterkanten von Schweißnähten, Bördelkanten und Falzen sind eindeutiger Hinweis, daß im betreffenden Hohlraum Rost knabbert.

■ Bei Montagearbeiten an Ihrem Fahrzeug, etwa beim Auswechseln eines beschädigten Kotflügels und vor allem beim Ausbau der Wagen-Innenverkleidung, sollten Sie immer das Arbeitsgerät und Arbeitsmaterial für die Unterbodenschutz-Nachbesserung (aufgezählt auf Seite 164) griffbereit zur Hand haben. Sie brauchen sich keinen speziellen Hohlraumkonservierer in der Spraydose zu kaufen, denn alle versteckten Stellen, die Sie bei Montagearbeiten freilegen, sind ja ohne weiteres zugänglich, so daß sich dort problemlos normales Unterbodenschutzmaterial verarbeiten läßt.

Sonderfall: Türkästen

Wenn Sie bei der Hohlraumkonservierung Ihres Wagens zusahen, haben Sie sicherlich bemerkt, daß der Fachmann dort auch Löcher in die Hinterkanten der Türkästen bohrte und durch diese die Hohlräume in der Tür ausspritzte. Diese Löcher werden nur gebohrt, weil der andere Weg in die Hohlräume – durch Ausbau der inneren Türverkleidung – zu umständlich und zeitraubend für die Werkstatt ist. Deshalb werden Sie solche Löcher in den Hinterkanten der Türen bei serienmäßiger Hohlraumkonservierung in der Regel auch nicht finden, weil im Werk die noch nicht »garnierte« Tür ausgespritzt wurde.

Für einen Heimwerker ist es aber kein besonderes Problem, diese Türverkleidungen (»Garnierung« nennt sie der Fachmann) einmal auszubauen und selbst nachzuprüfen, wie es da drinnen mit dem Rostschutz steht.

Wie man die Türverkleidung ausbaut, ist auf Seite 227 beschrieben.

Auch hier brauchen Sie zum Nachbessern der serienmäßigen – und oft nur äußerst dürftigen – Hohlraumkonservierung keinen besonderen Hohlraumkonservierer, sondern nur alles Gerät und Material wie für den Unterbodenschutz (Seite 164). Auch die Arbeitsreihenfolge ist die gleiche wie beim Nachbessern des Unterbodenschutzes (ab Seite 167), allerdings mit einigen Besonderheiten:

■ Vor dem Aussprühen des Türkastens Fenster ganz nach oben kurbeln, damit der Fensterhebermechanismus nicht verklebt wird.

■ Vor dem Aussprühen außerdem alle Wasserablauflöcher an der unteren Türkante mit passenden Holzpflöckchen (gebündelte Streichhölzer) zustopfrn, damit die Rostschutzmittel nicht dort herauslaufen und vor allem nicht die Löcher verstopfen.

Lediglich in den Türkästen kann man als Heimwerker eine vollwertige Hohlraumkonservierung selbst vornehmen, bzw. eine vorhandene nachprüfen. Dazu muß die Innenverkleidung der Tür wie auf Seite 226/227 gezeigt und beschrieben, abgenommen werden. Ob Sie für diesen Zweck Unterbodenschutzmaterial oder Hohlraumkonservierer nehmen, hat keine besondere Bedeutung. Aber achten Sie auf jeden Fall darauf, daß die Wasserablauflöcher an der unteren Türkante (Bild auf der Vorseite) nicht zugeklebt werden. Wie dies verhindert wird, ist im Text unten beschrieben.

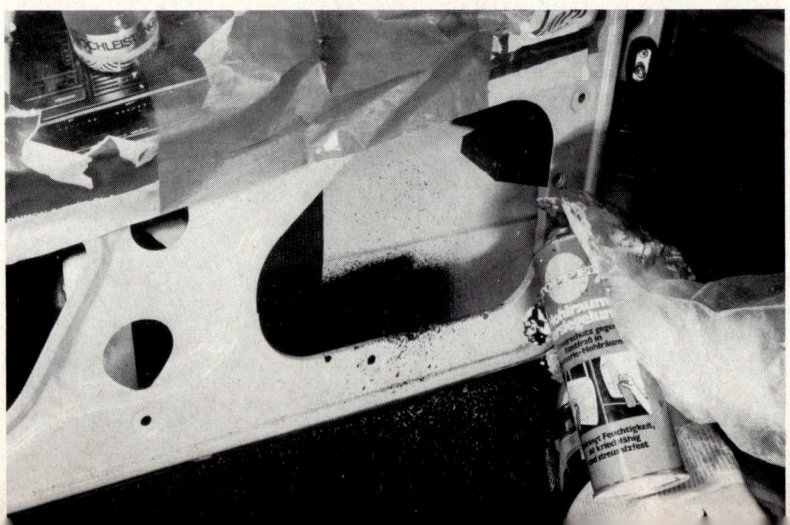

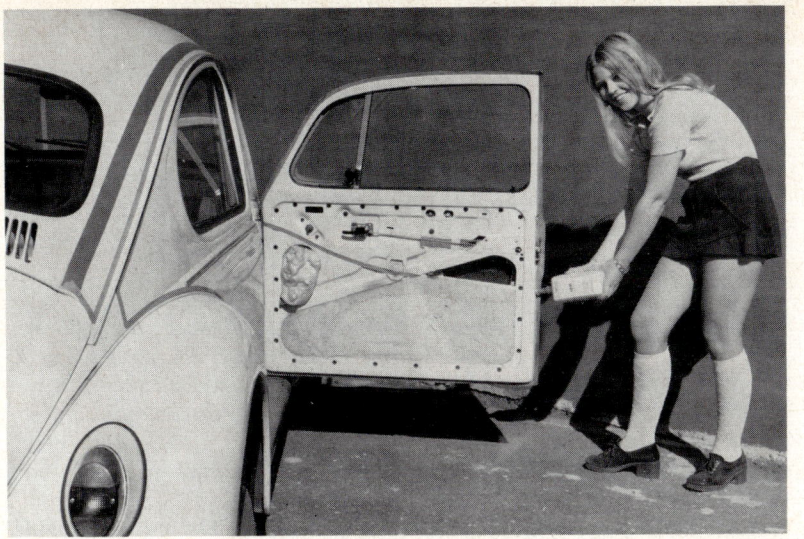

Lassen Sie sich nicht von dem Schaum beeindrucken, den die junge Dame hier in den Türkasten pustet, denn das ist eine sehr fragwürdige Hohlraumkonservierung. Erstens verteilt sich dieser Schaum nicht so bilderbuchschön, wie er hier bereits zurechtgeschnitten ist, und außerdem läßt sich das Fenster überhaupt nicht mehr herunterkurbeln. Und damit wird das Ausschäumen grober Unfug, denn der TÜV verlangt Fenster, die sich öffnen lassen, wenn sie dafür vorgesehen sind.

■ Nach dem Aussprühen die Holzpflöckchen wieder herausziehen und die Lochränder des Unterbodenschutzmittels zur Ablaufrichtung hin abschrägen, damit sich Regenwasser dort nicht staut, sondern gut abläuft.

Hohlräume ausschäumen?

Vor wenigen Jahren wurde viel Reklame für das Ausschäumen der Auto-Hohlräume mit Polyurethan-Hartschaum gemacht. Die Behauptungen, die man bezüglich Rostschutz, Unfallsicherheit und leichter Handhabung des Materials damit verband, waren reichlich übertrieben – es war die rechte Schaumschlägerei, wie es dem Material entsprach. Inzwischen ist es um die Hohlraumschäumung ein wenig stiller geworden, aber sie wird gelegentlich immer noch serviert. Lassen Sie sich nicht von diesem Schaum beeindrucken, wenn er Ihnen in Prospekten, Anzeigen oder bei fragwürdigen Demonstrationsvorführungen begegnet, er bringt Ihnen nichts außer Kosten und Ärger.

Das Material ist sündhaft teuer (für einen Mittelklassewagen über 300 DM), so daß Sie nicht genügend üben könnten, um den rechten Umgang mit den plötzlich wild losschäumenden Schaumflaschen zu lernen. Aber auch wer den Umgang mit diesem Material beherrscht, wird die Autohohlräume nicht einwandfrei ausschäumen können, und der ADAC stellte in einem Test fest: »Wo der Schaum hinkommt, verhindert er tatsächlich die Korrosion. Aber er kommt nicht überall hin, denn oft erstarrt er, bevor er den Hohlraum bis ins letzte Eck ausgefüllt hat.« Und genau dort, in den nicht ausgefüllten Ecken und Spalten, die nunmehr überhaupt keine vernünftige Durchlüftung mehr haben, rostet es um so schlimmer. Außerdem zeigte sich bei Dauertests (was der ADAC-Test nicht war), daß sich der harte Schaum durch die ganz normalen Fahr-Verwindungen der Hohlräume mit der Zeit von den Blechflächen ablöste oder in sich zerkrümelte. Worauf sich in den Ritzen zwischen Schaum und Blech oder zwischen den Hartschaumkrümeln erst recht Kondenswasser sammelte und die Rosterei verstärkt ausbrach. Und wer glaubt, mit einer vermehrten Schaumeinspritzung wirklich alle Hohlraumecken ausfüllen zu können, dem kann sich plötzlich das Autoblech entgegenbauchen, weil der mächtige Innendruck des aufschäumenden Polyurethan die dünnen Hohlraumbleche nach außen drückt.

Es wäre noch mehr dagegen zu sagen, lassen wir's.

Gardinenpredigt

Dier wirklich kostspielige Rost – wir haben es auf den Seiten 89 und 150 schon beschrieben – frißt sich von innen durch das Blech. Wenn er außen sichtbar wird, helfen Füll- und »Sauerkraut«-Spachtel (Seite 63) auch nicht mehr. Diese Spachtel finden keinen richtigen Halt im inzwischen aufgeschliffenen Loch und plumpsen einfach durch. Also, was hilft?

»Dieses Problem ist schnell gelöst« (behauptet die Firma Voss-Chemie, Hersteller von diesbezüglichen »Kfz-Reparatur-Packungen«). Denn »zum schnellen, sicheren Beseitigen von Löchern am Auto« (so steht's auf der Teroson-»Reparatur-Box«) braucht man sich nur solch eine Packung mit Glasfasermatte und Reparaturharz (auch von »Holts«, »Plasticron« oder einem Dutzend anderer Anbieter) zu kaufen und in 20 Minuten . . .

Pfusch wird durch Lack erst schön

Was ist in 20 Minuten? Ja, da ist vielleicht der Pfusch fertig. Denn mehr ist es nicht. Grotesk ist nur dabei, daß die von Voss, Holts, Teroson, Plasticron – und wie sie alle heißen mögen – vertriebenen Karosserie-Reparaturpackungen ausgezeichnetes Material enthalten, aber alle diese Hersteller verschweigen völlig (löbliche Ausnahme: Auto-K), daß es so nicht geht, wie sie es in ihren mehr oder weniger dürftigen Arbeitsanleitungen beschreiben. Da wird nämlich nur einfach von außen Pflaster auf das Loch gepappt, und kein Käufer dieser Packungen erfährt, daß die ganze Rostmisere nur von der Blechrückseite her kommt. Lediglich in der Gebrauchsanweisung des »Auto-K-Polyester Reparatur-Set« fanden wir (bis jetzt) den einzigen richtigen Satz: »Führen Sie die Reparatur von der Innen- bzw. Rückseite durch.« So muß es sein, denn wenn die Blechrückseite nicht zuerst und hauptsächlich behandelt und saniert wird, dann hat das außen aufgepappte Pflaster keineswegs Anspruch auf die ehrenvolle Bezeichnung »Reparatur«. In wenigen Wochen ist der unbehindert weiternagende Rost auch durch die zum Lackieren wieder dünngeschliffene Polyesterschicht und den darübergepfuschten Lack gekrochen, und um die »reparierte« Stelle zeigen sich neue Rostpickel im Lack, weil auf der Blechrückseite gar nichts zur Rostsanierung geschah.

Aber warum wird das denn verschwiegen? Nun, weil damit die Karosserie-Reparatur mühselig wird, und Mühe läßt sich schlecht verkaufen.

Mißtrauisch beim Gebrauchtwagenkauf

Auch die Gebrauchtwagenhändler arbeiten da nicht besser und seriöser. Nur ein anständiger Lackierfachmann sträubt sich dagegen, »über die Löcher zu lackieren«, zumal er nach einigen Wochen auf eine Reklamation gefaßt sein muß und schnell darüber einen Kunden verlieren kann.

Vor allem wenn Sie einen Gebrauchtwagen kaufen möchten, sollten Sie vorher an möglichst vielen Wagen des gewünschten Modells die modelltypischen Durchrostungsstellen studieren und recht mißtrauisch werden, wenn beim angebotenen Fahrzeug gerade an diesen Stellen frischer Lack glänzt. Vielleicht ist

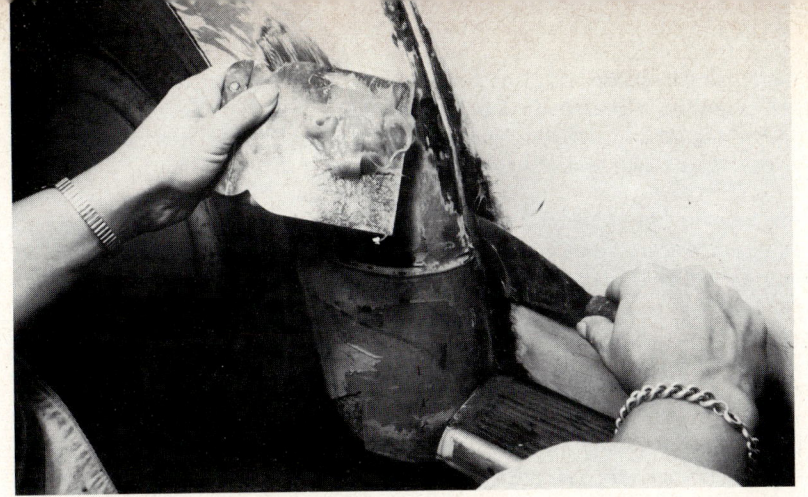

Hier sehen Sie eine
»klassische« VW-Kä-
fer-Durchrostung
an der Vorderkante
der hinteren Kotflügel.
Statt den Kotflügel
zu demontieren,
wird einfach mit
glasfaserdurchmisch-
tem Polyesterspachtel
drübergepfuscht.
Natürlich wird an
einem so »reparierten«
Gebrauchtwagen
der Rost schnell
wieder durchbrechen,
und die Resttrümmer
lassen sich nor noch
mit der Trennscheibe
von der Karosserie
lösen. Es ist fast
unmöglich, an dieser
Stelle wieder einen
ordentlichen Kotflügel
zu montieren.

die dort übliche Durchrostung wirklich auf beiden Blechseiten repariert worden,
aber Sie sollten das nicht ungeprüft lassen.
Schauen Sie sich die Rückseiten solcher Flickstellen an, mindestens mit einem
Taschenspiegel und einer Handlampe, wenn es irgend möglich ist. Und im dort
frisch aufgesprühten Unterbodenschutz – wenn überhaupt welcher da ist – kann
man ja als Kaufinteressent mal ein wenig stochern. Vielleicht schaut der spitze
Bleistift, den Sie dazu benutzen, gleich außen durch den Lack – alles schon passiert.

Da gibt es z. B. am VW-Käfer eine geradezu klassische Durchrostungsstelle (Bild
oben) an der Vorderkante der hinteren Kotflügel. Dort setzen sich Schmutz und
Salz und Feuchtigkeit zwischen die Montagefalze des Kotflügels und der Karosserie. Zum Demontieren des Kotflügels nehmen sich die Aufputzer des Ge-
brauchtwagenhändlers nicht die Zeit (oder der Kotflügel wäre dabei auseinan-
dergefallen). Da wird halt schnell von außen ein glasfaserdurchmischter Polyesterspachtel (»Sauerkrautspachtel«) draufgeschmiert, nachdem von außen der
gröbste Rost weggeschliffen wurde. Schauen Sie sich deshalb beim Altkäfer-

**Pfusch Nummer 1:
Faserspachtel
über
Montagekanten**

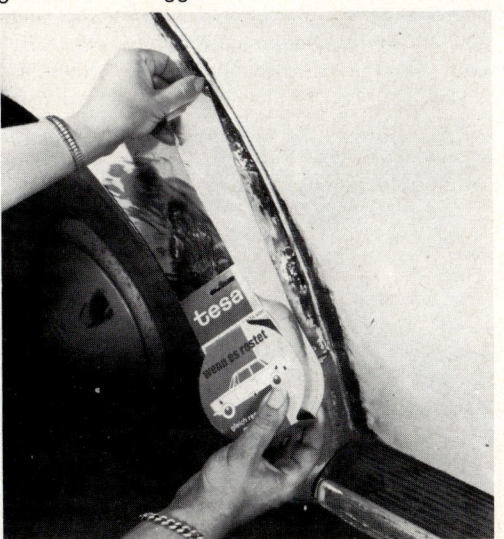

Auch mit Aluminium-Folie, die man einfach über die
Roststellen kleben und dann überlackieren soll, läßt
sich nur Pfuscharbeit leisten, denn darunter rostet
es ja ungehemmt weiter. Außerdem gibt es an dieser
Folienkante einen unübersehbaren Höhenunterschied
zur benachbarten Lackfläche, der sich unter dem Lack
deutlich abhebt, wenn nicht der weitere Umkreis der
Folienkante flächenglatt aufgespachtelt wird. Das
macht aber wieder so viel Arbeit, daß man besser gleich
– und ohne Aluminiumfolie – die Roststelle von der
Blechrückseite her saniert. Und im Falle eines Kotflügels
gehen Sie besser gleich zum Autofriedhof und holen
sich dort einen brauchbaren Kotflügelersatz.

Kauf (und ebenso bei anderen Fahrzeugen mit angeschraubten Kotflügeln) speziell diese Montagekante an: Liegt die Dichtungszwischenlage, der sogenannte »Keder«, glatt an, oder ist er von Spachtel und Lack halb zugeschmiert? Ist er zugeschmiert, wurde dort gepfuscht.

Pfusch Nummer 2:
Aluminium-
Klebestreifen

Auch von der Firma Beiersdorf, deren Tesa-Erzeugnisse wir sonst durchaus zu schätzen wissen, gibt es solch eine Pfusch-Hilfe mit Namen »Tesa-metal«. Es soll, da selbstklebend, einfach über den von außen einigermaßen weggeputzten Rost gepappt, danach geschliffen, gespachtelt und überlackiert werden (Bild auf der Vorseite). Zwar rostet diese Aluminiumfolie selbst nicht, aber nebenan und vor allem darunter rostet es munter weiter, wodurch nach kurzer Zeit die dünne Folie nebst Spachtel und Lack hochgepreßt wird.

Pfusch Nummer 3:
Glasfasermatte
außen drauf

Das ist (Bild unten) der klassische Gebrauchtwagenverkäufer-Scherz, um »keine Lackschäden« zu beseitigen. Es entspricht auch absolut den Empfehlungen der Hersteller von Karosserie-Reparatur-Sets: Beim Schleifen der allzu auffäligen Rostpickel zeigt sich, daß hinter Lack und Spachtel nichts mehr ist. Vorsichtig läßt man einige Roststege stehen und klatscht darüber eine mit Polyesterharz getränkte Glasfasermatte.
Kurzum: Das kann man besser machen. Es kostet zwar einige Mühe, aber dafür hält die reparierte Stelle dann auch bestimmt länger als alles rostanfällige Autoblech ringsumher.

Das richtige
Arbeitsgerät

Die meisten Werkzeuge und Arbeitshilfsmittel, die man zum Sanieren stärkerer Durchrostungen und zum Schließen von Karosserielöchern benötigt, sind schon aus den Kapiteln über das Lackieren und den Rostschutz bekannt. Vor allem ist eine
■ **Bohrmaschine mit Schleifscheibe** (Unidisc-Scheibe; siehe Bild Seite 51) oder eine Winkelschleifmaschine wichtig, um das verrostete Blech scharf »putzen« zu können.
■ **Schleifkörper** zum Aufstecken auf die Handbohrmaschine und eventuell eine »flexible Welle« (siehe Bild Seite 195) erleichtern wesentlich das mechanische Entrosten schwer zugänglicher Ecken und Winkel.
■ **Schleifleinen** grober Körnung (etwa 80 und 120) braucht, wer die vorgenannten maschinellen Hilfsmittel nicht zur Verfügung hat. Es wird bei dieser Arbeit nur grob und trocken geschliffen. Feinkörniges Naßschleifpapier kommt also erst später, beim Lackaufbau, dran.

Auch dieser Pfusch hält nicht lange: Glasfasermatte mit Polyesterharz von außen auf das durchgerostete Blech pappen. Solch eine Stelle ist nur dann wirklich sauber repariert, wenn zuerst von der Blechinnenseite her der lose Rost beseitigt, der restliche neutralisiert und darüber eine weit über die Rostgrenzen hinausreichende Glasfasermatte mit Reparaturharz montiert wird. Beim hier gezeigten Pfusch genügt später schon ein leichter Schlag mit dem Handballen, und die ganze überlackierte Kunststoffhaut fliegt heraus.

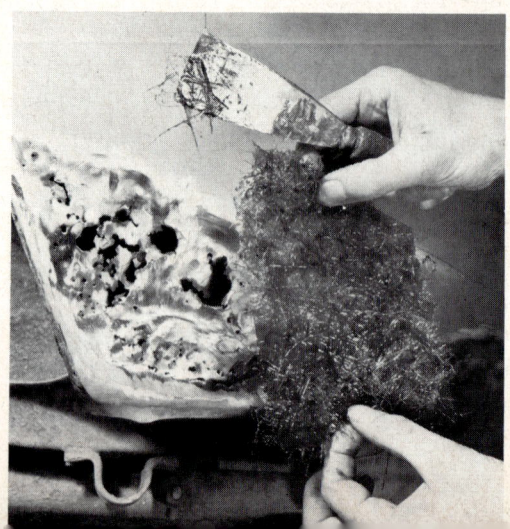

■ **Spachtelmesser** zum »Einmassieren« des Reparaturharzes in die Glasfasermatte.

■ **Gipserschale** aus Gummi zum Anmischen des Polyesterharzes. Dieser handtellergroße Topf, wie ihn die Gipser benutzen, ist praktischer als irgendwelche
anderen Mischgefäße (siehe Bild auf Seite 200).

■ **Papierschere** zum Zuschneiden der Glasfasermatten.

■ **Biegsame Kunststoffplatten,** z. B. dünnschichtiges Resopal, zum Bedecken
und Anpressen der Glasfasermatten bis zum Aushärten. Man braucht nur Abfall-
stücke in zur Reparaturstelle passenden Größen.

Zum Befestigen und Anpressen dieser Kunststoffplatten auf der frischen Harzschicht muß man seine Phantasie walten lassen, denn von selbst halten die mit
möglichst kräftigem Druck angedrückten Platten nicht. Das geht mal mit
Schraubzwingen (wie sie der Tischler hat), mit Gripzangen (wie sie der Schwei-
ßer benutzt; siehe Seite 211), mit einem gegengestemmten Wagenheber oder
auch ganz einfach durch kleine Messingschrauben, mit welchen die Resopalplatte (wie im Bild Seite 206) auf die Karosserie geschraubt wird. Die entsprechenden Bohrlöcher sind später kein Problem, sie werden mit einem Pfropfen
Sauerkrautspachtel verstopft.

■ **Silikonpapier** als Trennschicht gegenüber Teilen (und Händen), die nicht mit
eingeklebt werden sollen. Das ist ein sehr nützliches, noch wenig angewendetes
Hilfsmittel bei der Karosseriereparatur mit Polyesterharz. An diesem Silikonpapier, das sich wachsartig anfühlt, kann Polyesterharz nicht anhaften. Es dient
deshalb als Schutzfolie für die Hand beim Anfassen der harzgetränkten Glasfasermatte (Bild Seite 201), und ebenso läßt sich durch seine knitterfreie Oberfläche beim Andrücken gegen das durchhärtende Polyester (natürlich mit dar-
übergelegter Anpreßplatte aus Resopal oder anderem Material) eine bereits sehr
glatte Harzoberfläche erreichen, was außerordentlich viel Schleifarbeit erspart.
Silikonpapier kann man nicht direkt im Laden kaufen, aber es findet sich als
Deckpapier auf allen Arten von Selbstklebefolien, vom Selbstklebe-Etikett bis
zur d-c-fix-Rolle. Da das Silikonpapier mehrere Male verwendet werden kann,
kaufen Sie sich am besten im Tapetengeschäft für wenig Geld einige Reststücke
d-c-fix, Acella, oder wie die Folien alle heißen, und ziehen das Deckpapier für
Ihre Karosseriereparatur ab.

Unbrauchbar ist dagegen bei Polyesterharz als Trennpapier normale Plastikfolie
(z. B. von Einkaufstüten), denn sie dehnt sich durch den Harzverdünner und wird
wellig.

■ **Aceton** als preiswertes Reinigungsmittel für alle bei dieser Arbeit benötigten
Geräte.

Es gibt zwei Kunstharzarten, mit denen sich die Blechkleider unserer Autos flik-
ken lassen:

○ Polyesterharz (die entsprechenden Erzeugnisse tragen in ihrer Bezeichnung
meist irgendwie die Silbe »Poly«. Ausnahme: Das bekannte Prestolith),

○ Epoxydharz (Erzeugnisse erkennbar an den Silben »Epo« oder »Epoxi«).
Vom Material her wäre an sich das Epoxydharz besser, denn es hat eine wesentlich bessere Haftfähigkeit als Polyharz und schrumpft beim Durchhärten überhaupt nicht, Polyharz dagegen bis zu 7%. Auch seine Festigkeit ist besser, wogegen Polyharz stets mit Glasfaser oder sonst geeignetem Material als Festig-
keitsgitter verarbeitet werden muß.

Die Kehrseite ist der Preis, denn Epoxydharz ist zwei- bis dreimal teurer als Polyesterharz, außerdem haben seine Härterbeimischungen starke Hautreizwir-
kung.

**Das richtige
Arbeitsmaterial**

Darum wird in der Bundesrepublik in aller Regel für die Karosseriereparatur Polyesterharz angeboten. Nur der oft als »Kaltmetall«, »Gieß-Metall« oder »Plastischer Stahl« usw. bezeichnete Kunststoff hat zumeist Epoxybasis, da dieses Material mit eingemischtem Metallpulver vorzugsweise zum Ausbessern von Gußstahlstücken gedacht ist und dementsprechend anschließend gefräst, gebohrt und mit Gewinden versehen werden soll. Das geht nicht mit Polyharz, und umgekehrt nimmt man dieses Kaltmetall in der Regel auch nicht zum Flicken der durchgerosteten Blechhaut, dazu ist es zu teuer. (Irreführender Sonderfall: Das als »Plast-Metall« und »Kaltmetall« bezeichnete K-K-Plast der Vosschemie hat keine Epoxydharzbasis, sondern ist ein Füllspachtel auf Polyesterbasis – da soll sich ein Verbraucher zurechtfinden.)

Karosseriereparaturpackungen auf Epoxydharzbasis gibt es gelegentlich aus dem Ausland (England und USA), von deutschen Herstellern sind sie uns noch nicht bekannt geworden.

Sie brauchen also zum Schließen von Rostlöchern am Auto

■ **Zwei-Komponenten-Polyesterharz,** auch als »Auto-Reparaturharz« bezeichnet. Wie auch immer der Markenname außen auf der Dose lautet, im Grunde genommen ist es immer das gleiche Basismaterial, so daß Sie ruhig nacheinander und ineinander übergehend die Polyharze der verschiedenen Marken und ebenso die jeweils mitgelieferten Härter (als 2. Komponente; siehe nächster Abschnitt) benutzen können. Natürlich sind die Rezepturen der ausgesprochenen Polyharzspezialisten (einige Anschriften Seite 196) unterschiedlich und abweichend und jeweils auf besondere Eigenschaften »dressiert« (Polyharz wird ja in großen Mengen zum Bau von Kunststoffbooten und für Schwimmbecken verwendet), aber wir konnten keine Unverträglichkeiten untereinander (wie bei den Lacksprühdosen) feststellen.

Die gleiche Polyesterbasis haben auch (siehe Bild Seite 63) der sogenannte Sauerkrautspachtel und der kreideweiße Füllspachtel, die sich darum auch problemlos auf dem Polyglas-Flicken spachteln lassen.

Das reine Polyesterharz, wie Sie es für diese Flicken brauchen, fließt honigartig (es braucht also einiger Tricks, um es dort zu halten, wo es durchhärten soll) und ist entweder von honiggelber oder bläulichroter Farbe.

Die bläulichrote Farbe, die sich beim Durchhärten des durchgemischten Polyharzes völlig verlieren muß (andernfalls weist sie auf eine mangelhafte Durchmischung oder zu geringe Härterzugabe hin, so daß die Mischung nicht durchhärten kann), zeigt, daß das Polyharz einen sogenannten »Beschleuniger« enthält, der die Durchhärtungsreaktion (wohlgemerkt: das Polyharz trocknet nicht, sondern es härtet mit Wärmeentwicklung aus!) in Gang setzt. Bei Spezialarbeiten mit Polyesterharz (Bootsbau, Schwimmbeckenbau) kann oder muß der Verarbeiter dem Harz selbst einen Beschleuniger beimischen, für die Karosseriereparatur ist das nicht notwendig, und man sollte damit gar keine Experimente machen.

Falls aber auf einer genau deklarierten Reparaturharzdose oder im Begleitzettel nicht nur der pompöse Markenname steht, sondern auch genau vermerkt ist, was die Dose wirklich enthält, sollten Sie einem mit Kobalt-Beschleuniger oder Amin-Beschleuniger (das sind die beiden Beschleuniger-Arten für Polyharz) versetzten Polyesterharz den Vorzug geben, wobei für die Karosserie-Reparatur Amin- Beschleuniger (Dimethylanilin) vorteilhafter als Kobalt-Beschleuniger ist. Denn der Amin-Beschleuniger begünstigt vor allem das Durchhärten bei niedrigen Temperaturen und kann auch Feuchtigkeit neutralisieren, z. B. den an kaltem Metall leicht auftretenden Feuchtigkeitsniederschlag. Mit Amin-beschleu-

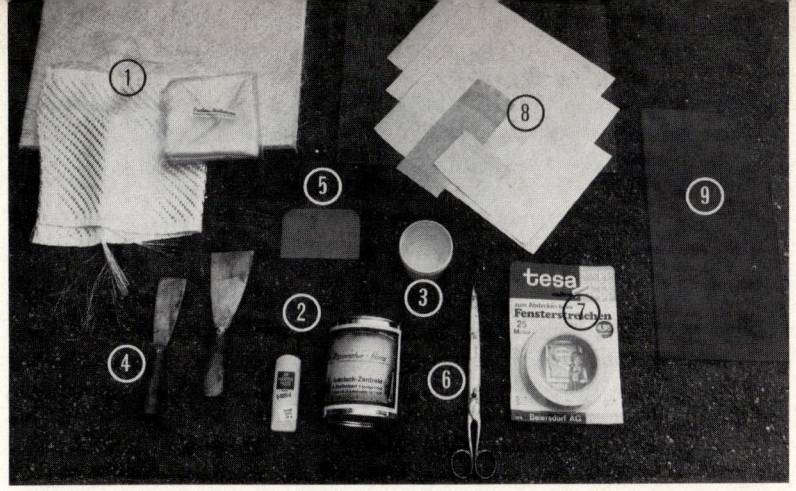

Das brauchen Sie zum Reparieren von Rostlöchern im Autoblech:
1 – Glasfasergewebe, Glasfasermatte und Glasfaservlies (siehe auch Bild Seite 194);
2 – Zwei Komonenten-Polyesterharz (große Dose) mit BP-Härter (kleine Tube) 3 – Mischbecher (besser ist ein Gipserbecher, Seite 200);
4 – Spachtelwerkzeuge zum »Einmassieren« des Harzes in das Glasfasermaterial;
5 – Kunststoffspachtelwerkzeug zum Einstreichen der Reparaturstelle;
6 – Schere; 7 – Abklebeband zum Ankleben

nigtem Polyharz lassen sich also auch im Herbst und milden Winter, natürlich nur oberhalb des Gefrierpunktes, Rostlöcher am Auto flicken.

Genau wie beim Polyesterspachtel muß auch dem Polyharz zum Start der Durchhärtungsreaktion eine Menge von 2 bis 3 % Härter zugesetzt werden. Der »Hühnerei-Zahnpasta-Trick« (Bild Seite 96) für das Mischungsverhältnis ist bei dem flüssigen Polyharz etwas schwieriger. Man muß sich vorstellen, wieviel Menge ein aufgeklpftes Hühnerei im Mischbecher hätte und gibt aus der Härtertube jeweils die entsprechende Menge »Zahnpasta für einmal Zähneputzen« hinzu.

Einerlei, von welcher Marke das erworbene Polyesterharz ist, als Härter ist die Tube mit

■ **BP-Härter** immer richtig. Dieses »BP« hat nichts mit der gleichnamigen Benzingesellschaft zu tun, sondern es bedeutet »Benzoylperoxyd«, falls Ihnen das was sagt. Dieser BP-Härter ist besonders für amin-beschleunigtes Polyesterhaz (vorhergehender Abschnitt) abgestimmt, ist aber auch bei Polyharz ohne Beschleuniger oder mit Kobalt-Beschleuniger brauchbar. Genau der gleiche BP-Härter wird auch für die Polyesterspachtel benötigt.

Die Härter-Paste wird in weißer oder hellroter Farbe angeboten. Wir raten Ihnen zum hellroten Härter, nicht, weil er etwa besser wäre – die Farbe hat mit der Qualität gar nichts zu tun –, sondern weil durch die rötliche Durchfärbung der ganzen Mischung ohne weiteres festzustellen ist, ob die Mischung auch wirklich gleichmäßig ist.

Fingerzeige: *Beim Umgang mit Härter ist große Vorsicht geboten – er wirkt stark hautätzend und besonders gefährlich, wenn davon etwas (etwa durch Reiben mit verschmutzter Hand) in die Augen kommt. Sofort muß das Auge mit fließendem Wasser langanhaltend ausgespült werden und in größter Eile ein Arzt (notfalls Apotheker) aufgesucht werden, der das Ätzgift mit einer zehnprozentigen Ascorbinsäure neutralisiert.*

Es gibt einen weiteren Härtetyp für Polyesterharze, den man auch verwenden kann und der ebenfalls in einer Menge von 2 bis 3 % zugesetzt werden muß. Es handelt sich um MEK-Härter (MEK = Methyläthylketonperoxyd), aber wir möchten, wenn möglich, von dessen Verwendung abraten, denn er ist flüssig und daher durch Spritzergefahr bei stark ätzender Wirkung risikoreich in der Anwendung. Außerdem ist er vorzugsweise für kobalt-beschleunigtes Polyharz geeignet. Auf starken Rostzunder

Härter als 2. Komponente

des Trennpapiers (8), wie auf Seite 198 gezeigt; 9 – biegsame Kunststoffplatten als anpassungsfähige Hilfsformen für die Karosserie-Außenseite.

tropfender MEK-Härter kann übrigens zu starker Hitzeentwicklung führen!
Unter all den modernen Kunststoffen, da kennt sich vielleicht der Teufel aus, aber ein
Nicht-Chemiker bestimmt nicht. Und so passierte es uns dann auch, daß wir flache
Styroporplatten mit Resten Polyesterharz zum Entdröhnen ganz besonders feuchtig-
keitsdicht auf der Karosserie-Innenseite aufkleben wollten. Bis es im Styropor kni-
sterte und zu qualmen begann. Hinterher wußten wir es dann auch: Polyharz frißt Styropor unter mehr oder weniger starker Hitzeentwicklung einfach auf. Sparen Sie sich
alo entsprechende Antidröhnexperimente.

Selbstverständlich muß man die Dose mit Polyharz geradezu ängstlich vor Härter
schützen. Auch wenn Sie nur einmal mit dem Spachtelwerkzeug weiteres Harz aus
der Dose schöpfen und vorher mit diesem Werkzeug bereits angemischtes Polyharz
verstrichen hatten, müssen Sie damit rechnen, daß sich nach einigen Tagen, wenn
Sie die Dose mal wieder öffnen, ein unbrauchbar gelierter Polyharzklumpen in der
Dose gebildet hat.

**Topfzeit und
Durchhärtungszeit**

Die »Topfzeit« (siehe auch Seite 96), innerhalb der die Polyharzmischung verarbeitet werden muß, bevor sie sich geleeartig eindickt, richtet sich nach Arbeitsplatztemperatur, Rezeptur des Polyharz-Herstellers, Härterzugabe (mindestens
2%, höchstens 5%). Sie schwankt deshalb zwischen 10 und 50 Minuten. Als Anfänger wird man eine längere Topfzeit bevorzugen, bei größeren Reparaturen
und zügiger Arbeitsweise mit einem Helfer ist natürlich kurze Topfzeit praktischer. Dementsprechend schwanken auch die Durchhärtungszeiten, nach welchen man mit dem Trockenschleifen beginnen kann, zwischen 20 Minuten und
2 Stunden.
Was Ihnen aufallen wird: Je dicker die aufgetragene Polyharzschicht ist, um so
schneller ist sie durchgehärtet. Ursache: Bei der Durchhärtungsreaktion entwickelt sich Wärme, die sich bei einer dicken Schicht natürlich stärker staut und
die Reaktion ihrerseits wieder beschleunigt.
Die Arbeitsplatztemperatur sollte nicht über $+25\,°C$ liegen, da sonst die Mischung zu schnell durchhärtet, wodurch das Polyharz spröde wird. Das Polyharz
härtet übrigens danach tage- und wochenlang weiter, bis es schließlich seine
Endhärte erreicht.

Fingerzeig: Als Lösungsmittel wird bei allen Polyesterharzen Styrol verwendet.
Das ist eine giftige Chemikalie, die, genau wie Lackverdünnungen oder Aceton, nur
in gut durchlüfteten und großen Räumen verarbeitet werden darf. Es ist also ausgesprochen gefährlich, im Winter in einer engen Garage damit zu arbeiten, die wegen
der Außenkälte dicht verschlossen ist!
Die von zahlreichen Firmen angebotenen kompletten Karosserie-Reparatur-Klein-
packungen mit weniger als 1 kg Polyharz und weniger als 1 qm Glasfasermatte sind
durchweg erheblich überteuert. Die Verpackung kostet mehr als der Inhalt. Außerdem sind die darin angebotenen Mengen viel zu dürftig für eine wirklich ordentliche
Reparatur von innen und außen. Denn wenn ein Auto Rostlöcher hat, dann hat es außer den leicht erkennbaren bestimmt auch mehrere versteckte, deren erschreckende
Ausmaße erst beim Stochern in den Rostpickeln auf dem Lack erkennbar werden.
Kaufen Sie sich also das Material lose in ausreichenden Mengen im Fachgeschäft.
Dort kostet das Polyharz pro Kilo 8 bis 10 DM (oder weniger), der Härter dazu etwa
1,50 DM und die Glasfasermatte pro Quadratmeter rund 6 DM. Vergleichen Sie
dazu, was Sie für weniger als 20 DM in einer schick aufgemachten »Reparaturbox«
an Material finden, und der Anrührbecher darin taugt sowieso nichts (der prakti-
schere Gipserbecher aus Weichgummi kostet auch nur 1,20 DM).

Weil durchgehärtetes Polyesterharz von Hause aus spröde und nicht sehr elastisch ist, muß es mit einer eingebetteten Faserstruktur verstärkt werden, die ihm höhere Festigkeit, bessere Elastizität und Schutz gegen das Aufsplittern bietet. Es hat also keinen Sinn, an- oder durchgerostete Stellen nur mit einem Aufstrich von reinem Polyharz reparieren zu wollen, es geht nur mit faserverstärktem Polyharz, in leichten Fällen also mit »Sauerkrautspachtel«, der mit Glasfaserschnitzeln durchmischt ist, oder bei großen Rostlöchern mit »geschlagener« oder gewebter Glasfaser. Reines Polyharz härtet zwar auf dem Blech auch einwandfrei durch, splittert aber durch die Vibrationen der Karosserie mit der Zeit wieder ab.

Als »Gardinen« zum Schließen größerer Löcher im Autoblech gibt es verschiedene Glasfasergebilde (Bild nächste Seite), deren Einzalfäden aus geschmolzenem »Glas« jeweils nicht dicker als $1/_{100}$ mm sind und seidenartig glänzen:

■ **Glasseidenmatte** aus »geschlagenem« Material, bei dem also die einzelnen Glasseidenfäden kreuz und quer durcheinanderlaufen (ähnlich wie Filz, auch er wird nicht gewebt, sondern »geschlagen«). Sie wird zur Karosseriereparatur bevorzugt verwendet. Der Quadratmeter wiegt etwa 450 Gramm. Durch seine lokkere Machart kann die Glasseidenmatte eine verhältnismäßig große Menge Polyesterharz aufnehmen, was der Festigkeit der Schicht zugute kommt. Das von den meisten Polyharz-Anbietern empfohlene Eintupfen der Polyharzmischung mit dem Pinsel ist aber gerade bei der Glasfasermatte und der Karosseriereparatur recht problematisch. Denn die lockeren Glasfasern bleiben vorzugsweise am Pinsel hängen und zerren die vom Polyharz weich gewordene Matte auseinander. Vor allem, wenn man im Umgang mit diesen Materialen noch nicht sehr geübt ist, hat man zuletzt ein zerfleddertes und löcheriges Gebilde vor sich, mit dem sich ein Loch im Blech kaum schließen läßt.

Darum ist nach unserer Erfahrung als erste Gardine eines größeren Loches im Blech

■ **Glasfasergewebe** wesentlich leichter zu verarbeiten. Die leinwandartig verwebten Glasfasern haben einen besseren Zusammenhalt beim Auftrag des Polyharzes (auch nicht mit dem Pinsel, sondern viel besser mit dem Spachtelwerkzeug), so daß man sogleich das Blechloch vollständig geschlossen hat. Das

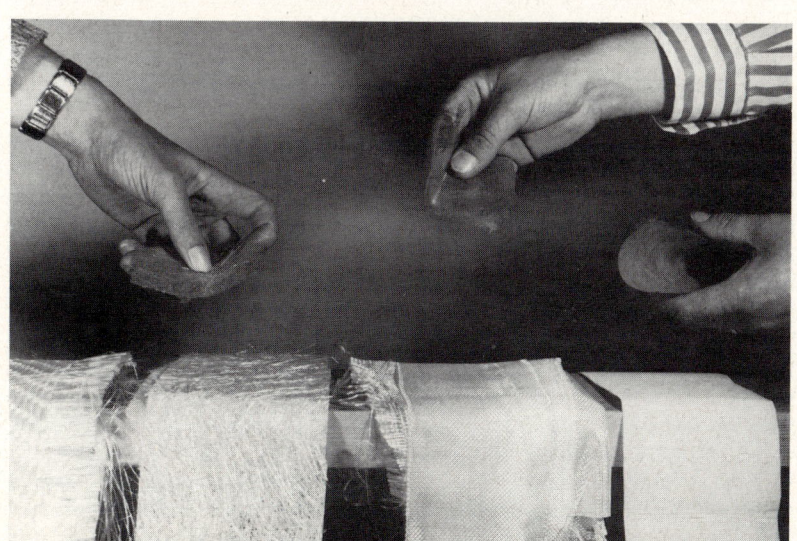

Das Bild zeigt die verschiedenen Glasfasermaterialien, und darüber wird die jeweilige Biegsamkeit harzgetränkter Musterstücke gezeigt: rechts das leichte und gut biegbare Glasfaservlies, das zum eigentlichen Schließen der Rostlöcher zu dünn, aber als letzte Oberflächenschicht sehr geeignet ist. Am 2. Platz von rechts Glasfasergewebe, das sich beim Verarbeiten nicht so leicht auseinanderziehen läßt und daher als erster »Vorhang« über Rostlöcher sehr gut ist. Links daneben die meist verwendete Glasfasermatte mit kreuz und quer übereinanderliegenden Glasfaserschnipseln. Sie zerrt sich beim Verarbeiten leicht auf, kann aber verhältnismäßig viel Polyesterharz binden, ist jedoch nach dem Verarbeiten ziemlich spröde. Ganz links das dick gewebte Rovinggewebe, das praktisch nur bei größeren Flächen verwendbar ist, sonst lösen sich die einzelnen »Webschläge« auseinander.

dichtere Glasfasergewebe kann jedoch nur verhältnismäßig wenig Polyharzmischung aufnehmen, es liegt flacher als die Glasseidenmatte, und wenn das Polyharz nicht regelrecht in das Gewebe »einmassiert« wird, bleiben viele kleinere und größere Luftblasen in der Schicht zurück. Eine einzelne Schicht harzgetränktes Glasfasergewebe hat auch noch nicht die notwendige Steifigkeit, sondern biegt sich leicht durch. Darum ist die Reparatur mit einer Schicht Glasfasergewebe auch noch auf keinen Fall ausreichend. Es müssen weitere Schichten drübergelegt werden, wobei es jedoch bei weiterer Verwendung von Gewebe meist zu großen Luftblasen zwischen den einzelnen Lagen kommt, wenn sie nicht angepreßt werden können. In diesem Falle ist über der 1. Schicht aus Glasfasergewebe als 2. und 3. Schicht Glasfasermatte besser.

Glasfasergewebe gibt es in verschiedenen Webstärken, üblich sind Gewebe mit 200 und etwa 375 Gramm pro Quadratmeter.

Weil bei den vorgenannten Glasseidenmatten und -geweben abstehende Glasfaserstränge – es stehen immer welche ab – zu dick sind und bei der anschließenden Oberflächenbehandlung und Lackierung stören – sie dürfen nicht in die Lackschicht ragen, das gibt sonst Porenbildung, durch die Feuchtigkeit in die Lackschicht eindringen kann –, gibt es noch das besonders feingeschlagene

■ **Glasfaservlies,** eine spezielle und sehr leichte Oberflächenmatte mit nur etwa 30 Gramm Gewicht pro Quadratmeter. Zum Schließen von Löchern ist es zu dünn, obgleich es beim Einstreichen der sehr dicht geschlagenen Matte nicht so schnell Aufreißlöcher wie bei der 450-Gramm-Matte gibt. Dieses leichte Glasfaservlies, das allerdings nur in guten Fachgeschäften angeboten wird, ist für die Außenbeschichtung (nachdem das Rostloch von der Blechrückseite her stark genug geschlossen wurde) sehr empfehlenswert. Mann kann damit – vor allem mit angepreßtem Silikonpapier und Resopalplatten – eine sehr glatte und saubere Oberfläche (daher auch die Bezeichnung »Oberflächenmatte«) erreichen, die den anschließenden Lackaufbau sehr erleichtert.

Bei Karosseriereparaturen seltener verwendet wird das sogenannte

■ **Rovinggewebe,** das in großen Webschlägen aus dicken Glasfasersträngen hergestellt ist. Es hat pro Quadratmeter etwa 900 Gramm Gewicht und wird hauptsächlich im Bootsbau an solchen Stellen verwendet, die im Bootskörper besonders hohe Festigkeit haben müssen. An der Autokarosserie wird es dort interessant, wo beispielsweise ein größeres Stück Kotflügel, den es als Ersatzteil etwa für ein Veteranenfahrzeug nicht mehr gibt, neu geformt werden muß. In dieses dichte Rovinggewebe muß das Polyharz besonders nachhaltig einmassiert werden, sonst bleiben Luftblasen zurück.

Das Rovinggewebe ist in kleineren Stücken nur schwer zu verarbeiten, da die aalglatten Glasfasern des Gewebes leicht auseinandergleiten und man unter Umständen schließlich nur noch ein Gewurstel langer Glasfaserstränge vor sich hat. Vorteil jedoch bei guter Verarbeitung: Höchste Festigkeit bei sehr guter Elastizität.

Welche Glasfaserart für welchen Zweck?

Zusammenfassend kann man sagen:

○ Zum ersten Schließen eines Rostlochs ist das leichter zu verarbeitende Glasfasergewebe zu empfehlen. Es reicht aber in der Schichtdicke dazu nicht aus und muß nach dem Durchhärten mit weiteren Lagen Glasfaser überschichtet werden. Vorteil: Reißt beim Verarbeiten nicht so leicht auf. Nachteil: Kann nur verhältnismäßig wenig Harz aufnehmen.

○ Zum weiteren Beschichten einer durchgerosteten Blechfläche von innen ist Glasfasermatte besser geeignet. Es ist das Standardmaterial für die Karosseriereparatur. Vorteil: Nimmt Polyharz gut auf und ergibt bereits in einer Lage eine starke und steife Schicht. Nachteil: Zupft sich beim Verarbeiten leicht auseinander.

○ Zur Beschichtung der Blechaußenseite empfiehlt sich über einer oder mehreren Schichten aus Glasseidenmatte oder -gewebe als Oberflächenmatte das leichte Glasfaservlies. Vorteil: Gut überarbeitbare glatte Oberfläche ohne herausragende Glasfaserstränge. Nachteil: Nur als Oberflächenmatte und nicht zum Schließen von Rostlöchern allein geeignet.

○ Zum Nachbilden größerformatiger Karosserieflächen eignet sich besonders das grob gewebte Rovinggewebe als Kernschicht von hoher Festigkeit und Elastizität. Zum Reparieren kleinerer Flächen – etwa bis zur Tellergröße – ist es jedoch nur schwer hantierbar.

Fingerzeige: *Auch bei den Glasfasermaterialen werden die Begriffe »Matte« und »Gewebe« von den Anbietern der Rparatursets bunt durcheinandergeworfen, obwohl man annehmen könnte, daß auch ein Laie den Begriffsunterschied erkennt. Lassen Sie sich also von falschen Deklarierungen nicht irritieren, denn die Vorteile der Materialanwendung sind ja unterschiedlich. Aber das ist hier so wie bei den Lackpflegemitteln. Es ist manchmal schon ein Kreuz mit den Heimwerkermaterial-Anbietern!*

Kann man auch normales Textilgewebe als Harzschichteinlage verwenden? Zur Not ja, es ist besser als gar nichts. Je grober das Gewebe, um so besser, damit das Polyharz gut zwischen die Webschläge eindringen kann. Darum ist Nylon- oder Perlongewebe ungeeignet. Da aber Körper, Leinwand und dergleichen Material saugfähige Fäden hat, die später Feuchtigkeit in und durch die Schicht ziehen, wenn sie an der Oberfläche liegen oder beim Schleifen angeschnitten werden, muß noch eine einwandfrei abdeckende Polyharzschicht drübergespachtelt werden.

Falls Sie größere Arbeiten mit Polyesterharz vorhaben: Etwa ganze Karosserieteile neu aus Kunstharz formen oder anders gestalten, einen Bootskörper oder ein Wasserbecken im Garten bauen, dann wird der Verkäufer im nächsten Heimwerker-Fachgeschäft mit der Frage nach dem besten Material vielleicht doch überfordert sein. Darum hier einige Anschriften bekannter Polyester-Spezialisten, die für vielerlei Zwecke Polyesterharze nach speziellen Rezepturen liefern:

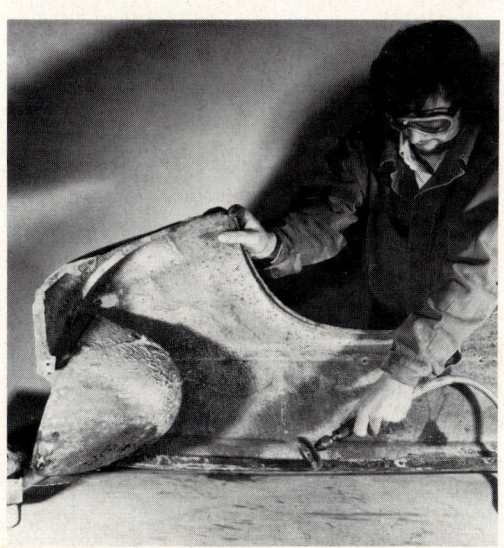

Wenn ein beschädigtes Teil, das ganz oder teilweise lackiert werden soll, demontierbar ist, sollte man es abnehmen. Man erspart sich dadurch viele Umstände mit der Suche nach einem geeigneten Arbeitsplatz und spart sich beim späteren Lackieren das Abdecken des ganzen Fahrzeugs. Außerdem läßt sich die Innenseite wesentlich einfacher und gründlicher entrosten, vor allem, wenn man, wie hier, eine biegsame Welle für Bohrmaschine oder sonstigen Antrieb hat.

■ Marke »Prestolith«, Weber & Wirth, 5840 Schwerte, Binnerheide 26

■ Marke »Vosschemie«, Chemische Fabrik Klaus-W. Voss, 2082 Uetersen/Holstein, Esinger Steinweg 50 und Chemische Fabrik Geier & Voss, 8201 Kolbermoor, Zugspitzstraße.

■ Marke »Hepi«, Dr. Heinz Piffko, 7411 Reutlingen-Betzingen, Brucklacher Straße 14.

■ Marke »Plasticron«, Firtz Hellmann & Co. GmbH, 4019 Monheim-Baumberg, Grießstraße 37.

Die Arbeits-vorbereitungen
Reparaturteil demontierbar?

So einfach, wie die meisten Polyharz-Anbieter die Karosserie-Reparatur darstellen, ist es in der Praxis nicht, das haben wir zu Anfang des Kapitels bereits ausführlich erläutert.

Weil vor allem die Bleichrückseite entrostet und saniert werden muß, sollte ein demontierbares Karosserieteil – Haube oder Kotflügel – möglichst abgebaut werden. Das ist, wie auf Seite 86 bereits erläutert, auch für die anschließende Unterbodenschutzbehandlung und Lackierung günstiger, setzt aber voraus, daß man sein Fahrzeug so lange entbehren kann, denn eine sorgfältige Arbeit ist einschließlich Lackierung nicht in einer oder zwei Stunden zu erledigen. Tips zum Abbau demontierbarer Teile finden Sie im folgenden Kapitel »Montagearbeiten« ab Seite 221.

»Rostforschung« und Rostbehandlung

Bevor man überhaupt nach Polyharz und Mischbecher greift, muß zuerst einmal genau geprüft werden, wie weit die außen erkennbare Durchrostung bereits unter Lack und Spachtel um sich gegriffen hat. Also genaue »Rostforschung« von innen und außen, wie ab Seite 88 beschrieben.

■ Weil sowieso weggerostetes Blech ersetzt werden muß, braucht man bei der mechanischen Rostbeseitigung mit der Schleifmaschine nicht zurückhaltend zu sein: Blechstege, die nur noch aus Rostzunder bestehen, müssen weggeputzt werden, da hilft nichts. Es ist falsche Hoffnung, den Rost ins Polyharz einbetten zu können, denn bei der geringsten noch vorhandenen Feuchtigkeit im Rost oder durch eindringende Feuchtigkeit durch Polyharz-Poren wird noch weiteres Eisen in Rost umgewandelt, wobei sich das Volumen ausdehnt (Rost beansprucht mehr Raum als das Eisen, aus dem es entstanden ist) und die Polyharzbeschichtung auseinanderdrückt oder sogar sprengt, so daß eines Tages doch wieder Rostpickel durch den Lack drücken, wo man drunter gar keinen Rost mehr vermutet hatte.

Auch um die durchgerostete Stelle herum muß auf der Blech-Innenseite minde-

Auch uns erwischen Sie hier bei einem Pfusch: Selbst bei sorgfältiger Rückseitenentrostung und Polyharzbeschichtung bleiben hier und dort doch noch angerostete Rostteilchen zurück. Sie können fest damit rechnen, daß Ihnen auch dieser Rost eines häßlichen Tages durch den frischen Lack blüht. Was jetzt? Weil es nur noch kleine Rost-Restbestände sein können, klopfen wir diese Rostpickel mit Hammer und Körner ein wenig ein und drücken in den so entstandenen »Napf« mit einem flachen Schraubenzieher einen kleinen Pfropfen dann der übliche Lackaufbau und, wenn die Schadensstelle nicht zu groß ist, eine »Lack-in-Lack-Reparatur« (Seite 120).

stens ein handbreiter Streifen freigeschliffen werden, denn auch eventuell dort vorhandener Unterbodenschutz wird zumindest stellenweise unterrostet sein.

Rostreste stabilisieren?

Machen Sie sich keine Hoffnungen, ein wenig Restrost könne wohl nichts schaden, daß ließe sich ja mit Rostumwandler oder Roststabilisator leicht neutralisieren. Mit den untauglichen »Rostumwandlern« (Seite 154) geht's schon mal gar nicht, denn bei dem daraus entstehenden Eisenphosphat gibt es durch unterschiedliche Ausdehnung bei Erwärmung Spannungsabrisse und die ansonst bewährten Roststabilisatoren (Seite 155) können auch nicht mit Sicherheit eine feste Verbindung zwischen Eisen und sprödem Polyesterharz herstellen. Allenfalls sprühen wir eine hauchdünne Schicht Zinkchromat auf das sorgsam entrostete Blech, benutzen aber keine Zinkstaubfarbe, denn auch diese kann mit Rostresten nichts anfangen.

Reinigen und entfetten

Rost, Lack und Unterbodenschutzreste sind jetzt weg, aber Polyharz brauchen Sie noch nicht zu mischen. Zuvor müssen Sie sorgsam prüfen, ob auch kein Schmutz mehr in versteckten Ecken und Winkeln sitzt. Er darf, da er Feuchtigkeit wie ein Löschpapier aufsaugt, selbstverständlich nicht in die Reparaturschicht hineingepfuscht werden. Vor allem, wenn Sie eine durchgerostete Stelle aufgeschnitten haben und nicht ohne weiteres an die Blechrückseite herankommen, werden Sie sich wundern, welch ein Schlamm aus Erde und Rost oft dahintersitzt.

■ Feucht ist es dort sowieso, und darum schadet es gar nichts, wenn Sie die ganze Ecke dahinter mit scharfem Wasserstrahl aus dem Wasserschlauch ausspritzen. Je härter der Wasserstrahl, um so besser, das löst auch dicke Krusten und hebt losen Rostzunder vom Blech ab. Diese Spühlung wird erst beendet, wenn das aus allen Richtungen eingespritzte Wasser nur noch glasklar und sauber herausläuft.

■ Nach dem Austrocknen nimmt man zum Entfetten und Abwaschen von Unterbodenschutzresten Waschbenzin oder Lackverdünnung.

Blechränder nach innen biegen

Die Beschichtung der durchgerosteten Stellen beginnt auf der Blechinnenseite. Da aber zuletzt auch auf die Außenseite eine Glasfaserlage oder zumindest Polyesterspachtel aufgeschichtet werden muß, würde diese über die ursprüngliche Flächenhöhe hinausragen und mit dem zusätzlichen Lackaufbau eine häßliche Erhöhung bilden. Oder man müßte die Außenschicht bis auf die ursprüngliche Flächenebene zurückschleifen, wodurch die Polyesterharzschicht insgesamt zu

Bei größeren Rostlöchern müssen Sie nach der Rostbehandlung die Blechränder etwas nach innen biegen, denn damit erreicht man eine dickere Polyharzschicht (natürlich aus mehreren Lagen) über diese Reparaturstelle. Läßt man dagegen die Blechränder gerade stehen, hat beim späteren flächengleichen Schleifen die Harzschicht keinen festen Halt auf der Außenseite, sondern kann durch Druck oder leichten Schlag nach innen aus dem Rostloch herausfallen.

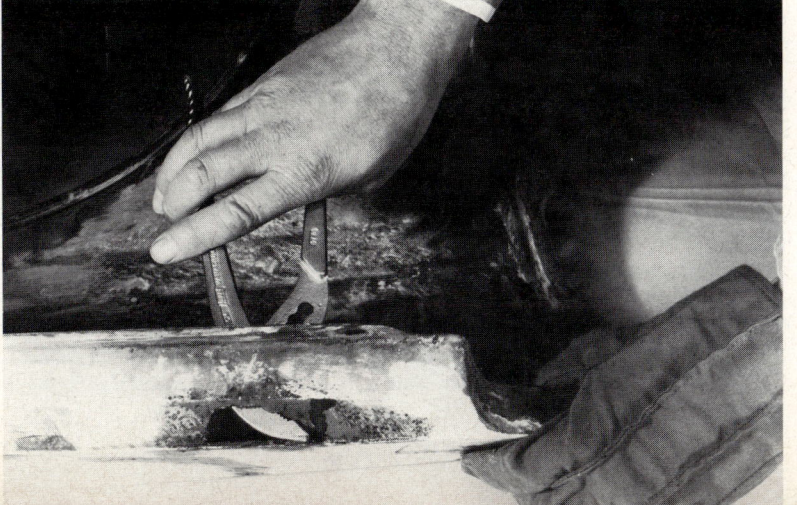

Das honigartig fließende Polyesterharz bleibt nicht
so ohne weiteres dort, wo Sie es hingestrichen haben.
Wie soll man also ein zu reparierendes Teil legen, damit
zuletzt nicht das meiste Polyharz auf dem Boden liegt?
Am besten lassen Sie die Blechaußenseite nach unten
zeigen und kleben vorher über das rundum bis aufs
blanke Metall geschliffene Blechloch mit Tesakrepp
oder Tesaband ein entsprechend großes Stück Silikon-
oder Trenn-Papier. Das Polyharz kann nicht weglaufen,
und nach seinem Durchhärten läßt sich das Silikonpapier
wieder ohne weiteres abziehen. Allerdings muß nun
diese mit Silikonspuren «verseuchte» Harzfläche etwas
angeschliffen werden, bevor von außen die Oberflächenmatte mit Polyharz aufgelegt oder Polyesterspachtel
aufgetragen wird.

dünn (oder gar durchgeschliffen) würde und vor allem im seitlich anschließenden Blech keinen Halt hätte.

■ Darum werden rund um ein Rostloch alle Blechkanten mit der Zange (Bild auf
der Vorseite) knapp nach innen eingebogen und die noch verbliebenen Blechstege mit einm leichten Hammer zu einer flachen Mulde nach innen geklopft.
Dadurch erhält die Polyharzschicht die notwendige Wandstärke und durch
beidseitige Überlappung des anschließenden Bleches eine wirklich stabile Verbindung mit dem Karosserieteil.

**Reparaturstelle
abkleben**

Nun hat das Reparaturharz, wie Sie bald merken werden, die unangenehme Ei-
genschaft, wie dünnflüssiger Honig dort herunterzufließen, wo Sie es hingestrichen haben. Und die harzgetränkten Glasfasermatten oder -gewebe benehmen
sich beim Auflegen auch wie ein nasser Lappen: Wickeln sich zu Rollen zusammen, lassen das Polyharz heruntertropfen, hängen durch und lassen sich auf gar
keinen Fall kantenscharf um eine Ecke schlagen, rutschen ab – also man hat als
Anfänger ganz schön seinen Ärger damit, und zuletzt liegt mehr Polyharz auf
dem Garagenboden, als am Auto hängt. Das läßt sich vermeiden.
Einen Vorteil hat man schon, wenn das Karosserieteil demontiert werden konnte
und nun so aufgelegt wird, daß man die erste Schicht flach liegend aufbringen
kann – natürlich die erste Schicht auf die Blech-Innenseite!
Da aber bei der üblichen Blechwölbung der Karosserieteile der zumeist flache
Arbeitstisch, auf den man das Karosserieteil mit der Außenseite nach unten aufgelegt hat, die Rostlöcher nicht allseitig abschließt, läuft dort das Polyharz heraus und weg. Auch das kann man vermeiden.

■ Am besten schafft man sich eine Unterlage, die in etwa der Blechteilform angepaßt ist, aus einem untergelegten flachen Sandsack, in den man durch das
Rostloch hindurch die ungefähre Form eingedrückt hat. Außerdem wird auf der
Blechaußenseite das Rostloch oder die rostdurchlöcherte Fläche vollständig mit
einem rundum mit breitem Tesaband fest angeklebten, genügend großen Silikonpapier überdeckt. Das Silikonpapier darf aber auch nicht zu groß sein und
muß möglichst dicht an den Außenkanten der Rostlöcher angeklebt werden,
sonst fließt Polyharz – wo das nicht alles hinfließt! – zwischen Blechaußenseite

und Silikonpapier, härtet dort durch und muß nachher mühsam wieder bis zur ursprünglichen Blechebene zurückgeschliffen werden.

Aber auch wenn an senkrechter Fläche gekleistert werden muß, läßt sich allzu großer Materialverlust vermeiden: Man drückt von außen gegen die Blechfläche – etwa mit einer dagegen gesprießten Holzlatte, einem Brett oder einer Platte mit aufgelegtem Silikonpapier (damit das Polyharz nicht am Brett anhärtet). Je besser diese behelfsmäßige Außenform der angestrebten Formgebung angepaßt ist, um so weniger Polyharz fließt seitlich heraus und um so besser wird die ganze Reparaturarbeit.

Diese »Hilfsformen« sollen übrigens etwas innerhalb der angestrebten Formfläche liegen, denn das anschließend notwendige Spachteln und der Lackaufbau bringen ja auch noch einmal eine wenigstens 1 mm starke Schicht, die nicht über die Form nach außen herausragen darf. Und es soll nicht geschehen, daß beim späteren Feinschleifen kurz vor dem Lackauftrag immer wieder die Polyglasfaserschicht zum Vorschein kommt, denn darauf bekommt der Decklack keinen einwandfreien Hochglanz.

Jetzt können Sie zum Glasfasermaterial und zur Schere greifen (die übrigens vom Glasfaserschneiden sehr schnell stumpf wird, nehmen Sie also nicht Ihre beste Papier- oder Haushaltsschere dazu).

■ Wie bereits erwähnt, läßt sich als erste Gardine am besten Glasfasergewebe über ein größeres Rostloch ziehen. Schneiden Sie also ein Stück, das rund um das Rostloch (oder die Rostlöcher) etwa 3 Finger breit übersteht. Bei dieser allseitigen »Festhaltebreite« klebt das Glasfasergewebe ein wenig besser und sackt nicht so stark durch, was es bei zu schmalem Auflegerand ohne weiteres tut.

■ Aus Glasfasermatte wird dann das nächste Stück geschnitten, das nochmals allseitig um 2 bis 3 Fingerbreiten größer sein soll. Damit es nicht mit zu harter Kante später auf dem Blech aufhärtet, zupft man den Rand der Glasfasermatte ein wenig aus, das gibt einen flacheren Übergang. Diese Glasfasermatte ist für die 2. Innenlage vorgesehen.

■ Die 3. Lage wird später von außen aufgelegt. Man kann dazu ebenfalls Glasfasermatte oder das feinere Glasfaservlies als Oberflächenmatte nehmen. Das entsprechende Stück wird nur so groß geschnitten, daß es rundum höchstens einen knappen Zentimeter über die umgebogenen Blechränder oder Rostlöcherkanten hinausragt, also das angrenzende Blech nur gerade überlappt. Denn alles, was über den Blechanschluß hinausragt, wird ja später doch wieder weggeschliffen.

Die 3 Glasfaserlagen sind also jetzt zugeschnitten. Bei größeren Löchern können auch 4 Lagen notwendig werden, bei kleineren kann man vielleicht auch mit 2 Lagen auskommen.

■ Legen Sie sich nun ein Arbeitsbrett mit aufgelegtem Silikonpapierbogen bereit, auf dem Sie später das Glasfasermaterial mit Polyharz einstreichen. Das Silikonpapier verhindert (siehe Seite 194), daß die ganze Arbeitsfläche mit Polyharz verkleckert wird, denn die überschüssigen Reste lassen sich nach dem Durchhärten ohne weiteres vom Silikonpapier absplittern und abheben.

Fingerzeig: *Anstatt, wie gerade beschrieben, mehrere Lagen Glasfasermatte und -gewebe zuzuschneiden, könnte man auf die Idee kommen, zur Arbeitsvereinfachung die entsprechenden Lagen aus einem großen Stück Glasfasermaterial zusammenzufalten. Lassen Sie das besser gleich, denn das Glasfasermaterial läßt sich nicht eng zusammenfalten und schon gar nicht scharf knicken. Es versucht immer* *wieder, sich geradezustrecken, was bei den Faltkanten – nach der Harztränkung noch mehr als in trockenem Zustand – zu hohen Aufwölbungen führt, die nicht zu bändigen sind. Darunter bilden sich entsprechend große Luftblasen, die später – nach dem Durchhärten – wieder aufgeschliffen und mit Flicken luftblasenfrei repariert werden müssen. Das ist vermeidbare Mehrarbeit.*

Blechränder einstreichen

Damit später das harzgetränkte Glasfasergewebe gut auf dem Blech haftet, müssen die Blechränder vorher schon mit Polyharz eingestrichen werden. Das geht zwar auch mit reiner Polyharzmischung, wie sie im nächsten Arbeitsgang zum Einstreichen des Glasfasermaterials benutzt wird, aber das ist nicht empfehlenswert. Denn das reine Polyharz läuft, wie bereits erwähnt, leicht ab, und bis man dann zum Aufdrücken des harzgetränkten Glasfasermaterials kommt, ist an manchen Stellen gar nichts mehr da.

Besser ist darum ein dünnes Einstreichen der zu beschichtenden Fläche mit Sauerkrautspachtel. Die Polyesterharzbasis ist die gleiche, das Material haftet durch seine Füllstoffe besser auf dem Blech und kann auch nicht abfließen. Vor allem lassen sich mit dem Sauerkrautspachtel alle scharfkantigen Winkel, Falze und Sicken flächenglatt ausfüllen, über die danach Glasfasermaterial gespannt werden soll. Denn das Glasfasermaterial schmiegt sich in solche Winkel überhaupt nicht ein, sondern bildet große (Luflblasen-)Wellen darüber. Auch für dieses Ausfüllen der Winkel taugt das leicht fließende reine Polyharz verständlicherweise nicht viel.

Übrigens: Der kreideweiße Polyester-Füllspachtel eignet sich nicht so gut dazu und sollte nur zur Not dafür verwendet werden, denn er hat eine zu unterschiedliche Topfzeit (nur 3 bis 5 Minuten) und hat als Untergrund einer Polyglasschicht zu wenig Elastizität.

■ Wie Sauerkrautspachtel (glasfiberverstärkter Polyesterspachtel) auf 2 Spachtelwerkzeugen angemischt wird, ist auf Seite 96 gezeigt. Spachteln Sie damit eine ganz dünne Schicht auf die ganze Reparaturfläche und füllen Sie alle Winkel flächenglatt damit aus. Dabei möglichst glatt spachteln, sonst müssen Sie bis zum vollständigen Durchhärten des Spachtels warten und die groben Unebenheiten vor der Weiterarbeit erst beischleifen.

Polyesterharz anmischen

■ Im Gipserbecher aus Gummi mischen Sie nun mit dem schmalen Messerspachtelwerkzeug nur die für die erste Schicht benötigte Polyharzmenge an. Wieviel das ist, muß man probieren, es kommt auf die Flickengröße an. Das Mischungsverhältnis ist Ihnen bereits bekannt (siehe Seite 96): Auf 100 Teile Po-

Zum Anmischen des Polyesterharzes benutzen wir vorzugsweise einen sogenannten Gipserbecher aus Gummi, denn vor dem Anmischen der nächsten Portion muß ja der durchgehärtete Rest der vorhergehenden aus dem Mischgefäß beseitigt werden. Bei festen Mischbechern ist das schwierig, die Gipserschale kann man aber knautschen, so daß das spröde ausgehärtete Polyharz heraussplittert.

Nach den Ratschlägen mancher Reparatur-Set-Hersteller soll man das Polyesterharz in das Glasfasermaterial mit einem Pinsel eintupfen, meist auch noch direkt auf der Autokarosserie. Nach unseren Erfahrungen bleibt dann vor allem bei der üblichen Glasfasermatte alles im Pinsel hängen, und nach einer halben oder ganzen Stunde ist der Pinsel auch nur noch als harte Schlagwaffe zu gebrauchen. Dann probierten wir es mit einer Andrückrolle, wie hier gezeigt: Geht auch nicht, das Glasfasermaterial klebt sich an die Walze, und diese beschichtet sich selbst immer dicker.

lyharz 2 Teile Härter (bei kühler Temperatur um +10 °C dürfen es bis zu 5 Teile höchstens sein).

Wenn Sie nach unserer Empfehlung hellrot gefärbten Härter eingekauft haben, läßt sich die gleichmäßige Durchmischung sehr gut erkennen. Sie ist wichtig, sonst härtet das Polyharz ungleichmäßig durch und es kann durch die materialübliche Schrumpfung (bis zu 7%) später zu Spannungsrissen führen.

■ Legen Sie nun das zugeschnittene Glasfasergewebe auf das Silikonpapier des vorbereiteten Arbeitsbrettes, etwas angemischtes Polyharz darübergießen und dieses mit dem Spachtelwerkzeug intensiv in das Glasfasermaterial einmassieren. Dabei hält man ein Ende des Glasfasergewebes mit einem Silikonpapierstreifchen fest (Bild unten), so daß man sich nicht die Finger unnötig schmutzig macht.

Nach unseren Erfahrungen ist diese »Spachtel-Einmassier-Methode« wesentlich besser als das vielfach empfohlene Tupfen mit einem dicken Pinsel oder das Anrollen mit einer Handwalze (Bild oben), denn am Pinsel wie an der Handwalze bleibt viel zu viel Material kleben.

Fingerzeig: *Gelegentlich wird empfohlen, das ungetränkte Glasfasermaterial auf die mit Polyharz eingestrichene Reparaturfläche aufzulegen und erst danach mit Pinsel zu tränken und dabei anzudrücken. Das geht überhaupt nicht, denn dabei*

Glasfasermaterial tränken

Am besten tränkt man das Glasfasermaterial, wie hier im Bild gezeigt: Als Unterlage eine glatte Kunststoffplatte, darauf das Glasfasermaterial, über das aus dem Mischgefäß etwas Polyharz gegossen wird. Dann wird mit einem Silikonpapier (damit die warme Hand nicht anklebt) das Glasfasermaterial auf der einen Seite gehalten und mit dem Spachtelwerkzeug das Polyharz ganz flach in das Glasfasermaterial »einmassiert«. Dadurch werden die Luftbläschen aus dem Glasfasermaterial sehr gut herausgepreßt. Es ist blasenfrei getränkt, wenn es nicht mehr silbrig glänzt, sondern im Polyharz fast unsichtbar geworden ist.

stößt man das Glasfasermaterial mit Pinsel oder Spachtelwerkzeug glatt auch durch die kleineren Löcher hindurch und die Löcher bleiben wie gehabt.

Glasfasermaterial andrücken

■ Die gut getränkte Glasfasermatte wird nun auf die Reparaturfläche möglichst faltenfrei und glatt aufgelegt und mit dem Spachtelwerkzeug Zeintimeter um Zentimeter angedrückt, denn die überall daruntersitzenden kleinen und großen Luftblasen müssen »herausgeknetet« werden.

Beachten Sie dabei auch, daß sich immer wieder neue Luftblasen bilden können, wo Sie gerade eine herausgedrückt haben, denn das Glasfasermaterial ist keineswegs anschmiegsam und zu Anfang auch gar nicht klebefreudig. Es hebt sich immer wieder ab, sinkt durch und bildet an Knicken und stärkeren Krümmungen wellige Aufwölbungen (mit großen Luftblasen darunter). Um einen Blechfalz herum läßt sich Glasfasermaterial nur dann mit scharfem Knick montieren, wenn es sofort mit einer Schraubzwinge oder Gripzange und Beilagebrettchen mit aufgelegtem Silikonpapierstreifen kräftig verspannt wird, bis die Durchhärtung beendet ist.

Bei kühlerem Wetter ist es auch günstig, die Glasfasergeweberänder (bei zwischengelegtem Silikonpapierstreifen) mit den Fingern anzureiben, denn die Handwärme setzt die Durchhärtungsaktion etwas schneller in Gang.

■ Weil das harzgetränkte Glasfasermaterial nicht so ohne weiteres dort bleibt, wo Sie es mit Spachtelwerkzeug und Fingerspitzen angedrückt haben, sollten Sie überlegen, wie Sie es bis zum Aushärten unter Dauerdruck setzen könnten. Vielleicht geht es mit einem dagegengespreißten Brett (allerdings sind so ebene Flächen an der Karosserie selten), oder ein demontierbares Teil läßt sich so auflegen, daß man das frische Glasfasermaterial mit einem nicht zu prall gefüllten Sandsack beschweren kann. Sehr vielseitig verwendbar ist auch eine alte Luftmatratze, bei der eine Luftkammer noch brauchbar ist: Aufblasen und mit einem Brett, das seinerseits mit Schraubzwingen oder Strickumwicklung an der Karosserie befestigt ist, gegen die Reparaturstelle pressen. Das schmiegt sich der Form sehr gut an.

Aber vergessen Sie nicht, jeweils Trennpapier (Silikonpapier) über die Polyschicht zu legen, sonst haben Sie den Sandsack oder die Luftmatratze gleich mit einmontiert, was bestimmt nicht Ihre Absicht war.

Weitere Glasfaserschichten auftragen

■ Hoffentlich hatten Sie für die erste Schicht nur so viel Polyharz angemischt, wie zum Tränken des Glasfasergewebes notwendig war. Ein eventueller Rest wird sich inzwischen geleeartig eingedickt haben und ist damit zur Verarbeitung unbrauchbar. Den Rest darum aus dem Gipserbecher herauskratzen und eine neue Menge Polyharz anrühren. Falls Sie nach unserer Empfehlung für die 2. Lage Glasfasermatte nehmen, brauchen Sie zum Tränken etwas mehr Polyharz, da die geschlagene Matte mehr Harz aufnehmen kann. Ansonsten ist der Arbeitsgang der gleiche wie bei der ersten Lage.

Bei einem Karosserieteil mit höheren Festigkeitsansprüchen – z. B. Motorhaubenvorderkante, die mit der Hand kräftig eingedrückt werden muß – wird noch eine dritte Lage auf der Innenseite aufgebracht werden müssen.

Bearbeitung der Außenseite

Sind die Polyglasschichten auf der Blechinnenseite durchgehärtet, können Sie außen das aufgeklebte Silikonpapier abziehen. Wie schaut's darunter aus? Wenn Sie gut gearbeitet haben, ragt nichts über die spätere Außenfläche hinaus – es müßte wieder zurückgeschliffen werden –, damit die abschließende Oberflächenmatte ohne Schwierigkeiten aufgebracht werden kann. Aber noch ist es nicht soweit.

Es mag Ihnen auffallen, daß das vorher völlig undurchsichtige Glasfasermaterial durch die Harztränkung lichtdurchlässig geworden ist. »Blinde« Stellen zeigen luftumschlossene Glasfaserstränge und Luftblasen zwischen den einzelnen Lagen an. Drücken Sie mit dem Finger fest gegen größere Luftblasen: Wenn die darübergespannte Schicht leich nachgibt und darüber nicht mehr viel Platz für einen dicken (verstärkenden) Spachtelauftrag ist, muß die Luftblase aufgeschliffen und mit Sauerkrautspachtel oder Polyharz (in das Glasfasern eingemischt wurden) sorgfältig ausgefüllt werden. Andernfalls gibt es über der Lufblase eine federnde und sich bei Wärme ausbeulende Fläche.

■ Falls die ganze Arbeit an einer senkrechten und nicht an einer liegenden Fläche vorgenommen werden muß, sollten Sie sich auch vor dem Aufdrücken der Oberflächenmatte eine passende biegsame Resopalplatte zurechtlegen und sich überlegen, wie sie am Karosserieblech befestigt werden kann (einige Tips Seite 207 und Bild Seite 212). Scheuen Sie sich dabei nicht vor Schraubenlöchern durch das benachbarte Aufblech, damit Sie z. B. die Resopalplatte gut anschrauben können, denn solche Löcher lassen sich zuletzt mit einem harzgetränkten Glasfaserpfropfen wieder gut verschließen.

■ Bevor Sie jedoch die abschließende Oberflächenmatte von außen auflegen, müssen Sie unbedingt mit einem etwas feineren Schleifpapier (etwa Körnung 180) die inzwischen durchgehärtete, von innen aufgelegte Glasfaserschicht auf der Karosserie-Außenseite anschleifen. Denn dort hat als Trennschicht das Silikonpapier aufgelegen. Auf der Polyharzschicht verbleibende Silikonspuren könnten die von außen aufgelegte Polyharzschicht abstoßen. Das darf nicht sein. Durch das Anschleifen werden solche Silikonspuren beseitigt.

Außenfläche anschleifen

Nur ganz erfahrene »Polyester-Artisten« werden es zuwege bringen, daß die Außenseite der von innen aufgeklebten Polyglasschichten so genau der Außenform des raparierten Karosserieteils entspricht, daß nur noch die Oberflächenmatte außen aufgelegt werden muß, um eine schon fast lackierfertige Fläche zu erhalten. In der Regel wird man entweder überstehendes Material abschleifen oder Vertiefungen »auffüttern« müssen.

Entlüftungslöcher bohren

■ Bei diesem Ausfüllen der Vertiefungen mit Sauerkrautspachtel müssen Sie so zügig arbeiten, daß das Material noch nicht durchzuhärten beginnt, wenn Sie die abschließende Oberflächenmatte auflegen und von außen eine formstützende Resopalplatte dagegen verschrauben oder verstemmen.

■ Damit zu viel aufgetragenes Material sich dabei nicht seitlich herausdrückt (und dort eine viel zu hohe Schicht bildet), muß ihm ein anderer Ausweg offenbleiben. Am besten ist es darum, unbekümmert in höchstens je 10 cm Abständen etwa 6 mm starke Entlüftungslöcher durch die bereits durchgehärtete Innenschicht zu bohren. Dort kann zu viel Polyharz – und auch eingeschlossene Luft! – nach der Blechinnenseite heraustreten, wodurch gleichzeit diese Bohrungen wieder verschlossen werden. Drückt man anschließend mit dem Daumen auf der Blechrückseite diese herausgedrückten Polyharzstränge zu breiten »Nietenköpfen« auseinander, haben die verschiedenen Schichten noch eine zusätzliche Verklammerung miteinander. Das möglichst genaue Ausfüllen von Vertiefungen und die »Entlüftung« zur Blechrückseite ersparen jedenfalls später eine Menge Nach- und Schleifarbeit.

■ Genau wie bei den ersten Lagen wird die Oberflächenmatte aus Glasfaservlies oder Glasfasermatte (das weniger Harz aufnehmende Glasfasergewebe ist hierfür nicht zu empfehlen) mit angemischtem Polyesterharz getränkt, ange-

Oberflächenmatte auflegen

Bild 1:
Von innen
durchgerosteter
Kotflügel

In dieser Bildserie ist als Musterbeispiel die Heimwerker-Instandsetzung eines doppelwandigen durchgerosteten Kotflügels gezeigt.

An sich ist die Qualität des Lackes auf der oben gezeigten Schadensstelle zu bewundern: Er hat weitgehend alle Zerrungen durch das von der Innenseite her rostende Autoblech mitgemacht, ist mit dem volumenstärkeren Rost aufgequollen, hat durch die Rostporen von innen Wasser angesaugt und stecknadelkopfgroße wasser-gefüllte Ballons gebildet, ist aber erst an wenigen Stellen aufgebrochen. Kein Zweifel, der Rost kam von innen und ein leichter Druck genügt, um den zundrigen Rost nach innen durchbrechen zu lassen. Hochgedrückten Lack und Rost von außen wegschleifen, um den Umfang der Schadensstelle zu ermitteln. Auch die kleinste Rosterhebung darf dabei nicht übersehen werden.

Bei solch einer Reparatur bewährt sich auf der Heimwerker-Bohrmaschine die außerordentlich vielseitige und auf Seite 51 bereits im Bild vorgestellte Unidisc-Trenn- und Schleifscheibe. Damit läßt sich nicht nur flott die »kranke« Stelle aufschleifen, sondern auch ein Arbeitsschlitz in das von der Rückseite nicht zugängliche Blech spannungsfrei schneiden. Alle anderen Blechschneidewerkzeuge wären hier unangebracht, denn sie verziehen die Blechstruktur, und es ist fast unmöglich, später wieder die alte Karosserieform an dieser Stelle herauszuarbeiten. Aus diesem Grund werden auch mit der Trennscheibe möglichst keine formerhaltenden Randstege und Profilkanten durchgeschnitten – das Blech könnte durch Spannung weit auseinanderklaffen, so daß ein Wiederzusammenfügen schwierig wird. Bei dieser Arbeit unbedingt schützende Brille aufsetzen.

Bild 2:
Schadensstelle
freilegen

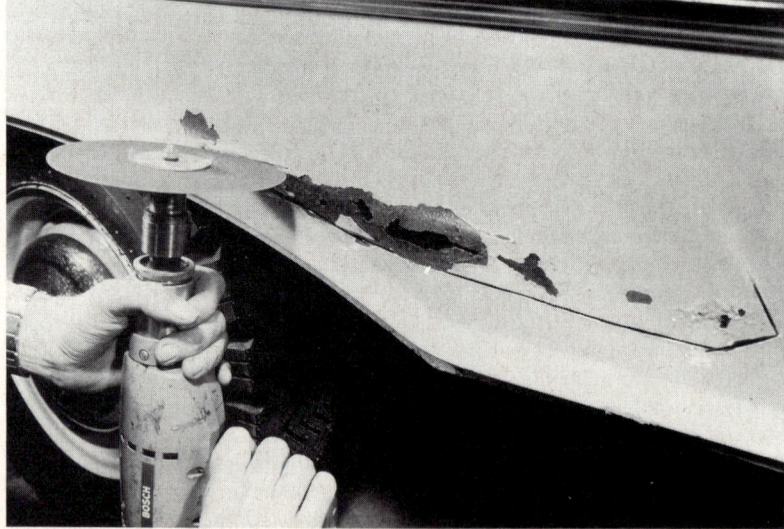

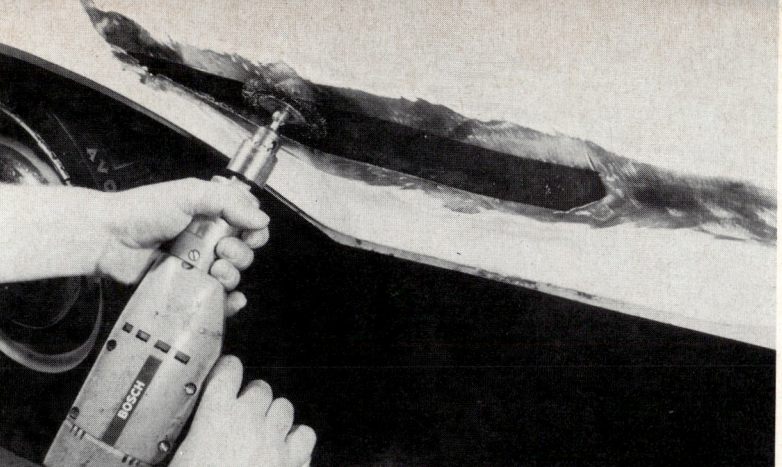

Mit allen nur verfügbaren Entrostungswerkzeugen für die Bohrmaschine – Drahtbürsten, Schleifscheiben, Schleifkörper usw. – wird aller nur erreichbare Rost außen und vor allem innen weggeputzt, soweit die Werkzeuge nur immer reichen. Denn der restliche Rost bleibt ein echtes Problem. Man könnte ihn mit Hohlraumkonservierung einigermaßen neutralisieren. Aber dann haftet das später aufzubringende Reparaturharz nicht mehr. Ausweg: Zwischenraum mit klarem Rostumwandler ausspritzen, über Nacht wirken lassen und am nächsten Tag mit kräftigem Wasserstrahl den ganzen Hohlraum ausspritzen. Das treibt außerdem eine Menge losen Rost heraus. Danach die Schadensstelle mit einem kräftigen Haartrockner über mehrere Stunden sorgsam austrocknen oder im Sommer den Wagen in die heiße Sonne stellen. Denn nur diese Schnelltrocknung verhindert einigermaßen neue Rostbildung.

Nach dem Austrocknen zuerst die im Arbeitsschlitz gegenüberliegende Blechfläche in möglichst weitem Umfang mit harzgetränktem Glasfasergewebe überziehen und weiter außen liegende Flächen mit einem langstieligen Heizkörperpinsel mit portionsweise angemischtem Reparaturharz überstreichen, dem nur wenig Härter zugesetzt ist (siehe Seite 160). Danach die Ränder des Arbeitsschlitzes etwas nach innen biegen, damit die Polyesterschicht dicker angelegt werden kann. Die Rückseite des Vorderbleches wird ebenfalls mit harzgetränktem Glasfasermaterial beklebt, wobei zwischengehaltene Silikonpapierstreifen das Festkleben der Finger verhindern. Damit der »Polyester-Honig« nicht am unten durchgerosteten Kotflügel heraustropft, ist ein mit Silikonpapier überspanntes Holzbrett von unten gegen die Kotflügel-Sicke gespreißt.

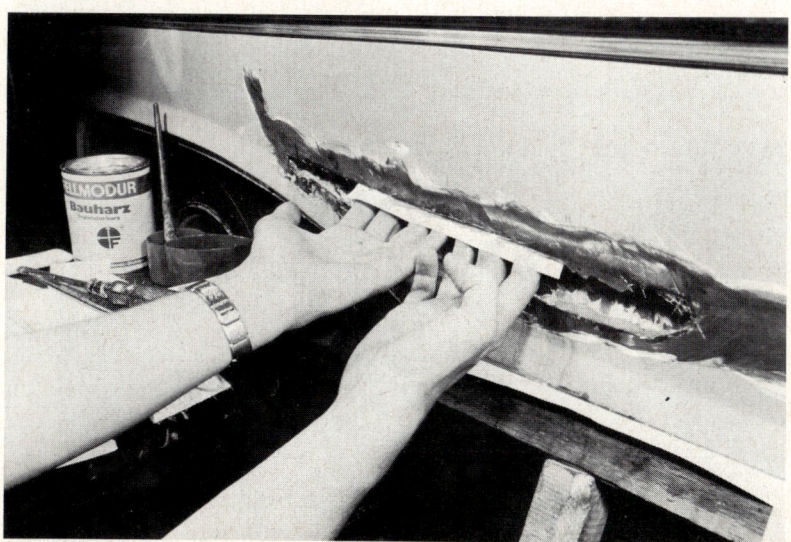

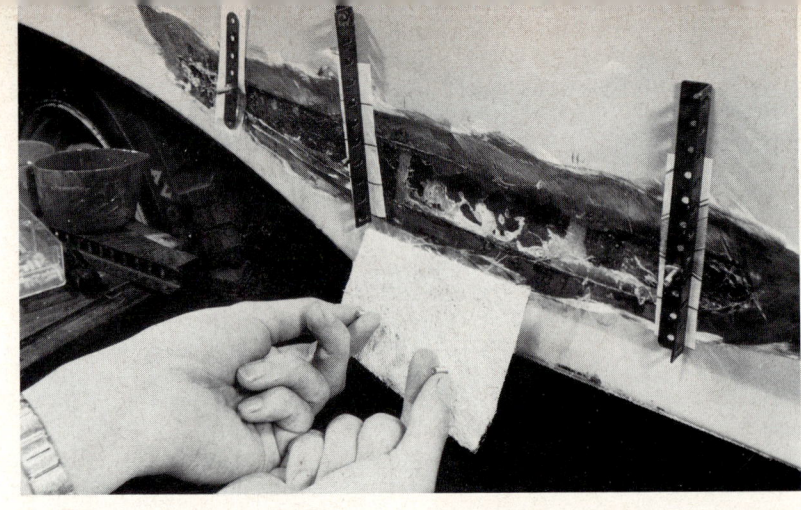

Als zweite Lage wird noch einmal innen eine harzgetränkte Glasfaserschicht aufgebracht. Die Glasfaserstücke sind auf entsprechend große Resopalstücke aufgelegt, besonders satt harzgetränkt, und durch jedes Resopalbrettchen sind von der Rückseite her je zwei kleine Messingschrauben M 4 gedreht, zum Halten beim »Einfahren« des Reparaturplättchens in den Arbeitsschlitz und danach zum Verspannen gegen die Blechrückseite, damit die Glasfasermatte auch bestimmt auf der Blechrückseite anhärtet. Man kann dazu beispielsweise, wie hier, passende Winkelbänder aus einem Märklin-Baukasten nehmen, darunter zum Schutz gegen deren Festkleben aber Silikonpapierstreifen legen und die inwendig angelegten Reparaturplatten stramm verschrauben. Nach wenigen Stunden ist das Polyharz durchgehärtet. Spannbänder wieder abschrauben und in die eingeklebte Glasfaser-Resopalschicht einige kleine Belüftungslöcher, etwa sechs Millimeter, bohren und den dahinter liegenden Hohlraum jetzt kräftig mit Hohlraumkonservierer aussprühen.

Jetzt wird eine, die ganze Reparaturstelle überspannende biegsame Resopalplatte zugeschnitten. Entsprechend den aus der Innenschicht herausragenden Messingschrauben passende Löcher in die Resopalplatte bohren. Darauf stärkere Vertiefungen der Glasfaserschicht von außen mit »Sauerkrautspachtel« etwa flächengleich ausspachteln. Die Belüftungslöcher müssen dabei offen bleiben, damit die nun über die ganze Fläche montierte Glasfaser-Oberflächenmatte keine Luftblasen einfängt und das überschüssige Polyharz ins Innere der Reparaturstelle abtropfen kann. Die große Resopalplatte zuunterst mit frischem Silikonpapier glatt belegen, darauf die harzgetränkte Oberflächenmatte auflegen und das Ganze auf der Karosserie außen verschrauben. Die biegsame Resopalplatte paßt sich der Karosserieform sehr gut an, und nach dem Durchhärten und Abschrauben der Resopalplatte erscheint eine bereits flächenglatte neue Außenhaut, die sich leicht weiter bearbeiten läßt. Die noch herausragenden Messingschrauben werden mit der Trennscheibe flächenglatt abgeschnitten, einige Millimeter tief ausgebohrt und mit Füllspachtel verdeckt.

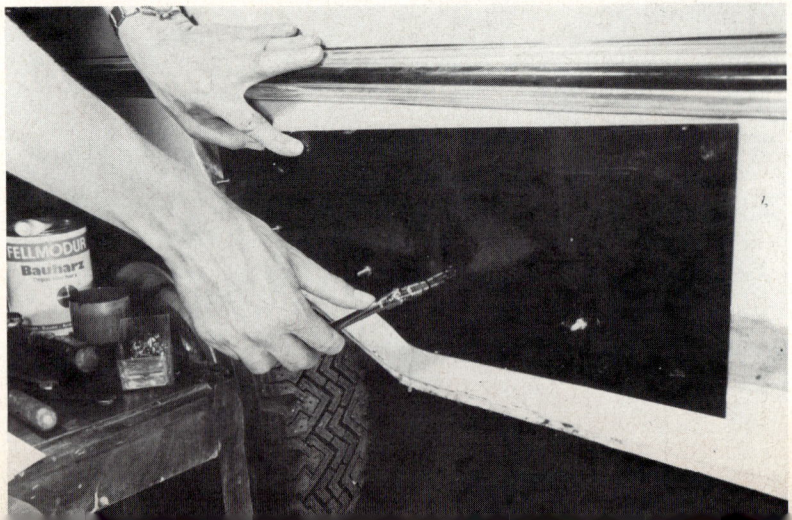

drückt und nun möglichst mit einer Andrückplatte beschwert (bei liegender Fläche), verschraubt oder versprießt, damit das Polyharz dort bleibt, wo Sie es aufgetragen haben. Silikonpapierzwischenlage nicht vergessen!

■ Nach entsprechender Durchhärtung eventuell aufgelegte Andrückplatte abnehmen und, wie ab Seite 95 beschrieben, mit dem Lackaufbau beginnen.

Die vorhergehenden Beschreibungen der Karosseriereparatur mit Polyesterharz und Glasfasermaterial sind natürlich nur Grundsätze für den »Musterfall« einer gut zugänglichen Durchrostung. Der Musterfall ist leider selten, und fast immer gibt es spezielle Erschwernisse. Da muß man sich mit viel Witz und Einfallsreichtum zu helfen wissen.
Unsere Bildserie auf den vorhergehenden Seiten zeigt zum Beispiel, wie ein von innen rostender, doppelwandiger Kotflügel zuverlässig saniert werden konnte. Eine ähnliche Situation ergibt sich an den Hinterkanten angeschweißter Vorderkotflügel, denn darunter liegen berüchtigte Schmutzfangecken, die natürlich nach außen durchrosten. Es hat da keinen Zweck, die Rostlöcher möglichst klein zu halten, sondern man wird sich sehr oft mit dem Trennschleifer einen brauchbaren »Arbeitsschlitz« schaffen müssen, um eine wirklich haltbare Reparatur vornehmen zu können. Sägen Sie dazu aber nicht einfach drauflos, denn es kann passieren, daß das solcherart von seiner funktionellen Spannung befreite Blech plötzlich eine ganz andere Formung annimmt. Auch formerhaltende Stege, Sikken und Falze sollte man nicht ohne Not durchschneiden – das Blech könnte durch Spannung plötzlich weit auseinanderklaffen.

So gut und rostfrei eine Blechreparatur mit Polyharz und Glasfasermaterial auch sein kann, an tragenden Teilen der Karosserie können Flickschustereien mit Polyharz kriminell werden. Das gilt für alle Traversen, Profile und Hohlraumteile der Bodengruppe, wie auch für Fenstersterge (die bei einem eventuellen Überschlag dem Dach ausreichende Festigkeit geben sollen) und Auflageflächen für Federn und Stoßdämpfer (z. B. bei Modellen von Ford und BMW).
Zwar lassen sich auch mit Kunststoffen außerordentlich belastbare Teile herstellen, die sich in ihrer Festigkeit durchaus mit Stahl messen können. Aber das geschieht in Spezialformen mit speziellen Kunststoffen unter Aufsicht von erfahrenen Spezialisten, aber nicht mit Glasfasermatte und Polyharz, das man im nächsten Laden für die Autoreparatur kaufen kann. Und auch bei Kunststoff-Karosserien, die es ja in Einzelstücken und kleinen Serien (wegen Brandgefahr des Kunststoffes oft in der Bundesrepublik nicht zugelassen) gibt, werden die tragenden Teile zumeist mit Stahl- oder Leichtmetalleinlagen verstärkt.

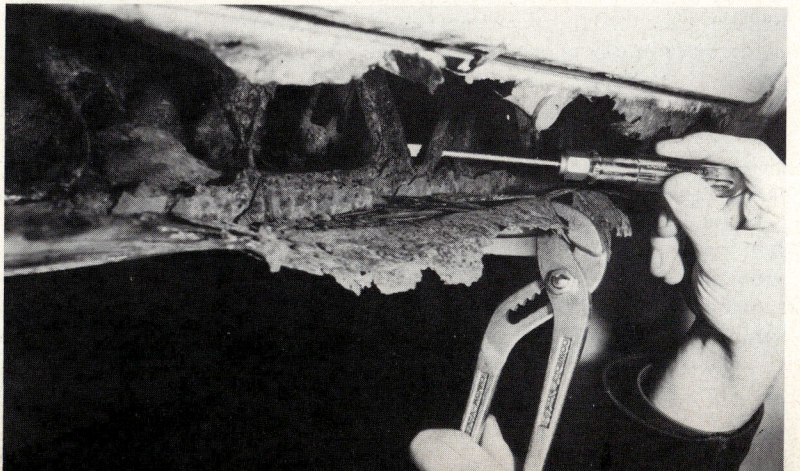

Fast jeder Fall liegt anders

Polyharz nichts für tragende Teile

Hier kommt die Karosseriereparatur mit Glasfasermatte und Polyesterharz nicht nur zu spät – hier ist sie überhaupt nicht am Platze. Denn ein »tragendes Teil«, wie dieser kurz und klein gerostete Türschweller, dessen Innenverstrebungen auch noch stark angerostet sind, kann nicht durch Polyesterharz ersetzt werden, hier muß wieder Karosserieblech eingeschweißt werden. Aber das ist keine Heimwerkerarbeit, sondern muß dem Fachmann überlassen bleiben.

Karosserieteile aus Polyglas

Ab und zu sieht man mal Abbildungen von Kunststoff-Karosserien, die ein gelernter Karosserieklempner oder geschickter Bastler selbst angefertigt hat. Der Wunsch nach solch einem Fuhrwerk ist nicht ganz problemlos, denn mit Kunststoff-Autos ist das Kraftfahrtbundesamt (und damit der TÜV) nicht so ohne weiteres einverstanden, weil das Material leicht brennbar ist. (Aus diesem Grunde verwandelten auch besondere »Witzbolde« in Paris den hierzulande nicht zugelassenen »Citroen Mehari«, einen in Frankreich sehr beliebten offenen Freizeitwagen, reihenweise per Streichholz zu einem Häuflein Asche.) Andererseits gibt es aber auch hier VW-Buggys mit Polyester-Karosserien, die durchaus genehmigt sind, weil die tragenden Teile eben doch aus Stahl bestehen. Falls Sie also solch ein Vorhaben vor Augen haben, sollten Sie sich erst einmal mit dem TÜV – aber mit einem maßgebenden Mann, der Sie nicht nur mit »Das ist nicht erlaubt« abwimmelt – unterhalten, was und unter welchen Bedingungen erlaubt ist.

Nur mit TÜV-Segen

Aber auch die Umformung Ihres braven Alltagsautos durch »Entenbürzel«, Heckflossen, Windabweiser, Lufthutzen und dergleichen, was sich alles aus Polyester formen läßt, geht nicht ohne den Segen des TÜV. Denn die »Allgemeine Betriebserlaubnis«, die einstmals der Autohersteller beim Kraftfahrtbundesamt erworben hat, gilt nur für das Auto, wie es vom Werk geliefert wurde. Alle wesentlichen Veränderungen – dazu kann schon ein anderer Scheinwerfer zählen – lassen die Allgemeine Betriebserlaubnis ABE sofort erlöschen und Sie würden mit einem nicht zum öffentlichen Verkehr zugelassenen Auto umherfahren. Da fragt man besser, bevor es Geld gekostet hat und nachher den Apparat dem TÜV vorführt. Keine Schwierigkeiten wird man in der Regel haben, wenn ein nicht mehr zu beschaffendes Teil der Karosserieverkleidung (also kein tragendes Teil!) aus Polyglas nachgebaut wird, etwa für ein Veteranenfahrzeug (bei dem natürlich Karosserieklempner-Handarbeit durchaus sachgemäßer und echter wäre).

Modell und Form bauen

Wie solch ein Teil zu bauen ist, kann hier nur angedeutet werden: Zuerst müssen Sie von dem geplanten Teil ein Modell in natürlicher Größe bauen, wozu Ihnen die Reste des zu ersetzenden Teils oder das spiegelbildlich gleiche Teil der anderen Fahrzeugseite als Vorbild dienen können.

■ Als Basis errichten Sie ein Holzgerüst aus Brettern und Dachlatten, wie es etwa zum Auflegen des Originalteils praktisch wäre.

■ Dieses Holzgerüst wird straff mit Jutestoff oder aufgeschnittenen Jutesäcken überspannt.

■ Über diese Jutesäcke wird nun die äußere Form des Teils mit Gips modelliert. Damit der Gips nicht zu schnell durchhärtet, muß er mit Fischleim durchmischt werden. Um dabei nicht zuviel Gips zu verplempern, kann man schichtdickere Stellen mit passend zugeschnittenen Styroporstücken unterlegen, über die Gips gestrichen wird (Styropor erhält man in jedem Haushaltsmaschinengeschäft als gern weggegebenen Verpackungsabfall).

■ Das Gipsmodell muß bis zur absoluten Vollendung geformt und geglättet werden. Nach dem Austrocknen wird der Gips mit einem Kunstharzlack überstrichen, der nach dem Trocknen feinstgeschliffen werden muß.

■ Das lackierte Gipsmodell mit Autopflegewachs (silikonhaltig) einsprühen und polieren.

■ Danach wird das ganze Modell mit 3 oder 4 Schichten harzgetränkter Glasfasermatte überzogen, wobei zuunterst unbedingt eine sehr naß getränkte Glasfasermatte genommen werden sollte, unter der auch nicht die kleinsten Luftblasen zurückbleiben dürfen. Jede Lufblase macht nämlich eine langwierige Nacharbeit dieses Negativmodells erforderlich.

■ Dieses in sich möglichst starre Negativmodell wird vom Gipsmodell abgenommen, wobei der Gips oft zersägt werden muß, wenn Hinterschneidungen oder die Schrumpfung des Polymaterials ein einfaches Abheben unmöglich machen.

■ Die abgenommene Negativform wird nun ihrerseits innen feingeschliffen und gut mit Trennwachs eingerieben.

■ Eventuelle Verstärkungsrippen oder Montagefalze aus Blech, Stahl oder aus einer Leichtmetall-Legierung werden vorgearbeitet und in die Form eingepaßt, jedoch erst zusammen mit den harzgetränkten Glasfasermatten, die das endgültige Teil ergeben sollen, eingelegt. Es kann sich bei solchen Einlegeteilen aus Metall auch um Schraubenbolzen zum späteren Befestigen, um Scheinwerfermontageringe und dergleichen handeln.

■ Jetzt werden wieder im Handauflege-Verfahren gut getränkte Glasfasermatten in die Form eingelegt und eingedrückt. Als 1. Lage, die später nach außen kommt, empfiehlt sich für diesen Fall das fein geschlagene Gasfaservlies als Oberflächenmatte und als Innenlage das starke Rovinggewebe (Bild Seite 194). Bei dieser Arbeit läßt sich übrigens das zu verarbeitende Polyesterharz mit einer speziellen Farbe in der Masse tönen, um dem späteren Decklack bereits eine farbähnliche Grundierung zu geben.

■ Nach dem Durchhärten das Teil aus der Form nehmen, eventuelle Fehlerstellen nachspachteln, schleifen und lackieren.

Blechmusik

Eines Tages ist es passiert: Sie kommen zu Ihrem Wagen und der ist gar nicht mehr so schön, wie er noch vor Stunden war. Ein ruppiger Zeitgenosse hat ihn angerannt und anschließend das Weite gesucht. Da den Blechschaden niemand bezahlt, wenn der Täter unerkannt entkommen ist, werden Sie sich überlegen müssen, wie Sie möglichst billig davonkommen.

Oder: Sie haben den geständnisbereiten Anrempler und hinter ihm eine zahlungsbereite Versicherung. Dann können und dürfen Sie sogar daran »verdienen«, ganz legal, denn fast alle Versicherungen sind heutzutage bereit, eine Reparaturpauschale nach den ortsüblichen Sätzen der Werkstätten zu zahlen, wobei sie nicht lange danach fragen, ob die Reparatur auch wirklich in einer Werkstatt ausgeführt wird.

Das eigenhändige Ausbeulen lohnt sich vor allem bei Schönheitsschäden in Türen, Kotflügeln oder Hauben, denn demontierbare Autoteile werden heutzutage in der Werkstatt lieber losgeschraubt und weggeworfen, aber nicht ausgebeult (von Sonderfällen abgesehen), weil handwerkliche Ausbeulerei für die Werkstatt nicht so rentabel ist.

Schweißen und richten nur vom Fachmann

In greifbare Nähe rückt aber eigenhändiges Ausbeulen nur, wenn feststeht, daß die Blechbeule keine »tragenden Teile« erwischt hat. Es wäre kriminell, solche Selbsthilfe auch zu versuchen, wenn etwa durch seitliches Anfahren ein Türschweller, durch Rahmen von vorne die vorderen Quertraversen oder die Motorraumseitenwand mit den Befestigungspunkten der Stoßdämpfer einen Knick erlitten haben. Solche Unfallschäden wirken sich auf die Fahrgeometrie des Wagens und damit auf seine Verkehrssicherheit aus. In diesem Falle muß die Fachwerkstatt mit »Richtbank« und Vermessungseinrichtungen arbeiten, die eine einwandfreie Instandsetzung des Wagens erst ermöglichen.

Das Schweißen am Auto ist eine Arbeit, die gelernt und gekonnt sein muß. Vielleicht mag man sich mal als Heimwerker, so man die notwendigen Geräte verfügbar hat, eine Haltelasche der Kofferraumhaube anschweißen. Aber wenn es an tragende Teile geht, muß man die Schweißerei dem Fachmann überlassen, sonst wird Stahl, der das Auto tragen soll, ausgeglüht und damit »weich«. Oder man brennt sich so große Löcher in das dünne Blech, daß schließlich doch der Fachmann her muß.

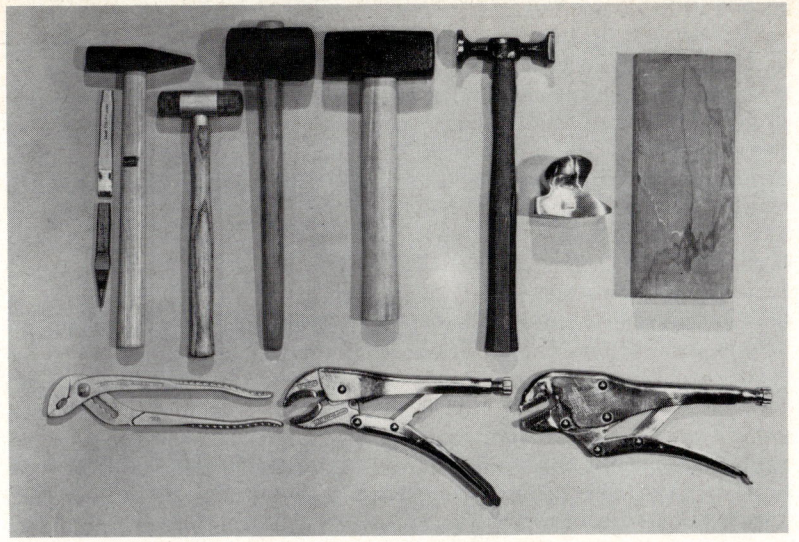

Werkzeug zur Ausbeularbeit: Meißel und Schlosserhammer sind lediglich zum Abtrennen loser Blechteile gedacht; daneben Plastikhammer für feinere Ausbeularbeiten; Gummihammer als wirklich notwendiges Spezialwerkzeug; schwerer Fäustel für »Sandsackarbeiten«; Schlichthammer; Universal-Handfaust aus Stahl zur Formgebung; Hartholzklotz zum Gegenhalten; Rohrzange und 2 verschiedene Gripzangen zum Festhalten.

Auch zu Schweißarbeiten am Auto muß man sich an den wirklichen Spezialisten wenden (das gilt ebenso beim Ersatz tragender Teile bei starken Rostschäden). Denn ein wenig Erfahrung mit einem zufällig greifbaren Schweißgerät, die gerade zum Reparieren eines eisernen Gartenzaunes ausreicht, genügt nicht zum Schweißen der dünnen Autobleche. Auch müssen bei Schweißarbeiten am Auto spezielle Spannungsverhältnisse berücksichtigt und das Ausglühen angrenzender Teile (Ausglühen macht den Stahl »weich« und nimmt ihm die Tragfähigkeit) berücksichtigt werden. Wir finden es darum bedenklich, daß in manchen Autohobby-Werkstätten Schweißgeräte an jeden ausgeliehen werden, der behauptet, damit umgehen zu können. Wir haben da schon abenteuerliche Schweißversuche beobachtet, wenn statt Schweißpunkten und Schweißnähten immer mehr Schweißlöcher ins Blech gebrannt wurden und schließlich wenige gerade noch haltende Schweißpunkte den ganzen Längsträger unter der Tür, den Türschweller, darstellen sollten. Weil solche Spezialistenarbeit auch in einem Heimwerkerbuch nicht ausführungsreif beschrieben werden kann, finden Sie hier nicht mehr darüber als den guten Rat: Mit Schweißarbeit am Auto geht man zum Spezialisten.

Bei einem einfachen Blechschaden in Tür, Kotflügel oder Kofferraumhaube kann sich das eigenhändige Ausbeulen aber durchaus lohnen. Denn die modernen Zwei-Komponenten-Spachtel auf Polyesterbasis (Seite 62), die anfangs der 50er Jahre von der Firma Weber und Wirth eingeführt wurden und als »Prestolith« einen sehr guten Namen haben, gestatten dickere Spachtelschichten, so daß man nicht mehr, wie einst, auf die hohe Ausbeul-Kunst der Karosserie-Klempner mit »Schweifen«, »Treiben«, Feilen, Glätten und »Aufschwemmen« (mit Zinn) so sehr angewiesen ist. Es genügt also eine einigermaßen passende Ausbeularbeit und darüber gezogener Spachtel, um den Schaden wieder recht ordentlich zu beheben.

Spezialwerkzeug ist für einen Heimwerker vor allem dann teuer, wenn es wenig gebraucht wird, sich also »nicht amortisiert«. Und hoffentlich werden Sie so oft nicht Beulen aus Ihrem Auto treiben müssen. Wer aber seinen Werkzeugschrank

Einfacher Blechschaden: Selbst ausbeulen

Werkzeug zum Ausbeulen

auch für Freunde und Bekannte unterhält, für den lohnt sich die Anschaffung des Spezialwerkzeugs schon, denn zum Ausbeulen gibt es kaum brauchbares Behelfswerkzeug. So wollen wir auch gleich einem Mißverständnis vorbeugen:

■ Der auf unserem untenstehenden Werkzeugbild gezeigte **Schlosserhammer** ist auch als Notbehelf zum Ausbeulen nahezu unbrauchbar. Er ist zu leicht, hat eine zu schmale und durch harte Arbeit zerklopfte »Bahn« (das ist die Aufschlagfläche des Hammers). Gebraucht wird der Schlosserhammer darum bei Blecharbeiten nur zusammen mit dem passenden

■ **Meißel** zum Abtrennen angerissener Blechteile.

■ Noch besser ist zum Blechtrennen in aller Regel die auf eine **Bohrmaschine** aufgesteckte **Trennscheibe** (Bild Seite 204 unten).

■ Brauchbar ist als Notbehelf ein schwerer **Fäustel**, denn in einem sanften Fäustelschlag dieses gewichtigen Werkzeugs mit großer »Bahn« sitzt schon die notwendige Wucht, die beim Ausbeulen gebraucht wird. Vor allem beim Austreiben einer »weichen Beule« mit Sandsack (Seite 215) ist der Fäustel sehr gut zu gebrauchen. Beim Austreiben einer »harten Beule« (übernächster Abschnitt) mit dem Fäustel

■ braucht man **Hartholzklötze** zum »Gegenhalten« auf der anderen Blechseite, sonst wird das schadhafte Blech vom Fäustel oder Gummihammer durch deren Wuscht einfach in die andere Richtung verbeult. Die Hartholzklötze sollten möglichst glatte Flächen – sie dürfen »geschweift« sein – und möglichst viel Eigengewicht haben, um dem Fäustel Widerstand durch ihre Masse bieten zu können.

■ Das spezielle Ausbeulwerkzeug ist aber der **Hartgummihammer** mit breiter Schlagfläche, möglichst eine Seite leicht gewölbt, die andere flach und alle Kanten abgerundet. (Preis etwa 10 bis 20,– DM.) Der Hartgummihammer ermöglicht wuchtige und trotzdem »weiche« Schläge. Auch beim Hartgummihammer muß auf der anderen Blechseite mit einem geeigneten Gerät gegengehalten werden, sonst biegt sich das Blech nicht unbedingt an der Schlagstelle, sondern dort, wo es am leichtesten nachgibt. Weitere Beulen wären zwangsläufig die Folge.

■ Am besten eignet sich zum Gegenhalten eine **Universal-Handfaust** aus Stahl, mit vielen verschiedenen Krümmungen und Anpassungsmöglichkeiten an die Blechform. (Preis etwa 30,– DM). Der Karosserieblechner hat eine ganze Reihe verschieden geformter Handfäuste, der Kostenaufwand würde für einen Heimwerker natürlich zu hoch, deshalb für ihn die »Universal-Handfaust«.

■ Für feinere Ausbeularbeiten, die nicht viel Schlagwucht erfordern, wird ein **Plastikhammer** gebraucht. (Preis etwa 10,– DM.) In der Regel sind die Köpfe der Plastikhämmer abschraubbar, so daß sie nach Verbrauch (Deformierung) durch neue ersetzt werden können.

■ Wer sich zum Glätten der Fläche nicht nur auf den Polyesterspachtel verlassen will, braucht noch einen **Schlichthammer**, Zum »Schlichten«, zum Einebnen der Fläche, so daß man bei sauberer Arbeit unter Umständen nur mit einem dünnschichtigen Messerspachtel auskommt. Oder man benutzt ihn an Bördelkanten, auf denen kein Polyspachtel richtig hält. Fest wird beim Schlichten auch die Stahl-Faust gegengehalten. Solch einen Schlichthammer (Preis etwa 20,– DM) darf man auf keinen Fall zum allgemeinen Hämmern mißbrauchen, um etwa einen Nagel einzuschlagen oder einen Bolzen herauszutreiben. Denn damit vernarben die glattgeschliffenen »Bahnen« des Hammers, und eine Blechglättung ist damit nicht mehr möglich.

■ Zum Halten der Blechstücke sind auch einige Zangen notwendig. Besser als **Rohrzangen** sind die einstell- und festklemmbaren **Gripzangen**, aber sie sind teuer.

■ Zum Schutz der haltenden Hand sollte ein **Lederhandschuh** übergezogen werden, denn Verletzungen an rostigen Blechkanten sind sehr unangenehm.

■ Ferner wird ein **Spachtelmesser** empfohlen – es darf ruhig schon etwas abgenutzt sein –, um auf der Blechrückseite sorgsam die Dreck- und Unterbodenschutzrückstände abschaben zu können. Denn die Steinchen im anhaftenden Straßendreck ruinieren einerseits die Ausbeulwerkzeuge und drücken andererseits kleine Beulen ins Blech.

■ Dringend notwendig sind noch etliche **Tücher** und **Lappen**, damit ein demontiertes und auf dem Werktisch abgelegtes Blechteil nicht zusätzlich zerkratzt wird – eine unnötige Erschwernis der Lackiererei.

Bevor Sie nun mit dem neuerworbenen (oder ausgeliehenen) Werkzeug auf Ihr Auto losgehen, sollten Sie die Blechnerei erst einmal üben. Fehlt es nämlich dazu an Erfahrung, wird aus einer kleinen Beule eine wüste Berg- und Tallandschaft, die ursprünglich und wieder angestrebte Formen kaum noch erkennen läßt. Jede Autowerkstatt hat eine Abfallecke mit zerknautschten Motor- und Kofferraumhauben. Die Werkstatt wird froh sein, wenn Sie ihr den Transport eines Übungsteiles zum Schrottplatz abnehmen.

Geübt werden sollte zuerst einmal (am beidseitig gut gesäuberten Blech, damit die Hammer-Bahnen nicht vernarbt werden!) der genau rechtwinklige Hammeraufschlag, bei dem die gesamte Hammer-Bahn satt und glatt auf das Blech auftritt und nicht nur eine Hammerkante, die eine ärgerliche »kurze« Beule im Blech hinterläßt und es damit nur dehnt.

Leichter geht das zweifellos mit den abgerundeten Kanten des Hartgummi- und des Plastikhammers. Aber auch die Schläge mit Fäustel und Schlichthammer müssen glatt aufsetzen.

Gleichzeitig müssen Sie dabei das punktgenaue Gegenhalten (mit Hartholzbrett und Handfaust) üben. Sie merken es schon an der Zusatzbeule und am Zurückfedern des Hammers, daß Sie justament wieder genau neben die Handfaust getroffen haben. Mit der Zeit bekommt man bei diesem Üben wahre »Röntgenaugen«, die genau erkennen, an welcher Stelle gerade die Handfaust hinter dem Blech liegt.

Und wenn Sie gerade eine schöne Übungsbeule haben, liegt natürlich die Ver-

Ausbeulen erst üben

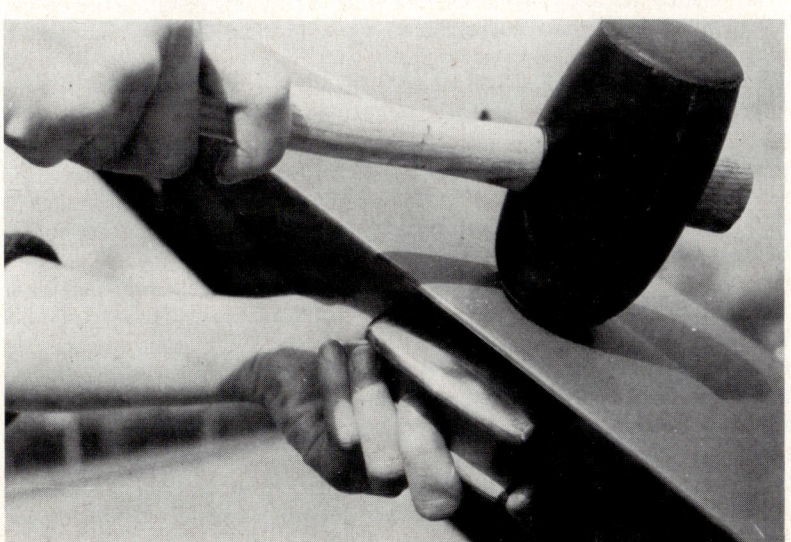

Der Gummihammer und die sogenannte »Handfaust« aus Stahl zum Gegenhalten sind die besten Werkzeuge, um verbeultes Blech wieder »glattzubügeln«. Ein Schlosserhammer ist dazu auf keinen Fall brauchbar. Wie Gummihammer und Handfaust gehandhabt werden, ist im Text auf diesen Seiten beschrieben. Zur weiteren Blechglättung braucht man zur Handfaust einen Schlichthammer, der aber nur behutsam gehandhabt werden darf, sonst wird das Blech gedehnt und damit verformt.

Diese schwere Beule in einer Autotür sieht nur auf den ersten Blick ziemlich hoffnungslos aus. So schwierig ist es gar nicht, sie wieder herauszutreiben und den Rest mit Spachtel und Lackierung wieder unsichtbar zu machen.
Voraussetzung: Man muß an die Blechrückseite herankommen und die dort notwendige Bewegungsfreiheit schaffen, eventuell durch Abbau behindernder Teile. Das geht auch bei einer Beule in der hinteren Karosserieseitenwand, denn auch dort ist die innere Kunststoffverkleidung demontier- und die Sitzbank herausnehmbar. Im hier auf den beiden Bildern gezeigten Falle muß die Türinnenverkleidung demontiert werden (siehe Seite 227).
Mit einem kräftigen Vierkantholz wird danach außen gegengehalten,

(Bildtextforstetzung rechte Seite)

suchung nahe, sogleich kräftig auf die Beulenmitte zu klopfen. Tun Sie es nicht, sondern lesen Sie zuvor den Abschnitt über das »Ausbeulen einer harten Beule« auf Seite 216.

»Harte« Beule, »weiche« Beule?

Nun haben Sie so schön an einem Schrottstück eines Autos mit allerhand Werkzeug geübt, aber vielleicht geht es mit der Beule an Ihrem Auto gänzlich ohne Werkzeug. Schauen Sie sich deshalb erst einmal das Ungebilde genau daraufhin an, ob es wohl durch einen »harten« oder einen »weichen« Aufprall entstanden ist. Es kommt dabei nicht so sehr auf die Tiefe der Beule an, sondern auf dies: War Metall oder Stein gegen das Karosserieblech gestoßen, gab es also einen Zusammenprall mit hartem Material, ist in der Regel ein scharfer Blechknick an den Beulenrändern und in der Beulenmitte zu sehen. Das passiert auch, wenn eine fremde Stoßstange am Autoblech entlang kratzt. Wir nennen das eine »harte« Beule, die nur mit dem Ausbeulhammer ausgebügelt werden kann und allerhand Arbeit macht.
Bei einem Aufprall von weichem Material, bespielsweise durch Gepäckstücke oder durch Anprall eines Fußgängers, bildet sich oft nur eine Beule ohne scharfe Knickstellen und -ränder. Es gibt da Autos, deren staniolpapierartiges Blech sich bereits mit dem Daumen oder dem Handballen eindrücken läßt. Besehen Sie sich mal die Vorderkanten mancher Motorhauben oder Hinterkanten mancher Kofferraumhauben, die mit der Hand festgedrückt werden müssen! Solch eine Beule ohne scharfe Knickränder nennen wir eine »weiche« Beule.
Dazu ist auch noch wissenswert, daß das etwa 0,6 mm dicke Autoblech nur durch die verschiedenartigsten Wölbungen genügend Eigenstabilität hat. Auch an Ihrem Wagen werden Sie, wenn es nicht gerade ein Veteran mit dementsprechenden »Panzerplatten« ist, kaum eine Fläche finden, auf der ein 20 cm langes Lineal in allen Richtungen glatt aufliegt. Solcherart geformtes Blech trägt mehr zur Stabilität der Karosserie bei als eine glatte Blechtafel, die sich nach allen Richtungen biegen läßt. Fängt wohlgeformtes Blech eine Beule, springt das Material vorzugsweise um jenen Abstand nach innen, um den es vorher nach außen gewölbt war. Bei starker Blechverformung gilt das allerdings nicht mehr, weil hierbei das Material gestreckt oder gestaucht wurde.

(Bildtextanfang linke Seite)
damit das Blech nicht über die ursprüngliche Form hinausspringt, während von der Innenseite her (Bild rechts) die Beule mit einem gewichtigen Fäustel und einem kräftigen Hartholzklotz als schlagverteilendes Zwischenstück herausgetrieben wird.

Wie auf beiden Bildern gut erkennbar, werden die ersten Treibschläge nicht in der Mitte der großen Beule angesetzt, sondern es wird, vom Rande ausgehend, zur Mitte hin gearbeitet. Dadurch kann das Blech nach und nach in die ursprüngliche Form zurückgleiten, anstatt durch einen zentralen Schlag gestaucht oder gedehnt zu werden, was die Entwicklung einer sogenannten Spring- oder Blubberbeule bewirken würde.

Bei einer »weichen Beule« versuchen Sie am besten zuerst einmal mit dem Handballen, also ohne Hammer, die Beule herauszuschlagen oder herauszudrücken. Es ist möglich, daß solch eine »weiche« Beule fast ohne sichtbare Spuren herausspringt. Bei ihr steht nämlich das Blech unter Spannung, die es gerne wieder aufgibt, wenn ohne harte Gewalt, nur mit dem weichen Handballen, nachgeholfen wird.

Ausbeulversuch mit dem Handballen

Reicht die Kraft des Handballenschlages nicht aus, weil das Blech ein wenig stärker ist oder die Beule durch starke Blechwölbung zu stark unter Spannung steht, ist Ausbeulwerkzeug noch immer nicht notwendig, wenn die Beule wirklich keine scharfen Knickränder hat. Auch Ausbeulwerkzeug hat nur eine seitlich begrenzte Schlagwirkung, und man würde die große Beule in lauter kleinen »Gegen-Beulen« wieder nach außen treiben, wodurch das Blech natürlich stark verformt wird.

Ausbeulen mit dem Sandsack

Der Trick ist deshalb, einen stärkeren Schlag, als ihn der Handballen zuwege bringt, gleichmäßig und »weich« über die ganze Innenseite der Beule zu verteilen, so daß sie zwar mit Wucht, aber weich nach außen getrieben wird. Das geht so:

■ Füllen Sie zwei ineinander gesteckte Plastiktüten mit möglichst feinem Sand, und zwar mit so viel, daß er mit den zusammengedrehten Tüten einen kräftigen Sandballen vom Durchmesser der Beule bildet.

■ Legen Sie zusammen mit einem Helfer diesen »Sandsack« von innen gegen die Beule (eventuell muß dazu das eingebeulte Autoteil, falls demontierbar, abgenommen werden) und klopfen Sie nun mit der Breitseite eines schweren Fäustels mit viel Gefühl auf den Sandsack. Der kräftige Hammerschlag wird abgefangen und verteilt. Damit der Hammer nicht im Sandsack verschwindet, kann man ein Brettchen als Zwischenlage auflegen. Bei richtigem Schlag wird die Beule fast spurenlos herausspringen. Zumindest werden die kleinen Ausbeulwellen im Blech vermieden, die nachher das Ausspachteln auch nicht gerade erleichtern.

Fingerzeig: *Leichter lassen sich Beulen austreiben, wenn das beschädigte Teil* demontiert werden kann. Dann ist das Teil besser zu handhaben und Spezialwerkzeug gut einzusetzen. Noch ein Grund: Bei der Klempnerei entstehen Spannungen im Blech, die sich bis in relativ weit entfernte Randzonen auswirken. Sind diese Randzonen mit anderen Teilen verschraubt, können sich die Spannungen nicht ausgleichen. Diese »gespannten« Verhältnisse führen vom feinsten Haarriß im Lack und Spachtelmasse bis zu Blechrissen. Ein ausgebautes Teil läßt sich dagegen nach der Ausbeularbeit wieder spannungsfrei anschrauben.

Lediglich eine zerbeulte Tür wird man in der Regel nicht ausbauen, denn die Demontage wird meist durch vernietete Haltebänder oder schlecht zugängliche Scharnierschrauben erschwert. Auch wird bei einer Tür durch deren Kastenkonstruktion die Spannung nach außen nicht so stark.

Gummihammer und Handfaust

Bei einer »harten Beule« mit Knickrändern im Blech muß der Gummihammer her (und nicht der Schlosserhammer, der mit seiner zu kleinen Schlagfläche bei jedem Schlag eine kleine »kurze« Beule schlägt, die nachher kaum noch zu glätten ist). Zum Gegenhalten auf der Blechaußenseite braucht man eine passende »Handfaust« aus Stahl, zumindest die Breitseite eines schweren Fäustels oder allerwenigstens eine Hartholzplatte.

Die Arbeit muß mit viel Gefühl ablaufen, denn Sie müssen genau abwägen, wie stark der Schlag geführt werden darf. Ein schnelles, leichtes Schlagen bringt mehr Erfolg als einzelne wuchtige Schläge.

Die »Blubberbeule«

Mit einem kräftigen Schlag auf die Beulenmitte, so glaubt mancher, wird die halbe Arbeit schon erledigt sein. Ein Trugschluß. Der Schlag auf den »Beulengipfel« staucht nur das Blech seitlich zurück, es verkürzt sich um einen winzigen Teil. Die ursprüngliche Form kann dann nur durch »Treiben« des Bleches, also durch dehnendes Dünnklopfen des Materials, wieder erreicht werden. Das wird für einen wenig erfahrenen Heimwerker sehr problematisch, denn plötzlich ist »zu viel Blech« da, und das gedehnte Blech will überhaupt nicht mehr so wie es soll. Auf jeden Fall wölbt sich das gedehnte Blech nach innen oder außen heraus und springt schon bei leichtem Fingerdruck mit lautem »Bonng« in die andere Richtung. Der Fachmann nennt solche Gebilde »Spring- oder Blubberbeule«, weil sie unter ungünstigen Umständen während der Fahrt regelrecht und geräuschvoll im Winde flattern.

Solch eine blubbernde Fläche kann nur noch vom erfahrenen Karosserieklempner durch örtliches Erhitzen mit dem Schweißbrenner entspannt werden, aber das gelingt auch nicht immer.

Falten im Blech

Noch schlimmer wird die Blechdehnung beim Hämmern, wenn sie sich bis zu einer Blechfalte aufwirft. Mancher Bastler versucht auch, eine entstandene Blubberbeule durch weiteres Klopfen zu einer Blechfalte »zusammenzunieten«, damit die Blechfläche wieder paßt. Mit viel Geschick kann man das »überschüssige« Material einer Springbeule vielleicht in die angrenzenden Materialflächen zurückstauchen, aber bei einer zusammengeklopften Blechfalte ist nichts mehr zu glätten. Durch Temperaturausdehnungen dieser Falte in verschiedenen Richtungen, können darübergeschmierter Spachtel und Lack auf die Dauer nicht halten. Es gibt Spannungsrisse und Ablösungen vom Untergrund. Einzige Abhilfe für den Heimwerker, wenn der (ein wenig blamable) Gang zur Karosserieklempnerei vermieden werden soll: Mit der Trennscheibe auf der Bohrmaschine den faltigen Blechstreifen herausschneiden, die angrenzenden Blechflächen ein wenig nach innen einformen und die offene Stelle, wie ab Seite 196 beschrieben, mit Reparaturharz und Glasfasermatte von innen und außen schließen.

Achten Sie auch darauf, daß kein Punkt des ausgebeulten Bleches irgendwo über die ursprüngliche (und auch spätere) Form hinausragt. Das kann passieren, auch wenn sich die Klempnerei nicht zu einer Blubberbeule ausgedehnt hat. An einer herausragenden Stelle würde bei der späteren Formung das Blech entweder glatt durchgeschliffen oder beim Aufbau der Lackierung gäbe es immer wieder bis aufs blanke Blech geschliffene Stellen, die zuletzt nur eine hauchdünne (und dadurch nur ungenügend rostgeschützte) Lackierung hätten. Solch eine vorwitzige Beule muß also beizeiten zurückgeklopft werden. Am besten treibt man einen flachen Krater nach innen in das Blech, der dann mit Spachtel ausgefüllt werden muß.

Spachteln oder schlichten

Wenn aus der Beule somit wieder einigermaßen die ursprüngliche Form geworden ist, können Sie sich entscheiden:
Entweder gestalten Sie die glatte Oberfläche Schicht um Schicht mit Polyesterharzspachtel, wie ab Seite 97 beschrieben. Oder Sie beulen das Blech so sauber aus, daß allenfalls noch eine nicht mehr allzu dicke Schicht Füllspachtel (Seite 98) oder bei ganz sauberer Arbeit nur noch dünnschichtiger Messerspachtel (Seite 103) notwendig ist.
Zur Nacharbeit der Gummihammer-Ausbeulerei brauchen Sie den im Bild auf Seite 211 gezeigten Schlichthammer, der wie ein Schusterhammer aussieht, aber auf keinen Fall so verwendet werden darf, sonst sieht seine glättende, geschliffene Bahn bald wie ein mißhandelter Schlosserhammer aus. Auch auf verschmutztem Blech sollte man mit ihm nicht herumklopfen. Bei der Arbeit mit dem Schlichthammer genügt ein Behelfs-Gegenhaltewerkzeug, wie etwa ein Hartholzbrett oder der Fäustel, einfach nicht, denn er soll ja die kleinen Beulen einebnen und dementsprechend muß die Unterlage eine flächenglatte Handfaust sein. Mit dem Schlichthammer führt man auch keine wuchtigen Schläge, sondern »dengelt« gewissermaßen in schneller und leichter Schlagfolge das Blech, bis es möglichst glatt ist. Harte Schläge würden das Blech dünn klopfen, dabei entsprechend ausdehnen, bis es schließlich zu den bereits erwähnten Dehnungen käme.
Zum Schluß soll die ganze Fläche mit einer breiten Feile nachgearbeitet werden. Der Karosserieschlosser nimmt dazu die spezielle Karosserie-Feile, die eine Griffform wie ein Schreinerhobel hat. Aber diese Feile ist für gelegentliche Heimwerkerarbeit doch zu teuer und es geht durch die Möglichkeit eines dickeren Poly-Spachtelauftrags auch ohne diese Feilarbeit. Statt dessen soll die ganze Blechfläche mit einem Metallsägeblatt oder der Fräsfeile gut aufgerauht werden, damit sich der Polyspachtel gut in diese Riefen einkrallen kann.
Und weiter geht es zum Aufbau der Lackierung je nach Erfolg der Klempnerei mit Arbeitsgang Nr. 10 (Seite 95) oder Nr. 11 (Seite 98).

Blechstücke einnieten

Wenn eine Beule an einem nichttragenden Autoteil so zerknittert ist, daß sie sich mit Heimwerkermitteln nicht mehr zurechtklopfen läßt oder mit der Beule ein zu großes Rostloch aufgerissen wurde, um es noch mit Glasfasergewebe und Polyesterharz schließen zu können, läßt sich auch ein Stück Blech einnieten (aber wohlgemerkt: nicht an tragenden Teilen!).
Manchmal sieht man an den (ehemals durchgerosteten) Türunterkanten älterer Autos solche eingenieteten Blechstreifen, bei denen ganz auf Polyharznacharbeit verzichtet wurde. Aber solche eingeflickten Blechstücke sehen doch reichlich schäbig aus und unterrosten ohne Lack- und Unterbodenschutz auch sehr schnell wieder.
Das läßt sich besser machen, und der Blechflicken sollte nur als Basisträger für

Die Blindniete wird, im Gegensatz zur normalen Niete, nicht von beiden Seiten her zu je einem Nietkopf gestaucht, sondern »blind«, also ohne Blickmöglichkeit auf die Rückseite der zusammenzunietenden Teile, von einer Seite her mit der hier gezeigten Nietzange gezogen. Die Bilder zeigen, wie das Werkzeug gehandhabt wird: In das »Futter« der Nietzange wird ein nagelähnlicher Spezialstift mit der Spitze nach hinten eingesetzt.

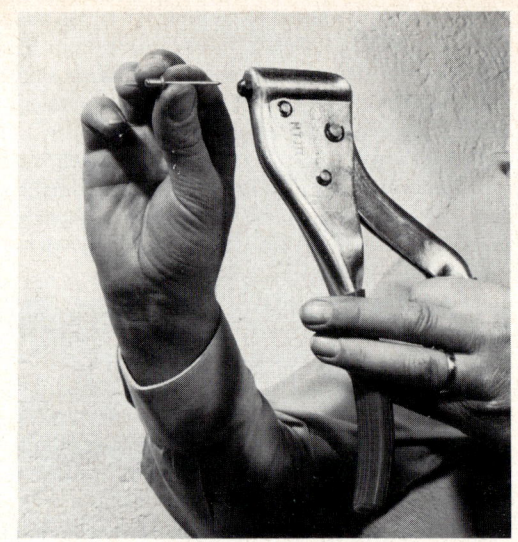

die eigentliche Reparatur mit Polyharz dienen und selbst, einschließlich der Nietköpfe, ganz unsichtbar gemacht werden.

In Frage kommen für diese Arbeit nur die sogenannten Blindnieten mit der entsprechenden Nietzange (Bild oben).

Rostschutzvorsorge

Damit die betreffende Stelle nicht wieder rostanfällig wird, sollte man sich möglichst ein nicht-rostendes Blechmaterial für diese Flickarbeit auswählen, also etwa ein Stück »Nirosta« aus einem alten Nirosta-Spülbecken, eine Aluminiumlegierung oder galvanisiertes Kupfer (von einem ausrangierten Wasserkessel) oder emailliertes Blech (von einem noch nicht angerosteten Dauer-Werbeplakat) oder dergleichen. Falls Sie ein solches rostfreies Blechstück nicht auftreiben können, muß das Blech aus einem alten Karosserieteil vor dem Einnieten auf seiner Rückseite einwandfrei rostfest gemacht werden. Nehmen Sie deshalb bei einem Blechstück aus einem alten Karosserieteil am besten die lackierte Seite als Rückseite und beschichten Sie diese außerdem noch dick mit einem hochwertigen Unterbodenschutz. Das hält lange und lediglich die später noch zu bohrenden Nietlöcher müssen noch einmal extra »versiegelt« werden.

■ Das Blechstück wird in der passenden Größe zugeschnitten (mit Stahlsäge, Trennscheibe oder Blechschere) und der Karosserieform entsprechend gebogen oder (bei allseitigen Rundungen) gehämmert, wenn es sich durch entsprechende Materialweichheit »treiben« läßt (vor allem bei Kupfer möglich, bei Edelstahl und Aluminium zumeist nicht). Das Blech wird auf eine möglichst ebene Stahlplatte gelegt und, in der Mitte beginnend, mit schnellen Treibschlägen gehämmert, bis es durch Dehnung die entsprechend gerundeten Formen angenommen hat. Aber solch eine Arbeit ist schon Heimwerker-Spitzenleistung.

Nietstelle unsichtbar machen

■ Wenn nur irgend möglich, sollte das Blechstück auf der Rückseite des zu reparierenden Karosserieteils zum Nieten aufgelegt werden. Denn auf der Vorderseite würde es zu stark auftragen und das ganze Teilstück müßte entsprechend mit Ausbeulwerkzeug nach innen getrieben werden. Damit auch die breiten Nietfüße nicht außen auf dem Blech sichtbar herausragen, müssen jene Stellen, durch die ein Niet gezogen werden soll, in Form einer kleinen Delle (am besten

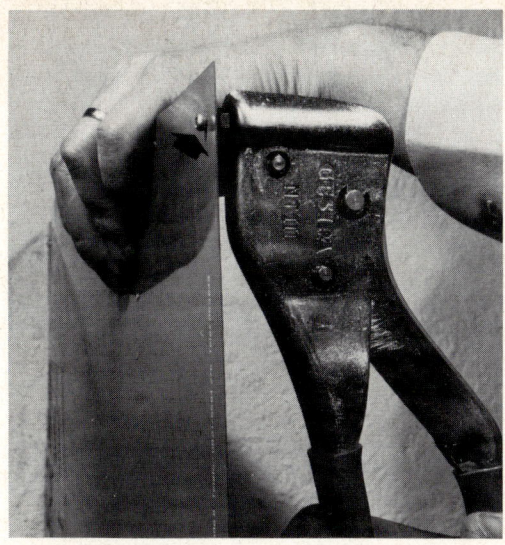

Die Löcher der zusammen-
zunietenden Teile dürfen
nur Millimeterbruchteile
größer als die Blindniete
sein. Nach dem Durchstek-
ken werden die Schenkel
der Nietzange zusammenge-
drückt, wobei die Futterbak-
ken den Nietdorn zurückzie-
hen, der seinerseits auf
der Blechgegenseite die
Niete auseinanderstaucht.
Bei einer bestimmten
Spannung reißen die Futterbacken den Nietdorn ab.
Die Blechstärke soll zusammen nicht mehr als 2,5 mm
betragen.

mit einem Kugelkopfhammer), nach innen geklopft werden. Das hat natürlich
zur Folge, daß das eingenietete Blechstück nicht rundum absolut plan am äußeren Karosserieblech anliegt und in den dadurch bewirkten Spalten eindringende
Feuchtigkeit nach außen wieder durch das Blech rosten kann. Deshalb sollte
man nach dem Einpassen des Blechstückes dessen ganzen Rand, soweit er hinter dem Karosserieblech verschwindet, dick mit angemischtem Sauerkrautspachtel einstreichen. Das überschüssige Material wird zwar beim Anziehen der
Nietzange seitlich herausgequetscht, aber das schadet nichts, denn auf jeden
Fall sind alle Zwischenräume zwischen den beiden Blechen zuverlässig gefüllt
und versiegelt.

■ Damit sind wir aber dem Arbeitsgang schon ein wenig vorausgeeilt, denn
vorher müssen natürlich die genau zueinander passenden Löcher mit dem passenden Bohrer (3 mm, 4 mm oder 4,5 mm, je nach Nietdurchmesser) gebohrt
werden. Sie müssen sehr exakt passend verbohrt werden, sonst gibt es durch ein
schief eingesetztes Blech Spannungen und Verformungen.

■ Jetzt, wie bereits oben beschrieben, die Ränder des Blechstückes mit angemischtem Polyharzspachtel einstreichen, das Blech anhalten und den in die
Nietzange eingesetzten Nietstift durch das erste Bohrlochpaar tief einschieben.

■ Nietzange zudrücken, wobei der mittlere Nietstift von den Futterbacken der
Nietzange zurückgezogen wird und damit den hinteren Nietkopf durch Breit-
quetschen des hinteren Niethülsenteils bildet. Beim Weiterdrücken der Nietzange reißt der mittlere Nietstift ab und die Vernietung ist fertig.

■ Je nach Qualität dieser Klempnerarbeit können Sie nun von der Außenseite
her Glasfasermatte (in diesem Falle besser als Gewebe) auflegen oder die Form
mit glasfaserverstärktem Polyharz, dem Sauerkrautspachtel, auftragen.

Auf der Bleckrückseite gibt es nicht mehr viel zu tun, allenfalls übersprüht man
die Rückseite nach dem Durchhärten des zwischen die Bleche gepreßten Polyharzes nochmals mit Unterbodenschutz. Auf der Vorderseite sollte man darauf
achten, daß die Nietfüße beim Aufbau der Lackierung nicht bis unter den letzten
Feinspachtel unter dem Decklack herausragen, sondern vorher soweit zurück-
getrieben wurden, daß sie noch mit Polyspachtel überschichtet werden konnten.
Andernfalls könnte ein Nietkopf durch Wärmedehnung sichtbar werden.

Der Nietkopf besteht in der Regel aus einer gut verformbaren Aluminiumlegierung, manchmal auch aus Kupfer oder »weichem« Stahl und es ist selbstverständlich, daß mit diesem leichten Material keine tragenden Teile am Auto zusammengenietet werden dürfen.

Mit sanfter Gewalt

In den vorhergehenden Kapiteln ist gelegentlich der Hinweis zu finden, diese oder jene Arbeit könne man sich leichter machen, wenn das betreffende Teil oder ein störendes Stück vom Auto abmontiert würde. Da läßt sich beispielsweise ein demontierter Kotflügel – wenn er sich noch demontieren läßt – viel leichter auf einem Arbeitstisch spachteln und lackieren, weil man ihn drehen und wenden kann, wie er gerade gebraucht wird, außerdem dadurch das Abkleben der angrenzenden Autoteile erspart und nicht zuletzt durch das flache Auflegen beim Sprühlackieren die allzu schnelle Lauftränenbildung verhindert.

Nur, wie bekommt man diese Teile vom Auto ab? Das ist meist nicht ganz leicht, weil die betreffenden Schrauben und Befestigungen irgendwo unter Blech versteckt liegen oder erst nach Abheben eines Kunststoffdeckels sichtbar werden. Auch handelt es sich bei den Befestigungen nur teilweise um die altbekannten Stahlschrauben mit metrischem Gewinde, Unterlegscheibe und Mutter, sondern sehr oft um Blech-Clips, Blechschrauben, Kunststoffsplinten, Blechklammern, Aufpreßschnallen und dergleichen. Das ist aber – und dadurch wird es besonders schwierig – bei den verschiedenen Automarken recht unterschiedlich.

Wir können Ihnen deshalb mit den nachstehenden Hinweisen und den hier gezeigten Bildern nur allgemeine Anregungen zum Nachdenken geben, wie das Abschrauben wohl an Ihrem Auto stattfinden könnte. Es sei denn, Sie besitzen ein Fahrzeug, für das es einen speziellen Band in dieser Buchreihe gibt. Darin ist es natürlich genauer erklärt.

Zu vielen Arbeiten an der Karosserie müssen die Räder abgenommen werden. Aber lange nicht gelöste Radschrauben sind oft angerostet. Da reicht ein einfacher Radschraubenschlüssel nicht aus und schon gar nicht das Bordwerkzeug. Zu größerer Kraftwirkung muß deshalb der Hebelarm des Werkzeugs verlängert werden – entweder mit einem aufgesteckten stabilen Rohr oder, wie hier beim VW-Käfer, mit dem hohlen Wagenheberstempel.

Schraube locker

Der Ärger fängt schon damit an, daß eine Schraube, die man glücklich als zuständig erkannt hat, absolut und ganz und gar nicht aufgehen will. Weil sie festgerostet ist. Oder weil der Mann in der Werkstatt mit einem gewaltigen Schraubwerkzeug – etwa einem Schlagschrauber – die Schraube dermaßen »angeknallt« hat, daß sie sich mit normalem Heimwerkerwerkzeug nicht wieder lösen läßt.

Weil man zu seinen Karosseriebasteleien oft die Räder abnehmen muß, betrifft das nicht selten die Radschrauben, die sich aber meist mit einem Trick doch noch lösen lassen, wie das Bild auf der Vorseite zeigt. Bei einigen Modellen ist der Wagenheber innen hohl, so daß man ihn über den Radschraubenschlüssel schieben und damit als verlängertem Hebelarm arbeiten kann. Andernfalls tut's ebensogut auch ein langes Wasserrohr.

Rostlöseröl zum Lockermachen

Wenn aber Schrauben schwerer zugänglich und festgerostet sind, kann man sich mit einem verlängerten Schraubenschlüssel auch nicht helfen. Dann muß die verrostete Schraube mit speziellem Rostlöseröl gelockert werden, das einfach auf die Verrostung gesprüht wird. Besonders gute Erfahrungen machten wir mit »Caramba Rasant« (nicht »Caramba Super«), das durch die hoffnungslosesten Verrostungen hindurchkroch (man muß ihm nur Zeit lassen, eventuell mehrere Stunden oder sogar über Nacht), bis sich selbst schwer drehbare Kreuzschlitz-Blechschrauben lockern ließen. Weniger wirksam, aber auch noch gut sind »Caramba Super«, »Multigliss« von Molykote, »Touring Rostlöser« von Liqui Moly und andere.

Festrosten vorbeugen

Zukünftige Montagearbeiten können Sie sich erleichtern, wenn Sie beim Zusammenschrauben der Autoteile ein Spezialfett auf die Gewinde streichen, das speziell dort das Zusammenrosten verhindert. Es handelt sich um sogenannten Heiß-Schrauben-Compound, der uns als wahrer Segen für den Autobastler erscheint. Wir können dieses Hilfsmittel (»HSC-Paste« von Molykote oder »ASC-Paste« von Liqui Moly) gar nicht genug loben, denn es ist, wie schon der Name sagt, besonders hitzefest (nach Firmenangaben bis 1100° C) und das erste uns bekannt gewordene Mittel gegen das Festrosten der Auspuffschrauben und gegen festgebrannte Zündkerzen. Wer sich darüber schon geärgert hat, kann seinen Zorn vergessen. Selbstverständlich ist diese kupferfarbene Spezialpaste auch für alle anderen, nicht hitzebeanspruchten, aber rostgefährdeten Schraubverbindungen ausgezeichnet, wie die fast immer festgerosteten Stoßdämpferschrauben und natürlich auch Kotflügelschrauben. Und über die angedrehten Schrauben sprüht man zuletzt noch einen dicken »Hut« aus Unterbodenschutz, wie auf Seite 171 bereits für die Fahrwerksverschraubungen empfohlen. Da kann keine Feuchtigkeit mehr Eisen zu Rost verwandeln.

In gleichem Atemzug sei aber vor dem Gebrauch von normalem Fett an Schraubverbindungen gewarnt. An hitzegefährdeten Schrauben brennt normales Fett nur zu unlösbarer Kohle fest und andere Schraubverbindungen sind damit zu gut geschmiert – sie können sich lösen.

Stoßstangen demontieren

Im allgemeinen ist der Ausbau der Stoßstangen, die beim Lackieren sehr im Weg sein können, ziemlich unproblematisch. Sie sind jeweils an zwei Stoßstangenhaltern verschraubt, die ihrerseits durch das Karosserieblech geführt sind und mit stabilen Stahlschrauben an den vorderen Enden der Längstraversen in der Bodengruppe sitzen. Der Ausbau ist nicht schwierig, wenn Sie die geeigneten Schraubenschlüssel – Ringschlüssel und Steckschlüssel der passenden Größe – besitzen. Legen Sie sich mit dem Kopf unter die Stoßstange und Sie werden in der Stoßstangenwölbung und an den Längstraversen die Halteschrauben sehen. Ob Sie die ersteren oder die letzteren lösen, richtet sich nach der speziellen Konstruktion an Ihrem Fahrzeug und an den jeweils passenden Schraubenschlüsseln.

Auch der Ausbau der Motorraumhaube und der Kofferraumhaube ist in der Regel kein besonderes Problem. Man sollte aber einen Helfer zur Hand haben, der das andere Ende der Haube hält, damit seine Kante nicht den Lack zerkratzt. Lediglich an manchen Kofferraumhauben gibt es Schwierigkeiten, wenn sie mit einer Spannvorrichtung zum leichteren Öffnen und zum Offenhalten der Haube versehen sind. Das geschicht durch sehr starke Spannfedern, die beim Ausbau ausgehängt werden müssen. Das ist nicht immer klar erkennbar und manchmal sogar gefährlich, weil die einseitig entspannten Federn plötzlich wie eine Rakete losgehen können. Als lieber zweimal hinschauen, am besten auch mit einem Spiegel »um die Ecke« unter dem angrenzenden Windlaufblech, um die Konstruktion zu verstehen und die Ausbaumöglichkeit zu erkennen.

Hauben abbauen

Ansonsten sind die Hauben in der Regel an zwei mit der Karosserie fest verbundenen Scharnieren festgeschraubt. Die Schrauben lassen sich ohne weiteres mit den passenden Ringschraubenschlüsseln lösen. Die Schraubverbindungen sitzen dort in sogenannten Langlöchern, etwa von ovaler Form. Das gibt die Möglichkeit, die Haube den Erfordernissen des Haubenausschnitts in der Karosserie gut anzupassen, sie also in den Langlöchern vor dem Festschrauben etwas zu versetzen, damit die Haube flächenglatt und mit vollkommen gleichmäßigem Randabstand zu den benachbarten Blechflächen in ihrem Ausschnitt sitzt. Auf diesen sauberen Sitz müssen Sie beim Wiedereinbau achten und man erleichtert sich diesen genau justierten Einbau sehr wesentlich, wenn vor dem Ausbau der genau justierten Einbau sehr wesentlich, wenn vor dem Ausbau der genau passenden Hauzbe an den Scharnieren der genaue Sitz der Haubenbefestigungslaschen mit einem Kratzer oder, wie auf dem Bild auf Seite 85 gezeigt, mit einem Filzstift markiert wird.

Haube justieren

Fingerzeig: *Klappernde Hauben erhalten wieder festen Sitz, wenn an ihrer Auflegekante – je nach Konstruktion vorne oder hinten – die dort zumeist vorhandenen, verstellbaren Auflagepuffer etwas herausgeschraubt oder bei zu stramm sitzender Haube etwas hineingedreht werden.*

Beim Lackieren und Spachteln der Karosserieseitenwände sind die oft dort montierten Chromzierleisten recht im Wege. Also weg damit, aber wie? Das ist schon ein wenig schwieriger. Schauen Sie zu aller Sicherheit mal im Kofferraum innen an der Außenwand in Höhe der außen angebrachten Zierleiste hin. Manchmal, aber das ist nicht die Regel, schaut dort in längeren Abständen jeweils ein dünner Zapfen von außen durch das Blech, der mit einem aufgedrückten Schnappblech gegen das Herausfallen nach außen gesichert ist. An den Krümmungen oder Zierleisten-Enden ist es auch eine dünne Schraube mit Mutter, die dort die Zierliste hält. In diesem Falle müssen Sie die Blech-Innenseite entlang der Zierleiste freilegen (durch Abbau entsprechender Abdeckungen) und mit einem feinen Schraubenzieher die kleinen Blechschnapper von den dünnen Bolzen abhebeln (neue kaufen, denn sie verbiegen meistens dabei und kosten nicht viel) bzw. die kleinen Halteschräubchen lösen.
In dieser Art sind zumeist die Typenschriftzüge und Markenaufschriften am Autoblech befestigt (die ja auch beim Lackieren und vor allem beim Schleifen weg

Zierteile abnehmen

Zierleisten gibt es auch als aufklebbare Meterware mit zusätzlichem Scheuerschutz von den Firmen Happich und von Teroson.
Die passende Länge wird mit der Gartenschere abgeschnitten, das gibt einen sauberen Schnitt. Zum Biegen um Karosserie-Rundungen soll das Material vorher etwas angewärmt werden. Wenn das Leisten-Ende um eine scharfe Biegung trotzdem nicht hält, durch Zierleiste und Autoblech ein 4-mm-Loch boren und eine verchromte Blechschraube eindrehen.
Schnittreste dieser Anklebe-Zierleisten brauchen Sie nicht wegzuwerfen. Kleben Sie sie, eventuell mit zusätzlich benutztem Alleskleber, oben etwa einen Zentimeter hinter die Vorderkante Ihres Kleiderschrankes. Dann rutschen endlich die Kleiderbügel mit den Klamotten nicht mehr ab, die Sie dort mal aufhängen wollen.

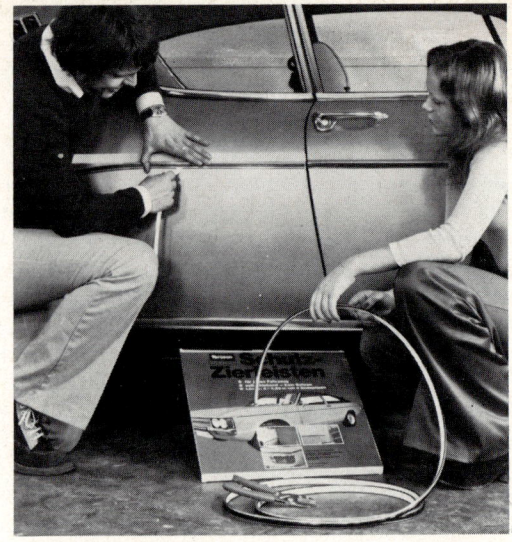

müssen). Die Befestigungsstifte muß man auf der Blechrückseite der Hauben meist in den Lochdurchbrüchen der Verstärkungsrippen suchen.

Zierleisten meist mit Clips befestigt

Die Zierleisten sind allerdings meistens mit kleinen Stahlfeder-Clips (rosten schnell und brechen deshalb oft beim Ausbau) oder Kunststoff-Zapfen in passende Bohrlöcher geklemmt. Man muß an passender Stelle einen breiten, lappenumwickelten Schraubenzieher unter die Zierleiste schieben und bei beigehaltener Hand, wie das Bild Seite 86 zeigt, die Zierleiste behutsam abhebeln. Die Hand muß gegenhalten, sonst gibt es Knicke in der blattdünnen Zierleiste.
Beim Wiederanbau werden in der Regel Feder-Clips zuerst in der nach innen umgebördelten Zierleiste an die passende Stelle geschoben, bzw. Kunststoffzapfen zuerst in die Blechbohrungen entlang der Zierleistenhöhe gesteckt und danach die exakt angesetzte Zierleiste mit weichem Handballenschlag – auf keinen Fall mit einem Hammer! – angeschlagen, bis die Clips gegriffen haben.

Zierleisten zum Ankleben

Falls Sie keine Zierleisten am Wagen haben, aber gerne welche haben möchten – etwa als Abgrenzung einer Zweifarbenlackierung – brauchen Sie sich heute keine Löcher mehr in das Karosserieblech zu bohren, um darin die Zierleisten-Clips befestigen zu können. Es gibt jetzt speziell für den Heimwerker selbstklebende Schutz-Zierleisten als Meterware – man schneidet sich also die genau passenden Längen zu und klebt sie nach sorgfältigem Entfetten des damit abgeklebten Lackstreifens direkt auf das Blech. Das schwierigste Problem ist es, daß man trotz der Autoblechwölbung eine haargenau waagrechte und schnurgerade Zierleistenlinie hinbekommt. Am besten klebt man sich vorher ein glattes Tesaband als Hilfslinie genau unterhalb oder oberhalb der beabsichtigten Zierlinienhöhe und peilt mehrmals die Richtung aus, damit es keine häßlichen Wellenlinien gibt.
Solche Selbstklebe-Zierleisten gibt es von dem Autozubehör-Hersteller Gebr. Happich GmbH (56 Wuppertal-Elberfeld, Neuenteich 62) unter der Bezeichnung »Chromflex« (Bestell-Nr. 6310244) und von Teroson als »Schutz-Zierleiste« (Teroson GmbH, 69 Heidelberg, Postfach 1720; 2 Leisten zu je 4,50 m kosten zusammen rund 75,– DM).

Der Pfiff dieser Zierleisten ist es, daß sie nicht nur aus einer chromartig glänzen-den Leiste bestehen, sondern einen mattschwarzen Mittelstreifen aus elasti-schem Kunststoff haben, der sehr gut als leichte Scheuerleiste dienen kann. Beim Öffnen einer benachbarten Autotür hat man dadurch nicht sogleich einen Kratzer im Lack, wenn die Blechwölbungen der nebeneinander stehenden Autos nicht zu unterschiedlich sind.

Wie die Zierleisten stören auch die Ränder der Beleuchtungseinrichtungen – Scheinwerferumrandungen, Heckleuchten, Blinkleuchten – beim Spachteln und Schleifen. Sie sind bei dieser Arbeit aber nicht nur im Wege, sondern die Bördelkanten der Karosserie, an welchen sie befestigt wurden, sind ganz be-sonders rostgefährdet. Denn in den schmalen Spalten zwischen den Blechste-gen der Karosserie und den Außenrändern der Beleuchtungsteile setzt sich – oftmals von innen und von außen – Schmutz und Nässe ab. Darum sieht man sehr oft gerade um die Scheinwerferränder und die Ränder der Heckleuchten Rostpickel durch den Lack treiben. Also gerade hier darf nicht mit Spachtel und Lack drübergepfuscht werden, sondern muß sorgfältig entrostet und grundiert werden.

Bei Heck- und Blinkleuchten ist der Ausbau zumeist nicht schwierig. In der Regel sitzt im außenseitigen Abdeckglas in der Mitte eine oder mehrere Kreuzschlitz-schrauben, die sich mit dem Kreuzschlitzschraubenzieher ohne Schwierigkeit herausdrehen lassen. Damit ist das farbige (bei Rückfahrlichtern weiße) Ab-deckglas gelöst, und darunter sieht man im Blech des Lampenhalters jene Schrauben, die das ganze Gehäuse an der Karosserie festhalten. Bei manchen Automodellen muß die Heckleuchte allerdings vom hinteren Kofferraum her ausgebaut werden. Dort sitzen oft die Halteschrauben sehr tief, so daß vielfach ein längerer Rohrsteckschlüssel zum Lösen dieser Schrauben gebraucht wird. Schwieriger wird es mit den Frontscheinwerfern. Entweder ist der übliche Zier-ring aufgeklemmt und muß an einer bestimmten Stelle mit dem Schraubenzieher abgehebelt werden, und diese Stelle muß man kennen, wenn die Chromzier nicht verbogen werden soll. Oder er ist direkt ans Blech geschraubt, aber auch nicht immer mit jener Schraube, die zuerst erkennbar ist. Denn manchmal sitzen **an den** Scheinwerfen außen die Einstellschrauben zum Justieren des Schein-

Innerhalb der Karosserie-Reparaturstelle sollten Sie alle Beleuchtungsteile demontieren und nicht nur einfach vor dem Lackie-ren abkleben. Denn diese Teile stören nicht nur beim zügigen Spachteln und Schleifen, sondern das von ihnen verdeckte Autoblech ist durch die bei der Arbeit unvermeid-bare Nässe besonders rostgefährdet. Bei solchen Heck- oder Blinkleuchten müssen Sie aufmerksam prüfen, wo die jeweiligen Halteschrauben sitzen – entweder unter dem ebenfalls mit Kreuz-schlitzschrauben befestig-ten Abdeckglas (wie hier) oder auf der Innenseite der Karosserie, im Koffer-raum oder Motorraum.

Die Bilder auf diesen Seiten zeigen, wie sich in aller Regel die Innenverkleidungen der Türen abnehmen lassen, um z. B. im Türkasten unten den Rost zu bekämpfen. Die Arbeit beginnt mit der Demontage der Kurbel- und Haltegriffe auf der Tür-Innenseite. Bei neueren Modellen sind sie zumeist durch zentral sitzende Kreuzschlitzschrauben befestigt, die man vielfach, wie bei dem Kurbelgriff rechts im Bild, allerdings erst unter dem behutsam abgehebelten Kurbelüberzug suchen muß.

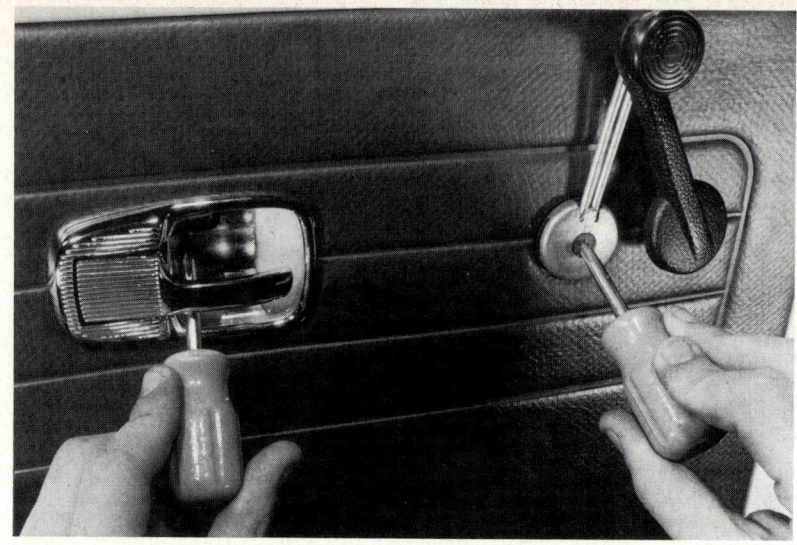

werferstrahls (manchmal auch auf der Scheinwerferrückseite im Motorraum), und da nutzt alles Drehen nichts – der Scheinwerfer guckt schief, geht aber nicht heraus. Probieren oder noch besser: einer Kundigen fragen.

Türen demontieren

Den Ausbau einer Autotür sollte man, wenn nicht dringend erforderlich, möglichst vermeiden. Denn das Justieren nach dem Wiedereinbau ist nicht so einfach – damit sie nicht klappert, sich gut schließen läßt, nicht schief im Türausschnitt sitzt usw. –, und vor allem ist ihr Ausbau in der Regel schwierig. Meist ist das an der Innenkante der Tür und dem Türholm sitzende Türhalteband – es verhindert, daß die Tür zu weit aufliegt – vernietet und läßt sich erst nach Abschleifen des Nietkopfes lösen. Beim Wiedereinbau muß also wieder ein passender Niet oder eine passende Schraube eingesetzt werden. Umstände, die man sich besser erspart.

Bei älteren Fahrzeugmodellen sind die Kurbel- und Hebelgriffe auf der Tür-Innenseite nur auf die Drehachse aufgesteckt und werden dort von einer speziellen Lyra-Feder (am Hebelgriff links erkennbar) in einer Kehlung der Kurbelachse festgehalten. Der Ausbau dieser Lyra-Feder ist eine pusselige Arbeit und ohne Beschädigung des Verkleidungsmaterials eigentlich nur mit der speziellen Türfederzange (rechts in der Hand gehalten; Werkzeug von der Firma Hazet) möglich.

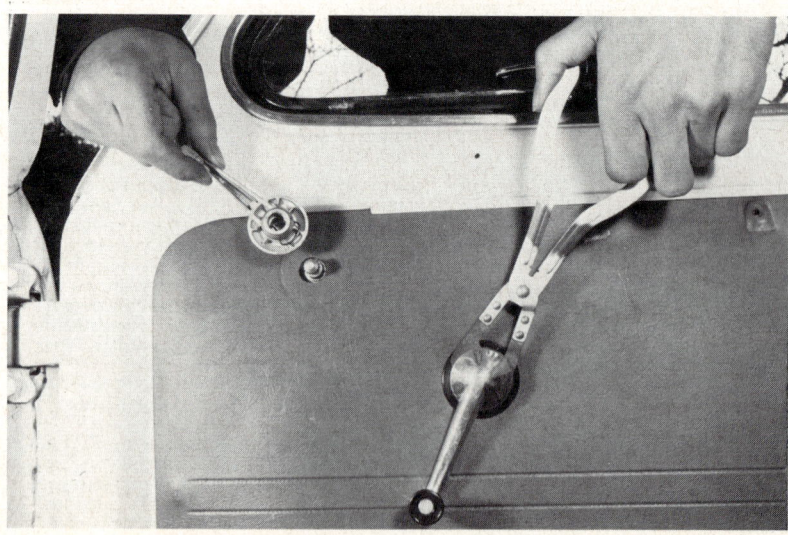

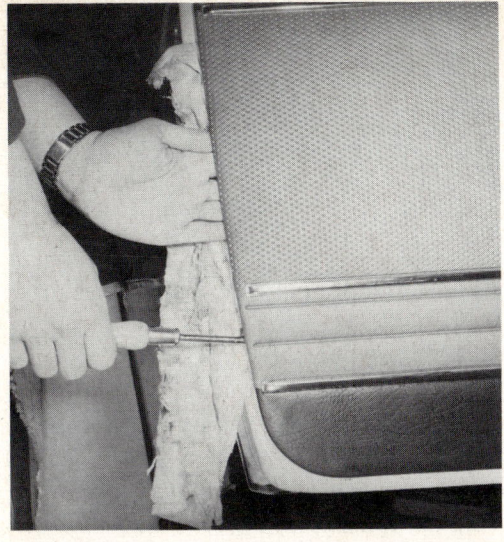

Die Türverkleidung selbst wird in der Regel von Feder-Clips gehalten, die in entsprechenden Blechlöchern sitzen. Da sie federnd nachgeben, läßt sich die Türverkleidung mit einem breiten Schraubenzieher und Handunterstützung abhebeln. Der Schraubenzieher muß zum Schutz gegen Kratzer mit einem Lappen umwickelt werden. Er wird möglichst dicht neben dem nächsten Clip angesetzt und mit einem kurzen Ruck der Clip herausgehebelt, wobei die Hand von der anderen Seite nachhilft. Bei langsamer Hebelei verbiegen sich Clip und Türverkleidung.

Auch nicht eben leicht ist der Ausbau der innenseitigen Türverkleidung, der sogenannten »Garnierung«. Schwierig ist vor allem der Abbau der innen sitzenden Fensterkurbel und manchmal auch des Türöffnergriffes. Denn die Fensterkurbeln sind meist nicht mit einer Schraube auf der Fensterkurbelwelle befestigt, sondern mit einer nur schwer faßbaren Lyra-Feder, die die Fensterkurbel in einer kerbverzahnten Rille der Fensterkurbelwelle hält. Wie die üblichen Befestigungen aussehen, zeigen die beiden Bilder auf der linken Seite.

Leichter geht es dann schon mit der Armstütze, an deren Unterseite meist zwei tief versenkte Kreuzschlitzschrauben sitzen.

Die Türverkleidung selbst ist in aller Regel mit Feder-Clips – ähnlich jenen zum Befestigen der Zierleisten – in entsprechenden Bohrungen des Türkastens gehalten. Dementsprechend muß diese »Garnierung« gegen den Widerstand der Feder-Clips oder Spreizklammern abgehebelt werden. Damit es dabei keine

Türverkleidung ausbauen

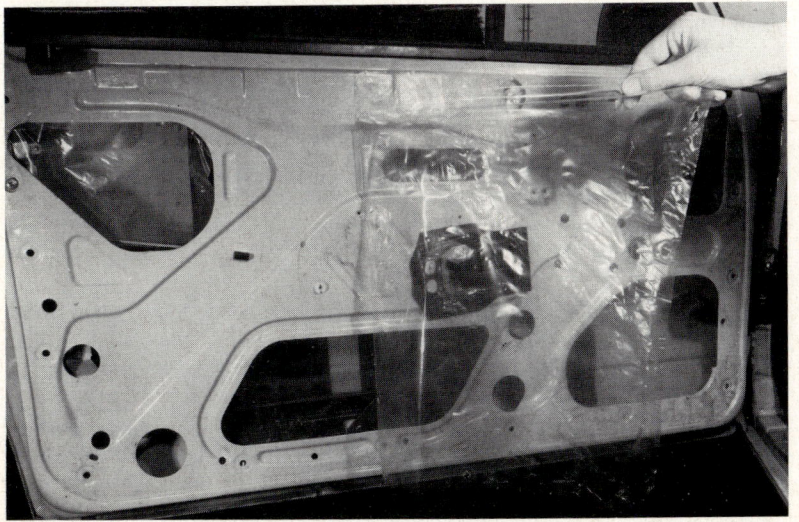

Unter der Türverkleidung ist auf den Türkasten eine dünne Schutzfolie an den Rändern aufgeklebt. Sie muß das oben in den Fensterschaft eintretende Regenwasser von der Pappe der Türverkleidung abhalten – sie würde sonst aufweichen und verschimmeln. Die Folie darf also beim Zusammenbau nicht fehlen und ihre unteren Enden müssen durch die Türkastenschlitze nach innen in den Türkasten gelegt werden.

Auch der Blechdeckel des Schiebedaches hat innen eine Verkleidung aus Pappe und dem Kunststoffmaterial der »Himmel«-Bespannung. Zum Ausbau des Schiebedaches muß diese Verkleidung abgenommen werden, um an die Montageteile der Schiebedachführung gelangen zu können. Die Verkleidung wird, genau wie die Türverkleidung, mit einem lappenumwickelten Schraubenzieher und Handunterstützung abgehebelt und dann unter dem Schiebedachdeckel zurückgeschoben. Auf dem Bild ist ein Halteclip der Verkleidung dicht neben der linken Hand erkennbar.

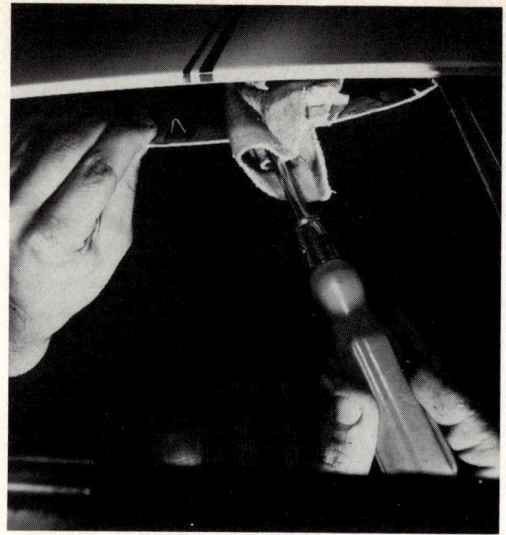

Knicke in der Verkleidung und keine Kratzer im benachbarten Lack gibt, wird ein möglichst breiter, lappenumwickelter Schraubenzieher unter die Türverkleidung geschoben und behutsam gehebelt, wobei die andere Hand zwischengeschoben wird und nachhelfen muß.

Nach Wegnahme der Türverkleidung sieht man im Türkasten breite Ausschnitte, die alle mit durchscheinenden Kunststoff-Folien zugeklebt sind. Als Klebstoff wird ein dauerplastisches Material genommen, so daß sich die Folien zumeist ohne Beschädigung abnehmen und später wieder ohne Klebstoffzugabe anheften lassen. Falls aber einmal eine Folie beschädigt wird, ist es auch kein Unglück, denn jede andere Klarsichtfolie paßt dort auch hin. Aber sie darf auf keinen Fall vergessen werden, und ihre Unterkante muß nach innen in den Türkasten hängen. Sonst tropft das oben durch den Fensterschaft eindringende Regenwasser gegen die Innenseite der Verkleidungspappe, weicht sie auf und ruiniert sie.

Die Türverkleidung müssen Sie immer abnehmen, wenn etwa Durchrostungen an der Unterkante der Tür zeigen, daß die Innenseite starken Rost angesetzt hat. Die Rostsanierung ist nur von innen möglich. Aber auch wenn die Türverkleidung aus anderem Grund abgenommen wurde – etwa zum Austausch eines defekten Türfensters –, sollten Sie nicht versäumen, bei dieser günstigen Gelegenheit eine gründliche Rostinspektion besonders am Boden des Türkastens vorzunehmen und vor allem zu prüfen, ob dort alle Wasserablauflöcher frei sind, so daß sich kein rostförderndes Regenwasser staut. Wie das Weiterrosten dort verhindert wird, ist auf Seite 184 ausführlich erläutert.

Schiebedach ausbauen

Ob das Schiebedach nur wieder leichtgängig gemacht oder ganz ausgebaut werden soll, der Arbeitsbeginn ist der gleiche. Schiebedach ganz zurückdrehen und die rundum in der Gleitbahn sitzenden Leichtmetallabdeckungen herausschrauben. Dadurch wird der Betätigungsmechanismus, eine Spirale, freigelegt. Das ist eine einfache Arbeit, die zum Reinigen von alten Fettkrusten und zum frischen Einfetten der Schiebedachbetätigung im allgemeinen ausreicht. Danach wird es schwieriger. Zuerst ist im allgemeinen die Dachhimmel-Bespannung an der Unterseite des Schiebedaches, wie im Bild oben gezeigt, bei halb

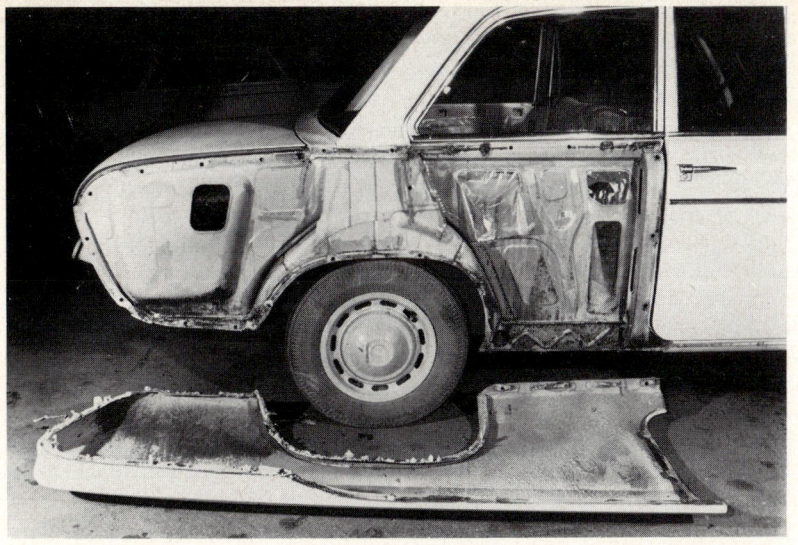

Angeschraubte Kotflügel sind wesentlich reparaturfreundlicher als angeschweißte, aber bei den angeschweißten müssen diese Kotflügel das ganze Auto mittragen helfen. Muß ein abschraubbarer Kotflügel zwecks Austausch oder neuer Lackierung abgenommen werden, dann sollten Sie diese seltene Gelegenheit ausnutzen, um an dieser sonst verborgenen Stelle fleißig auf Rostjagd zu gehen und den Unterbodenschutz nachzuarbeiten oder zu erneuern.

nach vorne gedrehtem Schiebedach abzuhebeln und ohne den Blechdeckel ganz zurückzuschieben. Dadurch werden am Blechdeckel Halte- und Führungslaschen erkennbar, die in einer bestimmten Schiebedachstellung losgeschraubt und abgenommen werden müssen. Man muß sich dabei sorgfältig merken, welches Teilchen wohin gehört und wie beispielsweise Beilagescheiben wieder eingesetzt werden müssen, sonst funktioniert hinterher der ganze Mechanismus nicht. Ein gutes Hilfsmittel ist dazu ein farbiger Filzschreiber, mit dem sich nebeneinander liegende Teile mit Paßmarken und Sichtmarken zur Kennzeichnung der Richtungslage bemalen lassen.

Kotflügel abschrauben

Nicht alle Fahrzeuge haben angeschraubte Kotflügel. Angeschweißte Kotflügel sind mittragende Teile der Karosserie, angeschraubte lassen sich von der Karosserie tragen – das ist der Unterschied. Bequemer ist es mit den anschraubbaren Kotflügeln und bei Blechschäden auch meist billiger. Dafür rostet es besonders gerne und nachhaltig in den schmalen Montagefalzen, die bei der Rostjagd ganz besonders überprüft werden müssen.

Die Demontage der Kotflügel ist theoretisch nicht so schwierig, aber in der Praxis und bei hohem Alter der Karosserie kaum noch möglich. Weil die Halteschrauben verschiedener Art hoffnungslos mit ihrer Umgebung zu einem Rostklumpen zusammengebacken sind. Da hilft meist auch Rostlöser nichts mehr, und die einzige Hilfe ist eine Bohrmaschine mit einem Bohrer passender Stärke, der durch den Kern der Schraubenreste getrieben wird oder mit einem Kugel-Schleifkörper zum Abschleifen restlicher Schraubenköpfe.

Fingerzeig: *Benutzen Sie beim Wiederzusammenbau von Schraubverbindungen möglichst neue »Sprengringe« – das sind diese einseitig durchgetrennten federnden Ringe, die zwischen Mutter und Anlagefläche eine Spannung bewirken, welche das ungewollte Lockern der Mutter verhindern soll. Ein mehrfach benutzter Sprengring erlahmt aber und wird wirkungslos, so daß die damit gehaltene Schraube sich tatsächlich lockern kann. Ähnlichem Zweck dienen sogenannte »Zahnringe«. Auch sie sind, einmal plattgedrückt durch das feste Anziehen der Schrauben, zur Wiederverwendung ungeeignet.*

Alleskleber klebt nicht alles

»Im Falle eines Falles ...« Sie kennen den überaus volkstümlichen Werbespruch? Doch wir müssen ihn so fortsetzen: ». . . klebt Uhu auch nicht alles.« Warum sonst würden auch die Uhu-Werke selbst noch eine ganze Palette unterschiedlichster Klebstoffe anbieten? Denn wenn es am Auto etwas zu kleben gibt, dann hält das recht oft mit Alleskleber auch nicht, oder der Alleskleber löst die im Auto so vielfältigen Kunststoffe an, so daß sie Wellen werfen und unbrauchbar werden.

Falls Sie also etwas in Ihrem Wagen zu kleben haben – Profilgummi um die Türen, Kunststoffverkleidung auf Karosseriepappe, Reparaturflicken auf den Kunststoff-Dachhimmel, Dichtleisten um den Schiebedachausschnitt, Styroporplatten gegen das Blechdröhnen und dergleichen –, dann sollten Sie nicht zum nächstbesten Alleskleber oder (ehrlicher) Mehrzweckkleber greifen, sondern sich im Autozubehörladen eine Tube oder Dose des wirklich speziell dafür entwickelten Spezialklebers kaufen. Das ist nicht teuer und erspart auf jeden Fall Ärger, Schaden und Mißerfolg. »Spezialisten leisten mehr«, sagt man durchaus richtig dazu bei Teroson.

Lassen Sie sich aber auch nicht vom Verkäufer den ersten besten Kleber in die Hand drücken, den er gerade im Regal hat, sondern lesen Sie zumindestens genau den ganzen aufgedruckten Text und eventuell noch eine eingepackte Materialbeschreibung. Ist das wirklich der Kleber, den Sie brauchen? Allzu vielseitig verwendbare Kleber müssen oft zu vielen Herren dienen und das schadet ihrer Leistungskraft in speziellen Fällen. Also besser ein Kleber, der ausschließlich für den von Ihnen vorgesehenen Zweck gedacht ist.

Nun können wir Ihnen leider keine empfehlende Aufstellung dieser verschiedenen Kleber (auch Abdichtpasten gehören dazu, z. B. »Scheibenzement«) geben, denn die Entwicklung ist auf diesem Sektor dermaßen rasant, daß eine heute veröffentlichte Liste im nächsten Monat schon nicht mehr vollständig stimmt. Darum lassen wir es und teilen Ihnen hier die Anschriften einiger bekannter Hersteller solcher Kleber und Abdichtpasten mit. Dort ist man auch auf das Heimwerkergeschäft eingestellt und schickt auf Anforderung entsprechende Prospekte und Informationsblätter für Heimwerker und Fachleute – und das sind Sie ja, wenn Sie sich schon so weit durch dieses Buch gearbeitet haben. Ganz besonders gut fanden wir die »Bostik Heimwerkerfibel«, die nicht nur die techni-

Schrauben werden an der Autokarosserie mehr und mehr unmodern. Es wird statt dessen immer umfangreicher mit Klebstoffen gearbeitet. Das geht bei der Autoproduktion schneller und ist daher billiger. Mit einer Sorte Klebstoff ist das aber nicht zu schaffen, die zusammengeklebten Materialien sind zu unterschiedlich und die jeweiligen technischen Anforderungen an die Klebstelle – Zug, Druck, Hitze, Feuchtigkeit usw. – ebenfalls. Mit einem »Alleskleber« kommen Sie deshalb in Ihrer Heimwerkerpraxis nicht weit, man kann sich sogar, etwa durch Anlösen von Kunststoffen, ärgerlichen Schaden verursachen. Falls Sie also etwas an Ihrem Auto zu kleben haben, etwa wie hier das Dichtstreifen um den Schiebedachdeckel, dann sehen Sie zuvor im Fachgeschäft nach dem für diesen Zweck bestimmten Spezialkleber. Die Firmen Teroson, UHU und Bostik bieten ein breites Programm solcher Spezialklebstoffe an, mit denen, bei richtiger Anwendung, nichts schiefgehen kann.